westermann

W0283231

fit fürs abi

Oberstufenwissen

Mathematik

fit fürs abi

Oberstufenwissen

Mathematik

Hartmut Seeger ist Oberstudiendirektor und verfügt über langjährige Erfahrung im Mathematikunterricht an der gymnasialen Oberstufe. Er ist ausgebildeter Dyskalkulie- und ADS-Berater und leitet ein Nachhilfestudio für das Fach Mathematik.

Gotthard Jost unterrichtet Mathematik und Biologie in den Sekundarstufen I und II an einer Gesamtschule und ist Autor zahlreicher Lernhilfen. Durch seine Erfahrung im Unterricht und im Nachhilfebereich weiß er, welche Schwierigkeiten in der Vorbereitung auf das Mathematikabitur auftreten können und wie sie zu meistern sind.

Bildquellennachweis |iStockphoto.com, Calgary: Brücke: Krugloff, Läuferin: lzf Titel. |Jost, Gotthard, Schopfheim: 210.1. |Seeger, Hartmut, Pfullingen: 31.1, 31.3, 31.4, 37.1. |stock.adobe.com, Dublin: Sander van der Werf 141.1; senoldo 182.1. |Texas Instruments Education Technology GmbH, Freising: 31.2.

westermann GRUPPE

Druck A^5 / Jahr 2022

Redaktion, Grafiken: imprint, Zusmarshausen
Redaktionelle Mitarbeit: Stefan Giertzsch, Werder (Havel)
Kontakt: lernhilfen@ westermanngruppe.de
Umschlaggestaltung und Innenlayout: Janssen Kahlert Design & Kommunikation, Hannover
Umschlagfotos: Getty Images iStock (Brücke: Krugloff, Läuferin: lfz)
Druck und Bindung: Westermann Druck Zwickau GmbH, Crimmitschauer Straße 43, 08058 Zwickau

ISBN 978-3-7426-**0146**-9

1 Einleitung

Um gezielt mit dieser Hilfe zur Prüfungsvorbereitung arbeiten zu können, sollten Sie dieses Kapitel durchlesen, auch wenn noch keine konkreten mathematischen Inhalte erklärt werden.
Sie finden hier Tipps zur Vorbereitung, dem Umgang mit diesem Buch sowie einen Test zur Selbsteinschätzung.

1.1 Die Arbeit mit diesem Band

Folgen Sie dem Weg durch diesen Band. Er hilft Ihnen bestimmt!

Einen etwas anderen Weg als üblich soll Ihnen dieser Band erschließen. Genießen Sie dies – und profitieren Sie davon. Die eigentliche „Arbeit", das Lernen und Üben, können wir Ihnen nicht abnehmen. Aber wir helfen Ihnen, den Zeitaufwand zu minimieren und die Effektivität zu optimieren. Dieser Band bietet Ihnen

Auf **www.westermann.de/fit-fuers-abi** finden Sie kostenlose Videos mit Prüfungstipps und vieles mehr. Klicken Sie einfach mal rein!

- Zahlreiche **Übersichtstabellen**, die oftmals mehr helfen als viele Erklärungen. Hier finden Sie wichtige Formeln, Regeln und Tipps.
- „Theorieteile" mit Erklärungen, Begriffserläuterungen und Definitionen. Das Ziel dieser Teile ist es, Ihnen das nötige Wissen nahezubringen, ohne zu sehr auf „trockenen" mathematischen Definitionen und Sätzen zu beharren. An manchen Stellen wird daher zugunsten der Verständlichkeit ganz bewusst auf mathematische Schärfe verzichtet.
- **Beispiele** und **gelöste Musteraufgaben** (in blauer Schrift in umrandeten Kästen), meist am Ende der Teilkapitel. Hier finden Sie für Prüfungen und Klausuren typische Aufgabenstellungen, mithilfe derer Sie Ihren Wissenstand überprüfen können. Diese sollten Sie auf jeden Fall durcharbeiten. Wiederkehrende Lernkontrollen sind unerlässlich!
- **Tipps** zur Minimierung des Arbeitsaufwandes und Optimierung der Punkteausbeute.
- Im **Überblick** am Ende eines jeden Kapitels finden Sie die zentralen Inhalte zusammengefasst. Diese Inhalte müssen Sie beherrschen!
- Das umfangreiche **Glossar** bietet Ihnen die Möglichkeit, schnell und sicher Begriffe, Definitionen und Rechenregeln nachzuschlagen. Fürs Nachschlagen und Lernen unterwegs gibt es das Glossar **auch als App für Ihr Smartphone**.
- Auf **www.westermann.de/fit-fuers-abi** finden Sie außerdem kostenlose Videos mit Prüfungstipps. Unter anderem können Sie hier einer mündlichen Prüfung beiwohnen.

Die App erklärt wichtige Fachbegriffe nicht nur für das Fach Mathematik, sondern auch für acht weitere Abiturfächer. Digitale „Karteikarten" erleichtern das Lernen. Einfach im Apple App Store oder im Google Play Store „Fit fürs Abi" eingeben und kostenlos herunterladen.

Die Gliederung nach Leitideen

Noch immer ist in der Bundesrepublik die Bildungspolitik Sache der Länder. Aber ohne verbindliche Absprachen läuft selbst im Bildungssektor nichts. Die Kultusministerkonferenz hat eine Vereinbarung zur Gestaltung der gymnasialen Oberstufe erlassen, die die grundlegenden Anforderungen an den Unterricht beschreibt. Zudem wurden die fachlichen Inhalte und Kompetenzen bei der Abiturprüfung festgelegt. Im Laufe der Oberstufe werden diese Inhalte und Kompetenzen in zahlreichen – mehr oder weniger beliebten – Klassenarbeiten geprüft. Dieser Band bietet Ihnen die nötige Unterstützung sich auf diese Klassenarbeiten und die Prüfung vorzubereiten.

Dieser Band hält sich an die einheitlichen Prüfungsanforderungen in der Abiturprüfung (Beschluss der Kultusministerkonferenz i. d. F. vom 24. 05. 2002).

Die Prüfungsanforderungen haben sich stark verändert, durch stures Auswendiglernen und das Erlernen von „Kochrezepten" sind nicht mehr genügend Punkte zu holen. Sie müssen mehr oder weniger die Inhalte verstehen, einsehen, begreifen, beschreiben können, Zusammenhänge sehen, Schlüsse ziehen, Modelle aufstellen und zeigen, dass Sie dem Stoff gewachsen sind und nicht der Stoff Sie beherrscht.

Das geforderte Wissen kann wie bisher in die drei „alten" Sachgebiete aufgeteilt werden:

① die **Analysis** zur Beschreibung von Abhängigkeiten und Veränderungsprozessen

② die **Lineare Algebra/Analytische Geometrie** zur analytischen Beschreibung des Raumes und zur Algebraisierung der geometrischen Figuren

③ die **Stochastik** zur Beschreibung von zufallsbedingten Größen und zu deren Beurteilung

Die einheitlichen Prüfungsanforderungen sind allerdings nicht in diese klassischen Teile aufgeteilt, sondern in sogenannte **Leitideen**. Im Prinzip sind die Leitideen mathematische Ideen oder Modelle, die eigentlich die Denkrichtungen anzeigen. Sie sind den Fachgebieten übergeordnet. Der Vorteil in diesem Band, den Leitideen zu folgen, scheint uns größer zu sein, als der Nachteil, dass die Sachgebiete nicht mehr ganz zusammenhängend zu finden sind. Sie müssen innerhalb dieses Bandes sowieso „springen" und sollten ihn nicht Seite um Seite bearbeiten, also können wir auch die Einteilung der Kultusminister übernehmen, oder?

Lassen Sie sich vom Begriff „Leitideen" nicht verwirren. Die Gliederung danach ist eine Hilfe für Sie!

Überblick Leitideen

Leitidee „Funktionaler Zusammenhang“ (Kapitel 4)
Hierzu gehören die Elemente der Funktionsuntersuchung wie etwa: Ableiten, Untersuchungen von Kurven und Kurvenscharen auf besondere Punkte; Integrationen, Berechnen von Flächeninhalten, Grundkompetenzen der Exponential- und der trigonometrischen Funktionen und vieles mehr.

Leitidee „Grenzprozesse/Approximation“ (Kapitel 5)
Hier lernen Sie alles Wichtige über Grenzwerte, Asymptoten, Näherungsverfahren zur Berechnung von Nullstellen und Integralen.

Leitidee „Modellieren“ (Kapitel 10)
Mathematische Modelle gewinnen immer mehr an Bedeutung, auch in der Schule:

- In der Analysis bei Wachstumsprozessen, Funktionsanpassungen und Extremwertproblemen,
- in der linearen Algebra bei der Anwendung von Matrizen (mehrstufige Prozesse),
- in der Stochastik bei der Simulation von Zufallsexperimenten und in der beurteilende Statistik.

Leitidee Messen (Kapitel 8)
Der Begriff „Messen“ kann etwas irreführend sein, letztlich geht es hier nämlich nicht wirklich darum etwas zu „messen“, sondern vielmehr um das Berechnen von Flächeninhalten, Winkeln und Zufallsgrößen.

Leitidee Algorithmus (Kapitel 7)
Ein Algorithmus ist eine aus endlich vielen Schritten bestehende Anweisung zur Lösung eines Problems, also sozusagen ein „Rezept“. Typische Algorithmen finden wir in der Rekursion, Iteration, beim Lösen linearer Gleichungssysteme und dem Rechnen mit Matrizen.

Leitidee räumliches Strukturieren/Koordinatisieren (Kapitel 6)
Hier geht es darum, mathematische Objekte in einem Koordinatensystem darzustellen und mithilfe von Vektoren und Matrizen zu beschreiben.

Leitidee Zufall (Kapitel 9)
Hier finden Sie alles, was mit der Berechnung von Wahrscheinlichkeiten, Wahrscheinlichkeitsverteilungen und dem Testen von Hypothesen zu tun hat.

Dieser Band im Mathematikunterricht in der Oberstufe/SII

Der Mathematikunterricht hat sich verändert und damit auch die Prüfungsaufgaben und daraus als Folge die Vorbereitung auf die Prüfung. Viele Tipps von früher gelten heute nicht mehr, Sie sollten alte Prüfungsvorbereitungsbände nicht mehr ungeprüft verwenden. Wie steht es doch so schön in der Fachpräambel der Vereinbarung zur Gestaltung der gymnasialen Oberstufe der Kultusministerkonferenz:

„Im mathematisch-naturwissenschftlich-technischen Aufgabenfeld sollen Verständnis für den Vorgang der Abstraktion, die Fähigkeit zu logischem Schließen, Sicherheit in einfachen Kalkülen, Einsicht in die Mathematisierung von Sachverhalten, in die Besonderheiten naturwissenschaftlicher Methoden, in die Entwicklung von Modellvorstellungen und deren Anwendung auf die belebte und unbelebte Natur und in die Funktion naturwissenschaftlicher Theorien vermittelt werden."
Ein wahrhaft schwieriger Satz (übrigens der schwerste Satz dieses Bandes).

Richtig eingesetzt hilft Ihnen dieser Band nicht nur zur gezielten Prüfungsvorbereitung, sondern auch im Mathematikunterricht. Durch die übersichtliche Gliederung können Sie ihn gezielt als Unterstützung im aktuellen Unterrichtsthema, bei Hausaufgaben und zur Vorbereitung auf Tests und Arbeiten verwenden.

Dieser Band wird Ihnen helfen, sich auf die nach den neuesten Bestimmungen geltende Prüfungsform vorzubereiten.

Im Band selbst finden Sie insbesondere die verbindlichen Inhalte der einheitlichen Prüfungsanforderungen, jedoch nicht alle möglichen zusätzlichen Themenbereiche wie beispielsweise:

- einfache Differenzialgleichungen im Zusammenhang mit Anwendungen
- numerische Näherungsmethoden
- Kurven und gekrümmte Flächen im Raum

Es wird bewusst auf „Randbereiche" verzichtet, da der Zeitaufwand, sie zu erlernen, in keinem Verhältnis steht zu der Wahrscheinlichkeit, dass Sie diese Themen auch konkret in einer Arbeit oder bei der Prüfung benötigen. Zur Vertiefung gibt es genügend Literatur, Ihre Fachlehrerin bzw. Ihr Fachlehrer kann Sie dabei beraten.

1.2 Die Vorbereitung auf das Abitur

Für Schülerinnen und Schüler einer gymnasialen Oberstufe ist – vor allem in Zeiten des G8 – Zeit eine echte Mangelware. Darüber hinaus müssen Sie sich nicht nur auf Mathematik, sondern auch noch auf zahlreiche andere Fächer vorbereiten. Eine gut strukturierte und effektive Prüfungsvorbereitung ist daher unerlässlich!

Für alle gilt als Minimalprogramm:

- **Sie müssen sich einen Überblick verschaffen.**
  Dazu gehen Sie bei jedem Kapitel das Inhaltsverzeichnis durch, kreuzen an, was Sie an Stoff benötigen und lesen die entsprechenden Seiten in Ruhe durch. Sehen Sie sich insbesondere sorgfältigst die entsprechenden Beispiele an.
- **Sie müssen das Arbeiten mit den Hilfsmitteln trainieren.**
  - Mit einer Formelsammlung oder einer Merkhilfe haben Sie einen Spickzettel, den Sie in dieser Ausführlichkeit niemals selbst herstellen könnten.
  - Der Taschenrechner ist unschlagbar als Helfer.
  - Trainieren Sie immer mit den Hilfsmitteln, die Sie in der Prüfung verwenden dürfen. Bitte keine Heftaufschriebe und keine Lehrbücher als Hilfen bei den Aufgaben verwenden.

Nutzen Sie Ihr Smartphone nicht als Taschenrechner oder Formelsammlung, da Sie sich sonst an Hilfsmittel gewöhnen, die in der Prüfung nicht zugelassen sind.

- **Sie sollten ein gewisses Basiswissen auswendig lernen.**
  Ein solides Wissensfundament hilft Ihnen nicht nur beim Bewältigen der Aufgaben, es gibt Ihnen auch das nötige Selbstvertrauen für die Prüfung.
- **Sie müssen Aufgaben lösen lernen.**
  - Testen Sie Ihr Wissen mit den Aufgaben auf den folgenden Seiten und jeweils mit dem eingebauten Beispiel.
  - Lösen Sie alte Abituraufgaben (aber möglichst aus den letzten Jahren, die ganz alten Abituraufgaben haben andere Schwerpunkte als heute) und Aufgaben aus den neuen Lehrbüchern. Der große Vorteil dabei: Sie gewöhnen sich an die „typischen“ Fragestellungen und den Umfang der Aufgaben.
- **Sie müssen ein gutes Zeitmanagement trainieren.**
  Es ist wenig sinnvoll, viel Zeit für eine Teilaufgabe zu verschwenden, die nur wenig Punkte gibt. Lernen Sie, in der vorgegebenen Zeit möglichst viele Punkte zu holen!
  Dividieren Sie die Prüfungszeit in Minuten durch die Anzahl der zu erlangenden Punkte, dann haben Sie die Richtzeit, die Sie pro Punkt brauchen dürfen.

Von diesem Band können alle profitieren:
- Hektiker, die schnell einen Überblick benötigen,
- „Antiprüfungstypen", denen im Ernstfall nichts mehr einfällt,
- Durchschnittsschüler, die sich mit minimalem Zeitaufwand einen Überblick verschaffen wollen,
- und alle Abiturienten, die Ihre Note verbessern wollen.

In diesem Band sollen Sie **nicht Seite um Seite bearbeiten**, Sie würden dazu viel zu viel Zeit benötigen und sich Unnötiges aneignen. **Kurzum, in diesem Buch dürfen Sie nicht nur, nein Sie müssen ab dieser Seite „springen".** Doch die richtigen Sprünge sind gar nicht so einfach. Aber Sie haben zwei Kriterien, nach denen Sie die Sprünge richten können:
- Ihre eigene subjektive Einschätzung (objektiviert durch die Klassenarbeitsleistungen und das Beherrschen der schulischen Übungs- und Hausaufgaben)
- die Ergebnisse der 32 Aufgaben der „Selbsteinschätzung" auf den Seiten 14 bis 17.

Lassen Sie sich nicht verunsichern. Lernen Sie besser weniges richtig, als vieles nur oberflächlich.

Sofern Sie das Gefühl haben, den Stoff einigermaßen zu beherrschen, lösen Sie Aufgaben (zum Beispiel alte Abituraufgaben, Aufgaben aus dem Lehrbuch und natürlich die Aufgaben dieses Bandes, die Sie jeweils am Ende der Kapitel finden). Und immer wenn eine Schwierigkeit auftaucht, schlagen Sie in diesem Band nach.

Wenn Sie überhaupt keine Ahnung vom Abiturstoff haben und Ihnen zunehmend die Zeit fehlt, **nehmen Sie sich drei Tage Zeit**:
- *1. Tag:* Wiederholen Sie die allerwichtigsten Rechenfertigkeiten und machen Sie dazu möglichst einige Übungen (Sie finden geeignete Übungen im Lehrbuch und im hilfsmittelfreien Teil der Abituraufgaben.).
  - Analysis: Ableiten, Lösen von Gleichungen
  - Geometrie: Lösen von LGS mit und ohne Rechner
  - Stochastik: Baumdiagramm, Additionssatz, Binomialverteilung
- *2. Tag:* Schauen Sie alle Hilfen, die Ihnen zur Verfügung stehen, durch! Merken Sie sich, was Sie wo nachschlagen können oder was Ihnen bei welcher Taste der Rechner bringt. Schauen Sie sich die 2. Belegung der Tasten des Rechners auf jeden Fall an.
  Gehen Sie davon aus, dass Sie die Hilfen auf jeden Fall benötigen.
- *3. Tag:* Lesen Sie die Übersichten aller drei Stoffgebiete in diesem Band in Ruhe durch. Sofern noch Zeit bleibt, schauen Sie sich die Beispiele in diesem Band an und rechnen sie nach.

1.3 Tipps zu Klausuren und Prüfungen

Unabhängig vom persönlichen Leistungsstand, dem jeweiligen Bundesland oder der Schulform gibt es einige Tipps, die Ihnen auf jeden Fall weiterhelfen:

- Wenn Sie einen Taschenrechner bei der Prüfung verwenden dürfen, wissen dies natürlich die Aufgabensteller auch. Sie gehen bei der Aufgabenstellung davon aus, dass Sie den Rechner einsetzen – das heißt aber, dass Sie ihn beherrschen müssen. Der Rechner ist praktisch „überlebensnotwendig" geworden. **Arbeiten Sie mit dem Rechner, gewöhnen Sie sich an ihn, üben Sie mit ihm.** Verwenden Sie ihn bei allen Aufgaben dieses Bandes!

- **Erhalten Sie zur Abiturprüfung (oder zu Teilen der Prüfung) eine schriftliche Hilfe (z. B. eine Formelsammlung, eine Merkhilfe …), müssen Sie mit dieser Hilfe dringend üben!**
  Ein kleines Beispiel: Wird ein Graph um eine der beiden Achsen gedreht, entsteht ein Drehkörper, dessen Volumen berechnet werden kann. In einigen Formelsammlungen findet man die Formel unter „Drehkörper", in einigen unter „Volumen", in anderen unter „Rotationskörper", in wenigen unter „Bestimmung von Volumen". Glauben Sie im Ernst, dass Ihnen im Prüfungsstress einfällt, unter welchen Stichpunkten man nachschlagen kann? Sie müssen vorher wissen, unter welchem Stichwort was zu finden ist.

- Denken Sie immer daran, dass die **Aufgaben lösbar** sind.
  Lösbar heißt, dass Sie mit Ihrem Wissen eine Chance haben, die Aufgabe zu lösen. Schalten Sie einmal auf stur und überlegen Sie sich, was Ihnen zu den „markanten" Worten der Aufgabe (z. B. Maximum, Abstand, mehr als …) einfällt und dann starten Sie damit.

- Denken Sie immer daran, dass die **Aufgaben nicht überbestimmt** sind.
  Das heißt, Sie benötigen alle Ihnen gemachten Angaben. Wenn Sie nicht mehr weiter kommen, dann schauen Sie die Aufgabe nach Angaben durch, die Sie noch nicht benutzt haben. Genau mit dieser Angabe machen Sie weiter.

- **Trainieren Sie für das Abitur mit allen erlaubten Hilfsmitteln** wie im „Ernstfall". Eine optimale Ergänzung zu diesem Band bietet beispielsweise **Fit fürs Abi Klausur-Training.**

- **Achten Sie darauf, dass die Rahmenbedingungen bei der Prüfung stimmen:**
  - Bleistift, Füller und Geodreieck haben Sie in doppelter Ausführung dabei.
  - Der Rechner hat natürlich neue Batterien.
  - Sie gehen ausgeschlafen in die Prüfung.
  - Sie sind mindestens eine halbe Stunde vor Prüfungsbeginn am Prüfungsort.
  - Sie lassen sich auf keinen Fall verunsichern, wenn einer Ihrer Mitschüler mit seinem Wissen prahlt oder von Ihnen etwas wissen will, was Sie noch nie gehört haben.
  - Nehmen Sie Getränke und Verpflegung mit. Zunächst, um sich körperlich fit zu halten, aber auch, um diese als Hilfen zur Veranschaulichung von geometrischen Problemen zu verwenden.
  - Mit der Formelsammlung haben Sie einen perfekten „Spickzettel“ und mit dem Taschenrechner eine ideale Hilfe. Es liegt ganz alleine an Ihnen, beides optimal und effektiv einzusetzen.

- **Sprechen Sie mit Ihrer Fachlehrerin, Ihrem Fachlehrer!** Nicht nur was die speziellen Prüfungsanforderungen an Ihrer Schule, bzw. in Ihrem Bundesland betrifft, ist ihre Lehrerin/ihr Lehrer die Ansprechperson Nummer 1. Auch beim Vorbereiten auf Klassenarbeiten und Klausuren kann Sie ein zusätzliches Gespräch mit Ihrer Lehrerin, ihrem Lehrer weiterbringen. Vergewissern Sie sich, welche Themen genau in der Arbeit abgefragt werden und wie diese gewichtet werden. FRANCIS BACON, ein englischer Schriftsteller, Philosoph und Politiker sagte nicht umsonst: „Klug fragen können ist die halbe Weisheit“.

Fragen Sie immer Ihre Fachlehrkraft!

- **Üben Sie kurz vor einer Arbeit oder der Prüfung nur noch das, was Sie schon können!** Es lohnt sich kaum, kurz vor einer Arbeit noch Dinge zu „lernen“, die man überhaupt nicht kann. Das würde Sie nur verunsichern, weil es Ihnen das Gefühl vermitteln würde „alles nicht zu können“. Viel wichtiger ist es, diejenigen Dinge zu üben, die Sie schon können, damit Sie im Ernstfall dort auch sicher die Punkte verbuchen können. Das Lernen neuer Inhalte erfordert mehr Zeit und muss rechtzeitig begonnen werden.

Videos mit weiteren Tipps zur Abiturprüfung finden Sie unter
www.westermann.de/fit-fuers-abi

1.4 Selbsteinschätzung

Sich selbst einzuschätzen ist sehr schwer. Testen Sie auf den folgenden Seiten Ihr Wissen. Bei der Auswertung erfahren Sie dann, welcher Weg durch den Band für Sie sinnvoll ist. Im Aufgabenbereich 1 auf dieser Seite wird das elementare Grundwissen getestet. Sie sollten dabei fast ohne Hilfsmittel auskommen, dürfen aber alles, was die Prüfung zulässt, benutzen.

Aufgabenbereich 1

Bitte die wahren Aussagen mit „w“, die falschen Aussagen mit „f“ kennzeichnen. Dabei kann sowohl keine vorgegebene Antwort oder eine oder mehrere Antworten richtig sein. Bearbeiten sie die Aufgaben zügig.

Aufgaben 1 bis 3
Analysis
Gesamtpunktzahl:
_____ von 6

1. Rechts sehen Sie das Schaubild der Funktion $y = f(x)$.

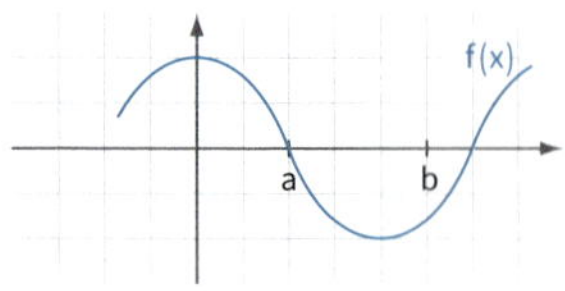

a) ☐ Die erste Ableitung hat mindestens zwei Nullstellen.

b) ☐ $f''(b) > 0$

c) ☐ $f'(b) > 0$

d) ☐ Die Stammfunktion $F(x)$ von $f(x)$ hat bei a einen Hochpunkt.

e) ☐ Im Intervall $[a; b]$ ist $f(x)$ monoton.

f) ☐ Im Intervall $[a; b]$ ist $f'(x)$ monoton.

2. $f_t(x) = \sqrt{tx} - \frac{t}{x}$

a) ☐ $f'(x) = \frac{t}{2\sqrt{x}} + \frac{t}{x^2}$

b) ☐ $f'(x) = \sqrt{\frac{t}{4x}} + \frac{t}{x^2}$

c) ☐ $f'(x) = \frac{\sqrt{t}}{2} \cdot x^{-\frac{1}{2}} + \frac{t}{x^2}$

d) ☐ $f'(x) = \sqrt{t} - t$

e) ☐ $f'(x) = \frac{1}{2}\sqrt{t} \cdot x^{-\frac{1}{2}} + t \cdot x^{-2}$

f) ☐ $f'(x) = \frac{1}{2}\sqrt{t} \cdot x^{-\frac{1}{2}} - t \cdot x^{-2}$

3. Die Zahlenfolge mit $a_n = \frac{n-2}{2n^2+1}$

a) ☐ ist monoton.

b) ☐ ist konvergent.

c) ☐ ist alternierend.

d) ☐ ist divergent.

e) ☐ hat eine obere Schranke.

f) ☐ ist eine Nullfolge.

Aufgaben 4 bis 6
Geometrie
Gesamtpunktzahl:
_____ von 6

4. Die Vektoren $\vec{a} = \begin{pmatrix} -1 \\ 2 \\ 1 \end{pmatrix}$ und $\vec{b} = \begin{pmatrix} 1 \\ -1 \\ 2 \end{pmatrix}$

a) ☐ sind parallel.

b) ☐ sind gleich lang.

c) ☐ sind linear abhängig.

d) ☐ liegen in einer Ebene.

e) ☐ sind orthogonal.

f) ☐ haben entgegengesetzte Richtungen.

5. Welche der folgenden Gleichungen beschreiben eine Ebene, die parallel zur x_1-x_2-Ebene ist?

a) ☐ $x_1 - x_2 = 0$

b) ☐ $x_1 = x_2$

c) ☐ $x_3 = -7$

d) ☐ $x_3 + 2 = 0$

e) ☐ $\vec{x} = \begin{pmatrix} 1 \\ 2 \\ 3 \end{pmatrix} + t\begin{pmatrix} 0 \\ 1 \\ 0 \end{pmatrix} + s\begin{pmatrix} 1 \\ 1 \\ 0 \end{pmatrix}$

f) ☐ $\vec{x} = \begin{pmatrix} 1 \\ 1 \\ 0 \end{pmatrix} + t\begin{pmatrix} 0 \\ 0 \\ 2 \end{pmatrix} + s\begin{pmatrix} 0 \\ 0 \\ 3 \end{pmatrix}$

6. Gegeben ist die Gerade $h: \vec{x} = \begin{pmatrix} 1 \\ -1 \\ 1 \end{pmatrix} + t\begin{pmatrix} -1 \\ 1 \\ 0 \end{pmatrix}$. Die Gerade

a) ☐ liegt in der x_1-x_2-Ebene.

b) ☐ schneidet die x_3-Achse.

c) ☐ schneidet die x_2-x_3-Ebene in $S(0|0|1)$.

d) ☐ geht durch $P(-2|2|1)$.

e) ☐ ist senkrecht zur x_3-Achse.

f) ☐ ist senkrecht zur x_1-x_2-Ebene.

7. Anna will einen Schal stricken. Im Korb hat sie 3 gelbe, 3 blaue und 4 rote Wollknäuel. Sie wählt zufällig einen Knäuel aus dem Korb. Nach jeweils 12 Reihen gibt sie den Knäuel wieder in den Korb und wählt wieder zufällig einen Knäuel.

Aufgabe 7
Stochastik
Gesamtpunktzahl:

_____ von 2

a) ☐ Die Wahrscheinlichkeit, dass sie mit Rot beginnt, ist ein Drittel.

b) ☐ Die Wahrscheinlichkeit, dass nach der Farbe Rot die Farbe wechselt, ist größer als 0,5.

c) ☐ Wenn Anna mit Rot beginnt ist die Wahrscheinlichkeit, dass der Schal nach 36 Reihen noch zweifarbig ist, größer als 0,8.

d) ☐ Die Wahrscheinlichkeit, dass alle drei Farben in den ersten 36 Reihen vorkommen, ist kleiner als 0,3.

e) ☐ Die Wahrscheinlichkeit, dass nach 36 Reihen der Schal einfarbig ist, ist kleiner als 0,2.

f) ☐ Die Wahrscheinlichkeit, dass nach Gelb wieder Gelb kommt, ist kleiner als 0,1.

Ergebnisse:

Sie erhalten pro vollständig gelöster Aufgabe zwei Punkte

	1	2	3	4	5	6	7
a)	w	f	f	f	f	f	f
b)	w	w	w	w	f	w	w
c)	w	w	f	f	w	w	w
d)	w	f	f	w	w	w	w
e)	f	w	w	f	w	w	w
f)	w	f	w	f	f	f	f

Aufgabenbereich 2

Bitte die wahren Aussagen mit „w", die falschen Aussagen mit „f" kennzeichnen.

Aufgaben 1 bis 10
Analysis
Gesamtpunktzahl:
_____ von 10

1. ☐ Ist $P(x_p | y_p)$ ein Tiefpunkt des Graphen der Funktion $y = f(x)$, so gilt immer $f'(x_p) = 0$ und $f_0''(x) < 0$.
2. ☐ Der Graph einer ganzrationalen Funktion n-ten Grades hat höchstens n Nullstellen, höchstens $n - 1$ Extrempunkte und höchstens $n - 2$ Wendepunkte.
3. ☐ Der Grenzwert einer Summe ist gleich der Summe der Grenzwerte (sofern die einzelnen Grenzwerte existieren).
4. ☐ Sind G und F jeweils Stammfunktionen von $y = f(x)$, dann gilt $(G - F)' = 0$.
5. ☐ Die Stammfunktion der Funktion $f(x) = x\,e^{2x+2}$ ist $F(x) = \frac{1}{2}x^2 \cdot \frac{1}{2}e^{2x+2}$.
6. ☐ Das Schaubild der Funktion $y = f(x)$ ist zum Punkt $P(u | v)$ symmetrisch, wenn $f(x - u) = f(x + u)$ gilt für alle x.
7. ☐ Die Ableitungsfunktion von $f(x) = (3x^3 - 4)^5$ ist $f'(x) = 45x^2(3x^3 - 4)^4$.
8. ☐ Die Ableitung der Funktion $f(x) = \frac{3x^3 - \sqrt{3x}}{x}$ ist $f'(x) = 6x + \frac{\sqrt{0{,}75}}{\sqrt{x^3}}$.
9. ☐ $F(x) = -12\,e^{-\frac{1}{6}x^2} + e^2$ ist eine Stammfunktion von $f(x) = 4x\,e^{-\frac{1}{6}x^2}$.
10. ☐ Zwei verschiedene Parabeln zweiten Grades haben höchstens zwei gemeinsame Punkte.

Aufgaben 11 bis 19
Geometrie
Gesamtpunktzahl:
_____ von 9

11. ☐ Ein Vektor ist durch zwei Angaben (Länge und Richtung) eindeutig bestimmt.
12. ☐ Zur Berechnung von Winkelweiten ($\neq 0°$ und $\neq 90°$) zwischen zwei Vektoren wird immer das Skalarprodukt und die Länge der Vektoren benötigt.
13. ☐ Drei paarweise nicht parallele Ebenen haben genau einen gemeinsamen Punkt.
14. ☐ Durch die Angabe des Mittelpunktes und des Radius ist jeder Kreis im Raum eindeutig bestimmt.
15. ☐ Die Gleichung $3x_1^2 - 3x_1 + 3x_2^2 + 5x_2 + 3x_3^2 = 0$ beschreibt eine Kugel.
16. ☐ Die Vektoren $\begin{pmatrix} 1 \\ -2 \\ 3 \end{pmatrix}$ und $\begin{pmatrix} -13 \\ -2 \\ 3 \end{pmatrix}$ sind orthogonal.
17. ☐ Die Gerade $g\colon x = \begin{pmatrix} 1 \\ 2 \\ 3 \end{pmatrix} + t\begin{pmatrix} 1 \\ 2 \\ 3 \end{pmatrix}$ ist parallel zur Ebene
$E\colon x = \begin{pmatrix} 4 \\ 5 \\ 6 \end{pmatrix} + t\begin{pmatrix} 4 \\ 5 \\ 6 \end{pmatrix} + s\begin{pmatrix} 0 \\ 0 \\ 2 \end{pmatrix}$.
18. ☐ Der Punkt $P(1 | 2 | 3)$ liegt innerhalb der Kugel K mit Mittelpunkt $M(-1 | 0 | 1)$ und Radius $r = 3$.
19. ☐ $\begin{pmatrix} 0 \\ -1 \\ 0 \end{pmatrix}$ ist ein Normalenvektor der x_1-x_3-Ebene.

20. ☐ Man kann bei einem Kfz die vier Reifen auf 16 verschiedene Arten auf die vier Felgen montieren.
21. ☐ Bei einer binomialverteilten Zufallsgröße ist der Erwartungswert von der Zahl der Durchführungen unabhängig.
22. ☐ Sind A und B zwei Ereignisse eines Zufallsexperiments, dann gilt immer $P(A \cap B) = P(A) \cdot P(B)$.
23. ☐ Wenn ein Fahrzeugtyp in vier verschiedenen Farben, mit drei verschiedenen Motoren und mit fünf verschiedenen Ausstattungen angeboten wird, so gibt es über 50 verschiedenartige Fahrzeuge des Typs.
24. ☐ Die Wahrscheinlichkeit, mit zwei Würfeln die gleiche Augenzahl zu erhalten, ist mindestens doppelt so groß wie die Wahrscheinlichkeit, mit drei Würfeln drei gleiche Augenzahlen zu erhalten.

Aufgaben 20 bis 24
Stochastik
Gesamtpunktzahl:

_____ von 5

Ergebnisse:

1	2	3	4	5	6	7	8	9	10	11	12	13	14	15	16	17	18	19	20	21	22	23	24
f	w	w	w	f	f	w	w	w	w	w	w	f	f	w	w	f	f	w	f	f	f	w	w

Sie erhalten für jede richtig gelöste Aufgabe einen Punkt.

Auswertung der Selbsteinschätzung

Gebiet	Punkte Analysis	Punkte Geometrie	Punkte Stochastik
Ihre Punktzahl aus Aufgabenbereich 1			
Ihre Punktzahl aus Aufgabenbereich 2			
Summe			
maximale Punktezahl	6 + 10 = 16	6 + 9 = 15	2 + 5 = 7
sehr gut, keine Bearbeitungen der Kapitel notwendig	ab 14	ab 13	6 und 7
Eine gute Leistung. Bitte punktuell die Lücken schließen. Schauen Sie sich an, wo Ihre Schwächen liegen, und lesen Sie die entsprechenden Seiten durch.	12 bis 14	11 und 12	5
Eine befriedigende Leistung. Sie sollten am besten das ganze Gebiet durcharbeiten. Bei Zeitmangel konzentrieren Sie sich auf die nebenstehenden Kapitel	9 bis 11	8 bis 10	3 und 4
Sie haben Schwierigkeiten und müssen dringend etwas tun. Aber keine Angst, für Sie ist ja dieses Buch geschrieben. Bearbeiten Sie die Kapitel in der angegebenen Reihenfolge. Sofern Sie in mehreren Gebieten Probleme haben, beginnen Sie mit der Geometrie, danach (sofern verlangt) Stochastik und als letztes Analysis.	unter 9	unter 8	unter 3

In diesem Kapitel haben Sie etwas erfahren über:

- den Aufbau und die Einsatzmöglichkeiten dieses Bandes.
- eine gezielte Vorbereitung auf Klassenarbeiten und die Abiturprüfung. Sollte diese Ihnen nicht mehr präsent sein, schlagen Sie sie bitte nochmal nach!
- Der Selbsteinschäzungstest hat ihnen hoffentlich gezeigt, welche Kapitel Sie als nächsten bearbeiten sollten.

Überblick

2 Rechenfertigkeiten

Um Klausuren oder eine Prüfung wie das Abitur erfolgreich zu bestehen, bedarf es bestimmter unverzichtbarer Grundvoraussetzungen. Im Falle der Mathematik sind das gewisse Rechenfertigkeiten und die strategische Herangehensweise an das Lösen von Aufgaben. Dieses Kapitel wird Ihnen diese Grundvoraussetzungen näherbringen.

2.1 Allgemeines

Sie müssen damit rechnen, dass Sie weniger berechnen, dafür aber mehr erklären müssen als in den früheren Jahrgängen. In der Praxis sieht das beispielsweise so aus, dass die Aufgabe nicht mehr heißt:

- Bestimmen Sie den Schnittpunkt der beiden Graphen der Funktionen $f(x)$ und $g(x)$.

Sondern:

- Zeigen Sie, dass sich die Graphen der Funktionen $f(x)$ und $g(x)$ schneiden.

Aber noch überwiegt bei Weitem das Berechnen und auf das müssen Sie sich einfach konzentrieren. Deshalb ist das Kapitel 2, die Rechenfertigkeiten, ein unbedingtes Muss.

Zudem zeigen Ihnen die Rechenfertigkeiten oftmals auch den Weg zu den Erklärungen, meist ist der Ansatz zur Berechnung (auch wenn die Berechnung mit unserem Wissen nicht möglich ist) der beste Hinweis zu Erklärung.

Schauen wir uns einfach mal eine Beispielaufgabe an:
Zeigen Sie, dass sich die Graphen der Funktionen $f(x) = x^2$ und $g(x) = e^x$ schneiden.

Die Lösung:
Schnitt bedeutet in der Mathematik immer Gleichsetzen.
$x^2 = e^x \Rightarrow$ ist ohne GTR nicht lösbar. Aber bei $f(x) = x^2 - e^x$ kann man zeigen, dass man ein x_i findet mit $f(x_1) < 0$ und eines mit $f(x_2) > 0$ $\left(\text{z. B. } f(1) \text{ und } f(-1)\right)$. Damit muss zwischen x_1 und x_2 ein x_0 liegen mit $f(x_0) = 0$, also $f(x_0) = g(x_0)$, eine Schnittstelle.

2.2 Rechenfertigkeiten Analysis

Rechenfertigkeit	Lösungsmöglichkeit	Tipps	Beispiele und Lösungsmöglichkeiten
Einsetzen ist das Ersetzen (Austauschen) einer Variablen durch eine Zahl oder einen mathematischen Term. Das Einsetzen ist mit keiner Denkarbeit verbunden.	Der 1. Schritt ist nur das Ersetzen. Anstelle der Variablen wird eine Zahl oder ein Term gesetzt. Erst beim 2. Schritt wird vereinfacht, zusammengefasst und berechnet.	Je sturer Sie vorgehen, desto weniger Fehler werden Sie machen. Wenn Sie Zahlen einsetzen müssen, nehmen Sie die Zahl sofort in den Speicher des Rechners.	Gegeben sei die Funktionsgleichung $f_t(x) = tx\,e^{2t-3x}$. Berechnen Sie $f_2(-3)$; $f_{2-s}(s+1)$; $f'_{-1}(2)$ und $f_t(-x)$. **Lösung:** $f'_t(x) = e^{2t-3x} \cdot (t - 3tx)$ $f_2(-3) = -6\,e^{4+9} \approx 2{,}6 \cdot 10^6$ $f_{2-s}(s+1) = (2-s)(s+1) \cdot e^{(4-2s)-(3s+3)}$ $f'_{-1}(2) = e^{-8} \cdot 5 \approx 0{,}0017$ $f_t(-x) = t(-x) \cdot e^{2t+3x}$
Lösen von Gleichungen oder Bestimmen der Lösungsmenge ist ein Problem der Mittelstufenmathematik. Bei Schwierigkeiten müssen Sie unbedingt sofort alle Lücken schließen!	Die notwendigen Methoden zur Lösung stehen in Ihrer Formelsammlung. Entscheidend ist, wo die zu berechnende Variable „steht" (z. B. im Exponent, im Argument einer trigonometrischen Funktion, in der Basis …).	Bei Problemen bringen Sie alle Summanden auf eine Seite. Versuchen Sie dann, gemeinsame Faktoren auszuklammern, und setzen Sie die einzelnen Faktoren gleich null. Die Lösungen dieser Teilgleichungen sind die Lösungen der Gleichung.	1) $\frac{1}{8}x^4 - \frac{3}{2}tx^2 + \frac{5}{2}t^2 = 0$; 2) $3\,e^{2x-t} = 4$; 3) $\sin(3tx - 5) = \frac{\pi}{3}$ **Lösung:** 1) Substitution $u = x^2$ $\Rightarrow$ quadratische Gleichung mit Formel $\Rightarrow \begin{cases} u_1 = 10t \Rightarrow x_{1,2} = \pm\sqrt{10t} \\ u_2 = 2t \Rightarrow x_{3,4} = \pm\sqrt{2t} \end{cases}$ 2) Logarithmus (als Umkehrrechenart von e^x einsetzen) $x = \frac{1}{2}\left(\ln\frac{4}{3} + t\right)$ 3) Die Gleichung hat keine Lösung, da $\sin(3tx - 5) \le 1$, $\frac{\pi}{3}$ ist aber größer als 1!
Ableiten Ableiten müssen Sie bei jeder Aufgabe. Es lohnt sich, hier zu trainieren, aber Ableiten ist leicht: Ca. 10 Regeln (alle in der Formelsammlung) reichen voll aus.	Schauen Sie sich zunächst an, um was für eine Verknüpfung (+, –, ·, :) es sich handelt und ob eine Verkettung vorliegt. Dann mit den zugehörigen Regeln arbeiten (wie immer: Formelsammlung).	Quotientenregel immer anwenden, niemals auf Produktregel ausweichen. Nicht $f(x) \cdot \left(g(x)^{-1}\right)$ anstatt $\frac{f(x)}{g(x)}$! Reihenfolge: vereinfachen, ableiten, zusammenfassen	Eine Aufgabe mit Quotienten-, Produkt- und Kettenregel: $f_t(x) = \frac{\sin(\pi x) \cdot \sqrt{x^3}}{tx - 1}$ Regeln in der Formelsammlung nachschlagen! **Lösung:** $f'_t(x) = \frac{\left(\cos(\pi x) \cdot \pi \cdot \sqrt{x^3} + \sin(\pi x) \cdot 1{,}5x^{0{,}5}\right)(tx-1) - \sin(\pi x) \cdot \sqrt{x^3} \cdot t}{(tx-1)^2}$
Stammfunktionen sind Funktionen, deren Ableitungsfunktion die gegebene Funktion ergibt.	Entscheidend ist die Art der Funktion. Als Hilfsmittel haben Sie das algebraische Umstellen, die Substitution und die Produktintegration.	Die Vorbereitung ist mit Abstand das Wichtigste! Wenden Sie, wo möglich, die Potenzgesetze an: $\sqrt{3x} = \sqrt{3}\,x^{0{,}5}$; $\frac{2}{x} = 2x^{-1}$	$f_t(x) = \frac{x^2 - t}{3x^3}$; Lösung: Über $f_t(x) = \frac{1}{3}x^{-1} - \frac{t}{3}x^{-3}$ $\Rightarrow F_t(x) = \frac{1}{3}\ln\lvert x\rvert + \frac{t}{6}x^{-2}$ $f(x) = \frac{4x^2 + 2x + 1}{2x - 1}$ (Polynomdivision) $f(x) = 2x^2 + 2 + 3(2x-1)^{-1}$ $F(x) = \frac{2}{3}x^3 + 2x + 3\ln\lvert 2x - 1\rvert \cdot \frac{1}{2}$
Grenzwertbildung ist eigentlich das zentrale Problem der Oberstufenmathematik. Behalten Sie den Überblick, notfalls berechnen Sie einfach einige Werte mit dem Rechner.	Lernen Sie einige wenige Grenzwerte auswendig; zusammen mit dem unmathematischen Satz: „x im Exponent läuft schneller als jede Potenz von x und der ln läuft langsamer als jede Potenz" klappt es.	Bei der Grenzwertbildung nicht zu tief einsteigen! Der Taschenrechner, „unmathematische" Sätze und natürlich der Satz von L'HOSPITAL sowie die Formelsammlung reichen Ihnen.	$\lim\limits_{x \to \infty} \frac{2x^3 - 5x}{x^4 - 2x}$; Berechnen Sie 1) den Inhalt der Fläche zwischen der x-Achse, der Geraden $x = 1$ und 2) dem Graphen der Funktion $f(x) = \frac{1}{3x^3}$. Lösung: 1) $\frac{\frac{2x^3}{x^4} - 5\frac{x}{x^4}}{\frac{x^4}{x^4} - \frac{2^x}{x^4}} \Rightarrow \lim\limits_{x \to \infty} = 0$ 2) $A(z) = \int_1^z \frac{1}{3}x^{-3}\,dx \Rightarrow A(z) = \left[-\frac{1}{6}x^{-2}\right]_1^z = -\frac{1}{6z^2} + \frac{1}{6}$ $\Rightarrow \lim\limits_{z \to \infty} A(z) = \frac{1}{6}$

Tab. 2.1: Rechenfertigkeiten Analysis

2.3 Rechenfertigkeiten Geometrie

Bezeichnung	Beschreibung	Beispiel
Anwendung des Satzes von Pythagoras	Der Satz des Pythagoras dient zur Abstandsbestimmung zweier Punkte und damit auch zur Längenbestimmung einer Strecke. Insbesondere natürlich auch bei Höhen (und Seitenhöhen) von Körpern. 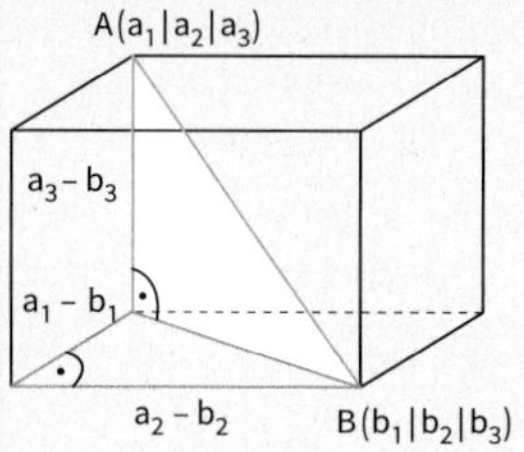 	$d(A, B) = d(B, A) = \sqrt{(a_1 - b_1)^2 + (a_2 - b_2)^2 + (a_3 - b_3)^2}$ mit $A(3 \mid -2 \mid 1)$ und $B(2 \mid 5 \mid -3)$ $\Rightarrow d(A, B) = \sqrt{1^2 + (-7)^2 + 4^2} = \sqrt{66}$
Koordinaten aus einer Vektorgleichung	Jede Vektorgleichung des Raumes ($\mathbb{R}^3$) kann als Gleichungssystem dreier linearer Koordinatengleichungen geschrieben werden. Diese bestehen aus reellen Zahlen und deren Platzhaltern und können algebraisch „bearbeitet" werden.	$3\vec{a} = \begin{pmatrix}-4\\5\\6\end{pmatrix} \Rightarrow \begin{cases}3a_1 = -4\\3a_2 = 5\\3a_3 = 6\end{cases}$
Lineare Abhängigkeit	Der Vektor $\vec{a}$ heißt von den Vektoren $\overrightarrow{b_1}$; $\overrightarrow{b_2}$; … $\overrightarrow{b_n}$ linear abhängig, wenn er als Linearkombination von $\overrightarrow{b_1}$; … $\overrightarrow{b_n}$ beschrieben werden kann. Das heißt: Ist $\vec{a} = r_1\overrightarrow{b_1} + \ldots + r_n\overrightarrow{b_n}$ mit $r_i \in \mathbb{R}$ lösbar, sind $\vec{a}$ und $\vec{b}$ linear abhängig; ist es nicht lösbar sind $\vec{a}$ und $\vec{b}$ linear unabhängig. Wichtig: Im $\mathbb{R}^2$ gibt es höchstens zwei, im $\mathbb{R}^3$ höchstens 3, im $\mathbb{R}^n$ höchstens n linear unabhängige Vektoren.	Ist $\begin{pmatrix}3\\-2\\1\end{pmatrix} = r_1\begin{pmatrix}1\\1\\-4\end{pmatrix} + r_2\begin{pmatrix}-1\\1\\2\end{pmatrix}$ lösbar? $\left.\begin{matrix}3 = r_1 - r_2\\-2 = r_1 + r_2\end{matrix}\right\} \Rightarrow r_1 = \frac{1}{2},\ r_2 = -\frac{5}{2}$ r_1 und r_2 in die 3. Gleichung eingesetzt: $1 = -4r_1 + 2r_2$ $\Rightarrow -4 \cdot \frac{1}{2} + 2 \cdot \left(-\frac{5}{2}\right) \neq 1$ ⇒ keine Lösung ⇒ der linke Vektor ist linear unabhängig bezüglich der Vektoren $\begin{pmatrix}1\\1\\-4\end{pmatrix}$ und $\begin{pmatrix}-1\\1\\2\end{pmatrix}$.
Linearkombinationen	Eine Summe von mit reellen Zahlen multiplizierten Vektoren heißt Linearkombination dieser Vektoren. $r_1\overrightarrow{a_1} + r_2\overrightarrow{a_2} + r_3\overrightarrow{a_3} + \ldots + r_n\overrightarrow{a_n}$ mit $r_i \in \mathbb{R}$ ist eine Linearkombination der Vektoren $\overrightarrow{a_1}, \overrightarrow{a_2}, \overrightarrow{a_3}, \ldots, \overrightarrow{a_n}$. Jeder Vektor ist darstellbar als Linearkombination jeder Basis des Vektorraums.	$\left.\begin{matrix}3\vec{a} + 2\vec{b} - 5\vec{c}\\-\vec{b} - \vec{c}\\\frac{1}{2}\vec{a} + \sqrt{5}\,\vec{b} - t\vec{c}\end{matrix}\right\}$ Linearkombinationen der Vektoren $\vec{a}, \vec{b}, \vec{c}$
Lösen linearer Gleichungssysteme	Man eliminiert über ein geeignetes Verfahren (Einsetzungsverfahren, Gleichsetzungsverfahren, Additionsverfahren) so viele Variablen wie möglich. „Rückwärts" werden die eliminierten Variablen dann berechnet. Lösung auch über GTR möglich.	$2x_1 + 3x_2 - x_3 = -7$ (①) $3x_1 - 2x_2 + x_3 = 10$ (②) $-x_1 + x_2 - 2x_3 = -9$ (③) ④ = ① + ②: $5x_1 + x_2 = 3$ ⑤ = 2① − ③: $5x_1 + 5x_2 = -5$ Und ④ − ⑤ ⇒ $x_2 = -2$; ⇒ $x_1 = 1$ und $x_3 = 3$

Bezeichnung	Beschreibung	Beispiel
Normieren	Die Richtung des Vektors belassen und die Länge „auf eins bringen", indem man ihn durch seine Länge teilt. Länge $\vec{a} = \lvert\vec{a}\rvert = \sqrt{a_1^2 + a_2^2 + a_3^2}$ $\Rightarrow \vec{a_0} = \frac{\vec{a}}{\sqrt{a_1^2 + a_2^2 + a_3^2}}$	$\vec{a} = \begin{pmatrix}3\\1\\5\end{pmatrix} \Rightarrow \vec{a_0} = \frac{1}{\sqrt{35}}\begin{pmatrix}3\\1\\5\end{pmatrix}$
Skalarprodukt	Das Skalarprodukt ist die einzige Verknüpfung, die zwei Vektoren eine reelle Zahl zuordnet. Es gibt (für jeden Vektorraum) unendlich viele definierbare Skalarprodukte, von denen für uns allerdings nur eines sehr wichtig ist.	Im rechtwinkligen Koordinatensystem gilt: $\begin{pmatrix}a_1\\a_2\\a_3\end{pmatrix} \cdot \begin{pmatrix}b_1\\b_2\\b_3\end{pmatrix} = a_1 \cdot b_1 + a_2 \cdot b_2 + a_3 \cdot b_3$ Zahlenbeispiel: $\begin{pmatrix}3\\-2\\1\end{pmatrix} \cdot \begin{pmatrix}2\\1\\3\end{pmatrix} = 6 - 2 + 3 = 7$
Orthogonalität (senkrecht)	Zwei Vektoren stehen senkrecht zueinander (sind orthogonal), wenn ihr Skalarprodukt null ist. $a \perp b \Leftrightarrow \begin{pmatrix}a_1\\a_2\\a_3\end{pmatrix} \cdot \begin{pmatrix}b_1\\b_2\\b_3\end{pmatrix} = a_1 b_1 + a_2 b_2 + a_3 b_3 = 0$ Zwei Geraden stehen senkrecht aufeinander, wenn das Skalarprodukt ihrer Richtungsvektoren null ist. Die senkrecht stehenden Geraden müssen sich nicht schneiden. Zwei Ebenen stehen senkrecht aufeinander, wenn das Skalarprodukt ihrer Normalenvektoren null ist. Eine Gerade steht senkrecht auf einer Ebene, wenn der Richtungsvektor der Geraden senkrecht auf jedem Richtungsvektor der Ebene steht oder parallel zum Normalenvektor der Ebene ist.	$g: \vec{x} = \begin{pmatrix}3\\4\\5\end{pmatrix} + t\begin{pmatrix}-1\\2\\1\end{pmatrix}$; $h: \vec{x} = \begin{pmatrix}1\\-2\\3\end{pmatrix} + s\begin{pmatrix}-1\\-1\\1\end{pmatrix}$ sind $\perp$, weil $\begin{pmatrix}-1\\2\\1\end{pmatrix} \cdot \begin{pmatrix}-1\\-1\\1\end{pmatrix} = 1 - 2 + 1 = 0$ gilt. E: $-x_1 + 2x_2 + x_3 - 2 = 0$ ist $\perp$ g, da $\vec{n} = \begin{pmatrix}-1\\2\\1\end{pmatrix}$ parallel zum Richtungsvektor der Geraden g 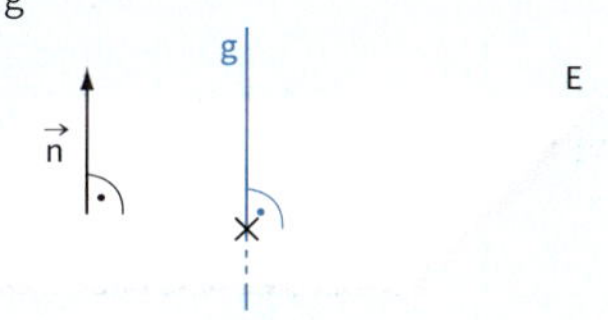
Winkelweiten	Über die Winkelfunktion cos und das zuvor beschriebene Skalarprodukt wird die Winkelweite zwischen zwei Vektoren bestimmt. $\cos\alpha = \frac{\lvert\vec{x} \cdot \vec{y}\rvert}{\lvert\vec{x}\rvert \cdot \lvert\vec{y}\rvert}$ $= \frac{\left\lvert\begin{pmatrix}x_1\\x_2\\x_3\end{pmatrix} \cdot \begin{pmatrix}y_1\\y_2\\y_3\end{pmatrix}\right\rvert}{\sqrt{x_1^2 + x_2^2 + x_3^2} \cdot \sqrt{y_1^2 + y_2^2 + y_3^2}}$ $= \frac{\lvert x_1 y_1 + x_2 y_2 + x_3 y_3\rvert}{\sqrt{x_1^2 + x_2^2 + x_3^2} \cdot \sqrt{y_1^2 + y_2^2 + y_3^2}}$ Man berechnet mit diesem Ansatz immer den kleineren der beiden Winkel zwischen zwei Vektoren.	Winkel zwischen $\vec{x} = \begin{pmatrix}1\\-3\\1\end{pmatrix}$ und $\vec{y} = \begin{pmatrix}2\\-1\\3\end{pmatrix}$ $\cos\alpha = \frac{\lvert 2 + 3 + 3\rvert}{\sqrt{11} \cdot \sqrt{14}} = \frac{8}{\sqrt{154}} \quad \lvert \cos^{-1}$ $\Rightarrow \alpha \approx 49{,}86°$ Wichtiger Spezialfall: $\cos\alpha = 0 \Leftrightarrow \alpha = 90°$ also wenn $\begin{pmatrix}a_1\\a_2\\a_3\end{pmatrix} \cdot \begin{pmatrix}b_1\\b_2\\b_3\end{pmatrix} = a_1 \cdot b_1 + a_2 \cdot b_2 + a_3 \cdot b_3 = 0$ $\Leftrightarrow \vec{a} \perp \vec{b}$ (Winkel zwischen Geraden, Ebenen, …)

Tab. 2.2: Rechenfertigkeiten Geometrie

2.4 Rechenfertigkeiten Stochastik

Was die Rechenfertigkeiten betrifft, sind hier nur die vier Grundrechenarten notwendig.

Die Probleme in diesem Fachgebiet liegen bei der Umsetzung der gestellten Aufgaben in die mathematische „Fachsprache", am Verstehen der Aufgaben und an der Fähigkeit, eine Aufgabe dem richtigen Modell zuzuordnen.
Das Training im Fach Stochastik unterscheidet sich deshalb grundlegend von dem der Analysis. Da gewisse Rechenschritte immer wieder vorkommen, hat man dafür Symbole eingeführt.

Die Symbole der Kombinatorik und deren Bedeutung und Berechnung (ganz gleich ob mit einem Tabellenbuch, mit dem Taschenrechner oder „zu Fuß") zu kennen, ist Grundvoraussetzung zur Lösung vieler Aufgaben.

- **n!** sprich: „n Fakultät" $= 1 \cdot 2 \cdot 3 \cdot \ldots \cdot (n-1) \cdot n$: Multiplikation aller natürlichen Zahlen von 1 bis n. Sonderfall $0! = 1$
- $\binom{n}{k}$ sprich: „n über k" $= \frac{n!}{k!\,(n-k)!}$
- **n-Tupel:** $(k_1 | k_2 | \ldots | k_n)$ ist eine geordnete Liste aus n Elementen. So bestehen zum Beispiel die Koordinaten eines Punktes in der Ebene aus einem 2-Tupel $(x_1 | x_2)$, die Punkte im Raum aus 3-Tupeln $(x_1 | x_2 | x_3)$.
- **Permutationen:** Anordnungsmöglichkeiten von n Elementen.
- **Kombinationen:** Zusammenstellung von k Elementen aus einer Menge von n Elementen $(n \geq k)$.
  Ohne Wiederholung: k verschiedene Elemente werden ausgewählt.
  Mit Wiederholung: Bei den k ausgewählten Elementen können Wiederholungen (gleiche Elemente) vorkommen $(k > n$ möglich).
- **Variationen:** Kombinationen unter Berücksichtigung der Anordnung („Reihenfolge ist wichtig").

Notwendige Regeln zur Kombinatorik

① Permutationen: n verschiedene Elemente: n!; m Gruppen mit $p_1, p_2, \ldots, p_m$ Elementen $(p_1 + p_2 + \ldots + p_m = n)$: $\frac{n!}{p_1! \cdot p_2! \cdot \ldots \cdot p_n!}$

② Kombinationen und Variationen: Jeweils k Elemente aus einer Menge von n Elementen.

	ohne Wiederholungen	mit Wiederholungen
Variationen (mit Anordnung)	$\frac{n!}{(n-k)!}$	n^k
Kombinationen (ohne Anordnung)	$\binom{n}{k}$	$\binom{n+k-1}{k}$

Tab. 2.3: Formeln zu Kombinationen und Variationen

Sie müssen die Berechnungen für n! und $\binom{n}{k}$ schnell und sicher über den Taschenrechner (oder von Hand) ausführen können.

③ Regeln für $\binom{n}{k}$ $(n, k \in \mathbb{N};\ n \geq k \geq 0)$: $\binom{n}{0} = 1$; $\binom{n}{n} = 1$; $\binom{n}{1} = n$;
$\binom{n}{k} = \frac{n!}{k!\,(n-k)!} = \binom{n}{n-k}$

6!	9!	1!	$\binom{10}{3}$	$\binom{20}{7}$	$3! \cdot \binom{9}{7}$	$\binom{10}{2} \cdot 0{,}3^2$	12! – 11!	$\frac{2! + 3! + 4!}{5!}$	0!
720	362 880	1	120	77 520	216	4,05	439 084 800	$\frac{32}{120}$	1 (Spezialfall)

Tab. 2.4: Beispiele

2.5 Allgemeines zum Lösen von Aufgaben

Die folgende Tabelle soll Ihnen als Richtlinie zur Lösung dienen:

Überblick Ganz wichtig!	Sie müssen wissen, was die Aufgabe beinhaltet, um die Zeit vernünftig einzuteilen. Es ist nicht mehr so, dass die einfacheren Fragen am Anfang und die schwierigeren am Schluss platziert sind.
Erfassen der Aufgabe	Vorsicht, es werden oftmals ganz andere Qualifikationen abgefragt als das Lösen innermathematischer Probleme. Das sture „Rechnen" ist dem Verständnis der Materie gewichen. Denken Sie auch an die Hilfsmittel Formelsammlung/Merkhilfe, Taschenrechner, GTR.
Zerlegung	Versuchen Sie, ein mathematisches Problem zu zerlegen. Gehen Sie von der Fragestellung aus: Was muss ich zeigen, erklären oder berechnen? Was für Wege sind überhaupt möglich? Was für Hilfen sind denkbar? Muss ich Zwischenschritte einfügen (z. B. ist eine Hilfsebene notwendig)? Welche Größen, die ich nicht kenne, muss ich bezeichnen (mit x, y, t, ...)?
Umsetzung	Sofern Sie die Aufgabe erfassen und zerlegen konnten, ist dieser Schritt eine reine Zuordnung eines sprachlichen Textes zu einer mathematischen Form. Bei Problemen erstellen Sie eine Skizze und tragen noch nicht verwendete Angaben der Aufgaben ein.
Ansatz	Ein „Ansatz" ist das Aufstellen eines problemgeeigneten mathematischen Terms. Sie müssen damit rechnen, dass Sie selbst herausfinden müssen, welcher Term geeignet ist.
Berechnung	Erst jetzt kommen die geübten Rechenfertigkeiten ins Spiel. Ab diesem Punkt sollten Sie keinen Fehler mehr machen, denn der Einsatz der Rechenfertigkeiten ist trainierbar.
Begründung	Begründungen, Beschreibungen, Erläuterungen, Erklärungen, Bewertungen, Verallgemeinerungen, Verzahnungen mit anderen Gebieten und Aufzeigen von Zusammenhängen gehören heute zu den Lösungsanforderungen. Lesen Sie die einzelnen Seiten dieses Bandes so durch, dass Sie jeweils am Schluss der Seite erklären können, was auf der Seite stand.
Lösung	Vergessen Sie nie, die gestellte Frage zu beantworten. Eine sauber geschriebene Lösung gehört mit zur Bearbeitung. Erklären Sie auch, welche Hilfsmittel Sie zur Lösung des Problems verwendet haben.

Tab. 2.5: Mögliche Schritte zur Aufgabenlösung

Probleme und Anwendungen

Auf den ersten Blick scheint jede bei einer Prüfung vorgelegte Aufgabe sich von allen durchgerechneten Übungsaufgaben stark zu unterscheiden.
Doch genau das stimmt nicht. Der Unterschied liegt nicht in der Mathematik (die ohnehin „stur" und ohne Ausnahme ist), sondern in der „Verpackung".
Beachten Sie: Ein anderer Text ist keine andere Aufgabe. Sie wissen doch, was Sie können und was gefragt wird.

Bis zu 75 % der Prüfungsaufgaben bestehen aus „Grundproblemen", deren Lösung sich trainieren lässt!

Es gibt nur sehr wenige (je nach grober oder feiner Differenzierung etwa zwischen 15 und 30) im Grundsatz verschiedene Anwendungen der Rechenfertigkeiten. Die „Verpackung" (die verbale Fragestellung) wird sich von Fall zu Fall (teilweise sogar stark) unterscheiden, aber der Lösungsweg ist so gut wie immer gleich. Wichtig ist, dass Sie den sinnvollen Einsatz der richtigen Rechenfertigkeiten erlernen. Eigentlich müsste bereits ein Wort genügen, um Sie bei den meisten Problemen „auf die richtige Spur" zu bringen.

Was damit gemeint ist, wird an einem einfachen Beispiel deutlich. Lesen Sie bitte die folgenden Aufgaben in aller Ruhe aufmerksam durch.

- Bestimmen Sie die Extrempunkte der gegebenen Funktion.
- Welche Bedingung muss t erfüllen, damit die gegebene Funktion zwei Extrempunkte hat?
- Welche Beziehung muss zwischen t_1 und t_2 gelten, damit die Extrempunkte der gegebenen Funktion zusammenfallen?
- Zeigen Sie, dass die gegebene Funktion keine Extrempunkte hat.
- Für welche t ist die Abszisse des Hochpunktes größer als die Abszisse des Tiefpunktes bei der gegebenen Funktionenschar?
- Zeigen Sie: Die gegebene Funktion hat nur dann 2 Nullstellen, wenn sie keinen Extrempunkt hat.
- Begründen Sie, dass für $t = 0$ die Funktion keinen Extrempunkt hat.
- Weisen Sie nach, dass die Ordinate des Tiefpunktes der gegebenen Funktion kleiner als 4 ist.
- Beweisen Sie: Der Hochpunkt jeder Funktion der Schar liegt im ersten Quadranten.

Lauter verschiedene Aufgaben. Oder etwa nicht? Nein, das mathematische Problem aller dieser Fragen ist der Extrempunkt. Alle Lösungen führen über denselben Rechengang, denselben Lösungsweg. Schon das Wort „Extrempunkt" oder „Hoch- bzw. Tiefpunkt" muss Ihnen zum Ansatz der Rechnung reichen: Sofort 1. Ableitung, Nullsetzen, 2. Ableitung, …

Tipp

Ein Wort muss Sie sofort auf den richtigen Weg lenken und starten lassen. Erst nach der Berechnung kümmern Sie sich um die gestellte Frage.

Sie müssen auf jeden Fall so beginnen, ganz gleich ob Sie die gestellte Frage verstehen oder nicht. Und erst nachdem Sie die Extrempunkte berechnet haben, versuchen Sie (notfalls mit einer Fallunterscheidung) die gestellte Frage zu beantworten.

Textaufgaben

Die offenere Aufgabenstellung ersetzt die früher üblichen Aufgaben, die in etwa so aussahen:

- Gegeben ist die Funktion $f(x) = \dots$ Ihr Graph sei K. Bestimmen Sie …
- Gegeben ist die Ebene E, der Punkt A und die Gerade g. Unter welchem Winkel schneidet g die Ebene E, …

Heute haben Sie es in der Regel mit Textaufgaben zu tun. Ein Problem wird beschrieben und Sie müssen den Text in die mathematischen Formen umsetzen. Ein Schritt, den Sie unbedingt schaffen müssen, sonst können Sie nicht mit der „Berechnung" beginnen und die Punkte sind weg.

Keine Angst vor Textaufgaben! Suchen Sie stets nach den mathematischen Grundlagen „hinter" dem Text.

Beherzigen Sie die folgenden Tipps:

- **Sie befinden sich in der Mathematik, also „mathematisieren" Sie die Objekte.** Ein gespannter Draht, ein Sonnenstrahl, eine Stange, … ist in der Mathematik eine Gerade; der Kirchturm, das Walmdachhaus, der Abwasserkanal … sind Körper – und zwar bekannte Körper, die Sie alle in der Formelsammlung oder Merkhilfe finden.
- **Lassen Sie sich nicht durch Worte wie „begründen Sie", „zeigen Sie", „schätzen Sie", von der Mathematik und der bisherigen Lösungsweise abbringen.** Alle diese Worte führen zum gleichen Ansatz und zur gleichen Berechnung.
- **Denken Sie positiv. Alles was gefragt wird, haben Sie schon behandelt.** Manchmal sehen Sie nicht sofort, welchem mathematischen Sachgebiet die Aufgabe zuzuordnen ist. Vielleicht ist der Lösungsgedanke, der Lösungsweg schwer zu erkennen. Aber Sie wissen, was der Aufgabensteller will und dass es mit Ihrem Wissen geht!
- **Lassen Sie sich von der Art der Fragestellung nicht verunsichern.** Suchen Sie das eigentliche mathematische Problem der Aufgabe und konzentrieren Sie sich auf Angaben, die zu Zahlen, Termen und/oder Gleichungen führen. Trennen Sie sich vom Begleittext.
- **Suchen Sie nach Worten, die auf ein mathematisches Teilproblem hinweisen.** Beispielsweise Ortskurve, Ebene, Flächeninhalt, Nullstelle …
- **Achten Sie bei Aufgaben, die Sie mit dem GTR oder dem TR lösen dürfen, auf die Fragestellung!** Heißt es „berechnen Sie" oder „geben Sie an", dürfen Sie den Rechner nutzen; bei „weisen Sie nach, dass" oder „bestimmen Sie den exakten Wert" müssen Sie „zu Fuß" rechnen!

Noch ein paar Beispiele zum besseren Verständnis:

Beispiel

Eine Population von Insekten besteht aus $4{,}5 \cdot 10^6$ Individuen. Vor 2 Jahren waren es noch $7{,}5 \cdot 10^6$ Individuen. Wann ist diese Population verschwunden, wenn man eine gleichmäßige (lineare) Abnahme voraussetzt?

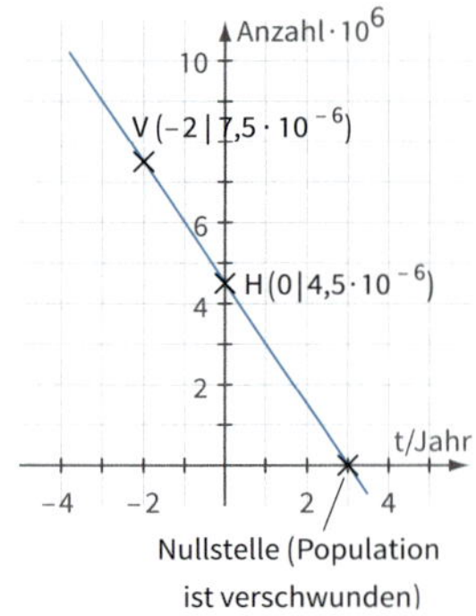

Lösungsweg: Die Zuordnung „heute $\Leftrightarrow$ $4{,}5 \cdot 10^6$" und „vor 2 Jahren $\Leftrightarrow$ $7{,}5 \cdot 10^6$" sind mathematisch gesehen zwei Punkte $H(0 \mid 4{,}5 \cdot 10^6)$ und $V(-2 \mid 7{,}5 \cdot 10^6)$. Gleichmäßige (lineare) Abnahme heißt: lineare Funktion, also Gerade.
Wann die Population verschwunden ist, ist eine Frage nach der Nullstelle. Die Skizze zum Problem zeigt dies deutlich.

Beispiel

Wo trifft der Schatten der Baumspitze auf die Hauswand?
Lösungsweg: Schnitt einer Ebene (= Hauswand) mit einer Geraden g durch den Punkt S in Richtung der Sonnenstrahlen.

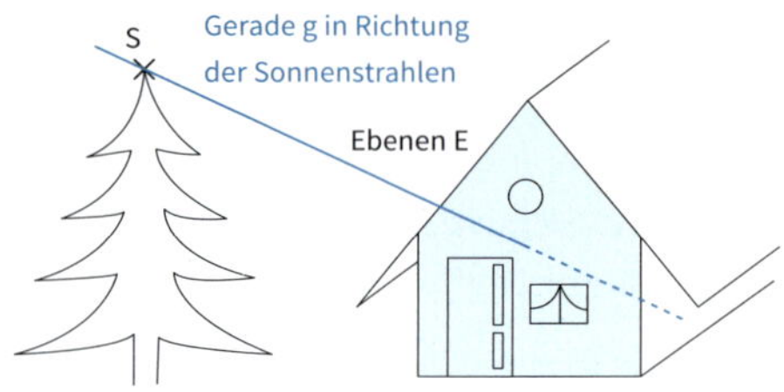

Überblick

Die grundlegenden Rechenfertigkeiten

- Können Sie die Rechenfertigkeiten der Analysis benennen?
- Den „Satz des Pythagoras", das „Normieren" und das „Skalarprodukt" sollten Sie kennen und anwenden können.
- Ist Ihnen der Unterschied zwischen Variationen und Kombinationen klar? Merken Sie sich bitte den richtigen Einsatz folgender Formeln:
  $\frac{n!}{(n-k)!}$; n^k; $\binom{n}{k}$; $\binom{n+k-1}{k}$.

Das Lösen von Aufgaben

- Haben Sie sich die Tabelle Tab. 2.5 auf Seite 23 angesehen und die wesentlichen Schritte verinnerlicht?
- Worauf kommt es beim Lösen von Textaufgaben besonders an?

Hilfen

3

Sie müssen die erlaubten Hilfsmittel in Ihrem eigenen Interesse gezielt nutzen. Ohne Training ist dies erfahrungsgemäß aber nicht möglich. Genau an dieser Stelle lohnt sich der Übungsaufwand wirklich. In diesem Kapitel gehen wir auf die erlaubten Hilfen ein.

3.1 Die verschiedenen Hilfsmittel

Art	Beschreibung	Einsatzmöglichkeit
Aufgaben-sammlungen	Alte Abituraufgaben mit Lösungen bieten viele Verlage an. Dank der EPA profitieren Sie eventuell auch von Aufgaben aus anderen Bundesländern.	In der Vorbereitungsphase (die nicht früh genug beginnen kann) immer. Wenn möglich, bitte eine Aufgabe immer ganz lösen, Sie erhalten dadurch ein Zeitgefühl. Möglichst neuere Aufgaben verwenden!
Fachlehrer/in	Die wichtigste Hilfe überhaupt. Nur er/sie kennt die Schwerpunkte, die zu setzen sind, und die Lücken, die Sie sich erlauben können.	Auf jeden Fall vor der Bearbeitung eines Kapitels. Jede Information spart Ihnen Zeit!
Formel-sammlung	Ein „Spickzettel", der immer hilft. Allerdings müssen Sie auch mit ihm arbeiten.	Bei jeder Hausaufgabe die Formelsammlung als Hilfe benutzen. Auch im Unterricht sofort nachsehen, wo die Hilfe zu finden ist.
TR/GTR	Der Taschenrechner beherrscht eigentlich die gesamte Schulmathematik.	Den TR/GTR müssen Sie immer nutzen! Nehmen Sie aber nur den Rechner zur Hand, den Sie auch bei Prüfungen nutzen dürfen.
Merkhilfe	Eine sehr ausgedünnte Formelsammlung.	Mehrmals durchlesen und merken, wo sie helfen kann.
Modelle	Viele Modelle sind erlaubt. Nutzen Sie sie aus.	Bei der Vorbereitung, bei den Hausaufgaben, im Unterricht.
Skizzen	meist ist 2D besser als 3D; wichtig ist die Klarheit und Übersichtlichkeit.	Universal bei fast jedem mathematischen Problem einsetzbar.
Taschenrechner	Der „normale" Schultaschenrechner ist oftmals unentbehrlich.	Bei allen Berechnungen, insbesondere natürlich bei Exponential- und trigonometrischen Funktionen.
Fachbücher	Außer dem eingeführten Lehrbuch gibt es noch eine Vielzahl anderer Lehrbücher. Sehen Sie mal in der Schul- oder Stadtbibliothek nach.	Lesen Sie auch mal ein anderes Lehrbuch. Wenn mit anderen Worten, anderen Beispielen, anderen Argumenten erklärt wird, erweitert sich auf jeden Fall das Verständnis.

Tab. 3.1: Hilfsmittel

3.2 Test: Umgang mit Hilfsmitteln

Haben Sie Bleistift und Papier parat? Ein klein wenig Mathematik wird Ihre Laune verbessern und Ihnen Spaß machen. Beantworten Sie einfach die 10 gestellten Fragen, die Antworten finden Sie unten (bitte abdecken).

Aufgaben

Bearbeiten Sie die Aufgaben 6 und 7 nur dann, wenn Sie einen GTR haben bzw. benutzen dürfen.

1. Wie berechnet man den Flächeninhalt eines Drachens?
2. Geben Sie die Werte cos 20° (Gradmaß) und cos 3,001 (Bogenmaß) an.
3. Berechnen Sie auf 8 Dezimalen genau den Term $2{,}735 \cdot e \cdot \pi \cdot \sqrt{3}$.
4. Bilden Sie aus der Differenz $a^n - b^n$ ein Produkt.
5. Geben Sie die Koordinatengleichung eines Kreises in der x_1-x_2-Ebene an.
6. Berechnen Sie den Flächeninhalt der Fläche zwischen den Geraden $x = 2$; $y = 0$; $x = 5$ und dem Graphen der Funktion $f(x) = \frac{2e^{1+x}}{x^3 - 2x}$.
7. Wie oft schneiden sich die Graphen der Funktionen $f(x) = 4\sin(x-3)$ und $g(x) = x^3 - e^x$? Geben Sie den Schnittpunkt S mit der größten Abszisse auf zwei Dezimalen genau an.
8. Was versteht man unter dem empirischen Gesetz der großen Zahlen?
9. Geben Sie die Formel von Bayes an.
10. Geben Sie eine Stammfunktion der Funktion $f(x) = \frac{1}{\cos x}$ an.

Lösungen:

1. $A = 0{,}5 \cdot e \cdot f$ mit den Diagonalen e und f (Formelsammlung)
2. $\cos 20° \approx 0{,}9396926208$ und $\cos 3{,}001 \approx -0{,}9901331216$ (TR)
3. 40,45407848 (TR)
4. $a^n - b^n = (a-b) \cdot (a^{n-1} \cdot b^0 + a^{n-2} \cdot b + a^{n-3} \cdot b^2 + \ldots + a \cdot b^{n-2} + a^0 b^{n-1})$
   (In einigen Formelsammlung unter „Termumformungen“)
5. $(x_1 - m_1)^2 + (x_2 - m_2)^2 = r^2$ (Formelsammlung)
6. $\int_2^5 f(x)\,dx = 17{,}7724539$ (GTR)
7. Die Graphen schneiden sich zweimal. Gesuchter Schnittpunkt:
   $S(4{,}39 \mid 3{,}94)$ (GTR)
8. Wird ein Zufallsexperiment sehr häufig durchgeführt, so nähern sich die realtiven Häufigkeiten der Ereignisse E in der Nähe einer festen Zahl z(E). (Formelsammlung)
9. $P(B/A) = \frac{P(B)}{P(B) \cdot P(A/B) + P(\overline{B}) \cdot P(A/\overline{B})} \cdot P(A/B)$ (Formelsammlung)
10. $\ln\left|\tan\left(\frac{x}{2} + \frac{\pi}{4}\right)\right|$ (Formelsammlung)

3.3 Die Formelsammlung/Merkhilfe

Mit der Formelsammlung (damit ist nachfolgend auch immer die Merkhilfe gemeint) ist ganz offiziell ein „Spickzettel“ bei der Prüfung erlaubt, den Sie in dieser Vollkommenheit und Ausführlichkeit kaum selbst herstellen könnten. Eine Formelsammlung stellt ein ungeheuer stabiles Netz dar, das Sie immer wieder auffängt. Einige Seiten bzw. Themen müssen Sie auf alle Fälle durcharbeiten und im Notfall „blind“ finden. Achten Sie auch auf unterschiedliche Formulierungen im Vergleich zu Ihrem Unterricht. Die folgende Tabelle listet die wichtigsten Seiten auf: Sie sollten die entsprechenden Seiten Ihrer Formelsammlung hier eintragen.

Sehen Sie sich in der Formelsammlung immer auch die Skizzen an! Sie helfen, die dargestellte Formel und die darin vorkommenden Variablen besser zu verstehen.

Seiten aus Formelsammlungen	Ihre FS	FS Schroedel
Ableitungen, Stammfunktionen, Integral		38, 46 f.
ebene Figuren (Dreiecke, spezielle Vierecke)		22 ff.
Ebenen		54 ff.
Flächenberechnung		25, 47
Flächensätze (Pythagoras, Höhen-Kathetensatz)		22
Folgen, Reihen		32
Funktionen		10 ff.
Geraden, Steigung		10
Grenzwerte		32 ff.
Kegelschnitte		60
Körper (Quader, Kegel, Prisma, Pyramide, Kugel)		26 f.
Kreise, Kreisausschnitt, Kreisabschnitt		18, 25, 58
Kurvendiskussion		40 f.
Matrizen		62 f.
physikalische Größen und Einheiten		90 f.
Potenzen, Wurzeln, Logarithmen		8
Prozent-, Zinsrechnung, Rentenformeln		9
Rotationskörper		49
Sätze zur Integration, numerische Integration		46 ff.
Statistik		76
Strahlensätze		21
Termumformungen, binomische Formeln, quadratische Gleichungen		6, 11
Trigonometrie, Winkel, Winkelfunktionen		15 ff.
Vektoren		50 ff., 62
Wachstumsfunktionen		14
Wahrscheinlichkeit, Kombinatorik		30, 71

Tab. 3.2: Wichtige Themenbereiche, die Sie in Ihrer Formelsammlung finden sollten
FS Schroedel: Seitenzahl Schroedel (Formelsammlung für Gymnasien ISBN 978-3-507-73019-9)

3.4 Der Taschenrechner

Auch wenn Ihnen kein grafikfähiger Taschenrechner, sondern nur ein ganz „normaler" Taschenrechner zur Verfügung steht, haben Sie ein Hilfsmittel zur Hand, das weit mehr kann als der erste Blick vermuten lässt. Da es Aufgaben gibt (insbesondere im Bereich der Wahrscheinlichkeit und Statistik), die ohne den TR nicht zu lösen sind, müssen Sie sich in den Rechner einarbeiten. Tun Sie es sofort und intensiv. Ohne TR sind Sie im Wahlteil oftmals chancenlos!
Die Tabelle der beiden folgenden Seiten soll Ihnen dabei helfen. Sie ist nicht vollständig, deckt aber einen großen Teil der üblichen Rechnereinsätze ab. Für Sie ist dies ein absolutes Minimalprogramm, das Sie unbedingt vollständig durcharbeiten müssen.
Um möglichst vielen Lesern zu helfen, stellen wir die vier gebräuchlichsten Rechner vor, die für die Abiturprüfung geeignet sind. Was sie können sollen und müssen, ist bei allen zu 100 % abgedeckt. Mit keinem der Rechner sind Sie benachteiligt, akzeptieren Sie den in Ihrer Schule eingeführten Rechner und beginnen Sie mit dem Training. Am besten sofort!
Lesen Sie nicht einfach durch, was Ihr Rechner kann, sondern testen Sie sein Können! Benützen Sie die Tasten, und zwar jede Einzelne. Oft sind die Tasten doppelt belegt, die Zweitbelegung ist oberhalb der Taste (meist farbig) angegeben, mit *2nd* bei Texas Instruments, *SHIFT* beim Casio und *2nd* F beim Sharp. In der Tabelle auf den beiden nächsten Seiten steht dafür (für alle 4 Rechner) **2 ohne Klammer** (z. B.: Sie müssen bei 2 [%] beim TI 30 [2nd] [%] drücken.).

Der TI-30 MultiView hat außer den 2nd-Belegungen, die blau oberhalb der weiß beschriebenen Tasten stehen, auch Tasten mit Doppelbelegungen. Durch zusätzliches Drücken der Taste erscheint die nächste Belegung.
Vorsicht, Ihr Rechner ist nicht für die Abi-Prüfung zugelassen, Sie erhalten für die Prüfung einen identischen Rechner. Im Deckel steckt eine Hilfe, die z. B. die Mehrfachbelegungen auflistet, auf die Statistik und die Tabellen eingeht und die Umrechnung der Konstanten zeigt. Ich bin mir nicht sicher, ob diese Hilfe bei der Prüfung erlaubt ist. Bitte fragen Sie Ihre Fachlehrerin/Ihren Fachlehrer.

Der TI-30X Plus MathPrint von Texas Instruments ist der Nachfolger des TI-30X Plus MultiView, er ist für die Abiturprüfung zugelassen. Die allermeisten Tasten sind genau gleich wie beim Vorgänger belegt. Es existiert keine Hilfe im Deckel.

Der fx-87DE PLUS von Casio wurde als Schulrechner speziell für Bayern und Baden-Württemberg entwickelt. Im Deckel klebt eine Hilfe, fragen Sie Ihre Fachlehrerin/Ihren Fachlehrer, ob diese in der Prüfung erlaubt ist.

Der EL-W550XG von Sharp wurde ebenfalls für die veränderten Prüfungsbedingungen in Bayern und Baden-Württemberg konzipiert. Er ist sehr leistungsstark im Bereich Stochastik und Statistik und mit absichtlich kleinem Funktionsumfang in den Gebieten Analysis und Geometrie (die Vorgaben der Ministerien). Er verfügt über zwei Rechnereinstellungen, die über [SET UP] [2] eingestellt werden:

- Im *WriteView-Modus* wird alles so dargestellt, wie es auch geschrieben wird. Kein Zeilenumbruch, der Term rückt nach links.
- Im *Line-Modus* sind alle Zeichen in einer Zeile (auch Brüche und Wurzeln!). Ein Term wird in der nächsten Zeile fortgesetzt.

Problem	 **TI-30X Plus MultiView**	 **TI-30X Plus Math Print**	 **fx-87DE PLUS Casio**	 **EL-W550XG Sharp**
minus [–]; [(–)]	Es gibt zwei Minuszeichen: das „Rechenminus" und das (geklammerte) „Vorzeichenminus".			
ANS	Ist das Ergebnis der letzten Rechnung. Damit kann man stets weiterrechnen.			
Ausschalten	2nd [off]	2 [off]	2 [AC]	2 [off]
Bildschirm löschen	[clear]	[clear]	[AC]	
Binomialverteilung pdf Einzelwerte cdf Summe ab 0	2[stat-reg/distr] [DISTR] [1] pdf oder [2] cdf	2[stat-reg/distr] [DISTR] [4] pdf oder [5] cdf	[MODE] [4] [4] Einzelwert [ ], [1] Summenwerte	[MODUS] [3] 3 pdf (Einzelwert 3 cdf (Summe ab 0)
Bruch ↔ Dezimalzahl	2 [f< >d]	2 [f< >d]	[S ⇔ D]	[Chance] oder [SET UP] [3]
Bruchrechnen	[□/□] Zähler [v] Nenner dann [>] dann weiter	[□/□] Zähler [v] Nenner dann [>] dann weiter	[□/□] Zähler [v] Nenner dann [>] dann weiter	[a/b] mit Pfeiltasten Doppelbrüche möglich
Dezimalzahlen	mit Punkt	mit Punkt	mit Komma	mit Komma
Einheiten umrechnen	2 [convert] Auswahl 1 bis 5 40 Umrechnungen	2 [convert] Auswahl 1 bis 5 40 Umrechnungen	Wert [ALPHA] [>CONV] Zahl entsprechend der Tabelle in Anleitung	2 [EINH] bietet 44 Umrechnungen
Einschalten	[on]	[on]	[ON]	[ON/C]
Ergebnisanzeige	In Rechenzeile	In Rechenzeile	Unterste Zeile rechts	Unterste Zeile rechts
Exponentielle Darstellung	Hochahl [EE] Zahl Oder [MODE] [SCI]	Hochahl [EE] Zahl Oder [MODE] [SCI]	Zahl [=] [ENG]	[SET UP] [1] [1]
Fakultät !	Zahl [!]	Zahl [!]	Zahl 2 [!]	Zahl 2 [n!]
Festkomma	[MODE] Float dann Dezimalstellen	[MODE] Float dann Dezimalstellen	2 [SET UP] 6	[SET UP] [1] [0]
Gemischte Brüche	2 [□ □/□] dann Zahl	2 [□ □/□] dann Zahl	2 [□ □/□]	2 [$a\frac{b}{c}$]

Problem	**TI-30X Plus MultiView**	**TI-30X Plus Math Print**	**fx-87DE PLUS Casio**	**EL-W550XG Sharp**
ggT (nur 2 Zahlen)	[math] [3] -> gcd(	[math] [3] -> gcd(	[Alpha) [LCM]	Zahl 2[ggT] Zahl
Gradmaß, Radiant	DEG ist Gradmaß. RAD ist Bogenmaß. (GRAD ist Neugrad 400° im Kreis; nicht verwenden!)			
Hierarchie	Klammer vor „hoch" vor „Punkt" vor „Strich"			
Hochzahlen, Exponenten	Basis [$x^{\square}$] Exponent	Basis [$x^{\square}$] Exponent	Basis [$x^{\square}$] Exponent	Basis [y^x] Exponent
Kehrwert	2[$\frac{1}{\square}$]	2[$\frac{1}{\square}$]	[x^{-1}]	2[x^{-1}]
kgV (nur 2 Zahlen)	[math] [2] -> lcm(… 2 Zahlen durch 2 [,] getrennt	[math] [2] -> lcm(… 2 Zahlen durch 2 [,] getrennt	[ALPHA] [GCD] (… 2 Zahlen durch 2 [;] getrennt	Zahl 2 [kgV] Zahl
Kombinationen nCr	Zahl 2mal [!] Zahl	Zahl 2mal [!] Zahl	Zahl 2 [nCr] Zahl	Zahl 2 [BinKo] Zahl
Konstanten	2 [constants] 21 Konst. scrollen!	2 [constants] 21 Konst. scrollen!	2 [CONST] scrollen	2 [KONST] scrollen der 52 physikalischen Konstant.
Listen	[data] Navigieren mit Pfeiltasten	[data] Navigieren mit Pfeiltasten	[MODE] [2] [1]	[MODUS] [1] [0]
Logarithmus	[ln] (basis e), [log] basis 10	[ln] (basis e), [log] basis 10	[ln] basis e, [log]basis10 [log] für jede Basis	[ln] (basis e),[log] basis 10 [2] [logx] basis [ ] Potenz
Löschen	[clear] Variable löschen: 2 [clear var]	[clear] Variable löschen: 2 [clear var]	[AC] und 2 [CLR]	[ON/C] aktuelle Anzeige 2[CA] letztes Ergebnis 2[M-CR] 3 Möglichkeiten
Löschen ein Zeichen	[delete]	[delete]	[DEL]	[2][ENTF]
Mehrzeilenplayback				[ON/C] dann Pfeiltaste
MODE/MODUS	Umstellungen: Grad, …Komma, …Classic, MathPrint	Umstellungen: Grad, …Komma, …Classic, MathPrint	Wahrscheinlichkeit, Statistik, Tabelle, Verif	Normal, Wahrscheinlichk. Statistik, Kopfrechnen, Tabelle
Navigationstasten	Oben rechts grau	Oben rechts grau	Oben Mitte blau	Oben Mitte weiß
n-te Wurzel	n 2 [$\sqrt[\square]{\square}$] Zahl	n 2 [$\sqrt[\square]{\square}$] Zahl	n 2 [$\sqrt[\square]{\square}$] Zahl	n 2 [$\sqrt[x]{\square}$] Zahl
Operationen definieren Operationen ausführen	2 [setop] Zahl 2 [op]	2 [setop] Zahl 2 [op]		
Permutationen nPr	Zahl 3mal [!] Zahl	Zahl 3mal [!] Zahl	Zahl 2 [nPr] Zahl	Zahl 2 [Permut] Zahl
Potenzieren (auch mit negat. und Bruchzahlen)	Zahl [$x^{\square}$]	Zah [$x^{\square}$]	Zahl [$x^{\square}$]	Basis [y^x] Exponent
Primfaktorzerlegung			Zahl [enter] 2 [FACT]	Zahl 2 [Prim]
Protokollspeicher	[Δ]	[Δ]	[Δ]	
Prozentrechnen	[2] [%]	[2] [%]		2 [%]

Problem	TI-30X Plus MultiView	TI-30X Plus Math Print	fx-87DE PLUS Casio	EL-W550XG Sharp
Regressionen	[data] Werte in L_1,L_2 2 [quit] 2 [stat-reg/ distr] auswählen mit [CALK) starten	[data] Werte in L_1,L_2 2 [quit] 2 [stat-reg/ distr] auswählen mit [CALK) starten	[Mode] [2] FKT, Werte in Liste, [AC], 2[STA/ DIST] [1], [=], dann ab 2…B,…	[MODE] [1] , dann aussuchen, welcher Funktionstyp über 0 bis 7
Reset	2 [reset]	2 [reset]	2 [CLR)	2 [M-CR] [2]
Speicher raus	2 [recall] dann auf Variable scrollen	2 [recall] dann auf Variable scrollen	RCL „roter Buchstabe" A,B,… ohne ALPHA	[RCL] grüner Buchstabe oder [ALPHA] Buchst. [=]
Speichern	Zahl [sto->] $\left[X\frac{yzt}{abcd}\right]$ 8 Speichervariablen	Zahl [sto->] $\left[X\frac{yzt}{abcd}\right]$ 8 Speichervariablen	Zahl 2[STO] „roter Buchstabe" ohne ALPHA	Term [STO] grüner Buchstabe
Statistik	[data] Werte in L_1 2[stat-reg/distr] [CALK] Mit den Elementen: Σx; Σx^2; n, x, σx, sx min, max, med, Q_1, Q_3	[data] Werte in L_1 2[stat-reg/distr] [CALK] Mit den Elementen: Σx; Σx^2; n, x, σx, sx min, max, med, Q_1, Q_3	[MODE] [2][1] [AC] 2[STAT/DIST] Eingabe: [2] dann[AC] [3]: Summe, Summe^2 [4]: n, x, σx, sx [5]: min,max,med,Q_1,Q_3	[MODUS] [1] [0] ist der Statistikmodus. X Urliste Anz: Eingabe absol. Häufigk. Dann [ALPHA] [4] od [5] od [6] od [0]
Syntaxfehler	[clear] Cursor-> Fehler	[clear] Cursor-> Fehler	[Pfeil] Cursor -> Fehler	
Tabelle, Wertetabelle	[table] [2] f(x) mit [X] [enter] Setup [CALC]	2 Tabellen mögl. (f,g,) [table] [1] f(x),g(x) [enter] Setup [CALC]	[MODE] [3] Funktion Startwert, Endwert, Schrittweite	[MODUS][4], Funktion Startwert, Endwert, Schrittweite
Trigonometrische Funktionen	sin, cos, tan Umkehrfunktion auf gleicher Taste mit 2	sin, cos, tan Umkehrfunktion auf gleicher Taste mit 2	sin, cos, tan Umkehrfunktion über 2	sin, cos, tan Umkehrfunktion auf gleicher Taste mit 2
Variable	[x] aus Mehrfachtaste	[x] aus Mehrfachtaste	Alpha [x]	[ALPHA] [x]
Verlassen eines Programms	2[quit]	2[quit]		
Winkelmodus: DEG ist Gradmaß RAD ist Bogenmaß	[mode] [DEG]; [RAD)	[mode] [DEG]; [RAD)	2 [SET UP] ; [3] Gradmaß oder [4] Bogenmaß	[SET UP] [0] Umrechnung: 2[DRG]
Zahlensysteme	2 [base n]	2 [base n]	[MODE] [6] [->DEC]; [->HEX] [->BIN]; [->OKT]	2 [->HEX];[->BIN]; [->DEC]; [->OKT];[->PEN]
Zeitenumrechnung h,min,sec ⇔ Dezimal				Zahl[DMS]Zahl[DMS] Zahl[DMS] Zahl [=] Umrechnung [⇔DEG]
Zufallszahl	2 [random]	2 [random]	2 [RAN#] [=]	2 [ZUFALL)

3.5 Der grafikfähige Taschenrechner (GTR)

Die folgenden Angaben entsprechen dem GTR TI-83 Plus der Firma Texas Instruments. Sofern Sie einen anderen GTR benutzen, sollten Sie diese und die beiden folgenden Seiten entsprechend ändern und natürlich mit Ihrem Rechner üben.

Problem	Eingabe [...] am TI-83 Plus	Erklärung
Ableitungsfunktion grafisch darstellen	[Y] ; [Y_2] [MATH]; [nDerive] ; [ENTER] ; [VARS] ; [Y-Vars] ; [1:Funktion] ; [Y1]; [,] [X,T,ϴ,n] ; [,] ;[X,T,ϴ,n] ; ; [)] [ENTER] Vor der grafischen Bestimmung muss die Randfunktion in Y_1 eingegeben sein.	Speichert die Ableitungsfunktion f' (x) der in Y_1 gespeicherten Funktion f(x) und kann über [Graph] im Display angesehen, über [Trace] bestimmt werden und über [Table] als Tabelle eingesehen werden.
Anzeigefenster ändern	über [WINDOW] oder [ZOOM]	Mit WINDOW ist die Übersicht besser und man kann gezielter vorgehen.
Approximieren	x- und y- Werte über Liste L_1, L_2 eingeben. [STAT] [CALC] dann Art der Funktion [ENTER] L_1, L_2, Y_1 [Y =] [ENTER] [VARS] 5 [▹] [▹] 7	Nähert an die Punkte der Listen eine Funktion an, gibt Koeffizienten an und speichert Funktion in Y_1.
Betrag	[MATH] ; auf NUM ; [abs]	
Binomial-/Normalenverteilung	[DISTR]	Gibt jeweils Einzelwerte (pdf) u. die Summenwerte ab null (cdf) an.
Cursor auf dem Graphen bewegen	[TRACE] Befehl, wenn das Display das Schaubild anzeigt.	Die Koordinaten des Punktes auf dem der Cursor steht, können abgelesen werden; Wechsel zu anderem Graph mit den Pfeiltasten ↑ und ↓
Extremstellen und Extremwerte bestimmen	[CALC] ; [MIN] oder [MAX] Schaubild anschauen, da ein Suchintervall angegeben werden muss.	Vorsicht, im Suchintervall des GTR darf keine Definitionslücke liegen!
Flächeninhalte	[CALC] ; [∫ f(x) dx] ; dann die Grenzen angeben. Vorsicht: Flächenteile unter der x-Achse sind negativ.	über die Betragsfunktion (auch zwischen zwei Graphen) [MATH] ; [abs]
Folgen (Tabellen und Schaubilder)	[MODE] 4. Zeile auf [Seq] ; [ENTER]. Eingabe über [Y=]	n über [X,T,ϴ,n], u über [2nd] [7] Schrittweite über [TBLSET] Folgen können rekursiv und explizit eingegeben werden
Funktionenscharen über Liste	Parameterwerte in Liste L_i eingeben. Funktionsterm in [Y=] eingeben, anstatt Parameter L_i schreiben	sicherer und mit weniger Aufwand → Kurvenscharen
Funktionsgleichung in Menü	Die Funktionsgleichung Y_1 geben Sie über [VARS] dann Y-Vars, 1: Funktion [Enter] und dann die entsprechende Funktion ein	
Geraden	[DRAW]; [HORIZONTAL] zeichnet auf dem Display Parallele zur x-Achse [DRAW]; [VERTIKAL] zeichnet auf dem Display Parallele zur x-Achse beide sind mit der Pfeiltaste verschiebbar	
Gleichungen lösen	[MATH] ; [Solver ...] [ENTER] dann Gleichung eingeben [ENTER], Startwert eingeben	Gibt nur eine Lösung an. Weitere Lösungen durch Startwertänderungen. Übersichtlicher: als Funktion eingeben und Nullstellen suchen.

Problem	Eingabe [...] am TI-83 Plus	Erklärung
Graphikstil	[Y=], dann Cursor links von y_i und mit [ENTER] gewünschte Graphik einstellen	
Integrale berechnen	[CALC] ; [∫f(x) dx] gibt den Wert Integrals an.	Fläche wird schraffiert; schraffiert Fläche, aber berechnet keinen Wert bei einem Pol im Intervall.
Integralfunktion grafisch darstellen	[Y] ; [Y2] [MATH]; [fnInt] ; [ENTER] ; [VARS] ; [Y-Vars] ; ; [1:Funktion] ; [Y_1] ; [,] [X,T,ϴ,n] ; [,] ;[z] ; [X,T,ϴ,n] ; ; [)] [ENTER] mit z als untere Grenze Vor der grafischen Bestimmung muss die Randfunktion in y_1 eingegeben sein.	Speichert die Integralfunktion der in Y_1 gespeicherten Funktion f(x) und kann über [Graph] im Display angesehen, über [TRACE] bestimmt und über [TABLE] als Tabelle eingesehen werden.
Kombinatorik	[MATH] [PRB]	wichtig sind die Nummern 2, 3, 4
Kurvenschar zeichnen	Anstelle des Parameters eine Liste in geschweiften Klammern eingeben; z. B.: [Y=] [X,T,ϴ,n] [∧] [{] [−2, 2, 5] [}] zeichnet $y = x^{-2}$; $y = x^2$ und $y = x^5$.	
Kurvenuntersuchung	[CALC] , dann die gewünschte Betrachtung eingeben	Funktionswerte, Nullstelle; Minimum; Maximum
Lineares Gleichungssystem lösen	[MATRIX] ; auf EDIT, Name aussuchen [ENTER], Anzahl Zeilen [ENTER] Anzahl Spalten [ENTER] Eingabe der Elemente. Rechte Spalte sind Zahlen rechts vom Gleichheitszeichen [MATRIX] auf MATH, dann Name [ENTER] [>] [ENTER]	
Listen erstellen	[STAT] ; in EDIT [ENTER] ; dann Zahlen eingeben	auch innerhalb geschweifter Klammern möglich, Listenglieder durch Komma trennen
Löschen	[CLEAR] löscht Display [MEM] dann 4 löscht alle Listen	[MEM] dann 7, dann 1, dann 2 löscht den RAM-Speicher
Nullstellen ermitteln	[CALC] ; [zero] Grenzen und Tipp angeben	Bei jeder eingegebenen Funktion möglich, auch ∫f(x) und f′(x)
Schaubild von f(x)	[Y=] ; dann bei Y_i Funktionsgleichung eingeben. Variable x über [X,T,ϴ,n]	Sie können mehrere und verschiedenste Funktionen eingeben.
Schnittpunkte	[CALC]; [Schnittstelle mit Pfeiltaste Funktionen auswählen]	Anzahl der Schnittstellen nur aus Graph ersichtlich.
Speichern	[STO] ; [ALPHA] ; [A] speichert den aktuellen Wert in den Speicher A	[RCL] ; [ALPHA] ; [A] holt den in A gespeicherten Wert
Steigung an einem Punkt bestimmen	[CALC] ; [dy/dx] ; [ENTER] mit Cursor auf Punkt des Graphen, Steigung wird angegeben	Alternativ über [MATH]
Tabellen eingeben	Über Listen: [STAT] ; [EDIT]; [ENTER], x-Werte in L_1; y-Werte in L_2	Zeichnen über [STATPLOT] Approximieren: [STAT]; [CALC]
Tangenten bestimmen	[TRACE] und Cursor auf den Berührpunkt, [DRAW] [Tangente]; zweimal [ENTER]	Graph auf Display
Umstellen Bogenmaß – Gradmaß	[MODE] dann mit Cursor auf Bogenmaß oder Grad, dann [ENTER]	Umrechnung über $\frac{360°}{2\pi} = \frac{\text{Grad}}{\text{Bogen}}$
Variablen eingeben	Mit [X,T,ϴ,n] wird x im Funktionsmodus und n im Folgenmodus (MODE), (4) eingegeben	
Wertetabellen	Funktionsgleichung über [Y=], dann [Table]	

Tab. 3.3: Probleme, die mit dem GTR gelöst werden können

3.6 Skizzen

Sofern es Ihnen nicht sofort gelingt, die gestellten Aufgaben in die notwendige mathematische Form zu bringen, oder wenn Sie die Aufgabe nicht sofort überblicken, dann hilft eigentlich nur eine Skizze. Eine Skizze ist hier aber keine zeichnerische Darstellung eines Körpers oder Objekts, sondern eine **Darstellungshilfe**. Versuchen Sie einfach, das Problem einmal zeichnerisch darzustellen. Sie sehen schon nach wenigen Aufgaben, dass das gut geht, und dass diese Skizzen sehr wertvoll sind.

Aufgabe	**Gedanken zur Skizze**	**Skizze zum besseren Verständnis**
Bei drei Würfelkanten, die einen gemeinsamen Eckpunkt haben, werden die Mitten markiert. Die Ebene durch diese drei Punkte teilt den Würfel in zwei Teile. Wie verhalten sich die Volumen dieser Teilkörper?	Wenn Sie sich dieses Problem ohne Skizze vorstellen können, haben Sie ein sehr gutes räumliches Sehvermögen. Ansonsten hilft ein Schrägbild als Skizze.	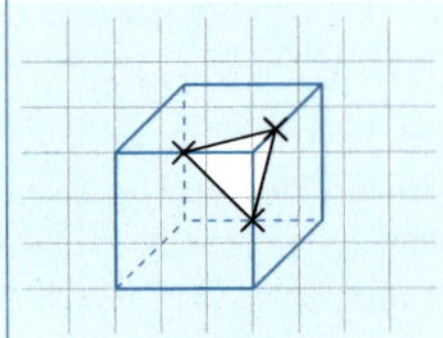
Man sieht vom Schulhof aus die Sonne unter einem Winkel von 70°. Fällt der Schatten eines vom Schulgebäude 10 Meter entfernten Fahnenmasten der Höhe 12 Meter auf das Gebäude?	Ebenes Problem. Kann als Aufriss dargestellt werden. Aufgabe wäre auch zeichnerisch lösbar.	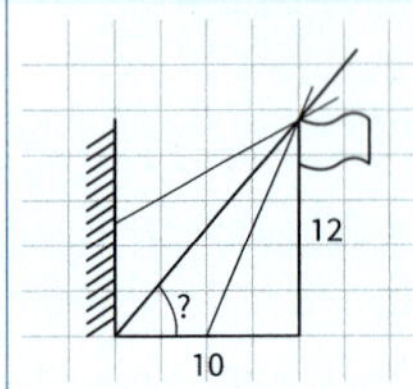
Die Hälfte der Gäste wählt im Lokal A zum Schnitzel Pommes, jeder Dritte der Gäste trinkt ein Bier und nur jeder Zehnte bestellt einen Nachtisch. Wie groß ist die Wahrscheinlichkeit, dass Otto ein Bier zum Schnitzel mit Pommes trinkt, ohne einen Nachtisch zu bestellen?	Skizzieren Sie zu allen mehrstufigen Wahrscheinlichkeits-Aufgaben sofort ein Baumdiagramm. Schon ein Teil genügt, um das Problem zu erfassen und zu lösen. Beschriften Sie die Äste mit den Wahrscheinlichkeits-Verteilungen.	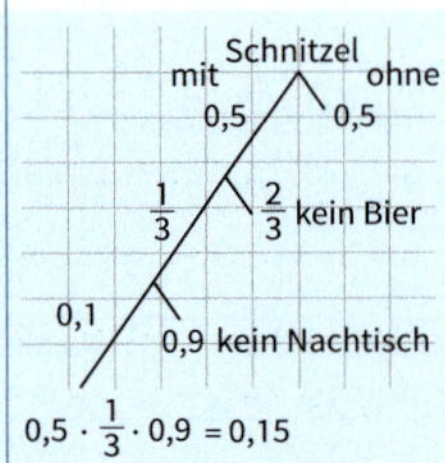
Spiegeln Sie das Dreieck $A(1\|2\|1)$; $B(2\|-2\|3)$; $C(-1\|2\|-3)$ an der Geraden $g\colon \vec{x} = \begin{pmatrix}1\\-1\\2\end{pmatrix} + t\begin{pmatrix}2\\1\\1\end{pmatrix}$.	Eine Skizze ohne Koordinatensystem und Maßeinheiten genügt. Vektoren einzeichnen! Die Skizze zeigt den Sonderfall, dass g das Dreieck schneidet.	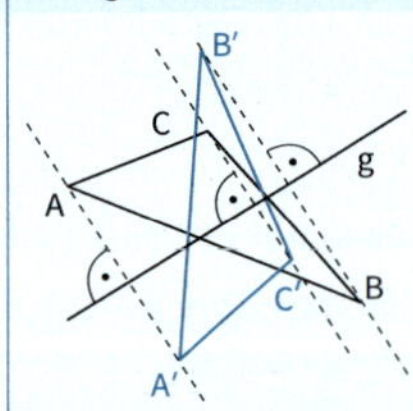
Im Punkt $P(u\|f(u))$ der Normalparabel $y = x^2$ werden die Tangente und die Normale angelegt. Die Tangente schneidet die x-Achse in T, die Normale die y-Achse in N. Wie groß ist der Flächeninhalt des Dreiecks OTN?	Diese Aufgabe ist ohne Skizze kaum lösbar.	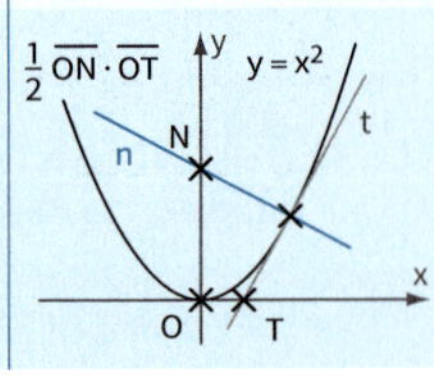

Tab. 3.4: Sinnvoller Einsatz von Skizzen

3.7 Nothilfen

Sie werden beim Aufgabenlösen immer wieder auf Situationen stoßen, in denen Sie einfach nicht weiterkommen. Dann – und nur dann – benötigt man die Hilfen. Natürlich werden Sie zunächst die Formelsammlung zur Hand nehmen, mit dem Taschenrechner einmal ein Zahlenbeispiel durchrechnen und (hoffentlich!) eine Skizze anlegen. Aber wenn Sie sich das Ganze gar nicht vorstellen können, nützen auch diese Hilfen wenig.

Zu den Geometrieaufgaben und wenigstens teilweise zu den Analysis- und Wahrscheinlichkeitsaufgaben können wir Ihnen eine weitere Hilfe empfehlen: Bei Prüfungen ist es erlaubt, sich mit Nahrungsmitteln und Getränken einzudecken. Auch Sie werden etwas Ess- und Trinkbares mitnehmen.
Nehmen Sie „sinnvolle" Verpflegung mit:

- Ein Apfel ist eine Kugel, die mit einem Messer geschnitten werden kann. Notfalls können Sie aus einem Apfel jeden Körper ausschneiden.
- Süßigkeiten gibt es in nahezu allen Körperformen, die Sie in den Aufgaben finden.
- Verpacken Sie Ihr Brot in Alufolie. Diese lässt sich hervorragend formen, Sie können sich Modelle herstellen und haben keine Probleme mehr mit dem „räumlichen Sehen".

- Ein Tetrapack mit Apfelsaft ist ein Quader, eine Dose mit Mineralwasser ein Zylinder.
- Salzstängel eignen sich wunderbar als Geraden, die windschief, parallel oder sich schneidend dargestellt werden können.
- Eine Tafel Schokolade ist eine Ebene und einen großen Radiergummi kann man zuschneiden oder als Standfuß benutzen.
- Wenn Sie Ihr Brot in der Alufolie mit Haushaltgummis verschnüren, haben Sie Material genug, um Graphen nachzubilden (ein Stückchen Wolle oder eine Schnur erfüllt denselben Zweck).
- Mit einer kleinen Taschenlampe können Sie gegebenenfalls einen Schattenwurf darstellen.

3.8 Test: Einsatz von Hilfsmitteln

Bearbeiten Sie bitte die folgenden Aufgaben. Die Lösungen finden Sie auf der folgenden Seite.
Hinter jeder Aufgabe steht, wo Sie Hilfe finden. Dabei bedeutet:
GTR = grafikfähiger Taschenrechner,
TR = „normaler" Taschenrechner,
FS = Formelsammlung (z. B. FS von Schroedel, ISBN 978-3-507-73019-9)
MH = Merkhilfe (anstelle einer FS in Baden-Württemberg).

Aufgaben

1. Was versteht man unter einem Kreisabschnitt und wie wird er berechnet? (FS)
2. Bestimmen Sie auf zwei Dezimalen den Wert der Funktion $f(x) = \frac{3\ln(x)}{x-3}$ an den Stellen $x_1 = 0$; $x_2 = 1$; $x_3 = 41$ (TR, GTR)
3. Wie groß ist die Seitenlänge bei einem regelmäßigen Fünfeck? (FS)
4. Unter welchem Winkel schneiden sich die Ebenen $H: 2x_1 + x_2 - 3x_3 = 4$ und $E: -2x_1 - 2x_2 + 5x_3 = 7$? (TR, GTR)
5. Wie groß ist die Standardabweichung bei einem binomialverteilten Zufallsexperiment? (MH, FS)
6. Bestimmen Sie mit dem GTR die Nullstellen der Funktion $f(x) = 5x^3 - 10x + 3$. (nur GTR)
7. Wann hat eine unendliche geometrische Reihe einen Grenzwert und wie wird er berechnet? (FS)
8. Rechnen Sie die Winkel 15°; 25°; 111°; 200° und 400° ins Bogenmaß um. (TR, GTR)
9. Ein streng monotones Teilstück des Graphen der Funktion $y = f(x)$ wird um die y-Achse gedreht. Wie wird das Volumen des Rotationskörpers berechnet? (FS)
10. Füllen Sie die Wertetabelle aus. (TR, GTR)

x	0	1	4	5	10
$f(x) = 2\sin(3x)$					
$g(x) = x^{-4} \cdot e^{-x}$					

\>>

11. Geben Sie eine Stammfunktion der Funktion $f(x) = \frac{1}{x^2 - a^2}$ an. (FS)

Lösungen

>> Aufgaben

1. Formelsammlung Seite 13: $A = \frac{b_\alpha \cdot r - s(r-h)}{2}$
   Skizze siehe rechts.

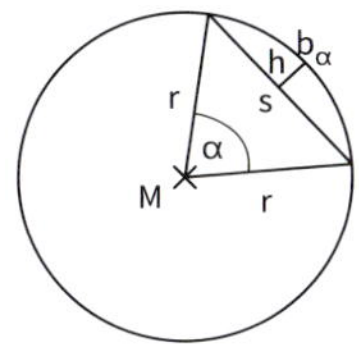

2. $f(x_1)$: nicht definiert (Rechnung bringt Fehlermeldung)
   $f(x_2) = 0$; $f(x_3) \approx 0{,}29$
3. Formelsammlung Seite 13: $S = \frac{r}{2}\sqrt{10 - 2\sqrt{5}}$
4. $\cos\alpha = \frac{|-21|}{\sqrt{14} \cdot \sqrt{33}} \approx 0{,}977 \Rightarrow \alpha = 12{,}31°$
5. Formelsammlung Seite 27: $\sigma = \sqrt{n \cdot p \cdot q}$ bei $p(n;k) = \binom{n}{k} \cdot p^k \cdot q^{n-k}$
6. $x_1 = -1{,}545$; $x_2 = 0{,}316$; $x_3 = 1{,}230$
7. Formelsammlung Seite 34: $\lim\limits_{n \to \infty} s_n = \frac{q_1}{1-q}$ mit $|q| < 1$
8. 0,2618; 0,4363; 1,937; 3,491; $6{,}981 = 2\pi + 0{,}698$
9. Formelsammlung Seite 47, Skizze siehe rechts:
   $$V = \pi \cdot \int_{f(a)}^{f(b)} [f^{-1}(x)]^2\,dx = \pi \cdot \int_{f(a)}^{f(b)} y^2\,dy$$

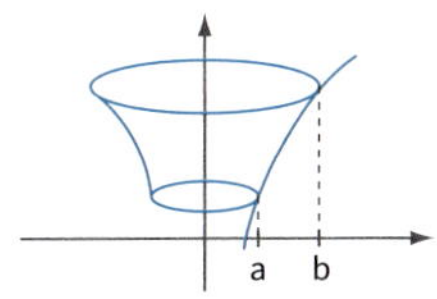

10.

x	0	1	4	5	10
$f(x) = 2\sin(3x)$	0	0,28	−1,07	1,30	−1,98
$g(x) = x^{-4} \cdot e^{-x}$	0	0,37	4,69	4,21	0,45

11. Formelsammlung Seite 39: $F(x) = \frac{1}{2a} \ln\left|\frac{x-a}{x+a}\right|$

Die in diesem Kapitel vorgestellten Hilfen sind unverzichtbare Begleiter in jeder Arbeit und der Prüfung:

Überblick

- Die **Formelsammlung**. In ihr finden Sie alle Regeln, Definitionen und Formeln, die Sie in der Prüfung brauchen.
- Die **Merkhilfe** als Formelsammlungsersatz enthält wertvolle Tipps und ist in Analysis, Geometrie und Stochastik im Wahlbereich eine echte Hilfe. Insbesondere die drei letzten Seiten sind beachtenswert.
- Ganz gleich, ob grafikfähig oder nicht, freunden Sie sich mit Ihrem **Taschenrechner** an. Er kann weit mehr, als Sie glauben und hilft recht oft. Der Aufgabensteller weiß genau, welchen Rechner Sie verwenden dürfen und wird danach auch die Aufgaben aufbauen.
- Eine gute **Skizze** kann Sie in fast jeder Notlage weiterbringen.
  Haben Sie die Tabelle Tab. 3.4 auf Seite 36 angeschaut?
- Wenn gar nichts mehr hilft, dann greifen Sie auf ihre **Nothilfen** zurück.
  Sie dienen nicht nur der Stärkung ...

4 Leitidee Funktionaler Zusammenhang

Neben den verschiedenen Funktionsarten und den Elementen einer typischen Funktionsuntersuchung („Kurvendiskussion"), wie Symmetrie, Nullstellen, Extrem- und Wendepunkte, Tangenten usw. werden in diesem Kapitel Stammfunktionen und Integrale behandelt. Sie werden lernen, worauf Sie zu achten haben, damit Sie dieses in jeder Prüfung breit vertretene Feld bewältigen können.

4.1 Der Funktionsbegriff

Eine Funktion ist eine Zuordnung, die jedem Wert einer Menge (Definitionsmenge) genau einen Wert einer anderen Menge (Wertemenge) zuordnet.

Wird jeder Zahl x einer Teilmenge D der reellen Zahlen eindeutig eine reelle Zahl y durch eine gegebene Vorschrift zugeordnet, so nennen wir diese Zuordnung **Funktion**.
D heißt **Definitionsmenge** der Funktion. Die Menge der y-Werte heißt **Wertemenge** W.
Die Vorschriften werden üblicherweise durch eine Gleichung vorgegeben.

Schreibweisen:

$y = f(x)\ \ (y = -3x^2 + 0{,}5x - 17)$ oder $f\colon x \mapsto f(x)\ \ (f\colon x \mapsto -3x^2 + 0{,}5x - 17)$

Die **Schaubilder** (Graphen) der Funktion haben häufig andere Namen als die Funktionen selber. So kann beispielsweise das Schaubild der Funktion $y = f(x)$ K heißen.

Enthält die Funktionsgleichung einen Parameter (z. B. t), so beschreibt die Gleichung für jeden zugelassenen Wert des Parameters genau eine Funktion. Mit $f_t(x)$ werden dann unendlich viele Funktionen beschrieben, und man nennt ihre Gesamtheit **Funktionenschar**. Die für t zugelassenen Werte sind in der Regel reelle Zahlenintervalle.

$f_t(x) = t - e^{tx}\ \ (t \in \mathbb{R}^+)$ ist eine Funktionenschar, deren Schaubilder C_t heißen sollen. Die einzelnen Funktionen der Schar (und damit auch ihre Schaubilder) haben vieles gemeinsam, sind aber untereinander verschieden.

Für $t = 1$	gilt:	$f_1(x) = 1 - e^x$	mit dem Schaubild C_1.
Für $t = 501$	gilt:	$f_{501}(x) = 501 - e^{501x}$	mit dem Schaubild C_{501}.
Für $t = \sqrt{7}$	gilt:	$f_{\sqrt{7}}(x) = \sqrt{7} - e^{\sqrt{7}\cdot x}$	mit dem Schaubild $C_{\sqrt{7}}$.

Verknüpfte Funktionen sind durch die üblichen Verknüpfungen (+, –, ·, :) aus Grundfunktionen gebildete Funktionen.

$f_t(x) = t x^5 - 2x\ln x;\; f(x) = \frac{3x^7 - 4x^3}{\sin x - e^x};\; f_t(x) = t x^4 - (3-t)x^3 + 2x$

Man kann Grundfunktionen mit Strich- und Punkrechnungen verknüpfen.

Zusammengesetzte Funktionen sind abschnittsweise definierte Funktionen. Das heißt, dass verschiedene Vorschriften für verschiedene Teile des Definitionsbereichs gelten. Hinter der entsprechenden Vorschrift steht jeweils der Bereich, in dem diese Vorschrift gilt. Üblicherweise verwendet man zur Beschreibung eine geschweifte Klammer.

$$f(x) = \begin{cases} -3x^2 - 4x + 1 & \text{für } x \le -2 \\ \sin x + \pi x & \text{für } -2 < x < 7; \\ e^{2x-5} & \text{für } x \ge 7 \end{cases} \qquad f_t(x) = \begin{cases} 3x^2 - 27 & \text{für } x \ne \pm 3 \\ 17t & \text{für } x = \pm 3 \end{cases}$$

Verkettete Funktionen liegen vor, wenn bei einer Funktion f anstelle der Variablen x eine Funktion g der Variablen x steht. f heißt dann äußere, g innere Funktion.

Die **Verkettung** zweier Funktionen wird mit folgendem Symbol dargestellt: $f \circ g$, bzw. $g \circ f$ (lies „f nach g", bzw. „g nach f"). Es gilt: $f \circ g = f(g(x))$ (lies: „f von g von x"). **Achtung**, in der Regel gilt: $f(g(x)) \ne g(f(x))$

äußere Funktion f(x)	**innere Funktion g(x)**	**verkettete Funktion h(x) = f(g(x))**
$f(x) = x^3$	$g(x) = 5x^2 - 6$	$h(x) = (5x^2 - 6)^3$
$f(x) = e^x$	$g(x) = -31x$	$h(x) = e^{-31x}$
$f(x) = x + e^x$	$g(x) = 5x + 3$	$h(x) = 5x + 3 + e^{5x+3}$
$f_t(x) = t x^3$	$g_t(x) = 5x^2$	$h_t(x) = t(5x^2)^3$
$f_t(x) = t e^x$	$g_t(x) = -3tx$	$h_t(x) = t e^{-3tx}$

Tab. 4.1: Beispiele für verkettete Funktionen

Verschieben und Strecken

x	**–2**	**–1**	**0**	**1**	**2**	**3**	**4**	**Erklärung**
$f(x) = x^3$	–8	–1	0	1	8	27	64	$y = x^3$ sei die Grundfunktion
$g(x) = (x-1)^3$	–27	–8	–1	0	1	8	27	–1 schiebt alle Werte und damit auch den Graphen um 1 nach rechts
$h(x) = x^3 + 2$	–6	1	2	3	10	29	66	+2 schiebt alle Werte und damit auch den Graphen um 2 nach oben
$k(x) = 2x^3$	–16	–2	0	2	16	54	128	alle Werte mal 2 (Graph wird in y-Richtung gestreckt)
$l(x) = -0{,}5x^3$	4	0,5	0	–0,5	–4	–13,5	–32	Werte werden halbiert und wegen „–" an der x-Achse gespiegelt
$m(x) = 2(x+1)^3 - 2$	–4	–2	0	14	52	126	248	gestreckt um Faktor 2; um 1 nach links, um 2 nach unten verschoben

Tab. 4.2: Verschiebungen und Streckungen bei ganzrationalen Funktionen

Allgemein: Die ganzrationale Funktion $y = a \cdot f(x-b) + c$ ist die Funktion $f(x)$ um a gestreckt, (gestaucht, falls $a < 1$) um b nach rechts und um c nach oben verschoben $(a, b, c > 0)$.

x	0	$\frac{\pi}{4}$	$\frac{\pi}{2}$	π	$1{,}5\,\pi$	$2\,\pi$	$3\,\pi$	Erklärung
$y = \sin x$	0	$\frac{\sqrt{2}}{2}$	1	0	−1	0	0	$y = \sin x$ ist die Grundfunktion
$y = 3\sin x$	0	$\frac{3\sqrt{2}}{2}$	3	0	−3	0	0	Amplitude dreifach (gestreckt in y-Richtung)
$y = \sin(2x)$	0	1	0	0	0	0	0	neue Periode ist π (die alte Perioden 2π geteilt durch 2)
$y = \sin\left(x - \frac{\pi}{4}\right)$	$-\frac{\sqrt{2}}{2}$	0	$\frac{\sqrt{2}}{2}$	$\frac{\sqrt{2}}{2}$	$-\frac{\sqrt{2}}{2}$	$\frac{\sqrt{2}}{2}$	$\frac{\sqrt{2}}{2}$	um $\frac{\pi}{4}$ nach rechts verschoben
$y = 4\sin\left(2\left(x - \frac{\pi}{2}\right)\right)$	0	−4	0	0	0	0	0	Amplitude 4, um $\frac{\pi}{2}$ nach rechts verschoben, Periode ist π

Die Periode der Funktion $y = \sin(cx)$ ist $\frac{2\pi}{c}$.

Tab. 4.3: Verschiebungen und Streckungen bei trigonometrischen Funktionen

Mit einem GTR haben Sie natürlich keine Probleme: Sie geben einfach alle Funktionsgleichungen ein und sehen die Verschiebungen im Display.

Das Schaubild der Funktion $y = a \cdot f\left(c(x - b)\right) + d$ ist gegenüber dem Schaubild der trigonometrischen Funktion $y = f(x)$

- für $b > 0$ um b nach rechts verschoben.
- für $b < 0$ um b nach links verschoben.
- für $d > 0$ um d in y-Richtung nach oben verschoben.
- für $d < 0$ um $|d|$ in y-Richtung nach unten verschoben.
- für $a > 0$ haben die y-Werte a-fache Größe.
- für $a < 0$ haben die y-Werte $|a|$-fache Größe und sind an der x-Achse gespiegelt.
- Die Periode ist $\frac{2\pi}{c}$.

Beispiele

a) Funktion: $f(x) = a \cdot \cos(cx)$
Grundfunktion: $f(x) = \cos x$
Änderung: a-fache Amplitude, neue Periode $\frac{2\pi}{c}$
(alte Periode dividiert durch Koeffizient)

b) Funktion: $f(x) = -2(x + 3)^2$
Grundfunktion: $f(x) = x^2$ (Normalparabel)
Änderung: jeder Wert an der x-Achse gespiegelt (wegen −) und doppelt so groß; um 3 nach links verschoben

c) Funktion: $f(x) = \frac{1}{2 - x}$
Grundfunktion: $f(x) = \frac{1}{x}$ (Hyperbel)
Änderung: wegen $\frac{1}{2 - x} = \frac{-1}{x - 2}$ an x-Achse gespiegelt und um 2 nach rechts verschoben

Funktion	Allgemeine Form der Funktion	Bemerkungen und Besonderheiten
ganzrationale Funktion $f(x) = 3x^3 - 2x^2 - 1$ $f(x) = (2 - 3x)^2$ $f_t(x) = -tx^4 + (t-1)x$ $f_t(x) = -\frac{4}{9}t^2x^3 - \frac{\sqrt{3}}{t^2}x$	$f(x) = a_nx^n + a_{n-1}x^{n-1} + \ldots + a_1x^1 + a_0x^0$ mit $x^1 = x$; $x^0 = 1 \rightarrow$ $f(x) = a_nx^n + \ldots + a_2x^2 + a_1x + a_0$ $a_nx^n + \ldots + a_0$ heißt Polynom vom Grad n.	Die reellen Zahlen a_i vor den Variablen heißen Koeffizienten. Die Hochzahlen der Variablen x sind natürliche Zahlen. Die größte Hochzahl n heißt Grad der ganzrationalen Funktion. Eine ganzrationale Funktion vom Grad n hat höchstens n Nullstellen, n – 1 Extremwerte und n – 2 Wendestellen.
gebrochenrationale Funktion $f(x) = \frac{3x^2 - 2x}{x+5}$ $f_t(x) = \frac{2x}{x^2+t} + \frac{3t}{2x}$	$f(x) = \frac{g(x)}{h(x)}$ mit den ganzrationalen Funktionen g(x) und h(x) (Grad $h(x) \geq 1$).	Eine gebrochenrationale Funktion ist ein Bruch zweier ganzrationaler Funktionen g(x) und h(x). Dabei heißt g(x) Zählerfunktion mit dem Zählergrad ZG. h(x) heißt Nennerfunktion mit dem Nennergrad NG.
natürliche Exponentialfunktion (Exponentialfunktion zur Basis e) $f(x) = 3x \cdot e^{0,5x^2}$ $f_t(x) = (x^2 - t^2)e^{-x^2}$ $f_t(x) = \frac{1 - 2e^x}{e^x + t}$	$f(x) = u(x) \cdot e^{v(x)}$ u(x) und v(x) sind (in der Regel) ganzrationale Funktionen. e ist die Euler'sche Zahl ($e \approx 2{,}718\,281\,827\,9\ldots$) Im Taschenrechner über [1] [INV] [ln].	Die Variable kommt auch (oder nur) im Exponenten der Basis $e = \lim\limits_{n \to \infty}\left(1 + \frac{1}{n}\right)^n$ vor. Wichtig ist folgende Definition (Formelsammlung): $y = e^x \Leftrightarrow x = \ln y$ (mit $\ln = \log_e$) Bei Grenzwertbetrachtungen immer getrennt $\rightarrow +\infty$ und $-\infty$, („e^x läuft für $x \rightarrow +\infty$ am schnellsten $\rightarrow \infty$“).; für $x \rightarrow -\infty \rightarrow 0$
natürliche Logarithmusfunktion (Basis e) $f(x) = x \cdot \ln\frac{x^2}{3}$ $f(x) = 2x - 2\ln x + 2$ $f_t(x) = \ln\left(t \cdot \frac{1+x}{1-x}\right)$	$f(x) = u(x) \cdot \ln(v(x))$ u(x) und v(x) sind (in der Regel) ganzrationale Funktionen. ln-Funktion ist Umkehrfunktion der e-Funktion.	Die Variable kommt auch (oder nur) im Argument des natürlichen Logarithmus vor. Vorsicht bei der Anwendung der Logarithmengesetze! Immer die Formelsammlung mit den Gesetzen aufschlagen.
trigonometrische Funktion Sinus $f(x) = x \cdot \sin x$ Cosinus $f(x) = x^2 \cdot \cos x$ Tangens $f(x) = \frac{1}{x} \cdot \tan x$	$f(x) = u(x) \cdot \sin(v(x))$ $f(x) = u(x) \cdot \cos(v(x))$ $f(x) = u(x) \cdot \tan(v(x))$	Die Variable kommt auch (oder nur) im Argument einer der vier aus der Mittelstufe bekannten Kreisfunktionen vor. Zu beachten sind die periodischen Wiederholungen, insbesondere weil der Taschenrechner nur die Werte zwischen $-\frac{\pi}{2}$ und $\frac{\pi}{2}$ angibt. Bitte immer im Bogenmaß rechnen! Dazu muss der Rechner umgestellt werden („DRG-Taste“; „RAD“ einstellen). Bitte bei jedem „ON“ überprüfen.
Potenzfunktion (Exponenten sind rat. Zahlen) $f_t(x) = 3x^{\frac{2}{3}} - \frac{2}{x^3}$ $f_t(x) = \frac{1}{\sqrt{x}(1-x)}$	$f(x) = a_0 + a_1x^{r_1} + \ldots + a_nx^{r_n}$ $f(x) = (u(x))^r$ Wie ganzrationale Funktionen, nur sind bei Potenzfunktionen als Hochzahlen alle rationale Zahlen zugelassen.	Als Hochzahlen kommen nicht nur ganze, sondern alle rationalen Zahlen infrage. Wichtig: Hochzahl $\frac{1}{2}$ führt zu den Wurzel-Funktionen. Vorsicht bei der Bestimmung des Definitions-Bereichs. Potenzgesetze beachten (Formelsammlung)!
Betragsfunktion $f_t(x) = \frac{tx(2x+t)}{(x - \lvert x\rvert + t)^2}$ wird sofort zu $f_t(x) = \begin{cases} \frac{2}{t}x^2 + x & \text{für } x \geq 0 \\ \frac{tx}{2x+t} & \text{für } x < 0 \end{cases}$	$f_t(x) = \lvert u(x)\rvert = \begin{cases} u(x) & \text{für } u(x) \geq 0 \\ -u(x) & \text{für } u(x) < 0 \end{cases}$ Natürlich muss nicht der gesamte Funktionsterm innerhalb des Betragszeichens stehen!	Ein Teil der (oder die ganze) Funktionsvorschrift steht zwischen den Betragsstrichen. Eine Betragsfunktion wird zu zwei verschiedenen Abschnittsfunktionen mittels der geschweiften Klammer. Term T innerhalb der Betragsstriche wird einmal positiv ($T \geq 0$) und einmal negativ ($T < 0$).

Tab. 4.4: Übersicht über die Funktionsarten

Folgen und Reihen

Eine **Reihe** (s_n) ist eine Folge der Teilsummen der zugehörenden Folge a_n. Das bedeutet:
$s_1 = a_1$;
$s_2 = a_1 + a_2$;
$s_3 = a_1 + a_2 + a_3$;
⋮
$s_n = a_1 + a_2 + \ldots + a_n$

Eine **Folge** ist eine Funktion von $\mathbb{N} \mapsto \mathbb{R}$, eine Abbildung, die jeder natürlichen Zahl genau eine reelle Zahl zuordnet. Die Funktionswerte heißen Glieder der Folge. Zur Unterscheidung zu ihren Gliedern a_n (das n-te Folgenglied) schreibt man für die Folge (a_n).

- Folgen sind Funktionen, die aus einzelnen „Punkten" bestehen; sie sind zum Beispiel zum Anordnen geeignet.
- Die Glieder der Reihen sind Summen aus Folgengliedern, das n-te Glied der Reihe ist die Summe der ersten n Glieder der dazugehörenden Folge.
- Es gibt Folgen und Reihen mit ganz bestimmten Eigenschaften (Tab. 4.5).
- Wichtig: Ist g der Grenzwert der Folge (a_n), so ist die Folge $(a_n - g)$ eine Nullfolge (eine Folge mit Grenzwert 0).

Darstellungsmöglichkeiten

- Aufzählung oder Beschreibung: 1; 4; 9; 16; 25; …; Folge der Quadratzahlen
- explizite Gleichung (die Glieder werden durch eine Gleichung beschrieben): $a_n = 3n^2 - (2\pi + n)$
- rekursive Gleichung (ein Folgeglied wird durch ein anderes – meist das vorausgehende – Folgenglied bestimmt): $a_{n+1} = (3a_n - 5)^2$

Bezeichnung	Beschreibung	explizit	rekursiv	Beispiel
arithmetisch	Die Differenz zweier aufeinanderfolgender Glieder ist konstant.	$a_n = a_1 + (n-1)d$	$a_{n+1} = a_n + d$	4; 7; 10; 13; 16; …
geometrisch	Der Quotient zweier aufeinanderfolgender Glieder ist konstant.	$a_n = a_1 \cdot q^{n-1}$	$a_{n+1} = q \cdot a_n$	2; 4; 8; 16; 32; …
alternierend	wenn von Glied zu Glied das Vorzeichen wechselt	$a_n = (-1)^n \cdot \lvert\ldots\rvert$	$a_{n+1} \cdot a_n < 0$	−3; 9; −27; 81; …
monoton steigend	wenn das Folgeglied stets größer wird oder gleich bleibt	–	$a_{n+1} \geq a_n$	5; 10; 15; 20; …
monoton fallend	wenn das Folgeglied stets kleiner wird oder gleich bleibt	–	$a_{n+1} \leq a_n$	−5; −10; −15; …
nach oben beschränkt	wenn es eine reelle Zahl gibt, die größer als alle Folgenglieder oder gleich ist	$a_n \leq s$ für alle n $s \in \mathbb{R}$	–	2,9; 2,99; 2,999; …
nach unten beschränkt	wenn es eine reelle Zahl gibt, die kleiner oder gleich als alle Folgenglieder ist	$a_n \geq s$ für alle n $s \in \mathbb{R}$	–	$\frac{1}{5}; \frac{1}{6}; \frac{1}{7}; \frac{1}{8}; \ldots$
konvergent	wenn die Folge einen Grenzwert g hat	$\lim\limits_{n \to \infty} a_n = g$	–	$0{,}9; 0{,}9^2; 0{,}9^3; \ldots$ $\lim\limits_{n \to \infty} a_n = 0$
divergent	wenn die Folge keinen Grenzwert hat	$\lim\limits_{n \to \infty} a_n$ ex. nicht	–	1; −2; 3; −4; …
Nullfolge	wenn die Folge den Grenzwert 0 hat	$\lim\limits_{n \to \infty} a_n = 0$	–	$\frac{1}{2}; \frac{1}{4}; \frac{1}{8}; \frac{1}{16}; \ldots$
konstant	wenn alle Glieder gleich sind	$a_n = c$ $c \in \mathbb{R}$	$a_{n+1} = a_n$	4; 4; 4; …

Tab. 4.5: Wichtige Eigenschaften von Folgen

Monotonie

Für die Analysis ist die strenge Monotonie weit wichtiger als die Monotonie. Das Wort „streng" entfällt, wenn beim Vergleich der Funktionswerte bzw. der ersten Ableitungen die Relationszeichen < und > durch ≤ bzw. ≥ ersetzt werden.

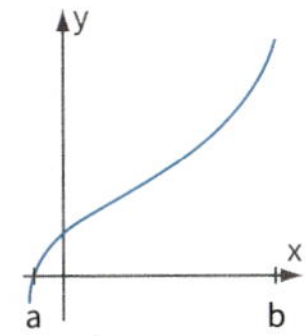

streng monoton steigend

Eine Funktion ist im Intervall $I = [a; b]$

streng monoton $\begin{Bmatrix} \text{steigend} \\ \text{fallend} \end{Bmatrix}$ wenn mit $x_1 < x_2$ folgt: $\begin{cases} f(x_1) < f(x_2) \\ f(x_1) > f(x_2) \end{cases}$

für alle x_1, x_2 aus dem Intervall I.

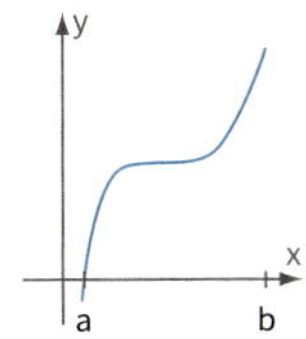

monoton steigend

Eine Funktion ist streng monoton steigend (fallend), wenn für größer werdende x-Werte die Funktionswerte echt größer (echt kleiner) werden. Das trifft dann zu, wenn die Steigung immer größer null (streng monoton steigend) oder kleiner null (streng monoton fallend) ist. Damit haben wir ein Kriterium, um bei differenzierbaren Funktionen sehr einfach die Monotonie festzustellen:

Gilt für alle $x \in I$: $f'(x) \begin{Bmatrix} > 0 \\ < 0 \end{Bmatrix} \Rightarrow f(x)$ streng monoton $\begin{cases} \text{steigend} \\ \text{fallend} \end{cases}$.

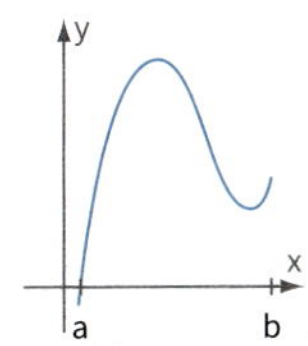

nicht monoton

Eine streng monotone Funktion hat eine Umkehrfunktion.
Ist im Intervall I $f'(x) > 0$, so nehmen die Funktionswerte immer zu, f ist streng monoton steigend. Vorsicht: Die Umkehrung gilt nicht. So ist die Funktion $f(x) = x^3$ z. B. auf ganz ℝ streng monoton steigend, obwohl gilt $f'(0) = 0$.

Beispiele

Die Funktion $f(x) = x^2$ ist im Intervall
$]0; \infty[$ streng monoton steigend,
da $f'(x) = 2x > 0$ für $x > 0$.
$]-\infty; 0[$ streng monoton fallend, da
$f'(x) = 2x < 0$ für $x < 0$.

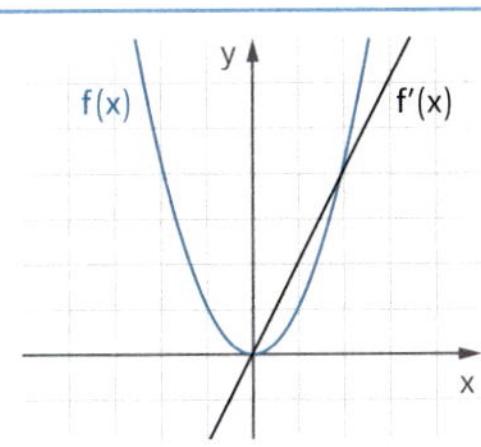

Anhand des Schaubildes von g' lassen sich folgende Aussagen über die Funktion g treffen:
g ist im Intervall
$]-\infty, a]$ monoton fallend, da $g' \leq 0$.
$[a, b]$ monoton steigend, da $g' \geq 0$.
$[b, c]$ monoton fallend, da $g' \leq 0$.
$[c, \infty[$ monoton steigend, da $g' \geq 0$.

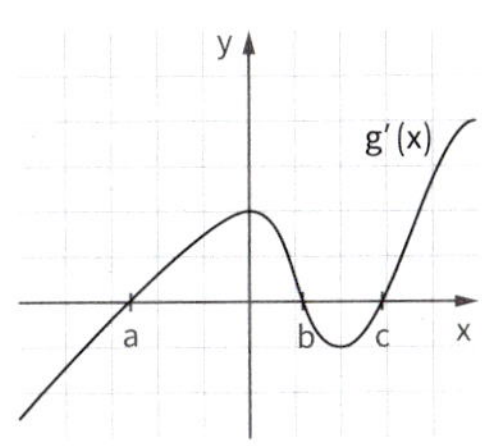

Monoton $\begin{matrix} \text{steigend} \\ \text{fallend} \end{matrix}$ heißt, die Funktion $\begin{matrix} \text{fällt} \\ \text{steigt} \end{matrix}$ nicht.

Streng monoton $\begin{matrix} \text{steigend} \\ \text{fallend} \end{matrix}$ heißt, die Funktion $\begin{matrix} \text{steigt} \\ \text{fällt} \end{matrix}$ immer.

Stetigkeit

Die Frage, ob Polstellen Unstetigkeitsstellen sind oder nicht, wird – auch auf universitärer Ebene – unterschiedlich gesehen. Für manche Autoren kann eine Funktion nur in ihrem Definitionsbereich unstetig sein, eine Definitionslücke wäre demnach in Bezug auf Stetigkeit nicht zu beachten. Für andere sind auch hebbare Definitionslücken und Polstellen Unstetigkeitsstellen. Auch hier gilt: Stimmen Sie sich mit Ihrer Fachlehrerin/Ihrem Fachlehrer ab!

Eine Funktion $f(x)$ ist an der Stelle $x = x_i$ stetig, wenn gilt:

- $f(x_i)$ existiert.
- $\lim\limits_{x \to x_i} f(x)$ existiert.
- $\lim\limits_{x \to x_i} f(x) = f(x_i)$.

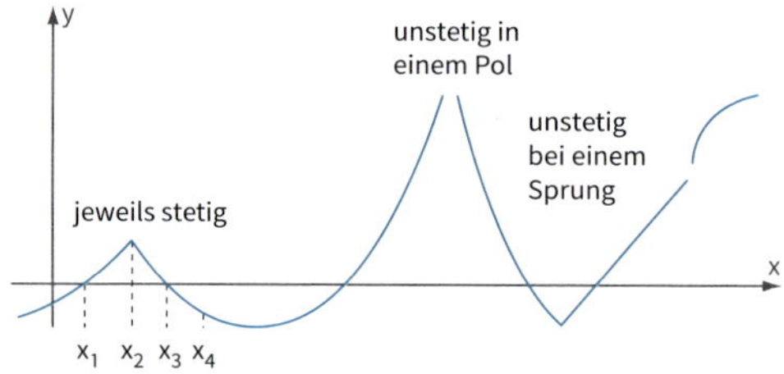

Abb. 4.1: Stetigkeit

An den nicht definierten Stellen (Nullstellen des Nennerpolynoms) sind die gebrochenrationalen Funktionen unstetig (nicht stetig). Eine Funktion, die Sie diskutieren müssen, ist an allen definierten Stellen auch stetig. Nur zusammengesetzte Funktionen können an den „Nahtstellen" unstetig sein.

Beispiel

$$f(x) = \begin{cases} 2x + b & \text{für } x \geq 2 \quad (= g(x)) \\ x^2 + 1 & \text{für } x < 2 \quad (= h(x)) \end{cases}$$

Für welches b ist $f(x)$ stetig?
Ist $g(2) = h(2) \Rightarrow f(x)$ ist in $x = 2$ stetig.
Ist $g(2) \neq h(2) \Rightarrow f(x)$ ist in $x = 2$ unstetig.
$f(x)$ ist nur für $b = 1$ auf ganz $\mathbb{R}$ stetig, an allen anderen Stellen (sie sind ja definiert), ist $f(x)$ ohnehin stetig.

Lassen Sie sich nicht dadurch verwirren, dass nur eine der Teilfunktionen an der Stelle $x_0 = 2$ definiert ist (im Beispiel $g(x)$). Einfach ganz stur den Wert der anderen Gleichung (im Beispiel $h(x)$) bei x_0 berechnen.

Tipp

Stetig heißt:
Die Funktion macht keine Sprünge und hat keine Definitionslücken.
Vereinfacht:
„Wenn sie beim Zeichnen des Schaubildes bei x_i den Bleistift nicht absetzen müssen, ist $f(x)$ an der Stelle x_i stetig."

4.2 Differenzierbarkeit

Definition

Ist eine Funktion f in einem Intervall um x_0 definiert, so heißt f(x) an der Stelle x_0 differenzierbar, wenn der $\lim\limits_{x \to x_0} \frac{f(x) - f(x_0)}{x - x_0}$ existiert.
Dieser Grenzwert heißt 1. Ableitung der Funktion an der Stelle x_0.
Schreibweise $f'(x_0)$.

Sowohl die Stetigkeit als auch die Differenzierbarkeit sind *lokale* Eigenschaften. Man kann nur überprüfen, ob eine Funktion *an einer ganz bestimmten Stelle* stetig oder differenzierbar ist. Ist die Funktion in einem Intervall an jeder Stelle stetig oder differenzierbar, sagt man, die Funktion ist (im Intervall) stetig oder differenzierbar.
Vereinfacht ausgedrückt ist die Differenzierbarkeit die Stetigkeit der 1. Ableitung; die Funktion darf nicht plötzlich „die Richtung ändern", d.h. die „Steigung" des Graphen kann nicht plötzlich einen Sprung machen.

Vereinfacht:
Wenn Sie den Graphen von f durchgehend und ohne Knick zeichnen können, ist f differenzierbar.

Wichtig: Eine in x_0 differenzierbare Funktion ist in x_0 auch stetig.
Die Umkehrung des Satzes gilt nicht!
Aber die Verneinung gilt:
Ist f(x) in x_0 nicht stetig, so ist f(x) an der Stelle x_0 auch nicht differenzierbar.

Die Funktion $f(x) = \begin{cases} g(x) & \text{für } x \geq x_0 \\ h(x) & \text{für } x < x_0 \end{cases}$ ist stetig, wenn $g(x_0) = h(x_0)$ gilt, und differenzierbar, wenn zusätzlich $g'(x_0) = h'(x_0)$ gilt.

stetig und differenzierbar auf ganz ℝ	**stetig, aber nicht differenzierbar an der Stelle x = 0**	**weder stetig noch differenzierbar an der Stelle x = 1**
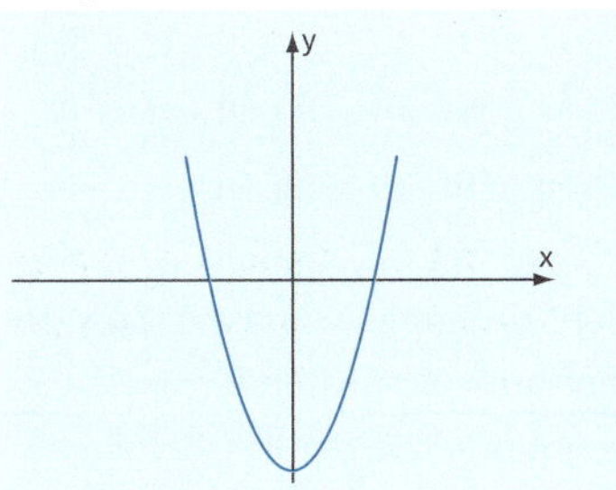	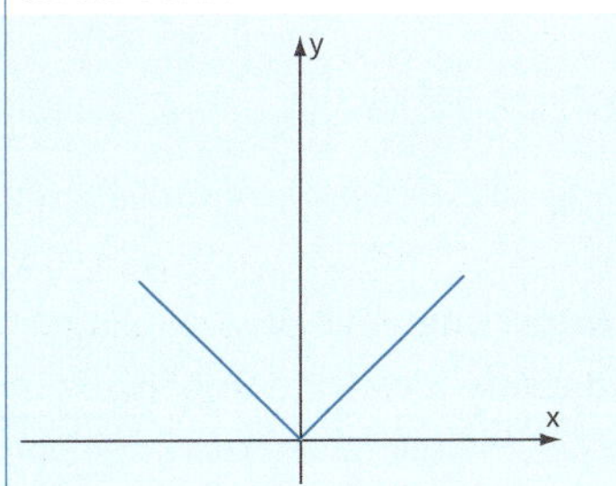	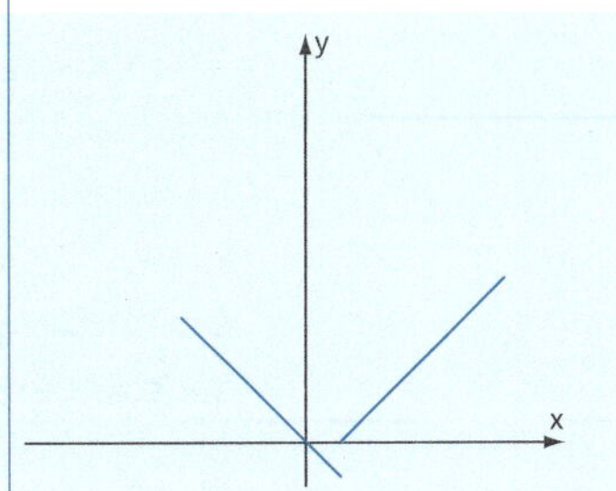
$f(x) = 3x^2 - 5$ stetig und differenzierbar auf ganz ℝ	$f(x) = \lvert x \rvert$ bei $x = 0$ stetig, aber nicht differenzierbar	$f(x) = \begin{cases} -x & \text{für } x \leq 1 \\ x - 1 & \text{für } x > 1 \end{cases}$ an der Stelle $x = 1$ nicht stetig und nicht differenzierbar

Tab. 4.6: Zusammenhang Stetigkeit und Differenzierbarkeit

Die Änderungsrate

Zieht man durch zwei Punkte $A(a|f(a))$ und $B(b|f(b))$ eines Graphen eine Gerade g, so ist die Steigung dieser Geraden die mittlere Steigung der Kurve im Intervall $[a; b]$.

Die mittlere Steigung zwischen zwei Punkten heißt auch **Sekantensteigung**, da die zugehörige Gerade, die den Graphen schneidet, Sekante genannt wird.

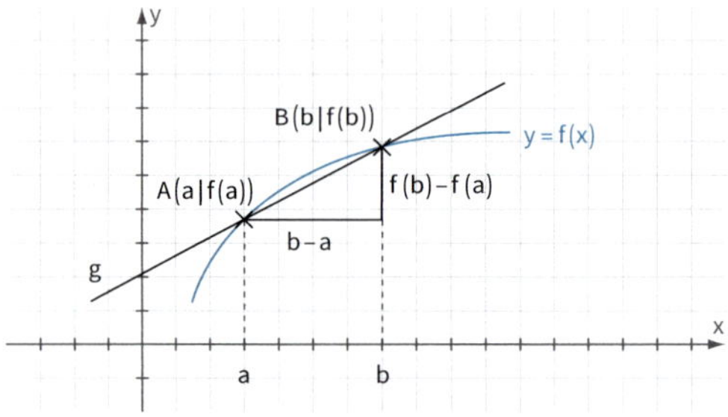

Abb. 4.2: Die Sekantensteigung

In der Abbildung ist die Steigung der Kurve in A größer, in B kleiner als die Steigung der Geraden durch A und B. Aber mindestens einmal im Intervall $[a; b]$ hat die Kurve die Steigung der Geraden.

Die Steigung der Geraden heißt **Änderungsrate** (oft auch mittlere Änderungsrate) der Funktion f im Intervall $[a; b]$.
Berechnet wird die Steigung mithilfe des Tangens.
Man dividiert den Unterschied (die Differenz) der Funktionswerte (Gegenkathete) durch den Unterschied (Differenz) der x-Werte (Ankathete) und erhält damit einen Quotienten von zwei Differenzen.
Deshalb heißt die Änderungsrate auch **Differenzenquotient**.

$$\frac{f(b) - f(a)}{b - a}$$

ist die Änderungsrate oder der Differenzenquotient von f über $[a; b]$.

Die **mittlere Änderungsrate** ist in der Regel nicht das gleiche wie die **momentane Änderungsrate** (die Änderung in einem genau festgelegten Punkt). Diese lässt sich mithilfe folgenden Grenzwertes berechnen:

Der Grenzwert des Differenzenquotienten heißt Differenzialquotient oder Ableitung.

$$\lim_{b \to a} \frac{f(b) - f(a)}{b - a} = f'(a)$$

Bildlich gesprochen lässt man den Punkt B unendlich nah an den Punkt A wandern, dadurch wird die durchschnittliche Steigung zur exakten Steigung im Punkt A.

$f'(a)$ heißt die **Ableitung** der Funktion $f(x)$ an der Stelle a. Sie ist die momentane Änderungsrate in a und der Grenzwert des Differenzenquotienten im Intervall $[a, b]$ für $b \to a$. Die momentane Änderungsrate ist die Änderung an einem festen Punkt (nicht in einem Intervall). Bei einer Kurve beschreibt sie die Steigung der Kurve in einem Punkt: $f'(a)$ ist die Steigung im Punkt $A(a \mid f(a))$.

$f'(a)$
= momentane Änderungsrate
= Tangentensteigung
= tangens α, wobei α der Winkel zwischen der x-Achse und der Tangente an $f(x)$ im Punkt $A(a \mid f(a))$ ist
= Ableitung

In der Analysis begegnen Ihnen immer wieder Aufgaben mit „Anwendungsbezug", es kann also beispielsweise sein, dass die Funktion, die Sie untersuchen müssen, den Schadstoffausstoß eines Schornsteins beschreibt. Bei solchen Funktionen ist der Zusammenhang zwischen Grundfunktion und 1. Ableitung (momentane Änderungsrate) nicht immer leicht zu erkennen, aber für das Verständnis der Aufgabe unerlässlich. In der nachfolgenden Tabelle finden Sie die wichtigsten Zusammenhänge aufgelistet.

Größe	**momentane Änderungsrate**	**Änderungsrate im Intervall $[t_1; t_2]$**	**Bemerkung**
Arbeit $W = \int_{s_1}^{s_2} F(s)\,ds$	Leistung ist Arbeit pro Zeiteinheit $P = \lim\limits_{\Delta t \to 0} \frac{\Delta W}{\Delta t} = F \cdot v$	durchschnittliche Leistung im Zeitintervall $[t_1; t_2]$: $\frac{W(t_2) - W(t_1)}{t_2 - t_1}$	Δ (Delta) gibt die Differenz zweier Werte an.
Bestand $B(t)$	Wachstumsgeschwindigkeit $B'(t)$	durchschnittliche Wachstumsgeschwindigkeit $\frac{B(t_2) - B(t_1)}{t_2 - t_1}$	lineares Wachstum: $B'(t) = k$ exponentielles Wachstum: $B'(t) = k \cdot B(t)$ und damit $B(t) = B(0) \cdot e^{kt}$ beschränktes Wachstum: $B'(t) = k(S - B(t))$ und damit $B(t) = S - (S - B(0)) \cdot e^{-kt}$
Drehwinkel φ einer Kreisbewegung	Winkelgeschwindigkeit $\dot{\varphi} = \lim\limits_{\Delta t \to 0} \frac{\Delta \varphi}{\Delta t}$	mittlere Winkelgeschwindigkeit: $\frac{\varphi(t_2) - \varphi(t_1)}{t_2 - t_1}$	Ableitung der Winkeländerung nach der Zeit
Durchflussmenge eines Stoffes	momentane Durchflussänderung		entsprechend dem Wachstum
Geschwindigkeit $v = b \cdot t$	Beschleunigung b	$\frac{v(t_2) - v(t_1)}{t_2 - t_1}$	Die Ableitung der Geschwindigkeit nach der Zeit heißt Beschleunigung.
Impuls $P = m \cdot v$ (Masse mal Geschwindigkeit)	Kraft $F = \lim\limits_{\Delta t \to 0} \frac{m \Delta v}{\Delta t}$	$\frac{\text{Impulsänderung}}{\text{Zeitänderung}}$	Kraft ist die Ableitung des Impulses nach der Zeit.
Weg beim freien Fall $s = \frac{1}{2} g \cdot t^2$	Geschwindigkeit $v = g \cdot t$	$\frac{s(t_2) - s(t_1)}{t_2 - t_1}$	g ist die Erdbeschleunigung.
Weg $s = \frac{1}{2} b \cdot t^2$	Geschwindigkeit $v = b \cdot t$	$\frac{s(t_2) - s(t_1)}{t_2 - t_1}$	Leitet man den Weg nach der Zeit ab, erhält man die Geschwindigkeit.

Tab. 4.7: Zusammenhang zwischen Größen und deren Änderungsrate

Ableitungen

Ableiten (Differenzieren) ist eine der wichtigsten Grundfertigkeiten der Analysis. Die Ableitungen der Grundfunktionen und die Ableitungsregeln sollten Sie daher sicher beherrschen.

Die Ableitungsfunktion $f'(x)$ gibt zu jeder Stelle x die Steigung der Tangente im Punkt $P(x \mid f(x))$ an den Graphen der Funktion $f(x)$ an.
Oder: $f'(x_0)$ ist die Steigung des Graphen in $P(x_0 \mid f(x_0))$.
Die zu diskutierenden Funktionen sind üblicherweise mehrfach ableitbar!

$f(x)$	c	x^r (mit $r \in \mathbb{R}$)	e^x	$\sin x$	$\cos x$	$ax+b$	$\ln\lvert x\rvert$
$f'(x)$	0	rx^{r-1}	e^x	$\cos x$	$-\sin x$	a	$\frac{1}{x}$

$f(x)$	$\tan x$	$\cot x$	$\arcsin x$	$\arctan x$	a^x	$\log_a x$	$\sqrt{x}$
$f'(x)$	$\frac{1}{\cos^2 x}$	$\frac{-1}{\sin^2 x}$	$\frac{1}{\sqrt{1-x^2}}$	$\frac{1}{1+x^2}$	$a^x \cdot \ln a$	$\frac{1}{x \cdot \ln a}$	$\frac{1}{2\sqrt{x}}$

Tab. 4.8: Ableitungen von Grundfunktionen

Ableitungsregeln

Lernen sie die Ableitungsregeln auswendig!

- **Linearität:** $(c_1 \cdot f \pm c_2 \cdot g)' = c_1 \cdot f' \pm c_2 \cdot g'$
  Bei Strichrechnungen die Summanden einzeln ableiten.
- **Produktregel:** $f = g \cdot h \Rightarrow f' = g' \cdot h + g \cdot h'$
  und $f = u \cdot v \cdot w \Rightarrow f' = u' \cdot v \cdot w + u \cdot v' \cdot w + u \cdot v \cdot w'$
  Die Ableitung eines Produkts aus n Faktoren besteht aus n Summanden mit Produkten aus einem abgeleiteten und den restlichen nicht abgeleiteten Faktoren.
- **Quotientenregel:** $f = \frac{g}{h} \Rightarrow f' = \frac{g' \cdot h - g \cdot h'}{h^2}$
  Zum Ableiten mit der Quotientenregel:
  ① Nenner ist (alter Nenner)^2. Diesen Term nie ausmultiplizieren oder vereinfachen!
  ② Zähler ist Ableitung **alter** Zähler mal **alter** Nenner minus **alter** Zähler mal Ableitung **alter** Nenner.
  ③ Aus dem Zähler, wenn möglich, Nennerterm ausklammern und mit Nenner kürzen. Dies geht auf jeden Fall immer ab der 2. Ableitung!
  ④ Wenn nichts mehr zu kürzen ist, Zähler so weit wie möglich vereinfachen (ausmultiplizieren, zusammenfassen), aber Nenner lassen!
  Bei einer gebrochenrationalen Funktion erhöht sich der Nennergrad bei jeder Ableitung nur um 1 (wegen des Kürzens)! Spätestens bei der 2. Ableitung benötigen Sie zusätzlich die Kettenregel.
- **Kettenregel:** $f(g(x))' = f'(g(x)) \cdot g'(x)$
  Äußere Funktion mit zuständiger Ableitungsregel ableiten, dabei wird die innere Funktion wie eine einzige Variable behandelt. Diesen Term mit der Ableitung der inneren Funktion multiplizieren, siehe auch Tab. 4.9.

Funktion f(x)	äußere Funktion (kurz äF)	innere Funktion (kurz iF)	1.Schritt: Ableitung äF mit „bleibender“ iF	2.Schritt: Ableitung iF	Ableitung: Produkt aus Schritt 1 und Schritt 2 f′(x)
$5(3x-x^2)^4$	$5(\ )^4$	$3x-x^2$	$20(iF)^3$	$3-2x$	$20(3x-x^2)^3(3-2x)$
$4\sin(\pi-3x)$	$4\sin(\ )$	$\pi-3x$	$4\cos(iF)$	-3	$4\cos(\pi-3x)\cdot(-3)$
$3e^{-kx^2+2x}$	$3e^{(\ )}$	$-kx^2+2x$	$3e^{(iF)}$	$-2kx+2$	$3e^{-kx^2+2x}(-2kx+2)$

Tab. 4.9: Beispiele für die Kettenregel

Höhere Ableitungen

Die Ableitungsfunktion kann wieder abgeleitet werden (wir sprechen dann von der 2. Ableitung und schreiben $f''(x)$), die wiederum abgeleitet werden kann, dies ergibt die 3. Ableitung, also $f'''(x)$. Und so kann man weiter ableiten und kommt damit zur 4.; 5.; …; n-ten Ableitung. In neueren Aufgabenstellungen wird verlangt, dass Sie wissen, was die Ableitungen aussagen, was Sie daraus ersehen und wie was genutzt werden kann. In der Regel genügen bis zur Abiturprüfung die ersten drei Ableitungen.

1. Ableitung $f'(x)$

- gibt an der Stelle x die Steigung der Tangenten an das Schaubild von $f(x)$ an.
- ist die momentane Änderung der Größe $f(x)$.
- ist die momentane Änderungsrate (insbesondere kann festgestellt werden, ob sich der Wert nicht ändert $(f'=0)$; ob der Wert zunimmt $(f'>0;$ bei starker Zunahme ist eben f' sehr groß); oder ob der Wert abnimmt $(f'<0)$.
- ist die 2. Ableitung der Stammfunktion $F(x)$.
- wird an den relativen Extremstellen von $f(x)$ null.
- gibt geometrisch die Steilheit des Graphen an.

2. Ableitung $f''(x)$

- gibt an der Stelle x die Krümmung des Schaubildes von $f(x)$ an. Ist $f''>0$, so ist die Kurve nach links gekrümmt (im Gegenuhrzeigersinn), bei $f''<0$ hat der Graph eine Rechtskrümmung (Uhrzeigersinn). Ist f'' betragsmäßig groß, ist die Kurve sehr stark gekrümmt.
- ist die Steigung der Steigung. Das heißt, ist $f''>0$, so steigt die Steigung. Die Steigung wird also größer, der Graph steigt stärker an.
- Geht der Graph von einer Links- in eine Rechtskurve über (oder umgekehrt), so wird in diesem Punkt die Krümmung null. Es liegt ein Wendepunkt vor.
- F'' ist die Steigung der Funktion f, also f'.

3. Ableitung f ''' (x)

- ist die Steigung der Krümmung, also wie sich die Krümmung ändert.
- wird nur als hinreichende Bedingung zum Nachweis eines Wendepunktes verwendet.

Wissen

- **Der Grad der Ableitungsfunktion einer ganzrationalen Funktion ist um 1 kleiner als der Grad der Funktion.**
- **Beim Ableiten einer gebrochenrationalen Funktion erhöht sich der Nennergrad (nach dem Kürzen!) um 1.**
- **Eine Sinusfunktion wird durch Ableiten zu einer Kosinusfunktion und umgekehrt.**

Beispiele zu den Ableitungen finden Sie in Tab. 4.10. Überlegen Sie zunächst, welche Grundregeln und welche Regeln angewandt werden müssen. Gehen Sie dann stur von außen nach innen vor. Sofern Sie mit der Ableitungsfunktion arbeiten müssen (z. B. Bestimmung von Extremwerten, …) müssen Sie diese zuvor vereinfachen und so weit wie möglich kürzen.

Funktion	Vorbetrachtung	Ableitung	vereinfachte Ableitung
$f_t(x) = \frac{x^2-4}{x^2+t}$	Ableitungsfunktion von x^r; Quotientenregel, darin die Kettenregel	$f_t'(x) = \frac{(x^2+t)\cdot 2x - [(x^2-4)\cdot 2x]}{(x^2+t)^2}$	$\frac{(2t+8)x}{(x^2+t)^2}$
$f_t(x) = (t-x)\cdot e^{tx}$	Ableitungsfunktionen von x^r, e^x, Produktregel, darin die Kettenregel	$f_t'(x) = (-1)\cdot e^{tx} + (t-x)\cdot e^{tx}\cdot t$	$e^{tx}(t^2 - tx - 1)$
$f(x) = \ln\left(\sqrt{3-x^2}\right)$	Ableitungsfunktion von $\ln x$, x^r; Kettenregel in der Kettenregel	$f'(x) = \frac{\frac{1}{2}(3-x^2)^{-\frac{1}{2}}\cdot(-2x)}{\sqrt{3-x^2}}$	$\frac{-x}{3-x^2}$
$f(x) = \cos\left(a^{\tan x}\right)$	Ableitungsfunktion von $\cos x$, $\tan x$, a^x; Kettenregel (bitte Formelsammlung verwenden)	$f'(x) = -\sin\left(a^{\tan x}\right)\cdot \ln(a)\cdot a^{\tan x}\cdot \frac{1}{\cos^2 x}$	nicht möglich

Tab. 4.10: Beispiele zu den Ableitungsregeln

4.3 Untersuchung von Funktionen

Ein wichtiger Aufgabentyp ist die Betrachtung der Funktionen nach ganz bestimmten Eigenschaften, um die Funktion grafisch darzustellen (Kurvendiskussion, Kurvenuntersuchung).

Der gefundene Graph dient dann in der Regel bei den danach folgenden Aufgabenteilen als Grundlage, Skizze oder Planfigur. Nicht selten muss der Graph auch durch weitere Kurven und Geraden zu einem vollständigen „Bild“ erweitert werden. Kurzum, der gezeichnete Graph der Funktion sollte möglichst stimmen, sodass Fragen dazu auch sinnvoll und richtig gelöst werden können.

Ohne Hilfe ist eine Kurvendiskussion nicht leicht, mithilfe eines Taschenrechners wird sie leicht, denn theoretisch könnten Sie ohne jegliche Information außer der Funktionsgleichung über die Wertetabelle beliebig genau das Schaubild jeder Funktion zeichnen. Es ist nur eine Frage der **Anzahl der Punkte**, die Sie ja leicht über den Taschenrechner bekommen.

Tipp

Je weniger Sie über den Graphen wissen, je weniger Sie bei einer Diskussion durchblicken und je weniger Sie Ihren „Rechenkünsten“ (Nullstellen, Ableitungen, …) vertrauen, desto mehr Punkte müssen Sie berechnen.

Ganz einfach wird die Bestimmung des Graphen mit dem GTR. Sie müssen nur die Gleichung richtig eingeben und den Graphen auf dem Display (natürlich in einem geeigneten Maßstab) anzeigen lassen. Beginnen Sie mit *„Zoom 6“*. Sehen Sie nichts, wählen Sie *„Zoom 0“*. Danach können Sie über *„Windows“* einen eigenen Maßstab wählen. Auf dem Display können Sie auch „arbeiten“ (z. B. Nullstellen bestimmen, Tangenten einzeichnen, Flächen einzeichnen und berechnen und vieles mehr).

Die Aufgabensteller wissen, dass Sie einen GTR benutzen dürfen, und gehen davon aus, dass Sie den GTR auch beherrschen. Nehmen Sie ihn täglich in die Hand. Wer einen GTR benutzen darf, muss mit ihm umgehen können! Ganz gleich, was für Hilfsmittel Ihnen bei einer Kurvendiskussion auch immer zugestanden werden, Sie müssen die wesentlichen Teile der Diskussion kennen und wissen, was man letztendlich damit erreichen will.

Beispiel

Folgender **Fehler** sollte Ihnen nicht passieren:

Gesucht sei der Graph der Funktion $f(x) = \frac{2x+1}{x^2-2}$.

Lösung:
Mit einem Taschenrechner berechnen Sie die folgenden Werte.

x	−4	−3	−2	−1	0	1	2	3	4
y	−0,5	−0,7	−1,5	1	−0,5	−3	2,5	1	0,6

Trägt man diese Punkte nun in ein geeignetes Koordinatensystem ein und verbindet sie, ergibt sich folgendes Bild des Graphen.

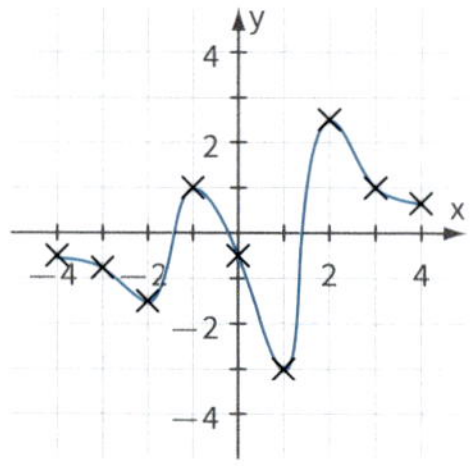

Die Zwischenwerte, deren Berechnung immer sinnvoll ist, lauten:

x	−3,5	−2,5	−1,5	−0,5	0,5	1,5	2,5	3,5
y	−0,6	−0,9	−8	0	−1,1	16	1,4	0,8

Schon die Zwischenwerte zeigen, dass der Graph falsch gezeichnet wurde. Die hohen Werte an den Stellen $x = -1{,}5$ und $x = 1{,}5$ lassen einen Pol in dieser „Gegend" vermuten (es handelt sich schließlich um eine gebrochenrationale Funktion).
Zwei weitere Werte (oder mehr) bringen Gewissheit: $f(-1{,}4) = 45$; $f(1{,}4) = -95$; und es ergibt sich ein völlig anderes Bild.

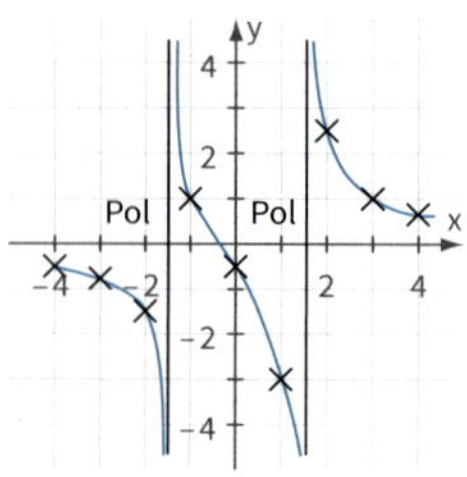

Fazit: Nicht bei der Berechnung der Punkte sparen, nehmen Sie sich die paar Minuten Zeit, es lohnt sich!
Der Graph bleibt natürlich ein „Provisorium", die genauen Werte der Extrempunkte, Wendepunkte, Pole … erkennen Sie dabei nicht. Aber Sie können mit der Skizze weiterarbeiten und das ist das Wichtigste.

Definitions- und Wertebereich

- Überlegen Sie erst, an welchen Stellen die Funktion nicht definiert ist.
- Sehen Sie sich die nicht definierten Stellen an und lassen Sie sie auf keinen Fall bei der Kurvendiskussion weg, denn genau dort sind ja z. B. die senkrechten Asymptoten.
- Geben Sie den Wertebereich erst an, wenn Sie den Graphen gezeichnet haben.
- Der **Definitionsbereich** besteht aus den Zahlen, die eingesetzt werden dürfen (x-Werte). Der **Wertebereich** besteht aus den Zahlen, die man beim Einsetzen erhält (y-Werte), bzw. theoretisch erhalten könnte.
- Denken Sie daran, dass bei Funktionenscharen für jeden Wert des Parameters t andere Bereiche entstehen können. Notfalls helfen Ihnen Fallunterscheidungen.

Defintions- und Wertebereiche sind zwei Teilmengen der reellen Zahlen, die Sie nicht verwechseln dürfen.

	Definitionsbereich	**Wertebereich**
Definition	Menge der reellen Zahlen, die für die Variable x verwendet werden darf	Menge der reellen Zahlen, die als Funktionswerte f(x) wirklich vorkommen
geometrisch	alle x-Werte, d. h. alle Zahlen der x-Achse, für die ein y-Wert berechnet werden kann	alle y-Werte, d. h. alle Werte, die beim Einsetzen der x-Werte als Ergebnis möglich sind
maximaler Bereich	nicht definiert (und damit „verboten") sind lediglich: – Division durch Null – Term „≤ 0" im Argument des Logarithmus – negative Zahlen unter geradzahligen Wurzeln (2.; 4.; 6.; … Wurzel)	Ohne Pol geben die absoluten Extremwerte die Grenzen an. Bei einem Pol mit Vorzeichenwechsel ist ganz ℝ der Wertebereich. Bei einen Pol ohne Vorzeichenwechsel sind die Werte in der „Richtung", in der der Graph läuft, natürlich unbegrenzt.

Tab. 4.11: Übersicht Definitions- und Wertebereich

Beispielfunktion	**Definitionsbereich**	**Wertebereich**
$f(x)=\frac{2x-5}{1-x^2}$	$\mathbb{R}\setminus\{-1;1\}$ (wegen Division durch 0)	ganz ℝ, da bei $x=-1$ und $x=1$ jeweils ein Pol mit Vorzeichenwechsel vorliegt
$f_t(x)=\frac{2x-5}{t-x^2}$	für $t>0$: $\mathbb{R}\setminus\{\pm\sqrt{t}\}$ für $t=0$: $\mathbb{R}\setminus\{0\}$ für $t<0$: ganz ℝ	für $t>0$: ℝ (ohne Werte zwischen Maximum und 0) für $t=0$: $]-0{,}2;\infty[$ für $t<0$: vom Minimum bis zum Maximum
$f(x)=5e^{-3x+4}$	ganz ℝ	$]0;\infty[$ (alle positiven Zahlen)
$f_t(x)=t\,e^{-tx+4}$	ganz ℝ	für $t>0$: $]0;\infty[$ für $t=0$: 0 für $t<0$: $]-\infty;0[$
$f(x)=\frac{\ln(x+3)}{2x}$	$]-3;\infty[\setminus\{0\}$	ganz ℝ, bei $x=0$ ist Pol mit Vorzeichenwechsel
$f_t(x)=\ln(x+t)$	$]-t;\infty[$	ganz ℝ
$f(x)=\sqrt{3-2x}$	$x\le\frac{3}{2}$, also $\left]-\infty;\frac{3}{2}\right]$	$[0;\infty[$
$f_t(x)=3\cos(tx)$	ganz ℝ	$[-3;3]$

Tab. 4.12: Beispiele zum Definitions- und Wertebereich

Symmetrie

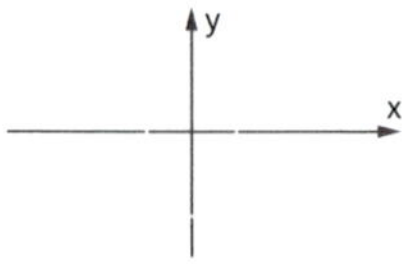

symmetrisch zur y-Achse

Muss im Rahmen einer Kurvenuntersuchung eine Funktion oder eine Funktionenschar auf Symmetrie untersucht werden, so ist meistens nur die Symmetrie zur y-Achse oder zum Ursprung gemeint.

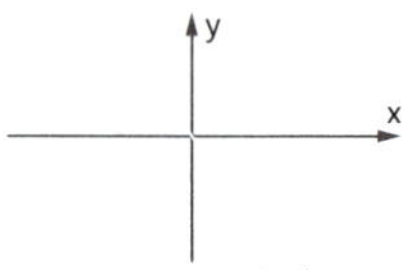

symmetrisch zum Ursprung

Sie gehen folgendermaßen vor, ganz gleich welche Funktionsart vorliegt:

① Sie ersetzen in der Funktionsgleichung die Variable x durch (−x) (und zwar jedes x durch (−x)!).

② Sie vergleichen die erhaltene Funktion $f(-x)$ mit der Funktion $f(x)$.

Folgende Fälle können auftreten:

① $f(x) = f(-x)$. Dann ist die Funktion symmetrisch zur y-Achse.

② $f(x) = -f(-x)$. Dann ist die Funktion symmetrisch zum Ursprung $(0|0)$.

Im Zweifelsfall die Symmetriebetrachtung zurückstellen und nach den restlichen Diskussionspunkten behandeln.

③ Keiner der beiden obigen Fälle. Dann ist keine Symmetrie erkennbar. „Nicht symmetrisch" wäre als Schluss falsch, da die Funktion bezüglich einer Geraden ungleich der y-Achse oder eines Punktes ungleich dem Ursprung symmetrisch sein könnte, was bei obigem Ansatz nicht zu sehen ist.

Sind **Funktionenscharen** gegeben, kann sich für verschiedene t die Symmetrieeigenschaft ändern. Sie müssen dann eine **Fallunterscheidung** durchführen.

Beispiel

$f_t(x) = \frac{x-t}{x^2-4} \Rightarrow f_t(-x) = \frac{-x-t}{x^2-4} = -\frac{x+t}{x^2-4}$ ist

für $t = 0$ symmetrisch zum Ursprung $\left(f_0(x) = -f_0(-x)\right)$;

für $t \neq 0$ ist die Symmetrie aber nicht erkennbar $\left(f_t(x) \neq \pm f_t(-x)\right)$.

Das Erkennen von Symmetrien spart viel Zeit und Arbeit.

Wenn Sie Symmetrie feststellen, haben Sie nur die „halbe" Arbeit. Es genügt dann, bei der Kurvenuntersuchung die Funktion für $x \in \mathbb{R}_0^+$ zu betrachten.
Nicht erkannte Symmetrie wirkt sich nicht als Fehler aus. Es müssen lediglich einige Berechnungen zusätzlich erledigt werden, der Zeitaufwand wird größer. Schlimmer ist es, wenn Sie fälschlicherweise annehmen, dass die Funktion symmetrisch ist. Überprüfen Sie einige Punkte beim Aufstellen der Wertetabelle. Das Folgende gehört nicht zu einer „normalen" Kurvenuntersuchung, aber zum notwendigen Grundwissen. Da die Betrachtung dem Verständnis der Symmetriebetrachtung innerhalb der Kurvendiskussion dient, wird es hier eingeschoben.

Symmetrie zum Punkt P (u | v)

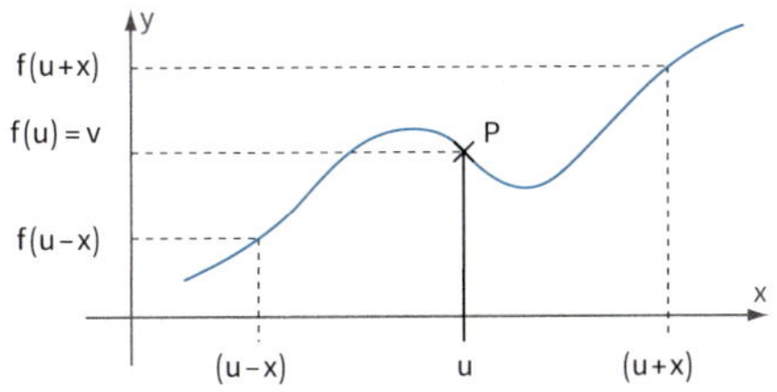

Abb. 4.3: Punktsymmetrie

Eine Funktion ist symmetrisch zum Punkt P (u | v), wenn für alle $x \in D$ v der Mittelwert von $f(u-x)$ und $f(u+x)$ ist. Es muss folgende Gleichung erfüllt sein: $f(u-x)+f(u+x)=2 \cdot f(u)=2v$.
Mit anderen Worten: Sie ersetzen die Variable x zunächst durch den Term $(u-x)$, dann durch den Term $(u+x)$, und addieren die beiden Funktionsterme. Ist das Ergebnis $2 \cdot v$, so ist der Graph von f(x) symmetrisch zum Punkt P (u | v). Liegt P auf f(x), so ist P ein Wendepunkt.

Symmetrie zur Geraden $x = u$

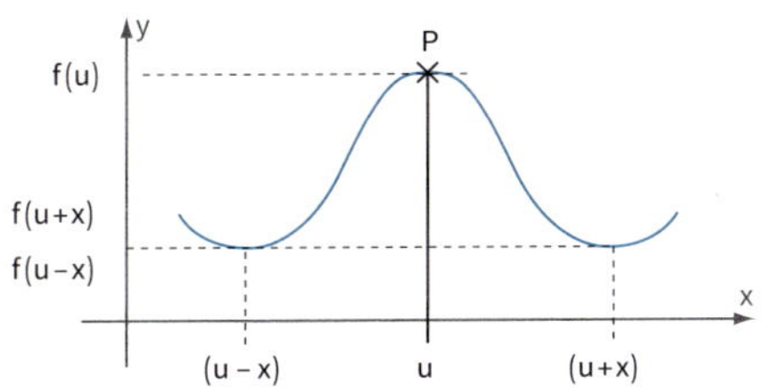

Abb. 4.4: Achsensymmetrie

Eine Funktion ist symmetrisch zur Geraden $x = u$, wenn für alle x die Gleichung $f(u-x)=f(u+x)$ erfüllt ist.
Mit anderen Worten: Sie ersetzen die Variable x zunächst durch den Term $(u-x)$, dann durch den Term $(u+x)$ und vergleichen die beiden Funktionsterme. Sind beide Terme gleich, so ist der Graph von $f(x)$ symmetrisch zur Geraden $x = u$. Liegt P auf f(x), so muss P ein Extrempunkt sein.

Beispiele

a) $f(x)=x^2-4x+1$
ist zur Geraden $x=2$ symmetrisch, da $f(2+x)=f(2-x)$ gilt.

b) $f(x)=x^3+3x^2+3x+x+3$
ist zu P (1 | 10) symmetrisch, da $f(1-x)+f(1+x)=2 \cdot 10$ gilt.

Nullstellen

Die Bestimmung von Nullstellen ist das eigentliche algebraische Problem einer Kurvenuntersuchung. Das Lösen von Gleichungen, das Bestimmen von Extrem- und Wendestellen, die Berechnung von Schnittpunkten und vieles mehr ist rechnerisch gesehen nichts anderes als das Bestimmen von Nullstellen.

Problem	Gleichung umstellen auf „Nullstelle“
Schnittpunkt der Funktionen $f(x)$ und $g(x)$	anstatt $f(x) = g(x)$ eben $f(x) - g(x) = 0$ und $h(x) = f(x) - g(x)$ in den GTR einsetzen
Extrempunkte der Funktion $f(x)$	notwendige Bedingung: $f'(x) = 0$ f' in den GTR eingeben
An welcher Stelle hat die Funktion den Wert 5?	anstatt $f(x) = 5$ eben $f(x) - 5 = 0$
An welcher Stelle ist die Steigung der Funktion $-0{,}5$?	anstelle von $f'(x) = -0{,}5$ als Ansatz $f'(x) + 0{,}5 = 0$
Für welchen x-Wert ist der Funktionswert doppelt so hoch wie an der Stelle a?	$f(x) = 2 \cdot f(a)$ liefert: $f(x) - 2 \cdot f(a) = 0$

Tab. 4.13: Mögliche Fragen, die auf eine Nullstellenberechnung führen

Sofern Sie die Nullstellen nicht berechnen können, bleiben Ihnen zwei Näherungsverfahren (Intervallhalbierung und NEWTON-Verfahren → Seite 107 f.).

Merkhilfen zur Bestimmung von Nullstellen

- Ein Produkt ist genau dann null, wenn mindestens einer der Faktoren null ist. Bei Produkten setzen Sie die Faktoren einzeln null. An allen gefundenen Nullstellen ist das Produkt dann null.
- $e^{n(x)}$ ist immer größer null. Also soweit wie möglich ausklammern und den „Rest“ auf Nullstellen untersuchen.
- Wenn Sie eine Nullstelle x_0 der Gleichung kennen, können Sie ohne Rest mittels der Polynomdivision durch $(x - x_0)$ dividieren und erhalten eine Gleichung, die um einen Grad niedriger ist und deren Nullstellen evtl. besser bestimmt werden können.
- Bei den trigonometrischen Funktionen wiederholen sich die Nullstellen aufgrund der Periode.
- Bei einer Funktion mit Zähler (Z) und Nenner (N) (z. B. gebrochenrationale Funktion) bestimmen Sie die Nullstellen des Zählers und die Nullstellen des Nenners getrennt. Für die Stelle x_0 gilt:

$Z(x_0) \neq 0$ und $N(x_0) \neq 0$	„normaler Funktionswert“, durch Einsetzen berechnet
$Z(x_0) = 0$ und $N(x_0) \neq 0$	eine Nullstelle der Funktion (Graph schneidet oder berührt die x-Achse), Funktionswert ist null
$Z(x_0) \neq 0$ und $N(x_0) = 0$	ein Pol (senkrechte Asymptote)
$Z(x_0) = 0$ und $N(x_0) = 0$	Eine (hebbare) Lücke. Kürzen Sie mit $(x - x_0)$ und betrachten Sie danach nochmals Zähler und Nenner.

Tab. 4.14: Nullstellen bei gebrochenrationalen Funktionen

Extrempunkte

Unter einem absoluten (auch: globalen) Extrempunkt versteht man den Punkt $P(x_1 | f(x_1))$ mit $f(x_1) \leq f(x)$ für alle $x \in D$ (absoluter Tiefpunkt) oder $f(x_1) \geq f(x)$ für alle $x \in D$ (absoluter Hochpunkt).
Sucht man den absoluten Hochpunkt, vergleicht man die Funktionswerte aller relativen Hochpunkte und die Randwerte $\left(\text{ist } x \text{ nicht eingeschränkt, dann } \lim_{x \to \pm\infty} f(x)\right)$. Entsprechendes gilt für den absoluten Tiefpunkt.

Relative (auch: lokale) Extrempunkte sind die Punkte des Schaubildes, die gegenüber ihren unmittelbaren Nachbarpunkten die größten oder kleinsten Funktionswerte haben.

Hochpunkt (HP) heißt der Punkt mit dem größten Funktionswert der Umgebung. Tiefpunkt (TP) heißt der Punkt mit dem kleinsten Funktionswert der Umgebung.

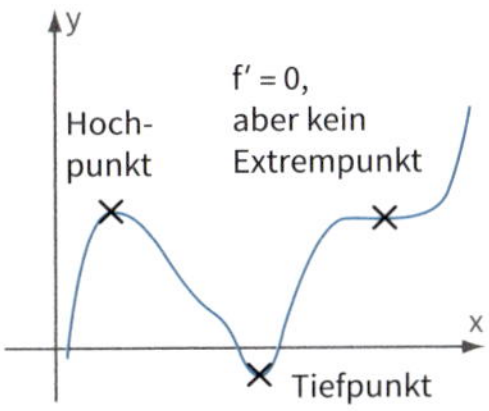

Bestimmung der Extrempunkte

① Notwendige Bedingung: Der Graph muss an jedem relativen Extrempunkt eine waagerechte Tangente haben. (Die Steigung muss null sein, also $f' = 0$.) Deshalb werden zunächst alle Stellen x_i berechnet, für die $f'(x_i) = 0$ gilt.

② Hinreichende Bedingung: Wechselt f' an der Stelle x_i das Vorzeichen, liegt ein Extrempunkt vor.
Wechsel von + nach – (vor x_i steigt, nach x_i fällt der Graph) bedeutet Hochpunkt bei x_i. Ist $f''(x_i) < 0$, ist diese Bedingung auf jeden Fall erfüllt.
Wechsel von – nach + (vor x_i fällt, nach x_i steigt der Graph) bedeutet Tiefpunkt bei x_i. Ist $f''(x_i) > 0$, ist diese Bedingung auf jeden Fall erfüllt.

③ Berechnung der Ordinate: Die unter ① gefundenen und unter ② geprüften x-Werte werden in die Funktionsgleichung eingesetzt. Man erhält damit den y-Wert (Ordinate) des Extrempunktes.

Notwendige Bedingung: $f'(x) = 0$
Hinreichende Bedingung: $f''(x) \neq 0$
Typischer Fehler: $f''(x_i)$ wird als y-Wert verwendet!

Die Lösungen der Gleichung $f'(x) = 0$ seien die Werte $x_1, x_2, \ldots$ Es gilt:

$$f''(x_i) = \begin{cases} > 0 \Rightarrow (x_i | f(x_i)) \text{ ist Tiefpunkt} \\ = 0 \Rightarrow \text{Sonderfall} \\ < 0 \Rightarrow (x_i | f(x_i)) \text{ ist Hochpunkt} \end{cases}$$

Sonderfall $f'(x_i) = 0$ und $f''(x_i) = 0$:
Setzen Sie x_i in f''' ein. Ist $f'''(x_i) \neq 0$, ist $P(x_i | f(x_i))$ ein Wendepunkt und kein Extrempunkt. Ansonsten (also für $f'''(x_i) = 0$) müssen Sie untersuchen, ob f' an der Stelle x_i das Vorzeichen wechselt.
Ist eine Lösung x_i von $f' = 0$ von einem Parameter abhängig, müssen Sie bei $f''(x_i)$ möglicherweise eine Fallunterscheidung vornehmen. $f''(x_i)$ kann ja für verschiedene t verschiedene Vorzeichen haben (oder null werden).

Einen Wendepunkt mit waagerechter Tangente nennt man auch **Sattelpunkt**.

Graphisches Differenzieren und Integrieren

Relativ neu, aber schon sehr verbreitet sind Aufgaben, bei denen die Graphen von f″, f′, f und F verglichen oder voneinander hergeleitet werden müssen. Bei diesen Betrachtungen spielen die Extremwerte eine wichtige Rolle.

Denken Sie auch daran, zu üben, wie man auf dem GTR die Graphen der Ableitungs- und Stammfunktionen zeichnet.

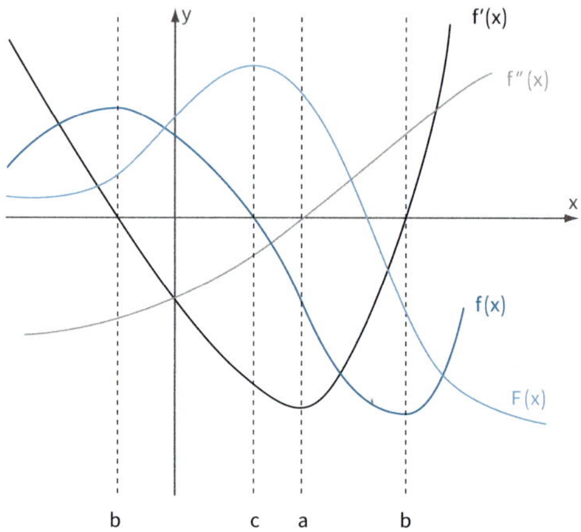

Abb. 4.5: Der Punkt (b | y) stellt bei der Funktion F den Wendepunkt, bei f den Extremwert, bei f′ die Nullstelle dar.
Der Punkt (c | y) stellt bei der Funktion F den Extremwert, bei f den die Nullstelle dar.
Der Punkt (a | y) stellt bei der Funktion f den Wendepunkt, bei f′ den Extremwert, bei f″ die Nullstelle dar.

Tipp

Eine kleine Merkhilfe:
In der Abbildung rechts steht N für Nullstelle, E für Extremstelle und W für Wendestellen. Die senkrechten Spalten geben die Verbindungen zwischen Stammfunktion, Funktion und 1. bzw. 2. Ableitungsfunktion an.

F	N	E	W			
f		N	E	W		
f′			N	E	W	
f″				N	E	W

Abb. 4.6: Merkhilfe

So können Sie zum Beispiel aus der 3. (weißen) Spalte ablesen, dass ein Wendepunkt beim Graphen der Funktion F ein Extrempunkt beim Graphen von f und eine Nullstelle bei der 1. Ableitung von f ist.

Tipp

Der GTR zeichnet bei eingegebener Funktion $y = f(x)$ auch f′ (x) und F (x) (Beim TI-83 Plus über [Math]; [nDeriv] bzw [fnInt]).

Wendestellen, Wendetangente

Wendestellen

Wendepunkte sind die Punkte des Funktionsgraphen, bei denen der Funktionsgraph von einer Rechts- in eine Linkskrümmung (oder von einer Links- in eine Rechtskrümmung) übergeht. Wie bei den Extrempunkten muss man bei den Wendepunkten zwischen einer notwendigen Bedingung (hier $f''(x_i) = 0$) und einer hinreichenden Bedingung (hier $f'''(x_i) \neq 0$) unterscheiden. Wird $f'''(x_i) = 0$, so muss man wie bei den Extrempunkten nach dem Vorzeichenwechsel (diesmal bei f'') schauen. Beachten Sie hierzu auch die Informationen in der Formelsammlung.

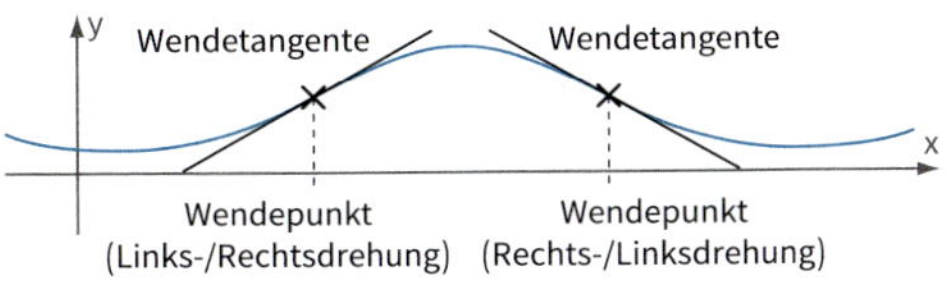

Notwendige Bedingung: $f''(x) = 0$

Hinreichende Bedingung: $f'''(x) \neq 0$

Bestimmung eines Wendepunktes

- Bestimmung der 2. Ableitung $f''(x)$
- Nullstellen $f''(x) = 0$ mit Lösungen x_i
- Bestimmung der 3. Ableitung $f'''(x)$
- Einsetzen der x_i in f''':
  - $f'''(x_i) \neq 0 \Rightarrow (x_i \mid f(x_i))$ ist Wendepunkt.
  - $f'''(x_i) = 0 \Rightarrow$ Untersuchen Sie, ob f'' an der Stelle x_i das Vorzeichen wechselt. Bei Vorzeichenwechsel ist $(x_i \mid f(x_i))$ Wendepunkt, sonst nicht.

Die Rechenschritte zum Bestimmen der Wendepunkte entsprechen genau den Rechenschritten zum Bestimmen der Extrempunkte, nur eben jeder einzelne Schritt in der „nächsthöheren“ Ableitung (f'' anstatt f' und f''' anstatt f'').

Wendetangente

Die mit Abstand am häufigsten verlangte Tangente an eine Kurve ist die Tangente im Wendepunkt des Graphen, die kurz Wendetangente heißt. Eine Tangente an einen Graphen im Punkt P ist die Gerade, die durch den Punkt P geht und die Steigung des Graphen im Punkt P hat. Die Tangente (nicht nur die Wendetangente) wird in der Regel durch die Punkt-Steigungsform einer Geraden (Formelsammlung) bestimmt, es wird für die Geradengleichung lediglich ein Punkt und die Steigung der Geraden benötigt.

In der Praxis sieht die Bestimmung der Wendetangente folgendermaßen aus:

- Bestimmung des Wendepunktes $(x_W \mid f(x_W))$
- Bestimmung der Steigung des Graphen an der Stelle x_W. $(f'(x_W) = m)$
- Einsetzen der berechneten Werte in die Tangentengleichung:
  $y = f'(x_W) \cdot (x - x_W) + f(x_W)$
  Klammer ausmultiplizieren und zusammenfassen ergibt die Geradenform $y = f'(x_W) \cdot x + b$, also $y = mx + b$.

Asymptoten

Die Lage der Näherungsgeraden gibt auch den Namen: **senkrechte Asymptote** (oder Pol), wenn die Asymptote parallel zur y-Achse läuft **waagerechte Asymptote**, wenn die Asymptote parallel zur x-Achse läuft **schiefe Asymptote** bei allen anderen Asymptoten

Eine **Asymptote** ist eine Gerade, an die sich eine Kurve anschmiegt, ohne sie im Endlichen zu erreichen. Zwischen dem Graphen und der Geraden (die wir dann Asymptote nennen) wird der Abstand immer kleiner, mathematisch gesehen ist der Grenzwert des Abstandes null: $\lim\limits_{x \to \pm\infty} (f(x) - g(x)) = 0$
Asymptoten können auch an den Stellen auftreten, an denen eine Funktion nicht definiert ist (Definitionslücken). Die Bestimmung der Asymptoten ist also stets an folgende Fragen gekoppelt:

a) Wie verhält sich eine Funktion (und damit auch ihr Graph) in der nächsten Umgebung einer Definitionslücke oder am Rande eines nicht definierten Gebietes?
b) Wie verhält sich die Funktion (und damit auch ihr Graph), für $x \to \infty$ und für $x \to -\infty$?

Nicht definierte Stellen und Gebiete (Es gibt nur drei Arten.)

① **Eine Funktion ist nicht definiert an der Stelle, an der durch Null dividiert würde.** Ist x_0 eine Zahl, für die der Nenner 0 wird, und untersucht man die Funktion für ein x, das sich x_0 nähert, so wird $(x - x_0)$ immer kleiner und damit der Bruch (also der Funktionswert) immer größer, der Graph nähert sich der Geraden $x = x_0$, einer Geraden parallel zur y-Achse an der Stelle x_0 an. Diese Gerade heißt senkrechte Asymptote oder Pol.
Ausnahme: Hat auch der Zähler an der Stelle x_0 eine Nullstelle, so wird auch er immer kleiner. Man sagt $f(x)$ hat an der Stelle x_0 eine Lücke. Kürzen Sie die Funktion vor der weiteren Betrachtung durch $(x - x_0)$.

② **Eine Funktion ist nicht definiert in dem Intervall, in dem der Radikand einer geradzahligen Wurzel negativ ist.**

③ **Eine Funktion ist nicht definiert in dem Intervall, in dem das Argument der Logarithmusfunktion ≤ 0 wird.**

Beispiele

① $f(x) = \frac{Z}{x-3}$ ist an der Stelle $x = 3$ nicht definiert, ganz gleich welchen Wert der Zähler Z auch immer für den Wert $x = 3$ annimmt.

② $f(x) = \sqrt{3 - x}$ ist für alle $x > 3$ nicht definiert. Für $x = 3$ ist der Funktionswert dann null. $f(3) = 0$.

③ $y = \ln(3x + 6)$ ist für alle $x \leq -2$ nicht definiert.

Für den Grenzwert gilt: $\lim\limits_{x \to -2+} \ln(3x + 6) \to -\infty$. In Worten: Strebt das Argument im ln gegen null, so strebt der ln gegen minus unendlich.
Wichtig: An den Nullstellen des Nenners (für Zähler ≠ 0) einer gebrochen rationalen Zahl und an der Definitionsgrenze beim Logarithmus ist ein Pol, eine senkrechte Asymptote, also eine Gerade parallel zur y-Achse, an die sich der Graph der Funktion anschmiegt.

Senkrechte Asymptote (Pol)

Die Gerade $x = k$ heißt Pol oder senkrechte Asymptote des Graphen von $f(x)$, wenn $\lim\limits_{x \to k} f(x) = \pm\infty$ gilt.

Senkrechte Asymptote

Ist die Gerade $x = k$ ein Pol, hat $f(x)$ an der Stelle k keinen reellen Wert. Ein Pol kann daher nur an einer nicht definierten Stelle oder am Rand eines Intervalls in dem die Funktion nicht definiert ist, vorkommen. Vorsicht: Sie dürfen die nicht definierten Stellen oder Ränder nicht einfach bei der Diskussion weglassen, Sie müssen sie besonders untersuchen. Ein Graph kann keinen, einen oder mehrere Pole haben. Es gibt Pole, bei denen der Graph endet, Pole mit Vorzeichenwechsel und Pole ohne Vorzeichenwechsel.

Gehen Sie wie folgt vor:

- Bestimmen Sie zunächst die nicht definierten Stellen der Funktion.
- Bilden Sie den Grenzwert für x gegen diese Werte.

Graph	nicht definierte Stelle	Grenzwert an dieser Stelle	Skizze	Art des Pols
$f(x) = \frac{1}{2-x}$	$x = 2$	$\lim\limits_{x \to 2^+} f(x) = -\infty$ $\lim\limits_{x \to 2^-} f(x) = +\infty$	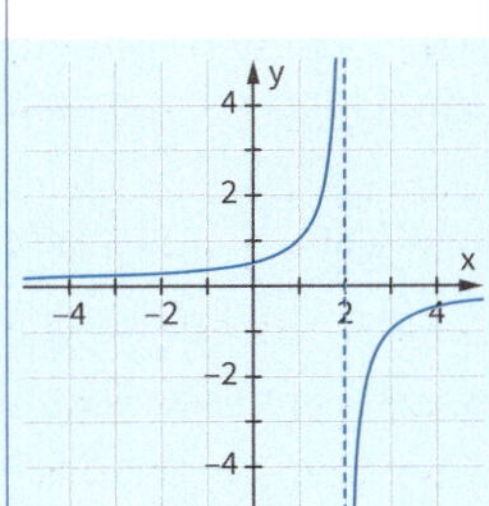	Die Gerade $x = 2$ ist ein Pol (eine senkrechte Asymptote) mit Vorzeichenwechsel.
$f(x) = \frac{1}{(x+1)^2}$	$x = -1$	$\lim\limits_{x \to 1^+} f(x) = +\infty$ $\lim\limits_{x \to 1^-} f(x) = +\infty$	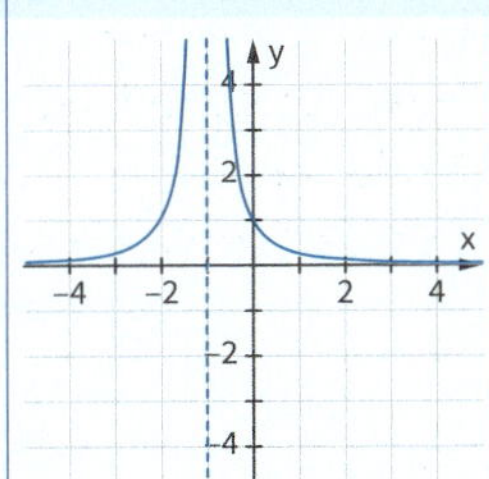	Die Gerade $x = -1$ ist ein Pol (eine senkrechte Asymptote) ohne Vorzeichenwechsel.
$f(x) = \ln x$	$x \leq 0$	$\lim\limits_{x \to 0} f(x) = -\infty$	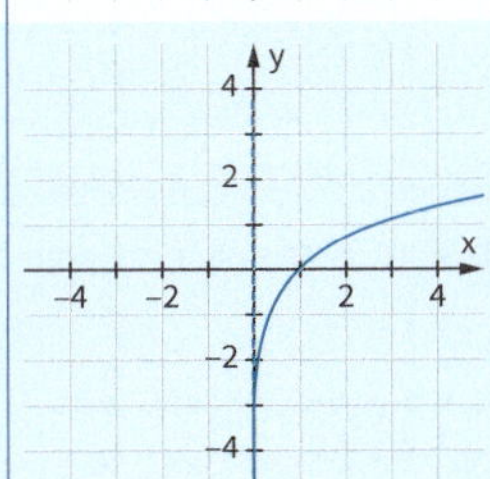	Die Gerade $x = 0$ ist ein Pol (eine senkrechte Asymptote).

Tab. 4.15: Beispiele für senkrechte Asymptoten

Waagerechte Asymptote

Waagerechte Asymptote

Wenn $\lim\limits_{x\to\pm\infty}(f(x)-k)=0$ gilt, heißt $y=k$ waagerechte Asymptote des Graphen von $f(x)$.

Mit anderen Worten: Der Graph der Funktion $f(x)$ nähert sich für sehr große positive ($\to\infty$) oder negative Werte ($\to-\infty$) immer mehr der Geraden $y=k$.
Nicht jede Funktion hat eine waagerechte Asymptote.
Für $x\to\infty$ gibt es *höchstens eine* waagerechte Asymptote und für $x\to-\infty$ ebenfalls. Beide können verschieden sein, was allerdings selten vorkommt.

- Ganzrationale Funktionen haben keine waagerechte Asymptote.
- Für gebrochenrationale und Potenzfunktionen gilt:
  Zählergrad > Nennergrad $\Rightarrow$ keine waagerechte Asymptote.
  Zählergrad = Nennergrad $\Rightarrow$ Ist r der Quotient der Koeffizienten im Zähler und im Nenner von den jeweils höchsten Exponenten bei der Variablen, so ist $y=r$ waagerechte Asymptote für $x\to\pm\infty$.
  Zählergrad < Nennergrad $\Rightarrow$ waagerechte Asymptote: $y=0$ (x-Achse) für $x\to\pm\infty$.
- Bei sonstigen Funktionsarten, verknüpften und verketteten Funktionen: Grenzwertbildung getrennt für $x\to+\infty$ und $x\to-\infty$.

Funktion	waagerechte Asymptote	Skizze
$f(x)=\frac{3x^2-4}{5x^2}$	$y=\frac{3}{5}$ ist waagerechte Asymptote für $x\to+\infty$ und $x\to-\infty$. Außerdem hat f einen Pol ohne Vorzeichenwechsel bei $x=0$.	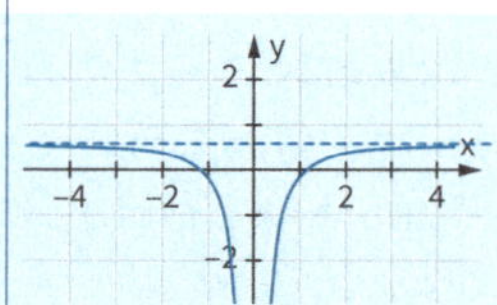
$f(x)=\frac{2x-3}{5x^2}$	$y=0$ (x-Achse) ist waagerechte Asymptote für $x\to+\infty$ und $x\to-\infty$. Außerdem hat f einen Pol ohne Vorzeichenwechsel bei $x=0$.	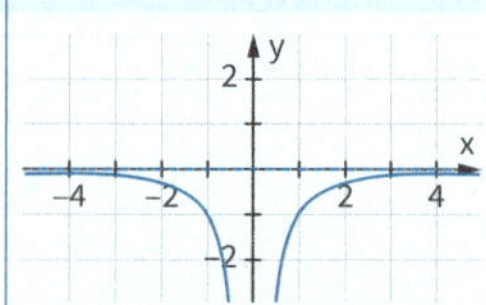
$f(x)=3x\cdot e^x$	$y=0$ (x-Achse) ist waagerechte Asymptote $x\to-\infty$. Für $x\to+\infty$ gibt es keine waagerechte Asymptote.	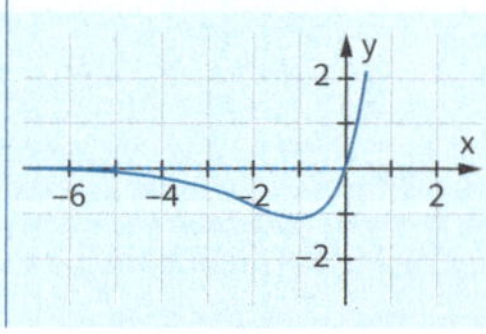

Tab. 4.16: Beispiele für waagerechte Asymptoten

zum 3. Beispiel: e^x „läuft schneller“ als jede Potenzfunktion von x. Daher gilt: $f(x)=\frac{ax^2}{e^x}$ hat die x-Achse als waagerechte Asymptote für $x\to+\infty$, $f(x)=\frac{e^x}{ax^n}$ hat für $x\to+\infty$ keine Asymptote, aber für $x\to-\infty$ die x-Achse als waagerechte Asymptote.

Schiefe Asymptote und Näherungskurve

Eine schiefe Asymptote ist eine Gerade mit der Gleichung $y = mx + b$ $(m \neq 0)$, an die sich der Graph der Funktion anschmiegt.

Wenn $\lim\limits_{x \to \pm\infty} \left(f(x) - (mx + b)\right) = 0$ gilt,
ist $y = mx + b$ schiefe Asymptote des Graphen von $f(x)$. **Schiefe Asymptote**

Nur eine gebrochenrationale Funktion, deren Zählergrad um genau 1 höher ist als ihr Nennergrad, hat eine schiefe Asymptote. Die schiefe Asymptote wird durch eine Polynomdivision bestimmt. Als Ergebnis der Polynomdivision (Zähler- durch Nennerpolynom) erhält man ein lineares Glied mx, ein konstantes Glied b (das auch 0 sein kann) und einen Rest. $y = mx + b$ ist die schiefe Asymptote, da der Rest für $x \to \pm\infty$ gegen null strebt.

Wenn $\lim\limits_{x \to \pm\infty} \left(f(x) - (a_n x^n + a_{n-1} x^{n-1} + \ldots)\right) = 0$ gilt,
ist $y = a_n x^n + a_{n-1} x^{n-1} + \ldots$ Näherungskurve des Graphen von $f(x)$. **Näherungskurve**

Eine Näherungskurve liegt vor, wenn der Zählergrad mehr als 1 höher ist als der Nennergrad. Man bestimmt die Gleichung ebenfalls über die Polynomdivision.

- Eine Funktion kann höchstens eine schiefe Asymptote oder Näherungskurve haben.
- Eine schiefe Asymptote (oder Näherungskurve) und eine waagerechte Asymptote können nie gleichzeitig vorkommen.
- Eine Funktion mit Näherungskurve, schiefer Asymptote oder waagerechter Asymptote kann gleichzeitig einen oder mehrere Pole haben.

Wenn ZG der Zählergrad und NG der Nennergrad einer gebrochenrationalen Funktion ist, dann gilt:

ZG ≤ NG
⇒ waagerechte Asymptote

ZG = NG + 1
⇒ schiefe Asymptote

ZG > NG + 1
⇒ Näherungskurve

Funktion	Asymptote	Skizze
$f(x) = \frac{-x^3 + 5x^2 - 4}{2x^2}$	Funktion in Einzelbrüche aufteilen und kürzen ergibt: $f(x) = -\frac{1}{2}x + \frac{5}{2} - \frac{2}{x^2}$ $y = -\frac{1}{2}x + \frac{5}{2}$ ist schiefe Asymptote. Außerdem hat f eine Polstelle ohne Vorzeichenwechsel bei $x = 0$	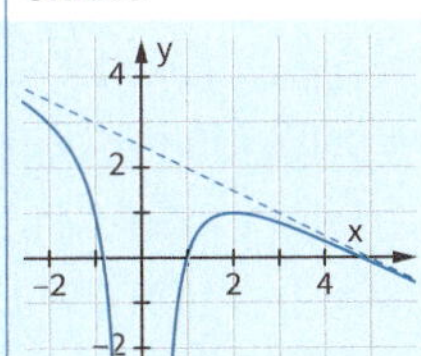
$f(x) = \frac{3x^3 - 4}{x + 2}$	Polynomdivision ergibt: $f(x) = 3x^2 - 6x + 12 - \frac{28}{x+2}$ $y = 3x^2 - 6x + 12$ ist eine Näherungskurve. Außerdem hat f eine Polstelle mit Vorzeichenwechsel bei $x = -2$	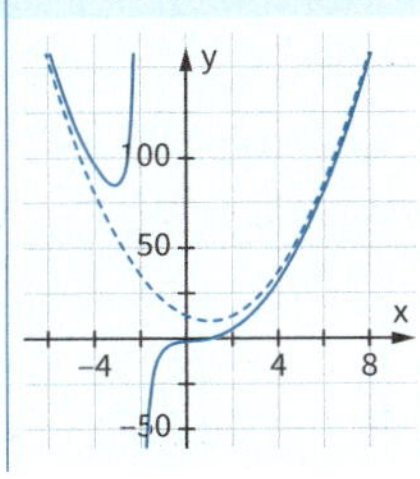

Tab. 4.17: Schiefe Asymptote und Näherungskurve

Wertetabelle

Sobald Sie den GTR benutzen dürfen, wird eine Wertetabelle unnötig. Sie erhalten den Graph, sehen alle Eigenschaften und erhalten problemlos die wichtigen Punkte wie Extrempunkte, Nullstellen oder Wendepunkte über den Rechner. Zudem können Sie ohne Mühe eine Tabelle herstellen und dabei sogar die Schrittweite beliebig ändern.

Auch ein nichtgrafikfähiger TR erstellt Ihnen eine Tabelle.

Eine Wertetabelle (kurz auch Tabelle) ist eine Menge berechneter Punkte eines Graphen zu einer Funktionsgleichung. Theoretisch kann man mithilfe von genügend vielen berechneten Punkten den Graphen jeder Funktion beliebig genau zeichnen. Aber auch noch so viele Werte in der Tabelle ersetzen die anderen Kurvenuntersuchungspunkte nicht ganz.

Erfahrungsgemäß ist auf die Wertetabelle Verlass. Sollte je ein Punkt „nicht ins Bild passen", so berechnen Sie einfach einen Nachbarpunkt und lassen beim Zeichnen den „unsicheren" Punkt weg.

Prinzipiell sollten Sie so viele Punkte in Ihrer Wertetabelle berechnen, dass kein Zweifel mehr über den Verlauf des Graphen aufkommen kann. Die schon berechneten speziellen Punkte übernehmen Sie natürlich aus der Kurvenuntersuchung. Die Werte in der Tabelle sollten exakt (also als Bruch, als Wurzel) oder richtig gerundet angegeben werden.

Zur Berechnung der Wertetabelle benutzen Sie selbstverständlich den Taschenrechner. Denken Sie daran, dass er nicht nur die Werte ganzer Zahlen, sondern alle Werte, die Sie benötigen, berechnen kann. Insbesondere wenn Sie nicht sicher sind, lassen Sie den Taschenrechner für sich arbeiten.

Müssen Sie einen bestimmten Graphen einer **Funktionenschar** zeichnen, schreiben Sie die entsprechende Funktionsgleichung zunächst einmal auf (ersetzen Sie den Parameter durch die entsprechende Zahl) und berechnen Sie dann die y-Werte.

Beispiel

Für jedes $t \in \mathbb{R}$ ist eine Funktion f_t gegeben mit $f_t(x) = (t - x) \cdot e^x$.
Ihr Schaubild sei K_t. Zeichnen Sie K_1 und K_2.

$f_1(x) = (1 - x) \cdot e^x$

$f_2(x) = (2 - x) \cdot e^x$

Wertetabelle:

x	−3	−2	−1	0	1	2
$f_1(x)$	0,2	0,41	0,74	1	0	−7,39
$f_2(x)$	0,25	0,54	1,1	2	2,72	0

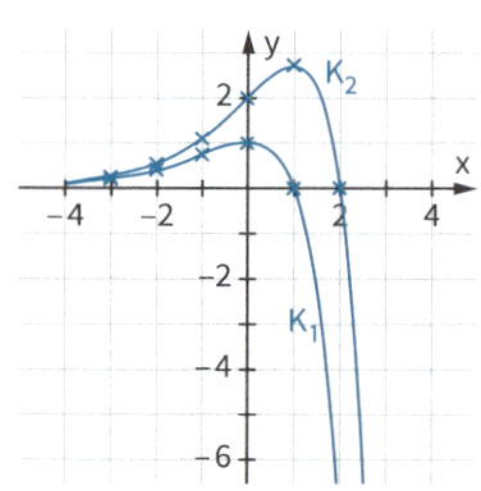

Graph (Schaubild)

Unter dem Graphen oder dem Schaubild einer Funktion verstehen wir die „zeichnerische Darstellung" der Funktion im rechtwinkligen, ebenen Koordinatensystem. Die Punkte der Ebene, die die Funktionsgleichung erfüllen, ergeben das Schaubild.

Der Graph wird auch als **Kurve** oder **Kurvenbogen** bezeichnet. Er hat in der Regel einen anderen „Namen" als die Funktion.

Der Graph einer Funktion f wird oft mit G_f oder K_f bezeichnet.

Das Zeichenblatt wird durch das rechtwinklige Koordinatensystem in 4 Flächen aufgeteilt. Man spricht von 4 Feldern (oder 4 Quadranten), die, wie in der Skizze angegeben, mathematisch positiv durchnummeriert werden (also entgegen dem Uhrzeigersinn).

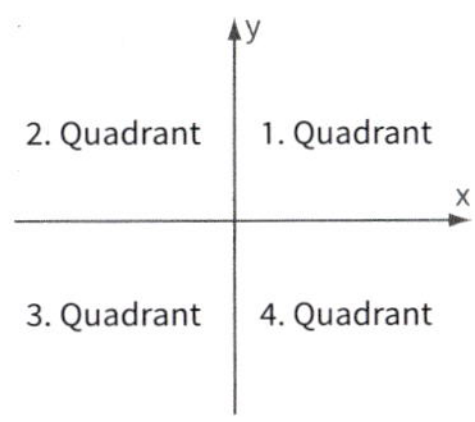

In der Praxis zeichnet man wenige spezielle Punkte ein, die verbunden werden und das Schaubild ergeben. In der Regel sind dies:

- die Nullstellen, in denen der Graph die x-Achse schneidet oder berührt $(f(x) = 0)$,
- die Extrempunkte, die die höchsten oder tiefsten Funktionswerte in der Umgebung haben $(f'(x) = 0 \text{ und } f''(x) \neq 0)$,
- die Wendepunkte, in denen der Graph von einer Rechts- in eine Linkskrümmung (oder umgekehrt) übergeht $(f''(x) = 0 \text{ und } f'''(x) \neq 0)$.

Eine **Skizze** ist keine exakte Zeichnung. Sie zeigt nur den ungefähren Verlauf des Graphen und einige markante Eigenschaften (Punkte, Asymptoten etc.). Achten Sie auf die Aufgabenstellung!

Um den Verlauf der Kurve möglichst genau festzulegen, berechnet man noch weitere Punkte (Wertetabelle). Sofern der Graph Asymptoten hat, müssen diese vor dem Zeichnen des Graphen in das Achsenkreuz eingezeichnet werden, insbesondere die Pole!

Der GTR zeichnet Ihnen den Graph auf das Display. Ein sehr bequemer Weg, den Verlauf des Schaubildes zu sehen.

Nehmen Sie den Graphen wirklich als „Planfigur" und zeichnen Sie alle Hilfslinien, die die gestellten Fragen betreffen, ein.

Tipp

Übersicht zu den Kurvenuntersuchungen

	Ganzrationale Funktion	Gebrochenrationale Funktion	Potenzfunktion	Betragsfunktion
Definitionsbereich	Ganz ℝ. Die Funktion ist auch stetig und differenzierbar in ganz ℝ.	ℝ ohne die Nullstellen des Nenners	Bei $x^{n:m}$ muss wegen $\sqrt[m]{x^n}$ für gerade m und ungerade n $x \geq 0$ sein!	$f(x) = \begin{cases} g(x) \\ h(x) \end{cases}$ Definitionsbereich von g und h nehmen
Symmetrie	Über $f(-x)$. Oder: nur gerade Exponenten $\Rightarrow$ symmetrisch zur y-Achse; nur ungerade Exponenten $\Rightarrow$ symmetrisch zu $(0\|0)$	Nur über $f(-x)$! Nie mit geraden oder ungeraden Exponenten! $f(-x) = f(x)$ $\Rightarrow$ symmetrisch zur y-Achse. $f(-x) = -f(x)$ $\Rightarrow$ symmetrisch zu $(0\|0)$	Nur über $f(-x)$, nicht über gerade oder ungerade n, m bei $x^{n:m}$.	$g(-x)$ und $h(-x)$ im Definitionsbereich betrachten, praktisch nie symmetrisch
Asymptoten	Es existieren keine Asymptoten.	Pole bei den Nullstellen des Nenners (Zähler $\neq 0$). Der Vergleich höchster Zähler- und Nenner-Exponenten kann waagerechte oder schiefe Asymptote (Polynomdivision) ergeben.	Alle Arten der Asymptoten möglich, z. B. $f(x) = x^{-1}$ hat Pol $(x = 0)$ und waagerechte Asymptote $(y = 0)$.	getrennt für g und h bestimmen, auf Definitionsbereich achten
Nullstellen	Ist eine Nullstelle x_0 bekannt, mit Polynomdivision $f(x):(x - x_0)$ bilden. Bei Grad n existieren höchstens n Nullstellen.	Mit Z (= Zähler) und N (= Nenner) gilt: $Z = 0$ und $N \neq 0 \Rightarrow$ Nullstelle $Z = 0$ und $N = 0 \Rightarrow$ Lücke $Z \neq 0$ und $N = 0 \Rightarrow$ Pol. Mit Z-Grad n und N-Grad m $\Rightarrow$ maximal n Nullstellen.	Teils schlecht bestimmbar. Vorsicht bei Umstellungen bei Strichrechnungen!	Ebenfalls einzeln bestimmen und mit Definitionsbereich überprüfen.
Extrempunkte	Grad n $\Rightarrow$ höchstens $n - 1$ Extremstellen. Summanden einzeln ableiten. Bei der hinreichenden Bedingung auf Parameterwert achten.	Bei Nennergrad n und Zählergrad m $\Rightarrow$ höchstens $n + m - 1$ Extremstellen! Ableiten mit Quotientenregel, Funktion nicht umschreiben!	Vorsicht bei negativen Exponenten beim Ableiten.	Einzeln bei g und h nach Extrempunkten untersuchen.
Wendepunkte	Grad n $\Rightarrow$ höchstens $n - 2$ Wendestellen	Höchstens $n + 2m - 2$ Wendestellen! Wenn eine Wendetangente verlangt ist, sollten Sie vor dem Schaubild die Tangente zeichnen.	Für die Anzahl sind global keine Aussagen möglich.	Bei beiden Teilfunktionen berechnen und nachschauen, ob Punkte im Definitionsbereich liegen.
Wertetabelle	Werte nicht nur für ganzzahlige x-Werte berechnen. Besser verstärkt in der Nähe der Nullstellen, Extrem- und Wendepunkte.	Werte in der Nähe der Pole berechnen. Nicht zu viele Nullstellen einzeichnen. Werte mit Taschenrechner berechnen: e aus Taschenrechner über [1] [INV] [ln]!	Mit der [x^y]-Taste werden die meisten Fehler gemacht! Mit Speicher arbeiten und vorher üben.	Zwei Wertetabellen Aufstellen, für jeden Definitionsbereich einzeln.
Graph (Schaubild)	Maximal n Nullstellen und $n - 1$ Extrempunkte einzeichnen! Jede ganzrationale Funktion strebt für $x \to \pm\infty$ gegen ∞ oder $-\infty$.	Asymptoten immer vor dem Schaubild einzeichnen. Lücken einzeichnen, Funktionsgleichung danach kürzen und mit gekürzter Funktion weitermachen.	Vorsicht bei negativen Exponenten. Bei unsicheren Punkten Nachbarpunkte berechnen.	Zwei unabhängige Graphen im jeweiligen Definitionsbereich zeichnen.

Exponentialfunktion	Logarithmus-Funktion	Trigonometrische Funktionen Sinus, Cosinus	 Tangens, Cotangens
Reine e-Funktionen sind auf ganz $\mathbb{R}$ definiert. Vorsicht: $e^x > 0$!	$\ln(g(x))$ ist nur für $g(x) > 0$ definiert. Bei Scharen an Fallunterscheidungen denken!	Ganz $\mathbb{R}$ (die Periode ist 2π) Bei $y = \sin(ax)$ ist Periode $\frac{2\pi}{a}$	Polstellen ausnehmen: tan: $\pm 0{,}5\pi + g\pi$; cot: $g\pi$ mit $g \in \mathbb{Z}$
Über $f(-x)$. Wichtig: $-e^x \neq e^{-x} = \frac{1}{e^x}$.	Nur über $f(-x)$. $f(-x) = f(x)$ $\Rightarrow$ symmetrisch zur y-Achse. $f(-x) = -f(x)$ $\Rightarrow$ symmetrisch zu $(0 \mid 0)$	Achsensymmetrisch zur Geraden durch einen Extrempunkt. Punktsymmetrisch zu einer Nullstelle.	Punktsymmetrisch: tan zu $P(g \cdot \pi \mid 0)$; cot zu $Q(\pm 0{,}5\pi + g\pi \mid 0)$ jeweils mit $g \in G$.
$\lim\limits_{x \to \infty}$ und $\lim\limits_{x \to -\infty}$ getrennt bestimmen. „e^x wächst schneller als jede Potenz von x!“	Pol für $\ln(g(x))$ für $g(x) \to 0^+$ (rechtsseitiger Grenzwert $\to -\infty$). „ln x wächst langsamer als jede Potenz von x!“	Es exisitieren keine Asymptoten.	tan hat Pole bei $(\pm 0{,}5 + g)\,\pi$. cot hat Pole bei 0 und $g\pi$. Periode ist π.
$e^x \neq 0$ $\Rightarrow$ e^x wenn möglich ausklammern und vom Restfaktor Nullstellen bestimmen.	$\ln(g(x)) = 0$ für $g(x) = 1$, da $\ln 1 = 0$. Vorsicht bei jeder Strichrechnung im Argument!	$\sin(g(x)) = 0$, wenn $g(x) = \pi \pm n \cdot$ Periode, $n \in \mathbb{N}$. $\cos(g(x)) = 0$, wenn $g(x) = \pm 0{,}5\pi \pm n \cdot$ Periode, $n \in \mathbb{N}$.	$\tan(g(x)) = 0$ für $g(x) = g\pi$. $\cot(g(x)) = 0$ für $0{,}5\pi + g\pi$.
Nach dem Ableiten e^x ausklammern! Immer daran denken: $e^x > 0$ für alle x.	Ableitung von ln x ist $\frac{1}{x}$ Innere Ableitung nicht vergessen. Ableitung ist meist eine gebrochenrationale Funktion.	In einer Periode ein Hoch-, ein Tiefpunkt. Jeweils genau zwischen den Nullstellen.	Keine Extrempunkte. Ableiten wegen der Wendepunkte, auch wenn $f' \neq 0$ gilt.
1. Ableitung mit Produktregel weiter ableiten.	2. Ableitung ist meist eine gebrochenrationale Funktion.	Nullstellen sind Wendepunkte, sofern die Graphen nicht in y-Richtung verschoben sind.	
Man benötigt viele Punkte, wenn man sonst wenig weiß. Mit Speicher im Taschenrechner arbeiten.	Werte in Polnähe bestimmen. Logarithmus-Gesetze (Formelsammlung) beachten. Immer Taschenrechner verwenden!	Vorsicht mit dem Taschenrechner: Immer auf RAD stellen, nicht mit Grad rechnen. Vielfache von π verwenden. Auch beim tan kein Gradmaß.	
Vorsicht: Waagerechte bzw. schiefe Asymptoten gelten meist nur entweder für $x \to \infty$ oder $x \to -\infty$.	Vorsicht: ln x „geht“ für $x \to \infty$ sehr langsam $\to \infty$. Bitte vor dem Einzeichnen nicht an Punkten sparen.	Beim Zeichnen an die Periode denken.	

Tab. 4.18: Elemente der Funktionsuntersuchung

Bemerkungen zu den Funktionsarten

Ganzrationale Funktion

- Hat die Funktion den Grad n, so existieren höchstens n Nullstellen, höchstens $n-1$ Extrempunkte und höchstens $n-2$ Wendepunkte.
- Die Funktion hat keine Asymptoten.
- Bitte Linearität beachten (Summanden einzeln ableiten und integrieren).
- Die Funktion ist auf ganz $\mathbb{R}$ stetig und beliebig oft differenzierbar.

Beim Ableiten immer die Quotientenregel (Formelsammlung!) benutzen.

Gebrochenrationale Funktion

- Ist n der Grad des Zählers (ZG = n), m der Grad des Nenners (NG = m), so hat die Funktion höchstens n Nullstellen, höchstens $n+m-1$ Extrempunkte und höchstens $n+2m-2$ Wendepunkte.
- Beim Integrieren: zuerst algebraisch umstellen (z. B. Polynomdivision).
- Die Pole (Nullstellen des Nenners) nicht vergessen!

Potenzfunktion

- Vorsicht beim Definitionsbereich (Exponenten $\in \mathbb{Q}$ möglich)!
- Variable mit gebrochenem Exponenten schreiben für Ableitung und Integration, z. B. $\sqrt{3x} = \sqrt{3} \cdot x^{\frac{1}{2}}$ oder $\sqrt[3]{x^2} = x^{\frac{2}{3}}$
- Bezüglich des Ableitens wie ganzrationale Funktion behandeln.

Ableiten immer mit der Kettenregel.

Natürliche Exponentialfunktion

- Asymptoten für $x \to \infty$ und $x \to -\infty$ getrennt bestimmen.
- Schlagen Sie gleich zu Beginn der Diskussion die Rechengesetze in der Formelsammlung auf:
  - $x = \ln a \Leftrightarrow e^x = a$ (ln ist $\log_e$)
  - $e^k > 0$ für alle $k \in \mathbb{R}$ (auch $k < 0$)
  - $e^{ax+b} = c \Rightarrow x = \frac{\ln c - b}{a}$
  - $e^k = 1 \Leftrightarrow k = 0$ (für jeden Term k)

Beim Ableiten und Integrieren bitte immer Formelsammlung benutzen!

Natürliche Logarithmusfunktion

- Pole sind möglich bei: $\lim\limits_{g(x) \to 0+} \left[\ln(g(x))\right] \to -\infty$ für $g(x) \to 0$.
- Formelsammlung vor der Kurvenuntersuchung aufschlagen (Seite mit den log-Gesetzen!): $\ln = \log_e$; $\ln(f(x)) = 0 \Leftrightarrow f(x) = e^0 = 1$.
- ln ist nur für positive Argumente definiert; aber $\ln x < 0$ für $0 < x < 1$: $\ln(-1)$ ist nicht definiert, aber $\ln x = -1$ ist möglich.

Trigonometrische Funktionen

- Vorsicht, Argument steht im Bogenmaß (Radiant): Darauf achten, dass der Taschenrechner im Bogenmaß arbeitet! Notfalls nach jedem Einschalten neu über [MODE] umstellen.
- Wichtigste Eigenschaft der Funktion ist die Periodizität (Formelsammlung aufschlagen).
- Zusammenhänge der Funktion siehe Formelsammlung.
- Ableitungen mit Kettenregel vornehmen.
- tan und cot haben Pole.
- sin und cos sind über ganz R stetig und beliebig oft differenzierbar.
- Bei $f(x) = \mathbf{a}\sin(\mathbf{b}(x - \mathbf{c})) + \mathbf{d}$ gilt:
  a: Streckung in y-Richtung (Amplitude), Wertebereich $[-a; a]$ anstatt $[-1; 1]$, also Änderung der Amplitude
  b: Streckung in x-Richtung. Periode ändert sich $\left(\text{statt } 2\pi \text{ nun } \frac{2\pi}{b}!\right)$.
  c: Verschiebung in x-Richtung um c (Vorsicht, negative Zahl: Verschiebung nach rechts!)
  d: Verschiebung in y-Richtung um d
- Ableiten und Integrieren von sin(x) und cos(x)
  Merkhilfe siehe Skizze rechts:
  Die äußeren Pfeile geben jeweils die Ableitung, die inneren die Stammfunktion an.
  Aber Vorsicht: Kettenregel bzw. lineare Substitution nicht vergessen!

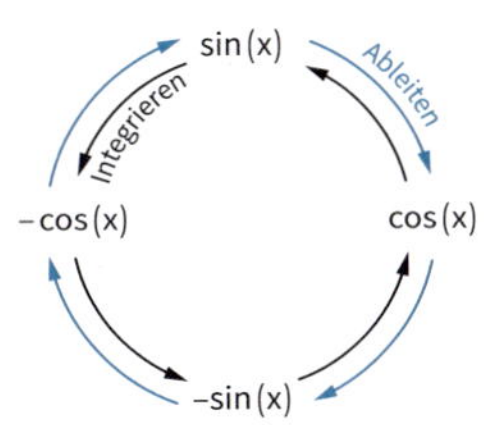

Es lohnt sich, die Schaubilder von $f(x) = \sin(x)$ und $f(x) = \cos(x)$ mit allen besonderen Punkten auswendig zu lernen.

Betragsfunktion

- Umschreiben in zwei Teilfunktionen (mit geschweifter Klammer notieren), z. B.:
  $f(x) = |2x - 2|$ wird zu $f(x) = \begin{cases} 2x - 2 & \text{für } x \geq 1 \\ -2x + 2 & \text{für } x < 1 \end{cases}$.
- Beide entstandenen Teilfunktionen algebraisch vereinfachen.
- Kurvenuntersuchung komplett für beide Funktionen (mit verschiedenen Definitionsbereichen) durchführen.
- Vorzeichen nur vom Term innerhalb der Betragsstriche ändern, nicht von der ganzen Funktion, z. B.:
  $f(x) = x^2 - |2 - x|$ wird zu $f(x) = \begin{cases} x^2 - 2 + x & \text{für } x \leq 2 \\ x^2 + 2 - x & \text{für } x > 2 \end{cases}$.

Beispiele zu den Kurvenuntersuchungen

Im Folgenden finden Sie drei Funktionenscharen und eine trigonometrische Funktion, die diskutiert werden sollen. Versuchen Sie dies, bevor Sie die Ergebnisse der Beispiele betrachten.

$f_t(x)$	① Graph für $t=3$ $\frac{1}{t}x^3+2x^2+tx$	② Graph für $t=4$ $\frac{x}{x^2-t}$ $(t>0)$	③ Graph für $t=1$ $e-e^{tx}$ $(t\neq 0)$	④ mit $-\frac{\pi}{2}<x<\frac{\pi}{2}$ $\frac{4}{\pi}x-\tan x$
Sy	nicht erkennbar	symmetrisch $(0\|0)$	nicht erkennbar	symmetrisch $(0\|0)$
DB	$\mathbb{R}$	$\mathbb{R}\setminus\{\pm\sqrt{t}\}$	$\mathbb{R}$	$\left[-\frac{\pi}{2},\frac{\pi}{2}\right]$
WB	$\mathbb{R}$	$\mathbb{R}$	$W=\{y\|-\infty<y<e\}$	$\mathbb{R}$
NS	$(0\|0)$; $(-t\|0)$	$(0\|0)$	$\left(\frac{1}{t}\middle\|0\right)$	$\pm 0{,}79$ (mit GTR)
Pol	kein Pol	$x=\pm\sqrt{t}$ mit ZW	kein Pol	$x=\pm 0{,}5(2z+1)\pi$; $z\in\mathbb{Z}$ $x_1=-\frac{\pi}{2}$, $x_2=\frac{\pi}{2}$
wA	keine waager. A.	$y=0$ für $x\to\pm\infty$	$y=e$ für $x\to-\infty$	keine waager. A.
sA	keine schiefe A.	keine schiefe A.	keine schiefe A.	keine schiefe A.
HP	$(-t\|0)$	kein Hochpunkt	kein Hochpunkt	$(0{,}5\pm 2z\pi\|f(\ldots))$
TP	$\left(-\frac{t}{3}\middle\|-\frac{4t^2}{27}\right)$	kein Tiefpunkt	kein Tiefpunkt	$(-0{,}5\pm 2z\pi\|f(\ldots))$
WP	$\left(-\frac{2}{3}t\middle\|-\frac{2t^2}{27}\right)$	$(0\|0)$	kein Wendepunkt	nur $(0\|0)$ wegen des Def.-breichs, sonst $(0\pm(2n+1)\|0)$; $n\in\mathbb{N}$

Tab. 4.19: Beispiele für Funktionsuntersuchungen

	−5	−4	−3	−2	−1	0	1	2	3	4	5	8
$f_1(x)=\frac{1}{3}x^3+2x^2+3x$	−6,7	−1,3	0	−0,7	−1,3	0	5,3	16,7				
$f_4(x)=\frac{x}{x^2-4}$	−0,2	−0,3	−0,6	Pol	0,3	0	−0,3	Pol	0,6	0,3	0,2	0,1
$f_1(x)=e-e^x$	2,7	2,7	2,7	2,6	2,4	1,7	0	−4,7	−17	−52		
$f(x)=\frac{4}{\pi}x-\tan x$	−9,7	−3,9	−4,0	−4,7	0,3	0	−0,3	4,7	4,0	3,9	9,7	17,0

Tab. 4.20: Weitere Werte über den Taschenrechner (gerundet)

① für $t=3$ $f_3'(x)=x^2+4x+3$	② für $t=4$ $f_4'(x)=-\frac{x^2+4}{(x^2-4)^2}$	③ für $t=1$ $f_1'(x)=-e^x$	④ mit $-\frac{\pi}{2}<x<\frac{\pi}{2}$ $f'(x)=\frac{4}{\pi}-\frac{1}{\cos^2 x}$

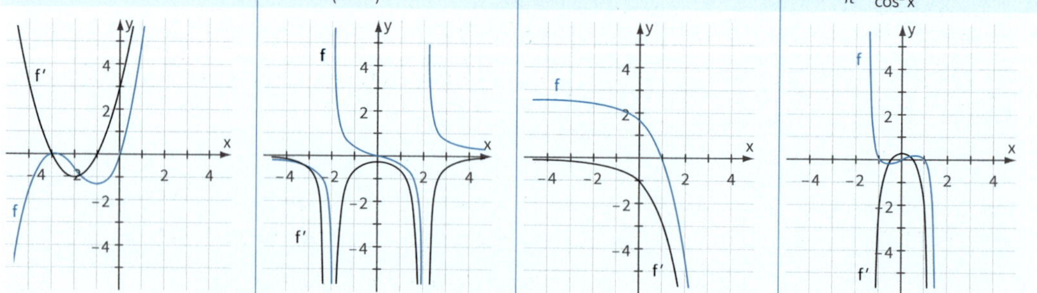

Tab. 4.21: Schaubilder der Funktion (nur skizziert, dienen nur dem Vergleich).

4.4 Wichtiges zu den Funktionen

Als Minimalprogramm müssen Sie die Rechenfertigkeiten (sofern erlaubt auch mit dem Taschenrechner oder GTR) einsetzen können. So genügt alleine das Wort „Extremwert“, um sofort die erste Ableitung zu bilden, diese null zu setzen und die erhaltenen Lösungen in die zweite Ableitung einzusetzen.

Bei Verständnisfragen zur Funktionsuntersuchung genügt es nicht, die Rechenfertigkeiten zu beherrschen. Dazu müssen Sie die Zusammenhänge verstanden haben!

Tun Sie dies bei jeder Fragestellung, ganz gleich, ob die Frage heißt:

- Bestimmen Sie die Extrempunkte der Funktion.
- Für welche t hat die Funktion Extremwerte?
- Zeigen Sie, dass die Funktion genau zwei Extremwerte hat.
- Liegt der Extremwert der Funktion auf einer der Koordinatenachsen?
- Bei welcher Funktion der Schar nimmt der lokale Extremwert den Wert 2 an?

Rechnen Sie auch mit Verständnisfragen, hier einige der einfachen Art:

Frage	**Antwort**
Kann der Funktionswert eines Hochpunktes kleiner sein als der Funktionswert eines Tiefpunktes?	Ja. Dazwischen liegt dann ein Pol oder zwei Extrempunkte. Beispiel: $f(x) = \frac{x^2+1}{x}$ 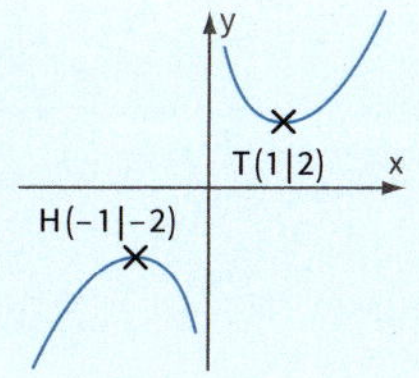
Wenn die Normale die x-Achse unter dem Winkel von 30° schneidet, welchen Winkel hat dann die Tangente mit der y-Achse?	Eine kleine Skizze hilft immer: 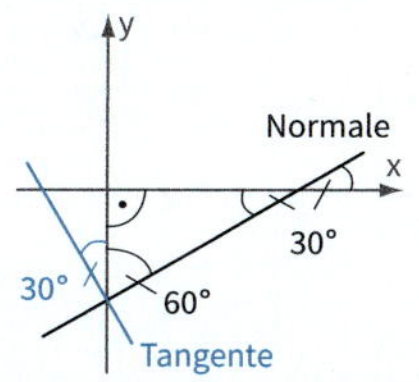
Geben Sie zwei verschiedene Funktionen f(x) und g(x) an, für die F(x) jeweils Stammfunktion ist.	Gibt es nicht. Da $F'(x) = g(x)$ und $F'(x) = f(x)$ muss $f(x) = g(x)$ sein.
Wie unterscheiden sich die Integralfunktion zu f(x) und eine Stammfunktion von f(x)?	Die Integralfunktion zu f(x) bezüglich a gibt zu jedem x den Flächeninhalt im Intervall [a, x] unter f(x) an. Die Ableitung einer Stammfunktion ist f(x).
Unter welchen Umständen existiert zur Funktion $y = f(x)$ eine Umkehrfunktion? Geben Sie ein Beispiel einer Funktion an, die eine Umkehrfunktion hat und ein Beispiel einer Funktion, zu der es keine Umkehrfunktion gibt.	f(x) ist im Intervall [a, b] umkehrbar, wenn f(x) im Intervall [a, b] streng monoton ist (also $f'(x) < 0$ oder $f'(x) > 0$). $f(x) = e^x$ ist umkehrbar. $f(x) = x^2$ ist auf ℝ nicht umkehrbar. Im Intervall [0; 10] ist $f(x) = x^2$ aber umkehrbar.
Geben Sie zwei Grundregeln zur Integration und jeweils ein Beispiel dazu an.	x^n wird zu $\frac{1}{n+1}x^{n+1}$ — $f(x) = x^2$ — $F(x) = \frac{1}{3}x^3$ e^x bleibt e^x — $f(x) = 6e^{3x}$ — $F(x) = 2e^{3x}$ sin wird zu −cos — $f(x) = \sin(5x)$ — $F(x) = -\frac{1}{5}\cos(5x)$ ln x wird zu $x \ln x - x$ — $f(x) = 5\ln(2x)$ — $F(x) = \frac{5}{2}\cdot\frac{1}{2x} = \frac{5}{4x}$

Tab. 4.22: Beispiele für weiterführende Fragen zur Funktionsuntersuchung

Schnittpunkt, Berührpunkt

Wissen

Die gemeinsamen Punkte zweier Funktionsschaubilder heißen:
Schnittpunkt, wenn die Schaubilder am gemeinsamen Punkt verschiedene Steigungen haben, wenn sich die Graphen also wirklich schneiden.
Berührpunkt, wenn die Schaubilder am gemeinsamen Punkt gleiche Steigungen haben, wenn sich die Graphen also echt berühren.

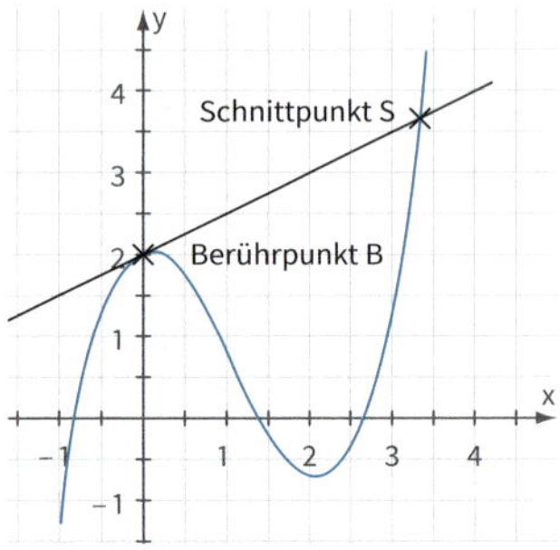

Bei der Berechnung gemeinsamer Punkte zweier Graphen gehen Sie immer folgendermaßen vor:

$f(x_0) = g(x_0)$ und $f'(x_0) \neq g'(x_0)$ $\Rightarrow$ Schnittpunkt bei x_0
$f(x_0) = g(x_0)$ und $f'(x_0) = g'(x_0)$ $\Rightarrow$ Berührpunkt bei x_0

① Setzen Sie die Funktionsterme der beiden Funktionsgleichungen gleich. Aus dieser Gleichung werden die Lösungen für die Variable x berechnet. Sie wissen noch: aus $f(x) = g(x) \Rightarrow f(x) - g(x) = 0$. Bestimmen Sie die Nullstellen der Funktion $h(x) = f(x) - g(x)$.

② Das Einsetzen der berechneten Lösungen in eine der beiden (aber bitte die „einfachere“ auswählen) Funktionsgleichungen (Zahl oder Term anstelle der Variablen x) ergibt die Ordinate (y-Wert) des Schnitt- oder Berührpunktes.

③ Ein Vergleich der Steigungen (Einsetzen der x-Werte in die 1. Ableitungen) zeigt die Art des gemeinsamen Punktes: gleiche Steigungen $\Rightarrow$ Berührpunkt, ungleiche Steigungen $\Rightarrow$ Schnittpunkt. Auch hier gilt: $f'(x_0) = g'(x_0) \Rightarrow f'(x_0) - g'(x_0) = 0$, so hat $h'(x_0) = f'(x_0) - g'(x_0)$ ebenfalls eine Nullstelle und h hat in x_0 eine doppelte Nullstelle.

Schnitt eines Graphen mit der x-Achse („Bestimmung der Nullstellen“)

Sie setzen bei der Funktionsgleichung des Graphen y gleich null $(f(x) = 0)$ und lösen nach x auf. Ist die Steigung $(f'(x))$ an dieser Stelle $\neq 0$, so handelt es sich um einen Schnittpunkt, ist die Steigung $= 0$, um einen Berührpunkt.

Wenn die Funktion für $x = 0$ nicht definiert ist, existiert kein Schnittpunkt mit der y-Achse. Dann liegt ein Pol oder eine behebbare Definitionslücke vor.

Schnitt des Graphen mit der y-Achse

Sie ersetzen die Variable x durch die Zahl 0 und erhalten die Ordinate (y-Wert) des Schnittpunktes auf der y-Achse. (Das ist zwangsläufig immer ein Schnittpunkt, im Sonderfall ein Pol, und es existiert höchstens ein Schnittpunkt!) Spezialfälle sind in der Regel schwieriger zu behandeln.

Tangente

Die Gerade durch den Punkt $P\left(x_0 \,|\, f(x_0)\right)$ des Graphen der Funktion $y = f(x)$ mit der Steigung $m = f'(x_0)$ heißt Tangente an f in P.
Die Gleichung dieser Geraden heißt Tangentengleichung oder Tangentenfunktion in P an f.

Wissen

Einfach ausgedrückt: Die Gerade, die den Graphen der Funktion f im Punkt P berührt, heißt Tangente an f in P (auch Kurventangente). Die Berechnung der Tangente erfolgt über die Punkt-Steigungsform, wobei die Steigung über die 1. Ableitung leicht berechnet werden kann.

Tangentengleichung an f(x) in $P\left(x_0 \,|\, f(x_0)\right)$:

$y = f'(x_0) \cdot (x - x_0) + f(x_0)$ oder $y = f'(x_0) \cdot x + \left(-f'(x_0) \cdot x_0 + f(x_0)\right)$

Auf jeden Fall auswendig lernen.

Normale

Die Gerade durch den Punkt $P\left(x_0 \,|\, f(x_0)\right)$ des Graphen der Funktion $y = f(x)$ mit der Steigung $m = \frac{-1}{f'(x_0)}$ heißt Normale an f in P.
Die Gleichung dieser Geraden heißt Normalengleichung oder Normalenfunktion in P an f.

Wissen

Salopper ausgedrückt: Die Gerade, die den Graphen der Funktion f in P rechtwinklig schneidet, heißt Normale an f in P (auch Kurvennormale).
Die Berechnung der Normalen erfolgt über die Punkt-Steigungsform, wobei die Steigung der negative Kehrwert der 1. Ableitung (der Tangentensteigung) ist.

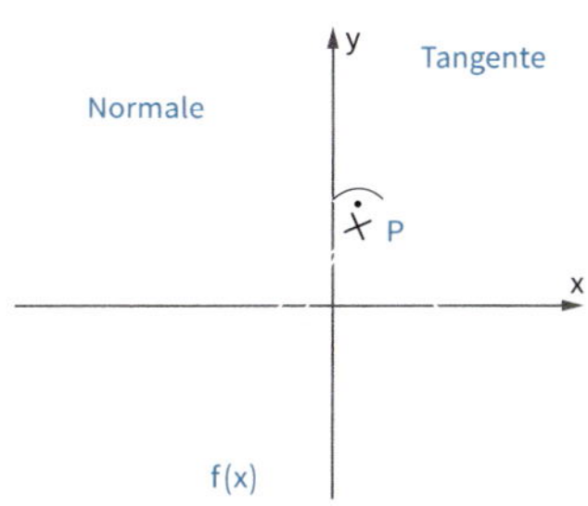

Normalengleichung an f in $P\left(x_0 \,|\, f(x_0)\right)$:

$y = \frac{-1}{f'(x_0)} \cdot (x - x_0) + f(x_0)$ oder $y = \frac{-1}{f'(x_0)} \cdot x + \left(\frac{x_0}{f'(x_0)} + f(x_0)\right)$

Die Normale in P und die Tangente in P schneiden sich in P rechtwinklig.
(Normale und Tangente stehen senkrecht aufeinander.)

Wissen

Beispiele zu Tangenten und Normalen

Geben Sie jeweils die Tangentengleichung und die Normalgleichung an den Graphen der Funktion f im Punkt $P(x_0|f(x_0))$ in Hauptform $(y = mx + b)$ an.

Aufgabe (Funktion; x_0)	$f(x) = e^x\left(1 - \frac{1}{4}e^x\right);\ x_0 = 1$	$f_t(x) = tx\sin x;\ x_0 = \frac{\pi}{6}$	$f_t(x) = 3x(1 - t\sqrt{x});\ x_0 = 1$
y-Wert $f(x_0)$	$y_0 = e\left(1 - \frac{e}{4}\right) = e - \frac{e^2}{4}$	$f_t\left(\frac{\pi}{6}\right) = \frac{t\pi}{12}$	$f_t(1) = 3\cdot(1 - t) = 3 - 3t$
1. Ableitung $f'(x_0)$	$f'(x_0) = e^x\left(1 - \frac{1}{2}e^x\right)$	$f_t'(x) = tx\cos x + t\sin x$	$f_t'(x) = 3\cdot\left(1 - \frac{3}{2}t\sqrt{x}\right)$
Tangenten-Steigung $f'(x_0)$	$f'(1) = e\left(1 - \frac{1}{2}e\right) = e - \frac{e^2}{2}$	$f_t'\left(\frac{\pi}{6}\right) = \frac{6t + \pi t\sqrt{3}}{12}$	$f_t'(1) = 3 - \frac{3}{2}t$
Normalensteigung $\frac{-1}{f'(x_0)}$	$m_n = \frac{2}{e^2 - 2e}$	$m_n = \frac{-12}{6t + \pi t\sqrt{3}}$	$m_n = \frac{2}{3t - 6}$
Punkt-Steigungsform der Tangente	$y - \left(e - \frac{e^2}{4}\right) = \left(e - \frac{e^2}{2}\right)(x - 1)$	$y - \frac{t\pi}{12} = \frac{6t + \pi t\sqrt{3}}{12}\left(x - \frac{\pi}{6}\right)$	$y - (3 - 3t)$ $= 3\cdot\left(1 - \frac{3}{2}t\right)\cdot(x - 1)$
Tangente	$y = \left(e - \frac{e^2}{2}\right)x - \frac{e^2}{4}$	$y = \frac{6t + \pi t\sqrt{3}}{12x} - \frac{\pi^2 t\sqrt{3}}{72}$	$y = 3\cdot\left(1 - \frac{3}{2}t\right)\cdot x + \frac{3}{2}t$
Normale	$y = \frac{2}{e^2 - 2e}x - \frac{2}{e^2 - 2e} + \frac{4e - e^2}{4}$	$y = \frac{-12}{6t + \pi t\sqrt{3}}x + \frac{2\pi}{6t + \pi t\sqrt{3}} + \frac{t\pi}{12}$	$y = \frac{2}{3t - 6}\cdot x - \frac{2}{3t - 6} + 3(1 + t)$

Tab. 4.23: Beispiele zu Tangenten und Normalen

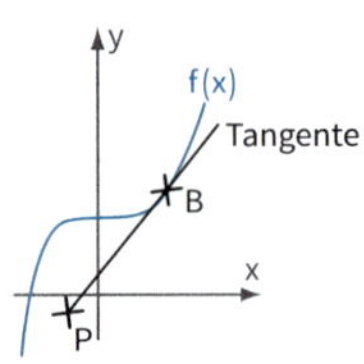

Tangente von einem Punkt $P(x_p|y_p)$ von außerhalb an die Kurve $y = f(x)$:

① Der Berührpunkt B (den Sie ja noch nicht kennen) hat die Koordinaten $(x_b|f(x_b))$.

② Setzen Sie x_b und $f(x_b)$ in die Tangentengleichung ein.

③ Setzen Sie in der Tangentengleichung für x $\mathbf{x_p}$ und für y $\mathbf{y_p}$ (die Koordinaten des außerhalb liegenden Punktes) ein.

④ Lösen Sie die Gleichung nach x_b auf.

⑤ Mit x_b und $f(x_b)$ haben sie den Berührpunkt.

⑥ Mit dem Berührpunkt die Tangente an die Kurve bestimmen.

Aufgabe

Vom Punkt $P(5|0)$ sollen Tangenten an die Funktion $f(x) = (1 - x)\cdot e^x$ gelegt werden. Bestimmen Sie die x-Werte der Berührpunkte.

Lösung: Der Punkt $P(5|0)$, die Ableitung $f'(x) = -x\cdot e^x$ und der Punkt $B(x_b|f(x_b))$ werden in die Tangentengleichung $y = f'(x_b)(x - x_b) + f(x_b)$ eingesetzt: $0 = -x_b e^{x_b}\cdot(5 - x_b) + (1 - x_b)\cdot e^{x_b}$

Die Lösungen dieser Gleichung sind die x-Werte der Berührpunkte:

$x_1 = 3 + \sqrt{8};\ x_2 = 3 - \sqrt{8}$

GTR-Tipp

Lassen Sie den GTR die Beispiele aus Tab. 4.23 durchrechnen, vergleichen Sie mit Ihren berechneten Werten.

Über das Zeichenprogramm [DRAW] zeichnet der GTR die Tangente an das Schaubild von f(x) an der gewünschten Stelle und gibt die Gleichung der Tangente an. Wenn Sie mit der Tangente weiterrechnen wollen (z. B. um weitere Schnittpunkte zu berechnen) müssen Sie die in DRAW erhaltene Gleichung in den Plotter eingeben.

Winkel, Steigung, Orthogonalität

Winkel

Dreht man die Halbgerade g in mathematisch positiver Richtung (entgegen dem Uhrzeigersinn) auf die Halbgerade h (g und h gehen von demselben Punkt S aus), so überstreicht g einen Winkel α.

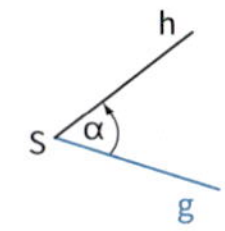

Wissen

Gradmaß: 1° ist der 360. Teil des Vollkreises.
Winkel werden in der Geometrie meist im Gradmaß gemessen. Beachten Sie, dass im Rechner DEG (nicht GRAD) eingestellt ist.

Bogenmaß: Ein Winkel kann auch als Teil eines Kreisumfangs im Bogenmaß (Einheit Radiant, abgekürzt RAD) gemessen werden. Über „*mode*“ kann der Rechner umgestellt werden (DEG oder RAD).
Der Vollkreis hat die Bogenlänge 2π, da man im Einheitskreis (Radius = 1) arbeitet und damit den Kreisumfang $2\pi r = 2\pi \cdot 1 = 2\pi$ hat.
Der große Vorteil dabei ist, dass damit die Winkelweite mittels der Längeneinheit angegeben werden kann.

Winkel in der Geometrie werden im Gradmaß gemessen, auch in der Analysis gibt man Schnittwinkel und Steigungswinkel im Gradmaß an.
Lediglich bei der Diskussion von trigonometrischen Funktionen benutzt man das Bogenmaß. Damit erhält man beim Graphen auf beiden Achsen eine Längeneinheit und kann die trigonometrischen Schaubilder mit den Schaubildern anderer Funktionstypen gut vergleichen.

Steigung

Die Steigung einer Geraden ist der Tangens des Winkels α zwischen Gerade und x-Achse mit $-90° \le \alpha \le 90°$.
Eine eventuell notwendige Umrechnung „Steigung ↔ Winkel“ ist immer ein „Taschenrechner-Problem“ im Gradmaß.
Die Steigung eines Graphen $y = f(x)$ im Punkt $P(u \,|\, f(u))$ ist die Steigung der Tangenten an den Graphen in P. Berechnet wird die Steigung über die Ableitung: $m = f'(u)$!
Da $-\infty < f'(u) < \infty$, erhalten Sie über die 1. Ableitung mittels des Taschenrechner ([2nd] [tan]) den Steigungswinkel in Bezug zur x-Achse zwischen $-90°$ und $90°$.
Der Schnittwinkel zweier Graphen ist der Schnittwinkel der beiden Tangenten im Schnittpunkt.

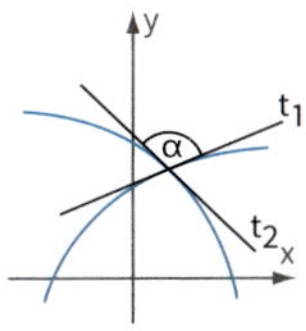

Orthogonalität

Zwei Geraden sind orthogonal, wenn der Winkel zwischen ihnen 90° beträgt. Orthogonalität ist also nur ein anderes Wort für „stehen senkrecht aufeinander".

Berechnung von Schnittwinkeln zweier Graphen

Es sei $S(x_S \mid y_S)$ der Schnittpunkt der beiden Graphen von f und g. Zur Berechnung des Schnittwinkels der beiden Graphen müssen zwei Fälle unterschieden werden. Schneiden sich die Schaubilder rechtwinklig (orthogonal), in Zeichen: $\perp$, so muss eine Steigung der negative Kehrwert der anderen Steigung sein:

$$f_1(x_S) \perp f_2(x_S) \Leftrightarrow f_1'(x_S) = \frac{-1}{f_2'(x_S)} \Leftrightarrow f_1'(x_S) \cdot f_2'(x_S) = -1.$$

Umgekehrt gilt mit $m_1 \cdot m_2 = -1$ auch, dass die den Steigungen zugeordneten Geraden (oder Tangenten an Graphen) rechtwinklig (orthogonal) sind.
Insbesondere gilt für die Tangentensteigung m_t und die Normalensteigung m_n in einem Punkt P des Graphen von f(x): $m_t = \frac{-1}{m_n}$; $m_n = \frac{-1}{m_t}$; $m_n \cdot m_t = -1$.
Schneiden sich die Schaubilder zweier Graphen f und g nicht rechtwinklig (nicht orthogonal), so gilt für den Schnittwinkel α im Schnittpunkt $P(x_P \mid y_P)$:

$$\tan\alpha = \frac{f'(x_P) - g'(x_P)}{1 + f'(x_P) \cdot g'(x_P)} = \frac{m_2 - m_1}{1 + m_1 \cdot m_2}$$

Aufgaben

1. Wie groß ist der Winkel bei einer Steigung von 100 %?
   Lösung:
   $100\,\% = 1 \Rightarrow \tan\alpha = 1$
   $\Rightarrow$ über [TAN-1] folgt als Ergebnis 45°

2. Am steilsten Stück eines Alpenpasses steigt die Straße unter einem Winkel von 9°.
   Welche Steigung steht auf dem Verkehrsschild?
   Lösung:
   $\tan 9 = 0{,}1583\ldots$
   Auf dem Schild steht „16 % Steigung".

3. Unter welchem Winkel schneiden sich die Funktionen f mit $f(x) = -\frac{3}{4}x^2 + \frac{21}{4}x - 4{,}5$ und g mit $g(x) = x - 1$ im linken Schnittpunkt?
   Lösung:
   Die Gleichung $f(x) = g(x)$ liefert die Lösungen $x_1 = 1$ und $x_2 = 4{,}67$.
   Der linke Schnittpunkt ist damit $S(1 \mid 0)$. Die Steigungen sind:
   $f'(1) = 3{,}75$, $g'(1) = 1$; $\tan\alpha = \frac{3{,}75 - 1}{1 + 1 \cdot 3{,}75} \Rightarrow \alpha = 30{,}07°$.

Umkehrfunktionen

Wissen

Sei $f\colon x \mapsto f(x)$ eine Funktion mit der Definitionsmenge D und der Wertemenge W.
Gilt für alle $f(x) \in W$: $f^{-1}(f(x)) = x$,
so heißt $f^{-1}\colon f(x) \mapsto x$ die Umkehrfunktion von f.
$\mathbf{D_f}$ wird zu $W_{f^{-1}}$, W_f wird zu $D_{f^{-1}}$ und
$D_{f^{-1}}$ wird zu W_f; $W_{f^{-1}}$ wird zu $\mathbf{D_f}$.

In Worten: f bildet die Urpunkte auf die Bildpunkte ab. Die Funktion, die jeden Bildpunkt auf den Urpunkt zurück abbildet, heißt Umkehrfunktion von f mit der Bezeichnung f^{-1}. Es gilt somit $f^{-1}(f(x)) = x$ und natürlich $f(f^{-1}(x)) = x$.

Eine stetige Funktion f hat nur dann im Intervall I eine Umkehrfunktion, wenn f auf **ganz I streng monoton ist**.
Den Nachweis der strengen Monotonie führt man über die 1. Ableitung:
$f'(x) > 0$ für alle $x \in I \Rightarrow$ f ist streng monoton steigend in I.
$f'(x) < 0$ für alle $x \in I \Rightarrow$ f ist streng monoton fallend in I.

Für $x \in \mathbb{R}^+$ ist $f\colon x \mapsto \sqrt[n]{x}$ die Umkehrfunktion von $f\colon x \mapsto x^n$ und umgekehrt.

Geometrische Deutung der Umkehrfunktion

Der Graph der Umkehrfunktion f^{-1} von f ist der an der 1. Winkelhalbierenden $(y = x)$ gespiegelte Graph der Funktion f. Damit hängen natürlich auch die beiden Steigungen $f'(x_0)$ und $f^{-1\prime}(f(x_0))$ voneinander ab.

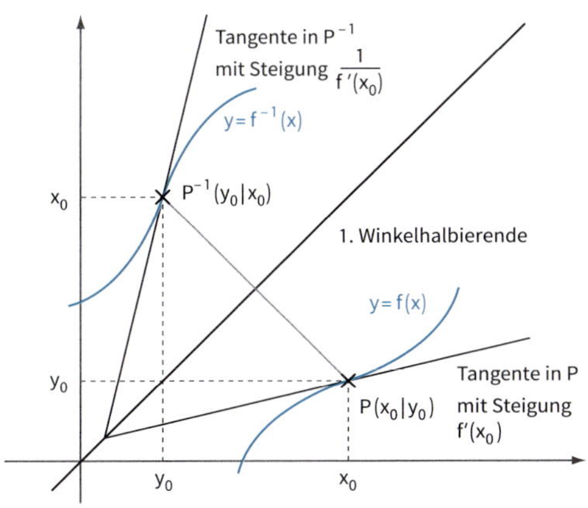

Abb. 4.7: Die Umkehrfunktion als Spiegelung an der 1. Winkelhalbierenden

Die Ableitung der Umkehrfunktion

$f^{-1\prime}$ ist die Ableitung von f^{-1}

Sei $f^{-1}: y \mapsto f^{-1}(y) = x$ die Umkehrfunktion von $f: x \mapsto f(x)$ dann gilt für $f^{-1\prime}(x_0) \neq 0$:

$$f^{-1\prime}(f(x_0)) = f^{-1\prime}(y_0) = \frac{1}{f'(x_0)}.$$

In Worten: Ist die Steigung im Punkt P der Funktionen $y = f(x)$ gleich m_p, so ist die Steigung im Punkt P^{-1} der Umkehrfunktion f^{-1} eben $\frac{1}{m_p}$.
Damit hat man eine Möglichkeit, die Ableitung einer Funktion, deren Gleichung man nicht kennt (bzw. nicht berechnen kann), an bestimmten Stellen über die Ableitung ihrer Umkehrfunktion zu bestimmen.

Es sei $f(x) = x - e^{-x}$. Wegen $f'(x) = 1 + e^{-x}$ $(1 + e^{-x} > 0$ für alle $x \in \mathbb{R})$ existiert eine Umkehrfunktion f^{-1}, die wir nicht berechnen können. (x kann aus $y = f(x)$ nicht berechnet werden.) Gesucht sei $f^{-1\prime}(-1)$.
Wegen $f(0) = -1$ ist $f^{-1}(-1) = 0$ und damit $f^{-1\prime}(-1) = \frac{1}{f'(0)} = \frac{1}{1 + e^0} = \frac{1}{2}$.

Bestimmung einer Umkehrfunktion $f^{-1}(x)$ von $f(x)$ im Intervall I

① Nachweis der Existenz der Umkehrfunktion (über $f'(x)$):
Leiten Sie $f(x)$ ab und untersuchen Sie über f' die strenge Monotonie

② Berechnung der Umkehrfunktion (Existenz nur bei strenger Monotonie):
Zunächst wird die Variable x aus der Gleichung $y = f(x)$ berechnet. Dann werden die beiden Variablen getauscht $(x \leftrightarrow y)$. Die nach dem Variablentausch entstandene Gleichung ist die Gleichung der Umkehrfunktion.

Beispiel

$f_t(x) = 3te^{-2x}$ mit $t \in \mathbb{R}^+$

① $f_t' = -6te^{-2x} < 0 \Rightarrow$ Es existiert eine Umkehrfunktionenschar.

② Aus $y = 3te^{-2x} \Rightarrow x = -0{,}5(\ln y - \ln 3t)$.

Nach dem Tausch $x \leftrightarrow y$ erhält man die Gleichung der Umkehrfunktion:
$y = -0{,}5(\ln x - \ln 3t)$ bzw.
$f_t^{-1}(x) = -0{,}5(\ln x - \ln 3t)$

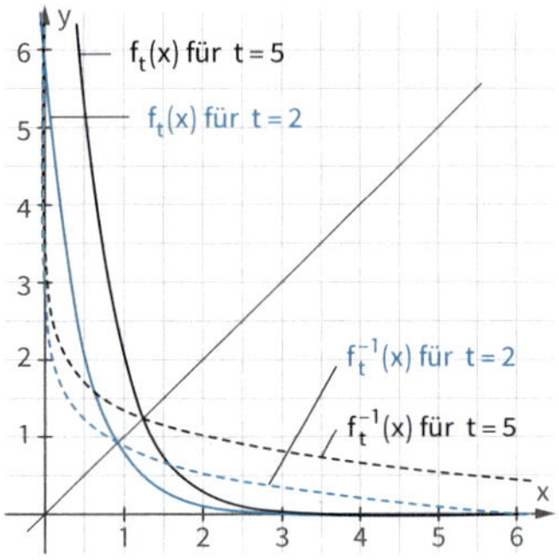

In der Skizze wurden zwei Graphen der Schar, für $t = 2$ und $t = 5$ mit den Umkehrfunktionen (gestrichelt) gezeichnet.

4.5 Stammfunktionen

Wissen

Sind F und f über demselben Intervall I definierte Funktionen und F ist in diesem Intervall differenzierbar (die 1. Ableitungsfunktion existiert), dann heißt F Stammfunktion von f, wenn für alle $x \in I$ $F'(x) = f(x)$ gilt.

Mit F ist natürlich auch $F + c$ $(c \in \mathbb{R})$ eine Stammfunktion, da c als konstanter Summand beim Ableiten „wegfällt“.
Eine Funktion f(x) hat unendlich viele Stammfunktionen. Diese unterscheiden sich aber nur durch eine Konstante. Es gilt:

- Sind G(x) und F(x) zwei Stammfunktionen von f(x), so gilt $G(x) = F(x) + c$.
- Ist F(x) eine Stammfunktion von f(x), so ist auch $F(x) + c$ eine Stammfunktion von f(x).

Wichtige Grundregeln		**Beispiele**	
f(x)	**F(x)**	**f(x)**	**F(x)**
x^n	$\frac{1}{n+1}x^{n+1}$	$3x^5 - \sqrt{3x}$	$\frac{1}{2}x^6 - \frac{2}{3}\sqrt{3} \cdot x^{\frac{3}{2}}$
e^x	e^x	$-2e^x$	$-2e^x$
$\ln x$	$x \ln x - x$	$5 \ln x + 3$	$5(x \ln x - x) + 3x$
$\sin x$	$-\cos x$	$6x - 3 \sin x$	$3x^2 + 3 \cos x$
$\cos x$	$\sin x$	$\pi - 4 \cos x$	$\pi x - 4 \sin x$
$\tan x$	$-\ln \lvert \cos x \rvert$	$-7 \tan x$	$+7 \ln \lvert \cos x \rvert$
$\cot x$	$\ln \lvert \sin x \rvert$	$\cot x + \sin x$	$\ln \lvert \sin x \rvert - \cos x$

Tab. 4.24: Wichtige Stammfunktionen

Zur Erinnerung:

$\frac{2}{\sqrt{3}} = \frac{2 \cdot \sqrt{3}}{\sqrt{3} \cdot \sqrt{3}} = \frac{2}{3}\sqrt{3}$

Diese „Grundstammfunktionen“ gelten nicht, wenn anstatt der Variablen x eine Funktion der Variablen x steht, also bei Verkettungen. Oder wenn Funktionen verknüpft sind.
Um die Stammfunktionen von verketteten oder verknüpften Funktionen bestimmen zu können, sind die bei den Ableitungen geltenden Regeln (Quotienten-, Produkt- und Kettenregel) unbrauchbar. **Die Ableitungsregeln können nicht auf das Bilden von Stammfunktionen übertragen werden.**

Vorsicht:
Bei $f(x) = e^x$
$\Rightarrow F(x) = e^x$,
aber für $f(x) = e^{x^2}$
gilt nicht $F(x) = e^{x^2}$
und $f(x) = x e^x$
$\not\Rightarrow F(x) = \frac{1}{2}x^2 \cdot e^x$!

Es gelten andere Regeln. Die Wichtigste für Sie ist die **lineare Substitution**:
$f(x) = g(ax + b) \Rightarrow F(x) = \frac{G(ax+b)}{a}$. Sie gilt nur, wenn die innere Funktion linear ist (Variable hat nur die Exponenten 0 und/oder 1). Steht anstelle der Variablen x in einer Funktion (äußere Funktion) eine lineare Funktion $ax + b$ (innere Funktion), so ist die zugehörige Stammfunktion die mit den „Grundstammfunktionen“ gebildete Stammfunktion der äußeren Funktion (innere Funktion wie bei Kettenregel wie eine Variable behandeln) dividiert durch die Ableitung der inneren Funktion.

Umkehrrechenarten sind in der Regel schwieriger durchzuführen als die ursprüngliche Rechenart. Dies gilt auch beim Integrieren als Umkehrrechenart des Differenzierens.

Aufgaben

1. Welche Funktion erhält man, wenn man eine Stammfunktion von $f'(x)$ bildet?
   Antwort: Man erhält eine Funktion, die sich von $f(x)$ höchstens um eine Konstante unterscheidet.

2. Bilden Sie von zwei verschiedenen Stammfunktionen von $f(x)$ jeweils wieder eine Stammfunktion. Durch was können sich diese neuen Stammfunktionen unterscheiden?
   Antwort: Sie unterscheiden sich im linearen und im konstanten Glied. Seien G und F die Stammfunktionen der Stammfunktionen, dann gilt: $G - F = ax + b$.

3. Die Stammfunktion $F(x)$ von $f(x)$ hat an der Stelle x_0 eine Nullstelle und an der Stelle x_1 einen Tiefpunkt.
   a) Welche Aussagen kann man über den Graphen von $f(x)$ an diesen beiden Stellen machen?
   b) Hat dann jede Stammfunktion von $f(x)$ in x_0 eine Nullstelle und in x_1 einen Tiefpunkt?
   Antwort: a) Beim Tiefpunkt von $F(x)$ hat $f(x)$ eine Nullstelle. Bei der Nullstelle x_0 von $f(x)$ ist keine Aussage möglich.
   b) Nein, andere Stammfunktionen haben andere Nullstellen.
   Ja, hat eine Stammfunktion in x_1 einen Tiefpunkt, haben alle Stammfunktionen in x_1 einen Tiefpunkt.

4. Gibt es für jede Funktion $f(x)$, die integrierbar ist, eine Stammfunktion, die durch den Ursprung geht?
   Antwort: Ja, genau eine. Ist $F(x)$ eine Stammfunktion, so ist $G(x) = F(x) + c$ ebenfalls eine Stammfunktion.
   Mit $c = -F(0)$ geht der Graph von $G(x)$ durch den Ursprung.

Beim **Ableiten** verknüpfter und verketteter Funktionen gibt es drei Regeln, die Sie sicher beherrschen sollten:

Die Ableitungsregeln finden Sie auf Seite 50 ff.

- Die Kettenregel, die bei verketteten Funktionen einzusetzen ist – eine Regel, die in jeder Prüfung vorkommt.
- Die Produktregel, die Sie anwenden, wenn verschiedene Faktoren die Variable x (oder bei Wachstumsproblemen und physikalischen Aufgaben die Zeitvariable t) enthält.
- Die Quotientenregel, wenn der Funktionsterm Zähler und Nenner enthält und in beiden die Variable vorkommt.

Diese Regeln gelten beim Integrieren nicht!

Beim **Integrieren** gibt es Regeln dieser einfachen Art leider nicht. Das hat bei unserer Rechenarbeit natürlich Konsequenzen. Bitte merken Sie sich Folgendes und sehen Sie sich die folgenden Beispiele sorgfältig und bewusst an:

- Trennen Sie immer die Koeffizienten von dem Term mit der Variablen. Bevor Sie integrieren, müssen Sie bei den allermeisten Funktionsgleichungen algebraische Umformungen vornehmen (Koeffizient und Variable werden getrennt betrachtet → Tab. 4.25).
- Steht anstatt der Variablen eine lineare Funktion $(ax + b)$ im Funktionsterm, so müssen Sie nach der Regel der „linearen Substitution" integrieren (→ Tab. 4.26).

Funktionsgleichung	**Umformung**	**Stammfunktion F (x)**	**Bemerkung**
$f(x) = \sqrt{3x} - \frac{3}{5x^2}$	$f(x) = \sqrt{3}\,x^{\frac{1}{2}} - \frac{3}{5}x^{-2}$	$F(x) = \frac{2\cdot\sqrt{3}}{3}x^{\frac{3}{2}} + \frac{3}{5}x^{-1}$	Immer Koeffizient abtrennen. Koeffizient nicht „vereinfachen".
$f_t(x) = \frac{t^2}{x} + \frac{x}{t^2} + \sqrt{\frac{t}{x}}$	$f_t(x) = t^2x^{-1} + \frac{1}{t^2}\cdot x + \sqrt{t}\cdot x^{-\frac{1}{2}}$	$F_t(x) = t^2\ln\lvert x\rvert + \frac{1}{2t^2}x^2 + 2\sqrt{t}\,x^{\frac{1}{2}}$	t ist wie eine reelle Zahl zu behandeln! t bleibt!
$f_t(x) = \frac{3x^2 - tx}{5x^4}$	$f_t(x) = \frac{3}{5}x^{-2} - \frac{t}{5}x^{-3}$	$F_t(x) = -\frac{3}{5}x^{-1} + \frac{t}{10}\cdot x^{-2}$	Nur möglich, wenn keine Strichrechnung im Nenner vorkommt!
$f_t(x) = 3t\,e^{x-2t}$	$f_t(x) = \frac{3t}{e^{2t}}\cdot e^x$	$F_t(x) = \frac{3t}{e^{2t}}\cdot e^x$	Die Formelsammlung zeigt die Potenz- und Logarithmengesetze.

Tab. 4.25: Integrieren mithilfe algebraischer Umformungen

Funktionsgleichung	**Umformung**	**Stammfunktion F (x)**	**Bemerkung**
$f(x) = 5\sqrt{7x-4}$	$f(x) = 5\cdot(7x-4)^{\frac{1}{2}}$	$F(x) = \frac{2}{3}\cdot 5\cdot(7x-4)^{\frac{3}{2}}\cdot\frac{1}{7}$	$(7x-4)$ als Variable belassen, dann Division durch innere Ableitung (also 7).
$f_t(x) = 4t\,e^{-2tx+3}$	$f_t(x) = 4t\,e^3\cdot e^{-2tx}$	$F_t(x) = \frac{4t\,e^3\cdot e^{-2tx}}{-2t}$	Denken Sie bei den e-Funktionen stets an die Potenzgesetze!
$f_t(x) = 5\ln\lvert 3x-4\rvert$	–	$F_t(x) = \frac{5\cdot[(3x-4)\cdot\ln\lvert 3x-4\rvert - (3x-4)]}{3}$	Die Rechenregeln für die Logarithmen finden Sie in jeder Formelsammlung.
$f_t(x) = \cos(3x - 2\pi)$	–	$F_t(x) = \frac{\sin(3x-2\pi)}{3}$	Denken Sie auch an die Umformungsmöglichkeiten bei den trigonometrischen Funktionen!

Tab. 4.26: Integrieren mithilfe linearer Substitutionen

Natürlich gibt es weitere Verfahren, die hier aber nicht geübt werden:

- Produktintegration oder partielle Integration
- Integration durch Substitution
- Substitution zur algebraischen Vereinfachung
- Polynomdivision vor der Integration

4.6 Integrale

Integrare ist ein lateinisches Wort und heißt „wiederherstellen". Gemeint ist, dass aufgrund eines Teilwissens (hier das Wissen über die momentanen Änderungen) das Ganze wiederhergestellt wird.

Eigentlich ist das Integral ein Grenzwert. Teilt man die Fläche unter der Randfunktion f(x) von a bis b in schmale Rechtecke mit der Breite Δx auf, so erhält man als Addition der Rechtecksflächen eine Obersumme mit den Rechtecken oberhalb des Graphen und eine Untersumme mit den Rechtecken unterhalb des Graphen.

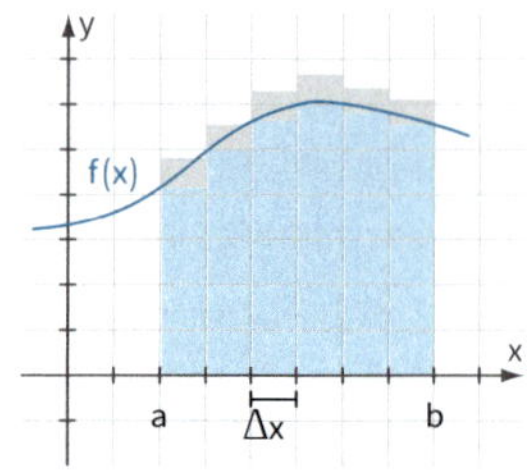

Für $\Delta x \to 0$ sind beide Summen gleich groß. Dieser Grenzwert heißt Integral. Das Integralzeichen erinnert an die Summe, f(x) dx ist eigentlich „Länge mal Breite" der Rechtecke.

Unbestimmtes Integral von f(x)

Eine Stammfunktion von f(x) heißt auch unbestimmtes Integral von f(x). Das unbestimmte Integral ist bis auf eine Konstante c bestimmt.

$\int f(x)\,dx$ Schreibweise: $F(x) = \int f(x)\,dx + c$.

f(x) heißt Integrand; x Integrationsvariable.

Bestimmtes Integral

Sei F eine Stammfunktion von f im Intervall [a; b], in dem f keine Definitionslücke hat, so heißt die Zahl F(b) − F(a) das bestimmte Integral über f von a bis b.

$\int_a^b f(x)\,dx$ In Zeichen: $\int_a^b f(x)\,dx = [F(x)]_a^b = F(b) - F(a)$.

b heißt obere, a heißt untere Grenze.

Uneigentliches Integral

Der Grenzwert einer Integration über ein unbeschränktes Intervall heißt uneigentliches Integral. Es soll die uneigentliche Fläche (die einen endlichen Flächeninhalt bei unendlicher Ausdehnung hat) unter der Randfunktion y = f(x) bestimmt werden:

$\int_a^\infty f(x)\,dx$ $A = \int_a^\infty f(x)\,dx = \lim_{z\to\infty} \int_a^z f(x)\,dx = \lim_{z\to\infty} \left(F(z) - F(a)\right)$

Hauptsatz der Differential- und Integralrechnung

Ist f eine auf dem Intervall [a; b] stetige Funktion und F eine beliebige Stammfunktion von f, so gilt: $\int_a^b f(x)\,dx = F(b) - F(a)$

Hauptsatz

Damit kann man nun über eine momentane Änderung einer bestimmten Größe die gesamte Änderung der Größe in jedem Intervall [a; b] berechnen. Die momentane Änderung muss nur stetig sein. Und umgekehrt kann man, wenn die Größe als Funktion dargestellt werden kann, die momentane Änderung berechnen. Vorsicht, die Zeit, in der die Integration fast ausschließlich als reine Flächen- oder Volumenberechnung benutzt wurde, ist vorbei. Sie müssen nicht nur die beiden Rechenfertigkeiten „ableiten" (differenzieren) und „Stammfunktion bestimmen" (integrieren) beherrschen und sie innerhalb der Aufgaben anwenden können. Sie müssen zudem ihren Sinn verstehen und wissen, was man damit alles tun kann.

Insbesondere die Anwendungsaufgaben (die oftmals physikalische Hintergründe haben) gelten als schwer. Nicht weil die notwendige Mathematik dazu nicht einfach ist (denn sie ist einfach), sondern weil ohne Übung das Gespür für diesen Aufgabentyp fehlt, zumal die Zuordnung der Texte zur Funktion oder zur Gleichung nicht jedem sofort klar wird.

Bedeutung des Integrals

$f(x) = \frac{475x + 15}{2x + 15}$ beschreibt die Stückzahlen einer Zahnpastamarke, die innerhalb der Woche x im Supermarkt A verkauft wurde. Bestimmen Sie näherungsweise, wie viele Tuben Zahnpasta in den ersten 52 Wochen insgesamt verkauft wurden. Nach wie vielen Wochen sind insgesamt 1500 Tuben verkauft?

Haben Sie den Lösungsansatz schon? Wir befinden uns im b)–Teil einer Abituraufgabe des Jahres 2005 aus Baden-Württemberg – mittendrin im Integrieren:

Die Lösung: $N = \int_0^{52} f(x)\,dx = 8676$ oder besser $N = \int_{0,5}^{52,5} f(x)\,dx = 8776$

(Berechnungen mit dem GTR)

Auch ohne GTR wäre die Aufgabe lösbar, wenn Sie mit der Substitution $u = 2x + 15$ arbeiten, aber die Integration ist nicht einfach: Der Zähler und die Grenzen ändern sich mit der Substitution, in der Stammfunktion steht der ln! Der Lerneffekt ist gegenüber dem Zeitaufwand klein, berechnen Sie diese Aufgabe nur, wenn Sie wirklich genügend Zeit dazu haben.

$$\int_{15}^{119} \frac{118{,}75\,u - 1773{,}75}{u}\,du = \int_{15}^{119} (118{,}75 - 1773{,}75\,u^{-1})\,du$$

Die folgenden Beispiele sollen Ihnen zeigen, dass die Integration auf mehreren Bereichen anwendbar ist. Es lohnt sich, die beiden Infinitesimalrechenarten der Schulmathematik etwas näher zu betrachten: Was bietet das Ableiten, was das Integrieren?

Gegeben sei die Funktion $f(x)$	**Differenzieren (ableiten) $f'(x)$**	**Integrieren (Stammfunktion bestimmen) $F(x)$**
Geometrische Bedeutung am Schaubild. Gegeben ist der Graph von $f(x)$.	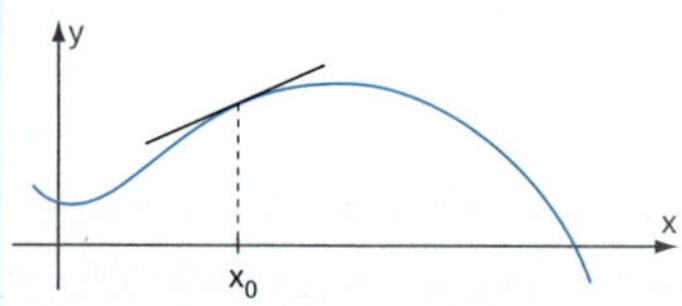 $f'(x_0)$ ist steigend an der Stelle x_0.	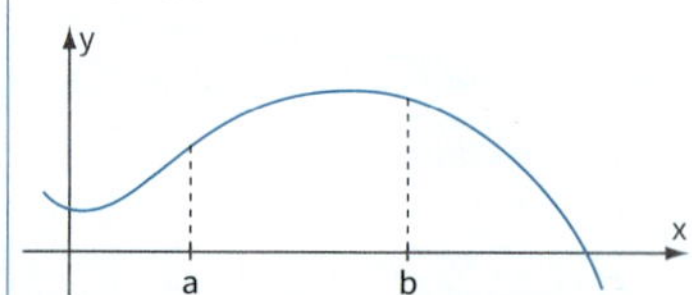 $\int_a^b f(x)\,dx = F(b) - F(a)$ ist Flächeninhalt unter $f(x)$ im Intervall $[a, b]$
Bei Wachstumsaufgaben sei die momentane Änderungsrate $f'(t)$ der zu betrachtenden Größe bekannt.	Die Ableitung zeigt die Änderung der Änderungsrate. Ist $f''(t) > 0$, so wird die Änderungsrate im Zeitpunkt t eben größer, die Größe steigt stärker an.	Die Größe wächst im Zeitintervall $[t_1; t_2]$ um $\int_{t_1}^{t_2} f'(t)\,dt = f(t_2) - f(t_1)$
Bei der Betrachtung von Bewegungen sei die Funktion der Geschwindigkeit $v = f(t)$ gegeben.	Die Ableitung an der Stelle t_1 (also $f'(t_1)$) ist die momentane Beschleunigung zum Zeitpunkt t_1.	Integration ergibt die in der Zeit von t_1 bis t_2 zurückgelegte Strecke.
Wir betrachten den Wasserstand an einem Regenüberlaufbecken. Bei starkem Regen kann der Zulauf mit der Funktion $f(t)$ näherungsweise beschrieben werden. Im gleichen Zeitintervall läuft immer gleich viel Wasser ab.	Die momentane Änderungsrate des Wasservolumens ist über die Ableitung des Wasserstandes zur Zeit t $V(t) = V(0) + f(t) - g(t)$, also $V'(t) = f'(t) - k$ (denn $g(t)$ muss linear sein) zu bestimmen.	Ist die Änderungsrate $I(t)$ anstelle des Bestandes gegeben und weiß man den Stand zum Zeitpunkt t_1, so kann der Bestand zum Zeitpunkt t_2 berechnet werden: $B(t_2) = B(t_1) + \int_{t_1}^{t_2} I(t)\,dt$
Eine Solaranlage speist Strom in das Netz. Je nach Helligkeit und Sonnenstrahlung ändern sich die Werte. Ein Messgerät registriert ständig die eingespeisten Werte.	Die Ableitung der aufgezeichneten Funktion gibt die momentanen Änderungen wieder. Man sieht daraus, wann es heller wurde, wann die Sonne die Anlage stärker bescheint, …	Die mittlere Einspeisung im Zeitintervall $[t_1; t_2]$ wird über $M = \frac{1}{t_2 - t_1} \int_{t_1}^{t_2} E(t)\,dt$ berechnet, wobei $E(t)$ die Größe der Einspeisung zum Zeitpunkt t ist.

Tab. 4.27: Differenzieren und Integrieren bei anwendungsbezogenen Aufgaben

Integrationsregeln

$\int_a^b f(x)\,dx = -\int_b^a f(x)\,dx$	Wechsel der Grenzen bedeutet Vorzeichenwechsel
$\int_a^b f(x)\,dx + \int_b^c f(x)\,dx = \int_a^c f(x)\,dx$	Integrale können aufgespalten oder zusammengelegt werden (Additivität).
$\int_a^b [c \cdot f(x) + d \cdot g(x)]\,dx = c\int_a^b f(x)\,dx + d\int_a^b g(x)\,dx$	Bei Summanden kann einzeln integriert werden (Linearität).
Ist $g(x) \le f(x)$ für $x \in [a, b] \Rightarrow \int_a^b g(x)\,dx \le \int_a^b f(x)\,dx$	Monotonie
Gilt $m \le f(x) \le M \Rightarrow m(b-a) \le \int_a^b f(x)\,dx \le M(b-a)$	Abschätzbarkeit. Damit lässt sich z. B. ein Flächeninhalt abschätzen.

Tab. 4.28: Grundeigenschaften des Integrals

Der GTR kann Integralfunktionen zeichnen und bei festen Grenzen auch näherungsweise berechnen. Damit können Sie problemlos Flächeninhalte, Summen von Größen und Mittelwerte bestimmen. Ohne GTR sind wir nicht immer in der Lage, das Integral zu lösen, aber Sie erhalten nur Aufgaben zum Integrieren, die für Sie lösbar sind. Die Regeln Produktintegration und Integration durch Substitution finden Sie in Kapitel 11 „Zusätze“ diesem Band.

Lineare Substitution: linearen Term wie eine Variable behandeln und mit „Grundintegralen“ berechnen; dann durch die innere Ableitung teilen

$\int_a^b f(ax+b)\,dx = \frac{F(ax+b)}{a}$

Die Grundintegrale aus Tab. 4.29 sollten Sie am besten auswendig lernen.

f(x)	F(x)	Beschreibung	Beispiel Grundregeln (auch mit linearer Substitution)	
x^r; $r \neq -1$	$\frac{1}{r+1}x^{r+1}$	Hochzahl um 1 erhöhen und durch neue Hochzahl dividieren	$f(x) = \frac{3}{x^5} + \sqrt{3x} + (2x+1)^2$	$F(x) = -\frac{3}{4}x^{-4} + \sqrt{3} \cdot x^{\frac{3}{2}} \cdot \frac{2}{3} + (2x+1)^3 \cdot \frac{1}{3 \cdot 2}$
$\frac{1}{x} = x^{-1}$	$\ln\lvert x\rvert$	Sonderfall: Bei der Hochzahl −1 ist die Stammfunktion der ln vom Betrag.	$f(x) = \frac{2}{3x+4}$	$F(x) = \frac{2}{3} \cdot \ln\lvert 3x+4\rvert$
e^x	e^x	e^x bleibt beim Integrieren und Ableiten gleich.	$f(x) = 3e^x - \frac{5}{2e^{3x+4}}$	$F(x) = 3e^x + \frac{5}{6e^{3x+4}}$
$\ln x$	$x \cdot \ln x - x$	durch Ableiten überprüfen	$f(x) = \ln(3x+4)$	$F(x) = \frac{(3x+4) \cdot \ln(3x+4) - (3x+4)}{3}$
$\sin x$	$-\cos x$	anderes Vorzeichen als beim Ableiten	$f(x) = 3\sin(2\pi x)$	$F(x) = -\frac{3}{2\pi}\cos(2\pi x)$
$\cos x$	$\sin x$	anderes Vorzeichen als beim Ableiten	$f(x) = \cos(3x) + 3 \cdot \cos x$	$F(x) = \frac{1}{3}\sin(3x) + 3\sin x$

Tab. 4.29: Grundintegrale

4.7 Zusammenhang der Schaubilder

Durch die Rechenfertigkeit „Ableiten“ erhält man rechnerisch problemlos und eindeutig von der Stammfunktion F(x) die Funktion f(x), danach durch weiteres Ableiten die „Steigungsfunktion“ f′(x), danach durch nochmaliges Ableiten die „Krümmungsfunktion“ f″(x).
Dadurch kann man vom Schaubild der Stammfunktion auf das Schaubild der Funktion, auf das Schaubild der Ableitungsfunktion und das der Krümmungsfunktion schließen (und natürlich kann man die entsprechenden Schaubilder oftmals auch ohne zusätzliche Angaben zeichnen).

Zum Bearbeiten solcher Aufgaben Tipp auf → Seite 60 beachten.

Dem umgekehrten Schluss – Integration genannt – (von f″(x) auf f′(x), auf f(x) bis zu F(x)) fehlt leider die Eindeutigkeit. Aber – und das macht die entsprechenden Probleme lösbar – die Gleichungen und die Kurven sind bis auf eine Verschiebung in der y-Richtung eindeutig bestimmt.
Es genügt, wenn Sie vom Schaubild zur Ableitung kommen und umgekehrt und wenn Sie verstehen, dass durch das Ableiten der Extrempunkt zur Nullstelle und der Wendepunkt zum Extrempunkt wird.

integrieren ↔ ableiten

Extrempunkt ⇔ Nullstelle (in den Schaubildern a) | Wendepunkt ⇔ Extrempunkt (in den Schaubildern b)

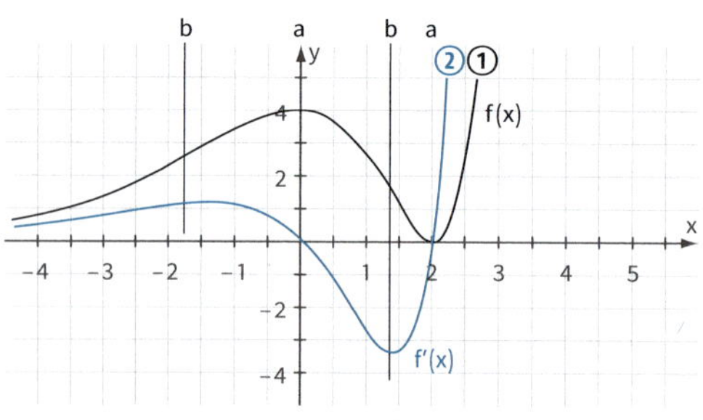

Abb. 4.8: ① $f(x) = (x-2)^2 \cdot e^x$

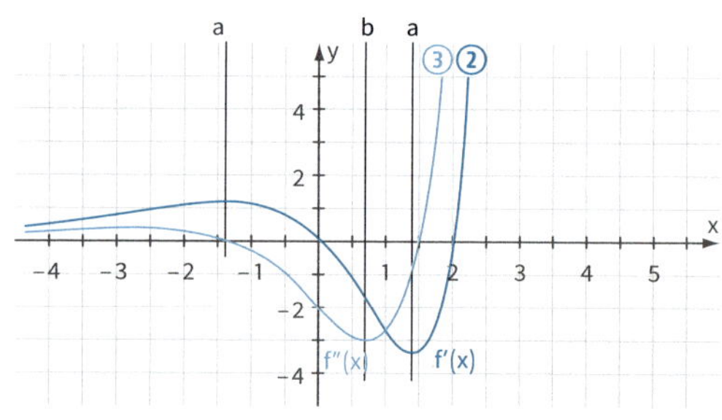

Abb. 4.9: ② $f'(x) = x \cdot (x-2) \cdot e^x$

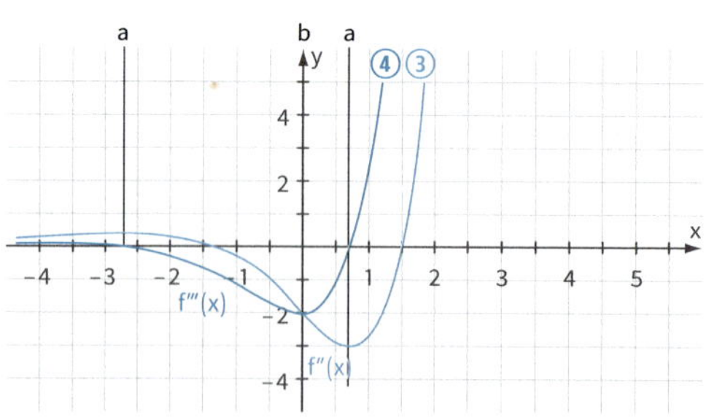

Abb. 4.10: ③ $f''(x) = (x^2-2) \cdot e^x$

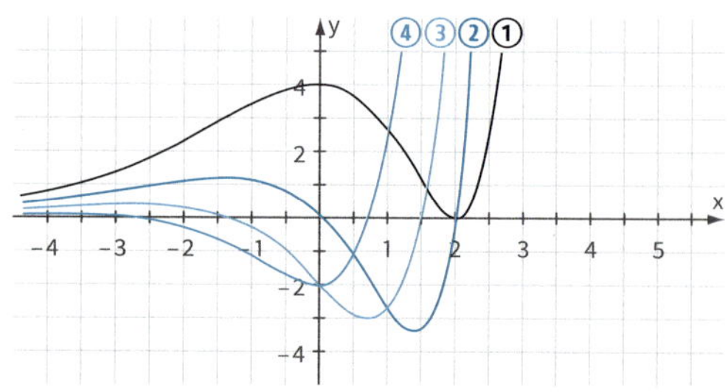

Abb. 4.11: ④ $f'''(x) = (x^2 + 2 \cdot x - 2) \cdot e^x$

In Prüfungen habe sich inzwischen Aufgaben etabliert, in denen durch gegebene Graphen Aussagen über die Funktionen gemacht werden müssen. Dabei kann zwischen zwei grundsätzlich verschiedenen Aufgabentypen unterschieden werden:

① Aufgaben, bei denen sich die Fragen auf den gezeichneten Graphen beziehen. Diese Aufgaben sind einfach und überschauber. man sieht dem Graphen schließlich an, wo ein Extrempunkt liegt, ob die Funktion monoton ist, wo eine Rechtskrümmung vorliegt, wie viele Nullstellen es gibt …

② Aufgaben, bei denen sich die Fragen *nicht* auf den gezeichneten Graphen, sondern auf die Ableitung oder die Stammfunktion beziehen. Hier ist Vorsicht geboten, da die Form des gezeichneten Graphen mit der Aufgabenstellung nicht zu tun hat, das verwirrt. Zwei Tipps dazu:
- Sehen Sie sich die Merkhilfe in Abb. 4.6 auf Seite 60 nochmal an.
- Ist f′ gezeichnet und die Fragen beziehen sich auf f (die Stammfunktion zu f′), merken Sie sich folgendes: Überall wo f′oberhalb der x-Achse liegt (also positiv ist), steigt der Graph von f. In den Bereichen, wo f′ unterhalb der x-Achse liegt (also negativ ist), fällt der Graph von f.

Aufgabe

Gegeben sei die Skizze von f′ (x), siehe rechts. Beurteilen Sie die folgenden Aussagen zu f (x) und begründen Sie Ihre Ergebnisse.

a) f ist im Intervall]1, 3] monoton steigend.
b) f (x) hat an der Stelle $x = -2$ einen Hochpunkt.
c) f (x) hat mindestens drei Extremwerte.
d) f (x) hat an der Stelle $x = 2$ einen Hochpunkt.

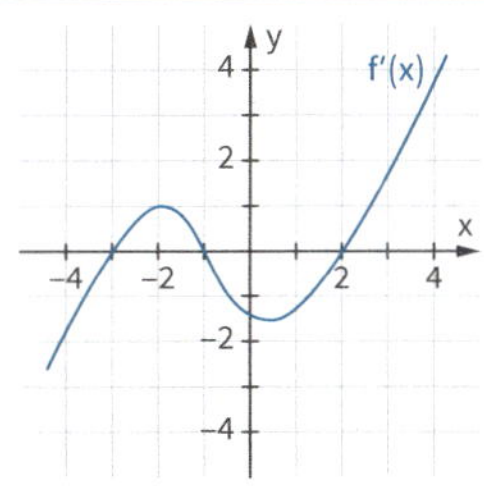

Antwort:

a) Nein. Im Intervall]1, 2] ist f′ negativ, damit fällt der Graph von f (x). f (x) steigt für $x > 2$.
b) Falsch. f hat an der Stelle −2 einen Wendepunkt, weil der Graph von f′ an der Stelle einen Extrempunkt hat.
c) Richtig. Die Nullstellen von f′ (−3, −1 und 2) sind die Extremstellen von f.
d) Falsch. Vor $x = 2$ ist die Steigung negativ, danach positiv. Es liegt ein Tiefpunkt vor.

4.8 Kurvenscharen, Funktionenscharen

Wissen

Enthält die Funktionsgleichung einen Parameter (meist t), so beschreibt die Gleichung für jeden zugelassenen Wert des Parameters genau eine Funktion. Mit $f_t(x)$ werden dann unendlich viele Funktionen beschrieben, wir nennen ihre Gesamtheit **Funktionenschar**.
Die dazugehörenden Schaubilder bilden dann eine **Kurvenschar**.

$f_t(x) = t - e^{tx}$ $(t \in \mathbb{R})$ sei eine Funktionenschar, deren Schaubilder C_t heißen:
Für $t = 1$ gilt: $f_1(x) = 1 - e^x$ mit dem Schaubild C_1.
Für $t = 501$ gilt: $f_{501}(x) = 501 - e^{501x}$ mit dem Schaubild C_{501}.
Für $t = \sqrt{7}$ gilt: $f_{\sqrt{7}}(x) = \sqrt{7} - e^{\sqrt{7} \cdot x}$ mit dem Schaubild $C_{\sqrt{7}}$.

Natürlich kann man auch eine Kurvenschar diskutieren, nicht nur einzelne Kurven. Der Parameter (meist t) wird dann wie eine reelle Zahl behandelt, wodurch die Diskussion von Kurvenscharen in der Regel nicht wesentlich schwieriger ist wie die einer einfachen Kurve.

- Notfalls können Sie den Parameter t durch eine Zahl (z. B. 7) ersetzen und die Diskussion durchführen. Lassen Sie dabei aber die Zahl 7 stets stehen (nicht mit anderen Zahlen zusammenfassen, nicht kürzen) und nach Beendigung der Diskussion ersetzen Sie die 7 wieder durch t.
- Schlimmer ist, dass Ihnen der Taschenrechner bei der Diskussion von Scharen wenig hilft. Sie können lediglich mit dem GTR mehrere Kurven der Schar gleichzeitig ansehen (siehe Tipp unten) und damit schon viel über die ganze Schar aussagen.
- Passen Sie auf, wenn das Vorzeichen eine Rolle spielt (z. B. beim Nachweis eines Extrempunktes mittels der zweiten Ableitung). Vergessen Sie nicht, dass Sie womöglich eine Fallunterscheidung machen müssen.
- Teilen Sie nicht durch Null. Sofern t im Nenner steht, kann der Parameter natürlich auch einen Wert annehmen, sodass der Nenner 0 wird. Betrachten Sie diesen Fall gesondert. $f_t(x) = \frac{2x}{t-5}$ ist eben für $t = 5$ nicht definiert.
- Auch bei geradzahligen Wurzeln und beim Logarithmus ist es möglich, dass der Definitionsbereich von t abhängt.
- Bei der Lösung auf die Einschänkungen des Parameters achten.

GTR-Tipp

Kurvenscharen mithilfe von Listen darstellen

1. Werte für den Paramter in eine Liste L_1 eingeben [STAT] [EDIT] [ENTER], dann Listenwerte eingeben.
2. Funktionsterme in [y=] eingeben, wobei anstelle des Parameters L_1 geschrieben wird; L_1 über [2nd] [LIST].
3. Die Kurven (in der Reihenfolge der Liste) erhält man mit [GRAPH].

Bei den bisher üblichen Aufgaben wurde oftmals zuerst eine Kurvenschar diskutiert und danach musste eine Kurve der Schar gezeichnet werden. Die weiteren Fragen bezogen sich dann auf diese gezeichnete Kurve. Bei Problemen mit der Schar diskutieren Sie zunächst die zu zeichnende Kurve und gehen danach erst zur Schar. Aber die Aufgabenart hat sich gewandelt. Sie müssen zunehmend mit anderen Fragen rechnen. Sehen Sie sich die Aufgabenbeispiele zu den Funktionenscharen an:

Aufgaben

1. $H(2|4)$ ist Extrempunkt jeder Kurve der Funktionenschar $f_t(x)$ ganzrationaler Funktionen 2. Grades. Geben Sie die Gleichung der Schar an.
2. Geben Sie eine Kurvenschar ganzrationaler Funktionen an, bei der für $t > 4$ die Funktion der Schar an der Stelle x_0 einen Hochpunkt, bei $t < 4$ aber einen Tiefpunkt hat.
   Geben Sie an, wie dann der Graph für $t = 4$ aussieht.
3. Gegeben sei die Funktionenschar $f_{t,s}(x) = t\sin((\pi - s)x)$.
   Wie beeinflussen die Parameter t und s den Graphen der Funktion?

Zwei Parameter sind selten, aber möglich. Die Anzahl der Parameter ist nicht begrenzt.

Antwort:

1. $y = ax^2 + bx + c \quad \Rightarrow 4 = 4a + 2b + c$
   (Koordinaten einsetzen)
   $y' = 2ax + b \quad \Rightarrow 0 = 4a + b$
   $f'(2) = 0$
   mit $a = t$
   $\Rightarrow f_t(x) = tx^2 - 4tx + 4 + 4t$

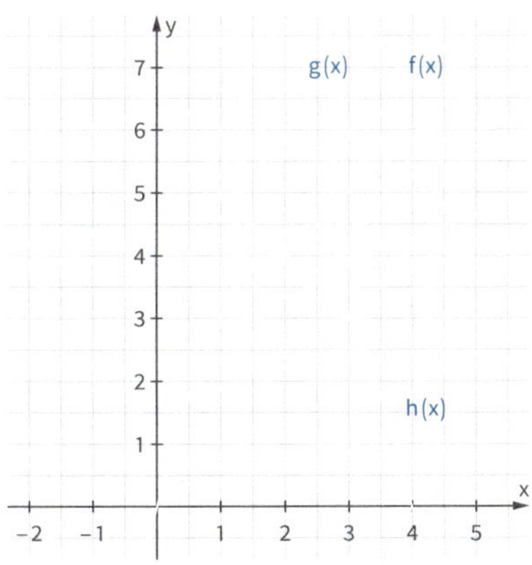

$t = 1 \Rightarrow f_1(x) = x^2 - 4x + 8$
$t = 2 \Rightarrow f_2(x) = 2x^2 - 8x + 12$
$t = -1 \Rightarrow f_{-1}(x) = -x^2 + 4x$

>>

>> Aufgaben

2. $f_t''(x)$ muss an der Stelle x_0 bei $t = 4$ das Vorzeichen wechseln: Da das Vorzeichen des x-Wertes beim Vorzeichenwechsel bei f'' keine Rolle spielen darf, muss die 2. Ableitung der Funktion z. B. so aussehen: $f''(x) = (t-4)x^2$.
Also $f'(x) = a(t-4)x^3$ (da der Koeffizient keine Rolle spielt) und damit die Funktion $f_t(x) = b(t-4)x^4$,
z. B.: $f_t(x) = 12(t-4)x^4$
$f_4(x)$ ist die x-Achse $(f_4(x) = 0)$

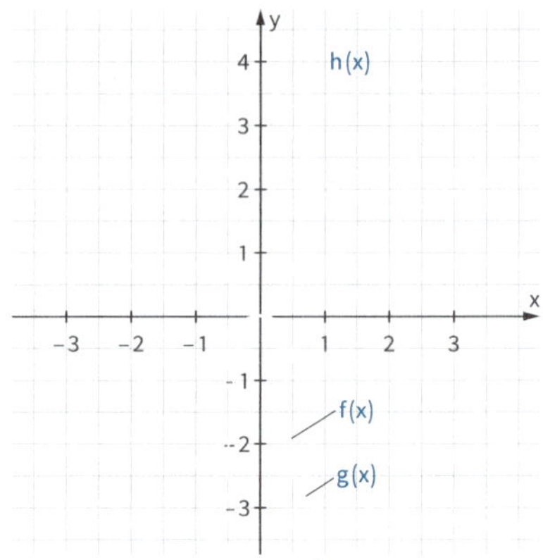

$t = 1 \Rightarrow f_1(x) = -36x^4$
$t = 3 \Rightarrow f_3(x) = -12x^4$
$t = 5 \Rightarrow f_5(x) = 12x^4$

3. t verändert die Amplitude der trigonometrischen Funktion:
$t > 0$ Amplitude ist t
$t < 0$ Funktion ist an der x-Achse gespiegelt mit Amplitude $|t|$
$(\pi - s)$ beeinflusst die Periode. Die neue Periode ist: $\frac{2\pi}{\pi - s}$.

4.9 Bestimmung von Funktionsgleichungen

Es gibt verschiedene Probleme der Schulmathematik, bei denen die Gleichung der Funktion bestimmt werden muss:

- Sie erhalten einige Zahlenpaare und müssen die Gleichung bestimmen, auf der diese Punkte liegen, dabei ist der Text um die Aufgabe herum unbedeutend.
  Dies ist oft bei Wachstumsproblemen oder Zerfallsproblemen der Fall. Die Art der gesuchten Funktion wird angegeben oder kann dem Text entnommen werden.
- Von einem Graphen kennt man bestimmte Punkte (z. B. auch Extrempunkte oder Wendepunkte) und bestimmte Steigungen. Gesucht wird die Funktionsgleichung. Meist wird bei dieser Fragestellung eine ganzrationale Funktion gesucht.
- Sie müssen einen Teil einer gegebene Funktion durch einen Funktionsterm anderer Art annähern. Dazu wird angegeben, welche Punkte, beziehungsweise welche Steigungen gleich sein sollen.

Es gibt noch eine ganze Menge anderer Probleme zum Auffinden von Funktionen, etwa eine Gerade, die eine Fläche in einem bestimmten Verhältnis teilt, eine ganz bestimmte Stammfunktion, eine Wahrscheinlichkeitsverteilung oder eine Kugel oder Ebene. Die Aufgabenpalette ist vielfältig, aber nicht schwer.

Prinzipiell gibt es zwei Lösungsmöglichkeiten:

Mit GTR

Sie müssen die Zahlenpaare (die Punkte) in zwei Listen eingeben (in L_1 die x-Werte, in L_2 die dazugehörigen Funktionswerte). Dann über 2nd stat-reg (TI-30X PLUS) bzw. über STAT dann CALC (TI-83 PLUS) aus den angebotenen Funktionsarten die entsprechende Funktion aussuchen.
L_1, L_2, Y_1 eingeben. Der Rechner gibt dann die Koeffizienten der Funktion an und speichert die Funktion unter Y_1.
Sind mehr Punkte als gesuchte Koeffizienten angegeben, erhalten Sie einen Funktionsterm, der am wenigsten von den Punkten abweicht.

Die Erklärungen beziehen sich auf die Rechner TI-30X PLUS und TI-83 PLUS. Sollten Sie einen anderen Rechner besitzen, klären Sie bitte, wie man mit diesem eine solche Regression durchführt.

Ohne GTR (insbesondere wenn auch Steigungen und nicht nur Punkte gegeben sind) gehen Sie folgendermaßen vor:

① Allgemeiner Ansatz: Schreiben Sie die in der Aufgabe gesuchte Funktion in allgemeiner Art (mit Platzhalter für die Koeffizienten).
Bei einer Gleichung 2. Grades: $y = a x^2 + b x + c$
Bei einer Exponentialfunktion: $y = a \cdot e^{bx} + c$

② Bestimmung der Ableitungen: Bestimmen Sie die notwendigen Ableitungen vom allgemeinen Ansatz.

③ Einsetzen der angegebenen Eigenschaften: In die Gleichungen $f(x) = \ldots$, $f'(x) = \ldots$, $f''(x) = \ldots$ werden die im Text angegebenen Daten der gesuchten Funktion eingesetzt. Da bei jeder Gleichung die x-Werte und die dazugehörigen y, y′ oder y″-Werte eingesetzt werden, entsteht ein Gleichungssystem für die Koeffizienten a, b, …

Die Aufgaben sind nicht überbestimmt, sie enthalten keine nicht notwendigen Angaben. Sie müssen damit praktisch jedes im Text vorkommende Wort verwenden. Sollte Ihnen eine Gleichung fehlen, suchen Sie den Text nach noch nicht verwendeten Worten durch! Ist n die Anzahl der gesuchten Koeffizienten, so benötigen Sie, sofern eine Funktionenschar gesucht ist, $n - 1$, sofern genau eine Funktionsgleichung gesucht ist, n Gleichungen.

④ Lösen des Gleichungssystems: Bestimmen Sie mithilfe der Ihnen bekannten Verfahren (Gleichsetzungs-, Einsetzungs- und Additionsverfahren) die Koeffizienten und setzen Sie diese in den allgemeinen Ansatz ein.

Beachten Sie: Ist eine ganzrationale Funktion symmetrisch zum Ursprung (zur y-Achse) hat sie nur ungerade (gerade) Exponenten. Beispiel: Der allgemeine Ansatz für eine Funktion 4. Grades, die zur y-Achse symmetrisch ist, lautet $y = a x^4 + b x^2 + c$.

Sollte Ihnen trotz mehrmaligem Durchlesen des Textes eine Angabe (Gleichung) fehlen, hören Sie trotzdem nicht mit der Aufgabe auf. Wählen Sie einfach einen Wert, sodass Sie wenigstens die Teilaufgabe bearbeiten können! Wird bei der Aufgabe das (Teil-)Ergebnis angegeben, so rechnen Sie mit diesem Ergebnis weiter. Auch wenn Ihre Berechnung andere Zahlen aufweist. Suchen Sie bitte nicht den Fehler! Sie werden nur nervös.

Beispiel

Ein einfaches Beispiel: Der Graph einer Parabel 2. Ordnung hat in $H(-2|1)$ einen Hochpunkt und geht durch den Punkt $P(1|3)$.

Lösung ohne Taschenrechner

① $y = ax^2 + bx + c \Rightarrow$ mit $H(-2|1)$: $1 = 4a - 2b + c$;
mit $P(1|3)$: $3 = a + b + c$

② $y = 2ax + b \Rightarrow$ mit $f'(-2) = 0 \Rightarrow 0 = -4a + b$

Aus ① $\Rightarrow -2 = 3a - 3b$ und mit ② $\Rightarrow a = \frac{2}{9}$ eingesetzt für b und c ergibt sich die Lösung $y = \frac{2}{9}x^2 + \frac{8}{9}x + \frac{17}{9}$.

Die Übersicht

Natürlich sind zur Bestimmung von Funktionsgleichungen insbesondere Punkte auf dem Graphen und Steigungen an bestimmten Stellen notwendig. Es darf nicht zum Problem werden, dass Sie die Punkte nicht finden, nur weil sie nicht als Punkte angegeben sind.

Beispiele

Wenn nach 3 Jahren 5 Fahrzeuge auf der Schillerstraße parken, nach weiteren 3 Jahren schon 50 Fahrzeuge und zu Beginn des 10. Jahres die momentane Parkänderungsrate 5 beträgt, dann heißt es doch nur, $(3|5)$ und $(6|50)$ sind Punkte auf $f(x)$ und $f'(10) = 5$.

Am 3. Tag gehen nur noch 25 % der 800 Badegäste des 1. Tages in den nicht gereinigten Pool, und am 5. Tag schwimmt Ernst ganz alleine.
Das bedeutet, dass $(1|800)$, $(3|200)$ und $(5|1)$ Punkte auf der Funktion sind.

Als Hilfe eine Auflistung der am häufigsten vorkommenden Textangaben:

① **Ein Punkt $P(u|v)$ liegt auf dem Graphen der Funktion:** Im Ansatz $f(x) = \ldots$ u für x und v für $f(x)$ einsetzen. Sie erhalten eine Gleichung mit den „Koeffizientenvariablen“ a, b, …

② **Ein Extrempunkt $P(u|v)$ ist gegeben:** u; v wie in ① in die Gleichung $f(x) = \ldots$ einsetzen. Zusätzlich gilt auch $f'(u) = 0$, dies ergibt eine 2. Gleichung.

Die Information Hoch- oder Tiefpunkt ($f''(x) <$ oder > 0) nützt leider nichts. Wissen Sie nur die Stelle für einen Extrempunkt („... hat bei $x = 5$ einen Tiefpunkt ...“), erhalten Sie nur eine Gleichung durch Einsetzen in $f'(x)$.

③ **Ein Wendepunkt $P(u|v)$ ist gegeben:** u; v wie in ① in die Gleichung $f(x) = \ldots$ einsetzen. Zusätzlich gilt auch $f''(u) = 0$. Dies ergibt eine 2. Gleichung. Die Information $f''(x) \neq 0$ nützt nichts. Ohne v wieder nur eine Gleichung.

④ **Die Steigung an der Stelle r:** Die Bedingung wird in $f'(x)$ eingesetzt. Weiß man die Steigung an einem Punkt, wird sofort der Punkt in $f(x) = \ldots$ eingesetzt. Sie erhalten zwei Gleichungen (über den Punkt und über die Steigung je eine). Diese Information kann auch „versteckt“ sein, etwa wenn es heißt: „... der Graph hat an der Stelle eine Tangente, die parallel ist zu ...“ o. Ä.

⑤ **Parameter:** Steht in einer der Gleichungen der Parameter t („... geht durch den Punkt $P(t|-1)$“), so behandeln Sie t wie eine Zahl. Gehen Sie nicht davon aus, t sei zu berechnen. Ihre Koeffizienten sind eben dann ganz oder teilweise Terme mit t. Als Ergebnis erhalten Sie eine Funktionenschar.

Lesen Sie alle Beispiele in Tab. 4.30 und Tab. 4.31 konzentriert durch. Diese Beispiele sollten genügen, um beim Auffinden von Funktionstermen sattelfest (oder wenigstens nicht chancenlos) zu werden.

Auf jeden Fall beachten

Müssen Sie eine Funktionsgleichung bestimmen, mit der später weitergerechnet werden muss, sind dies „k-o-Aufgaben“: Derjenige, der die Gleichung nicht bestimmen kann, kann die Aufgabe nicht weiter bearbeiten und erhält somit überhaupt keine Punkte. Das weiß der Aufgabensteller natürlich auch und wird deshalb fairerweise in der Regel das Teilergebnis angeben. Das hat für Sie zwei wichtige Konsequenzen.

- Wenn Ihre Berechnung je zu einem anderen Ergebnis führt, übernehmen Sie trotzdem auf jeden Fall für die folgenden Fragen das angegebene Teilergebnis und suchen bitte keinen Fehler bei Ihren Berechnungen. Sie finden den Fehler ohnehin nur sehr schwer und werden nur nervös. Der Punkteabzug hält sich erfahrungsgemäß im Rahmen, zumal Sie bei richtigem Ansatz und logischem Gedankengang auch mit Rechenfehlern die Mehrzahl der Punkte erhalten. Ein wichtiger Grundsatz: Niemals die eigenen Fehler suchen. Sind Teilergebnisse angegeben, sofort übernehmen.
- Wenn Sie nicht sofort wissen, wie die Funktion bestimmt werden kann, lassen Sie eine halbe Seite Platz und gehen Sie mit dem angegebenen Teilergebnis zu den folgenden Fragen über. Sie haben keine Zeit zu verschenken und sollten darauf achten, dass Sie Punkte erreichen. Wenn Sie mit allem anderen fertig sind, können Sie immer noch das Problem anpacken. Aber wir raten Ihnen, Mut zur Lücke zu haben; es zahlt sich letztendlich aus.

Beispiele und besondere Fragestellungen

<table>
<tr><th>Aufgabe</th><th>Bemerkungen</th><th>Lösung</th></tr>
<tr>
<td>Welche Parabel 2. Grades hat dieselben Nullstellen und denselben Hochpunkt wie $f(x) = \sin x$ im Intervall $[0; \pi]$?</td>
<td>Eine sehr einfache Aufgabe. Zunächst berechnen Sie die Punkte der Sinuskurve und setzen diese in den allgemeinen Ansatz ein. Das LGS kann von Hand oder mit dem GTR gelöst werden.</td>
<td>$g(x) = ax^2 + bx + c$
$(0|0) \in g(x) \Rightarrow c = 0$
$(0{,}5\pi|1) \in g(x)$
$\Rightarrow 1 = 0{,}25\pi^2 a + 0{,}5\pi b$
$(\pi|0) \in g(x)$
$\Rightarrow 0 = \pi^2 a + \pi b$ und aus
$\Rightarrow a = -\frac{4}{\pi^2}$ und $b = \frac{4}{\pi}$
Ergebnis: $g(x) = -\frac{4}{\pi^2}x^2 + \frac{4}{\pi}x$</td>
</tr>
<tr>
<td>Ein radioaktives Präparat zerfällt nach dem Gesetz $N(t) = N(0) \cdot e^{kt}$ (t in Jahren).
Die Halbwertszeit ist 3 Jahre. Bestimmen Sie k. Wie viel mg sind zu Beginn des Jahres 2006 zerfallen, wenn vor 7 Jahren noch 100 mg vorhanden waren?</td>
<td>Halbwertszeit 3 Jahre bedeutet, dass nach 3 Jahren noch die Hälfte vorhanden ist.
Damit wird $N(3) = 0{,}5 \cdot N(0)$</td>
<td>$0{,}5 \cdot N(0) = N(0) \cdot e^{3k}$ und damit
$3k = \ln 0{,}5 \Rightarrow k \approx -0{,}23$
$N(7) = 100 \cdot e^{-0{,}23 \cdot 7} \approx 19{,}99$
Ergebnis: $k \approx -0{,}23$ und 2006 sind bereits 80,01 mg zerfallen.</td>
</tr>
<tr>
<td>Geben Sie die Gleichung einer Funktion an, deren Graph an der Stelle $x = 2$ einen Pol, die x-Achse als waagrechte Asymptote und an den Stellen $x = -1$ und $x = 5$ eine Nullstelle hat und durch den Punkt $(1|0)$ geht.</td>
<td>Sie benötigen aufgrund der Asymptoten eine gebrochenrationale Funktion. Erfüllen Sie Schritt für Schritt die geforderten Bedingungen, die Reihenfolge ist nicht sonderlich wichtig. Beginnen Sie einfach mit einer beliebigen Bedingung und schauen Sie jeweils bei der nächsten Bedingung, ob die vorigen noch erfüllt sind. Notfalls bessern Sie einfach nach. Vorsicht, es gibt mehrere Lösungen!</td>
<td>Pol $\Rightarrow f(x) = \frac{1}{x-2}$
Nullstellen: $f(x) = \frac{(x+1)(x-5)}{x-2}$
x-Achse waagrechte Asymptote heißt, der Zählergrad ist kleiner als der Nennergrad.
$f(x) = \frac{(x+1)(x-5)}{(x-2)^3}$
Mit $P(1|0)$ gilt:
$f(x) = \frac{(x+1)(x-5)}{(x-2)^3} - 8$</td>
</tr>
<tr>
<td>Ein Supermarkt A führt eine neue Zahnpasta ein. In den ersten 5 Wochen ergeben sich folgende Verkaufszahlen:
<table><tr><td>Woche</td><td>1</td><td>2</td><td>3</td><td>4</td><td>5</td></tr><tr><td>Verkauf in Woche</td><td>26</td><td>46</td><td>60</td><td>76</td><td>86</td></tr></table>Im Modell A beschreibt
$f(x) = \frac{ax+15}{bx+15}$
Im Modell B beschreibt
$g(x) = a - b \cdot e^{kx}$ die verkaufte Stückzahl in der Woche x. Bestimmen Sie f(x) mit den Werten der 1. und der 5. Woche und g(x) mit den Werten der ersten drei Wochen.</td>
<td>An sich ist der erste Teil nicht allzu schwer, aber der ungewöhnliche Text verwirrt.
Beim 2. Teil werden sichere Kenntnisse aus der Algebra verlangt.
Ein Tipp: bei den e-Funktionen $f(x) = a e^{kx}$ nach dem Einsetzen der Punkte einen Quotienten bilden, damit fällt a aus der Gleichung.</td>
<td>① $f(1) = 26 \Rightarrow a + 15 = 26(b + 15)$
② $f(5) = 86 \Rightarrow 5a + 15 = 86(5b + 15)$
$\Rightarrow$ über 5·① – ②
$\Rightarrow b = 2$ und $a = 427$ $f(x) = \frac{427x + 15}{2x + 15}$
① $26 = a - b \cdot e^{k}$
② $46 = a - b \cdot e^{2k}$
③ $60 = a - b \cdot e^{3k}$
④ = ② – ① $\Rightarrow 20 = b e^{k}(1 - e^{k})$
⑤ = ③ – ② $\Rightarrow 14 = b e^{k}(e^{k} - e^{2k})$
$\frac{④}{⑤}$ $20(e^{k} - e^{2k}) = 14(1 - e^{k})$
$\Rightarrow 20e^{2k} - 34e^{k} + 14 = 0$ mit $e^{k} = u$
$\Rightarrow 10u^2 - 17u + 7 = 0$
$\Rightarrow u_1 = 0$ und $u_2 = \frac{14}{20}$
$\Rightarrow k \approx -0{,}36$
$\Rightarrow b \approx 95$ und $a \approx 92{,}5$
Ergebnis: $g(x) = 92{,}5 - 95 \cdot e^{-0{,}36x}$</td>
</tr>
</table>

Tab. 4.30: Typische Aufgabenbeispiele

Aufgabe	Bemerkungen	Lösung
Die Funktion $f(x)=\frac{2x-2}{x^2}$ wurde im ersten Teil diskutiert. Dann kam folgende Aufgabe: für $x \geq 1$ gilt $F(x)=\int_1^x f(t)\,dt$ Stellen Sie F(x) ohne Integralzeichen dar und zeigen Sie, dass F für $x>1$ keine Nullstelle hat. Untersuchen Sie F auf Extremstellen für $x>1$.	Die Aufgabe ist ungewöhnlich und deshalb schwer! Zunächst verwirrt die Umbenennung der Variablen x in t. Aber man will ja den Flächeninhalt unter der Randfunktion von 1 bis zu jeder Zahl $x>1$ als Funktion betrachten. Man benötigt also die Variable x auf der Rechtsachse des Koordinatensystems und macht sie durch die Umbenennung der Randfunktion wieder frei. Die algebraische Umrechnung vor der Bestimmung der Stammfunktion muss man auch erst sehen!	$f(t)=2t^{-1}-2t^{-2}$ $\Rightarrow F(t)=2\ln t+2t^{-1}+c$ und mit $F(1)=0 \Rightarrow c=-2$ und damit $F(x)=2\ln x+2x^{-1}-2$ Da $F'(x)=f(x)$ und $f>0$ gilt, hat F für $x>1$ keine Nullstelle, ist für $x>1$ streng monoton steigend und hat somit auch keine Extremstelle.
$f(x)=x+2+\sin(0{,}5\cdot\pi\cdot x)$ stellt für $-2<x<2$ das Profil eines Berghanges dar. Durch Erdbewegungen soll dieses Profil so umgestaltet werden, dass es durch eine Parabel 2. Ordnung beschrieben werden kann. Altes und neues Profil sollen in den Randpunkten übereinstimmen, zudem soll das neue Profil oben horizontal auslaufen. Bestimmen Sie die Gleichung der Parabel. Muss Erde zugeführt oder abgeführt werden?	Die Bestimmung der Parabel sowie die Berechnung der Fläche ist ohne Rechner möglich. Eine Skizze (und hier hilft der GTR natürlich sehr) ist auf jeden Fall nützlich. (Die Funktion f(x) war im ersten Aufgabenteil schon zu zeichnen.)	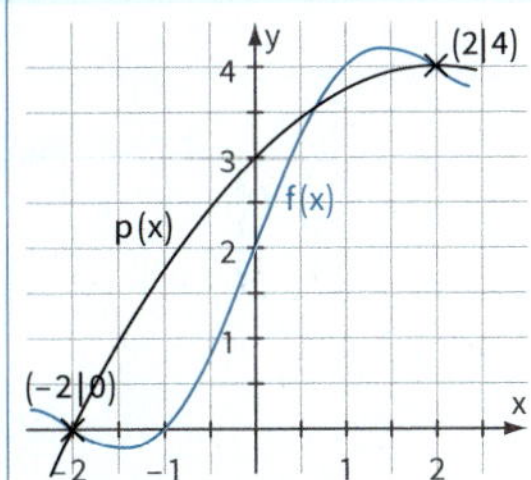 $p(x)=ax^2+bx+c$ $p(-2)=0 \Rightarrow 0=4a-2b+c$ $p(2)=4 \Rightarrow 4=4a+2b+c$ $p'(2)=0 \Rightarrow 0=4a+b$ $\Rightarrow p(x)=-\frac{1}{4}x^2+x+3$ $\int_{-2}^{2} f(x)\,dx=8;\ \int_{-2}^{2} p(x)\,dx=10{,}67$ $\Rightarrow$ Man benötigt Erde.
Eine Parabel 3. Ordnung schneidet die 1. Winkelhalbierende an den Stellen −t, t und 2t. Auf der y-Achse befindet sich ein Extrempunkt. Geben Sie die Gleichung der Parabel an. Gibt es nur eine solche Parabel?	Skizze 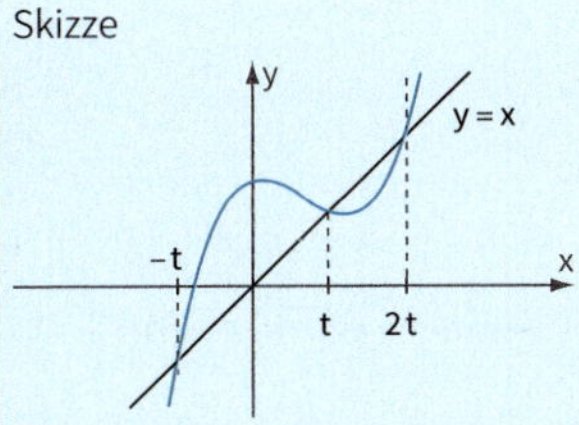	$p(x)=ax^3+bx^2+cx+d$ ① $-t=-at^3+bt^2-ct+d$ ② $t=at^3+bt^2+ct+d$ ③ $2t=8at^3+4bt^2+2ct+d$ ④ $p'(0)=0 \Rightarrow c=0$ ②−① $\Rightarrow 2t=2at^3 \Rightarrow a=\frac{1}{t^2}$ ③−② $\Rightarrow t=7at^3+3bt^2$ $\Rightarrow b=-\frac{2}{t} \Rightarrow d=2t$ $\Rightarrow \infty$-viele Lösungen (alle $t\neq 0$)
Legt man an die Exponentialfunktion $f(x)=a\,e^x+b$ im Schnittpunkt mit der x-Achse die Tangente an, so schließt diese Tangente mit den beiden Koordinatenachsen ein gleichschenkliges Dreieck mit dem Flächeninhalt 8 ein. Bestimmen Sie a und b.	Das Dreieck ist gleichschenklig $\Rightarrow \overline{OQ}=\overline{OP}$. Über die Dreicksfläche lässt sich x_P berechnen. Die Steigung der Tangente muss 1 sein (gleichschenkliges Dreieck). 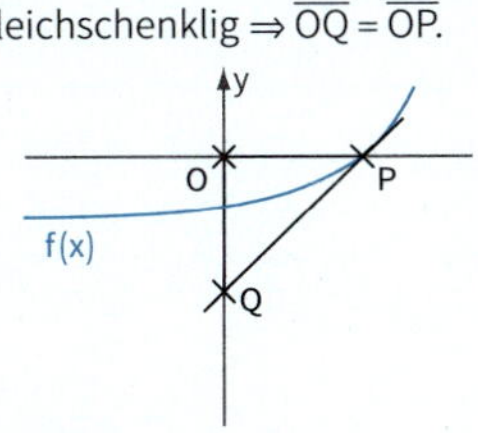	$A_\Delta=8 \Rightarrow \frac{\overline{OP}\cdot\overline{OQ}}{2}=8\ (\overline{OP}=\overline{OQ}=x_P)$ $\Rightarrow x_P^2=2\cdot 8 \Rightarrow x_p=4$ $f(4)=0 \Rightarrow 0=a\,e^4+b$ mit $f'(x)=a\cdot e^x \Rightarrow f'(4)=a\cdot e^4=1$ $\Rightarrow a=\frac{1}{e^4}$ $\Rightarrow 0=\frac{1}{e^4}\cdot e^4+b$ $b=-1;$ $f(x)=\frac{1}{e^4}e^x-1$

Tab. 4.31: Besondere Fragestellungen – „Exoten“, Durchlesen sollte genügen.

4.10 Beispiele zu den Funktionen

Reine Funktionstypen werden in Aufgabenstellungen nur selten vorkommen. Funktionen können verschoben, gestreckt, verknüpft und verkettet werden (auch mehrfach und Mischungen sind ebenfalls möglich). Prägen Sie sich dennoch die reinen Formen ein.

Art	Graph	Besonderheiten
Gerade Beispiel: $f(x) = \frac{1}{2}x - 2$	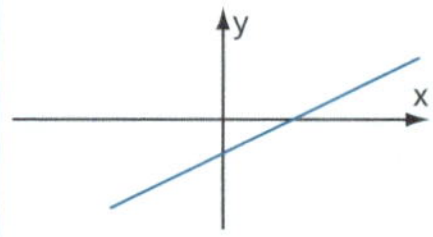	Steigung ist konstant (Tangens des Winkels), Vorkommen: Tangente, Normale, Asymptote
Normalparabel Beispiel: $f(x) = x^2$	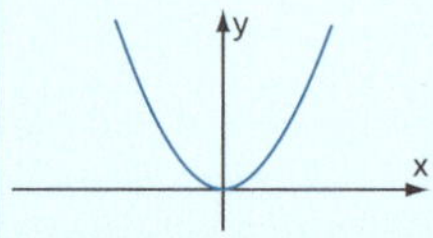	maximal 2 Nullstellen (Berechnung über quadratische Gleichung) genau ein Extrempunkt, läuft für $x \to \pm\infty$ gegen $+\infty$ oder $-\infty$ (bei beiden Grenzwerten gleich)
Parabel 3. Ordnung Beispiel: $f(x) = x^3 - 2x^2 - 3x + 2$	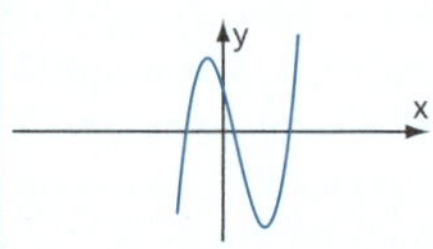	maximal 3 Nullstellen, maximal 2 Extrempunkte, maximal ein Wendepunkt, läuft für $x \to \pm\infty$ gegen $+\infty$ oder $-\infty$ (bei den beiden Grenzwerten unterschiedlich)
Quadratwurzelfunktion Beispiel: $f(x) = \sqrt{x + 2}$	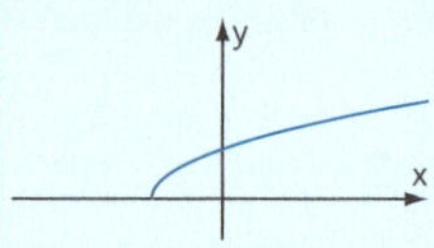	Ein Ast einer an der 1. Winkelhalbierenden gespiegelten Parabel 2. Ordnung. Läuft gegen ∞ (aber sehr langsam), beginnt auf der x-Achse mit „senkrechter“ Steigung, Steigung wird immer kleiner, bleibt aber positiv
e-Funktion (Basis ist die EULER'sche Zahl e) Beispiel: $f(x) = e^x$	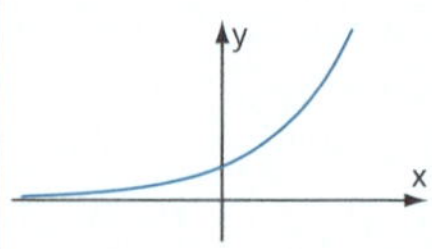	Funktionswerte immer positiv, Steigung ist immer gleich dem Funktionswert, keine Extremstellen, keine Wendestellen, Steigung wird immer größer, Vorkommen: bei stetigem Wachstum oder (mit negativer Hochzahl (und damit an der y-Achse gespiegelt) bei Zerfallsproblemen (beispielsweise radioaktiver Zerfall)
ln-Funktion (Logarihmusfunktion) Beispiel: $f(x) = \ln x$	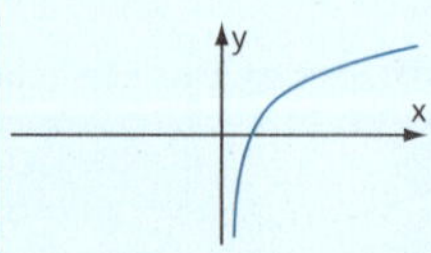	Läuft das Argument gegen null, läuft die Funktion gegen $-\infty$. Steigung immer positiv, wird immer kleiner Grenzwert für $x \to \infty$ ist $f(x) \to \infty$ kein Extrempunkt, kein Wendepunkt
sin-Funktion Beispiel: $f(x) = \sin x$	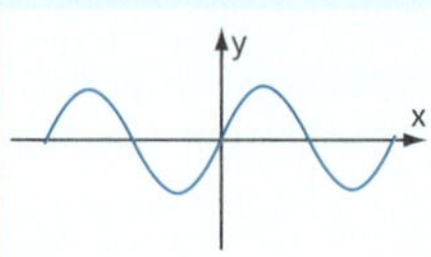	Ist periodisch (Extrempunkte, Wendepunkte, Nullstellen wiederholen sich), Vorkommen: insbesondere bei Schwingungen

Tab. 4.32: Beispiele „reiner“ Funktionstypen

Hier einige Beispiele für Verknüpfungen und Verkettungen der Grundfunktionen der vorigen Seite:

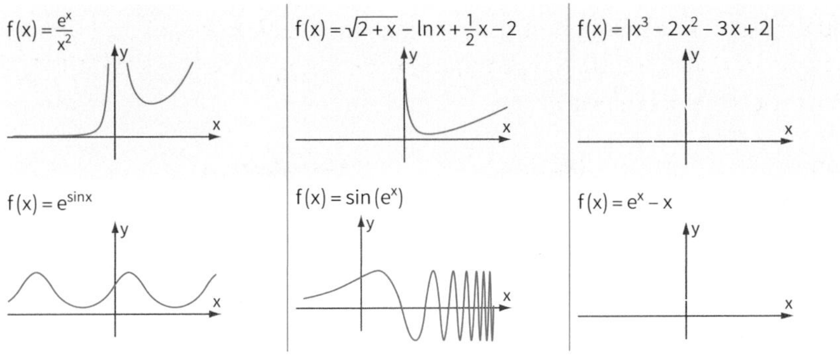

Tab. 4.33: Beispiele verknüpfter Funktionen

Überblick

Nach dem Durcharbeiten dieses Kapitels sollten Sie in der Lage sein, folgende Begriffe und Eigenschaften von Funktionen zu erklären und gegebenenfalls rechnerisch umsetzen zu können:

- Funktion, Folge, Reihe, (momentane) Änderungsrate, Hauptsatz der Differenzial- und Integralrechnung
- Monotonie, Stetigkeit, Symmetrie

Darüberhinaus haben sie die typischen Elemente der Differenzial- und Integralrechnung kennen gelernt. Sie sind zentraler Bestandteil jeder Analysis (Prüfungs-)Aufgabe. Beherrschen Sie:

- Das Differenzieren (Ableiten) mit: Potenzregel, Produktregel, Quotientenregel und Kettenregel?
- Das Berechnen von Nullstellen, Extrem- und Wendepunkten, Schnitt- und Berührpunkten, sowie die Bestimmung von Tangenten, Normalen und Asymptoten?
- Das Bestimmen von Umkehrfunktionen? (nicht für alle Schulen von gleicher Bedeutung, bitte gut prüfen!)
- Das Integrieren (bilden von Stammfunktionen), auch mithilfe der linearen Substitution?
- Die Funktionsuntersuchung bei Funktionsscharen?
- Das Bestimmen von Funktionsgleichungen?

Sollten Ihnen Dinge noch nicht ganz klar sein, schauen Sie sich zunächst nochmal die Tabellen 4.17, 4.18, 4.26 bis 4.29 an und/oder lesen Sie die entsprechenden Erklärungen.

5 Leitidee Grenzprozesse und Approximationen

Die mathematische Grundlage zur Infinitesimalrechnung ist die Bestimmung von Grenzwerten. Diese „Denkweise", ein Problem theoretisch zu lösen, obwohl man in der Praxis die Werte eigentlich nicht richtig bestimmen kann, beherrschten früher nur wenige große Mathematiker.
Sie können mit Ihrem Wissen diese Gedanken nicht nur nachvollziehen, sondern auch mit Grenzwerten rechnen.

5.1 Vorüberlegungen

Zur Grenzwertrechnung gehört viel Abstraktionsvermögen. So wird beispielsweise eine Fläche, zu der unendlich oft weitere Flächen addiert werden (die also stets größer wird), nicht notwendigerweise beliebig groß.

Unendliche Addition positiver Flächeninhalte:

Zur Hälfte (1) des Dreiecks ABC wird die Hälfte des Restes (2) und wieder die Hälfte des Restes (3) und nochmals die Hälfte (4) und so weiter addiert. Man erhält als Summe der unendlich vielen Flächen einen Inhalt, der nicht größer als der Flächeninhalt des Dreiecks ABC ist.

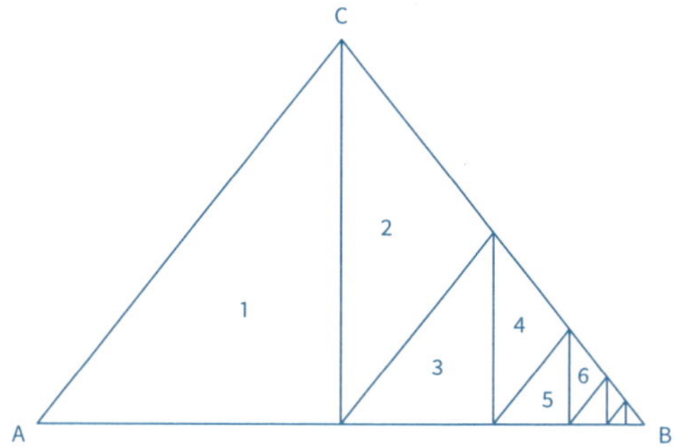

Unter **Approximation** versteht man zunächst einmal eine Annäherung. Annäherungen sind notwendig, wenn wir rechentechnisch nicht in der Lage sind, das Problem direkt zu klären oder wenn der mathematische Aufwand zu hoch wird oder wenn ein Näherungswert als Information genügt. Vor der Zeit des Taschenrechner waren diese Approximationen wichtig, man musste das HERON-Verfahren zur Bestimmung von Quadratwurzeln beherrschen, das NEWTON-Verfahren zur Bestimmung von Nullstellen, die KEPLER'sche Fassregel zur Berechnung von Flächeninhalten, um nur einige zu nennen.

5.2 Der Grenzwertbegriff

Die Betrachtung von unendlich vielen Schritten, die Untersuchung immer kleiner werdender Größen, das Erfassen von zeitlich gegen null laufenden Zeitpunkten und die Überlegungen zum Verlauf von Graphen in nicht mehr „zeichenbaren“ Abschnitten (z. B. $x \to \infty$) sind zentrale mathematischen Probleme der Oberstufe. Wir bewegen uns an die Grenze und überlegen, was im Grenzfall passiert.

Wissen

Eine Zahl g heißt **Grenzwert** der Funktion $f(x)$ für x gegen a ($x \to a$) bzw. x gegen plus oder minus unendlich ($x \to \pm\infty$), wenn sich beim Annähern von x an a ($x \to a$) oder $x \to \pm\infty$ die Funktionswerte $f(x)$ immer mehr der Zahl g nähern.

Oder: Berechnen wir für immer näher an a liegende x-Werte (bzw. Werte $x \to \pm\infty$) die Funktionswerte und nähern sich dann diese Funktionswerte immer mehr einer Zahl g, so sagen wir zu dieser Zahl g Grenzwert der Funktion für $x \to a$ (bzw. $x \to \pm\infty$).

Wir unterscheiden zwischen **verschiedenen Grenzwertarten**. In Tab. 5.1 finden Sie eine stark vereinfachte Übersicht.

Bezeichnung	Schreibweise	Beschreibung
linksseitiger Grenzwert	$\lim\limits_{x \to a-} f(x)$	Wenn man sich der Zahl a nur von links nähert. Man kommt von kleineren Zahlen, deshalb das „–“ Zeichen.
rechtsseitiger Grenzwert	$\lim\limits_{x \to a+} f(x)$	Entsprechend bei Annäherung nur von rechts („+“ Zeichen); $\lim \sqrt{x}$ für $x \to 0$ ist zum Beispiel nur von rechts möglich.
einseitiger Grenzwert	$\lim\limits_{x \to a} f(x)$	Oberbegriff für links- oder rechtsseitigen Grenzwert. Anwendung insbesondere an Definitions-Rändern.
uneigentlicher Grenzwert	$\lim\limits_{x \to a} f(x) \to \pm\infty$	Wenn bei der Annäherung die Funktionswerte betragsmäßig unendlich groß werden (z. B. Polstellen).
eigentlicher Grenzwert	$\lim\limits_{x \to a} f(x) = g$	Wenn ein Grenzwert g existiert. Dabei muss der linksseitige gleich dem rechtsseitigen Grenzwert sein.
Grenzwert	$\lim\limits_{x \to a} f(x) = g$	Kurz für eigentlicher Grenzwert. Obwohl g nie ganz erreicht wird, rechnet man mit g weiter!

Tab. 5.1: Verschiedene Grenzwertarten, Schreibweisen und vereinfachte Beschreibung

Die einfachste Art, Grenzwerte zu bestimmen, ist das Einsetzen.
Leider versagt diese Methode an den für uns wichtigsten Stellen:

- an den Definitionslücken
- für $x \to \pm\infty$

Natürlich hilft bei der Grenzwertbestimmung der Taschenrechner (insbesondere der GTR). Gehen Sie einfach nahe an die Definitionslücke oder wählen Sie bei $x \to \pm\infty$ sehr große oder sehr kleine Zahlen. Aber Vorsicht: Der Taschenrechner zeigt bei sehr kleinen und sehr großen Zahlen eine Fehlermeldung, weil sein zulässiger Zahlenbereich über- bzw. unterschritten wurde; z. B. bei $f(x) = e^x$ bei $x = 1000$.

Tipps und Hinweise

In Ihrer Formelsammlung finden Sie die sogenannten **Grenzwertsätze**, die Folgendes aussagen, soweit die Einzelgrenzwerte existieren:

- Die Summe (Differenz) der Grenzwerte ist der Grenzwert der Summe (Differenz):
  $\lim\limits_{x \to x_0} (u(x) + v(x)) = \lim\limits_{x \to x_0} u(x) + \lim\limits_{x \to x_0} v(x)$
- Das Produkt (der Quotient) der Grenzwerte ist der Grenzwert des Produktes (des Quotienten)
  $\lim\limits_{x \to x_0} (u(x) \cdot v(x)) = \lim\limits_{x \to x_0} u(x) \cdot \lim\limits_{x \to x_0} v(x)$;
  $\lim\limits_{x \to x_0} \frac{u(x)}{v(x)} = \frac{\lim\limits_{x \to x_0} u(x)}{\lim\limits_{x \to x_0} v(x)}$; $v(x) \neq 0$ und $\lim\limits_{x \to x_0} v(x) \neq 0$

Entsprechendes gilt für $x \to \pm\infty$.

Dazu einige Beispiele:

Funktion	Vereinfachung mit Grenzwertsatz	Berechnung	Bemerkung
$\lim\limits_{x \to 3} \frac{x+3}{x-3}$	$\frac{\lim\limits_{x \to 3} x+3}{\lim\limits_{x \to 3} x-3}$	$\frac{6}{\to 0} \to \infty$	Nenner wird immer kleiner, damit wird Bruch immer größer.
$\lim\limits_{x \to 3} \frac{x-3}{x+3}$	$\frac{\lim\limits_{x \to 3} x-3}{\lim\limits_{x \to 3} x+3}$	$\frac{0}{6} = 0$	Ist auch durch Einsetzen berechenbar.
$\lim\limits_{x \to \infty} (e^x - 3x^3)$	$\lim\limits_{x \to \infty} e^x - 3 \cdot \lim\limits_{x \to \infty} x^3$	$\to \infty - 3 \cdot (\to \infty)$	Grenzwertsätze nicht anwendbar (mit dem Symbol ∞ kann nicht gerechnet werden).
$\lim\limits_{x \to -\infty} (e^x - 3x^3)$	$\lim\limits_{x \to -\infty} e^x - 3 \cdot \lim\limits_{x \to -\infty} x^3$	$\to 0 - 3 \cdot (\to -\infty)$ $\to \infty$	Grenzwertsätze anwendbar (da $0 + \infty$ ja ∞ bleibt).

Tab. 5.2: Grenzwertberechnung mit den Grenzwertsätzen

Bestimmung des Grenzwertes

Die Grenzwertbildung ist eine der problematischsten Rechenfertigkeiten der Schulmathematik. Gefordert werden kann sie von Ihnen bei Folgen und Reihen und bei Grenzbetrachtungen in der Funktionsuntersuchung (Asymptoten, Grenzverhalten …).

Die drei nachfolgenden Methoden sind bewusst so gewählt, dass der Schwerpunkt *nicht* auf der mathematischen Theorie, sondern der Umsetzbarkeit im Ernstfall liegt, sprich dann, wenn Sie mit den geforderten mathematischen Umwandlungen nicht weiterkommen.

Methode 1: Grenzwertbestimmung mit dem Taschenrechner
Für die Probleme der Schulmathematik ist der Grenzwert sehr häufig am einfachsten und am fehlerfreisten mit dem Taschenrechner zu bestimmen.
„Tasten" Sie sich von beiden Seiten an die Stelle a heran:

Beispiele

Für $x \to 2$ ist mit der Berechnung $f(1{,}9)$; $f(1{,}999)$; $f(1{,}999\,999)$ und $f(2{,}1)$; $f(2{,}001)$; $f(2{,}000\,001)$ innerhalb kürzester Zeit der Grenzwert für $x \to 2$ bestimmt.

Für $x \to \pm\infty$ bestimmen Sie $f(\pm 10)$; $f(\pm 100)$; $f(\pm 1000)$, notfalls noch $f(\pm 10\,000)$ und $f(\pm 100\,000)$ – auch das geht schnell.

Vorsicht: Werden die Zahlen zu groß oder zu klein, dann zeigt der Taschenrechner eine Fehlermeldung an.

Methode 2: Regel von De L'Hospital
Bei einem **Quotienten** kann die Regel (oder der Satz) von De L'Hospital (auch Bernoulli-L'Hospital'sche Regel) helfen. Sie nützt die Ableitungen des Zählers und des Nenners (nicht der Funktion!) und deren Grenzwerte aus.

Auch wenn Sie ihn im Unterricht nicht behandeln: Der Satz steht in jeder Formelsammlung.

Wissen

L'Hospital: $\lim\limits_{x \to a} \frac{f(x)}{g(x)} = \lim\limits_{x \to a} \frac{f'(x)}{g'(x)}$

Leiten Sie den Zähler und den Nenner getrennt ab und bilden Sie von beiden Ableitungen die Grenzwerte.

Schlagen Sie in der Formelsammlung nach, unter welchen Bedingungen die Regel einsetzbar ist!

Methode 3:
Die Grenzwerte eines einfachen Terms, bei dem die Variable nur einmal vorkommt, sind einsichtig und lassen sich leicht merken. Merkt man sich diese wenigen wichtigen Grenzwerte, so kann man mittels der Grenzwertsätze der Formelsammlung und des folgenden Tipps die Grenzwerte einigermaßen schnell und sicher bestimmen:

Tipp

- Für $n > m$ läuft x^n schneller als x^m (und „überwiegt" deshalb).
- e^x läuft schneller als jede Potenz von x
  und jede Potenz von x läuft schneller als der $\ln x$.
  Oder: Das Grenzwertverhalten wird in erster Linie von e^x, dann von den Potenzen von x und danach vom $\ln x$ bestimmt.

Wichtige Grenzwerte
Manche Formelsammlungen bringen sehr gute Auswahlen wichtiger Grenzwerte; Sie sollten das in Ihrer Formelsammlung nachschlagen.
Folgende Grenzwerte sollten Sie jedoch auswendig lernen:

Fragen Sie Ihre Fachlehrerin/Ihren Fachlehrer, welche Grenzwerte für Sie von Bedeutung sind. Lernen Sie nur diese!

$$\lim_{x\to\pm\infty} \frac{a_n x^n + a_{n-1}x^{n-1}+\ldots}{b_m x^m + b_{m-1}x^{m-1}+\ldots} \begin{cases} \to \pm\infty & \text{für } n > m \\ = \frac{a_n}{b_m} & \text{für } n = m \\ = 0 & \text{für } n < m \end{cases}$$

$$n \in \mathbb{N}: \lim_{x\to\infty} \frac{x^n}{e^x} = 0 \text{ und } \lim_{x\to-\infty} \frac{x^n}{e^x} \to \pm\infty \quad \begin{cases} \infty & n \text{ gerade} \\ -\infty & n \text{ ungerade} \end{cases}$$

$$\lim_{x\to\infty} e^x \to \infty; \lim_{x\to-\infty} e^x = 0$$

$$n \in \mathbb{N}: \lim_{x\to\infty} \frac{e^x}{x^n} \to \infty \text{ und } \lim_{x\to-\infty} \frac{e^x}{x^n} = 0$$

$$\lim_{x\to\infty} e^{-x} = \lim_{x\to\infty} \frac{1}{e^x} = 0; \lim_{x\to-\infty} e^{-x} = \lim_{x\to-\infty} \frac{1}{e^x} \to \infty$$

$$n \in \mathbb{N}: \lim_{x\to\infty} \frac{x^n}{\ln x} \to \infty \text{ und } \lim_{x\to 0+} \frac{x^n}{\ln x} = 0 \quad \left(\lim_{x\to 0-} \text{ und } \lim_{x\to-\infty} \text{ existieren nicht}\right)$$

$$\lim_{g(x)\to 0+} (\ln g(x)) \to -\infty; \lim_{g(x)\to 0+} \sqrt{g(x)} = 0$$

$$n \in \mathbb{N}: \lim_{x\to\infty} \frac{\ln x}{x^n} = 0 \text{ und } \lim_{x\to 0+} \frac{\ln x}{x^n} \to \infty$$

Tab. 5.3: Wichtige Grenzwerte

Bitte beachten Sie die Beispiele in Tab. 5.4, die Ihnen die notwendige Sicherheit geben sollten. Decken Sie alles außer der linken Spalte und der obersten Zeile ab und versuchen Sie, die Beispiele als Übungsaufgaben zu nutzen.

Beispiele

Funktions-gleichung f(x)	$\lim\limits_{x\to\infty} f(x)$	$\lim\limits_{x\to-\infty} f(x)$	a	$\lim\limits_{x\to a} f(x)$	b	$\lim\limits_{x\to b} f(x)$	Bemerkungen
$\frac{\sin(nx)}{mx}$	0	0	0	$\frac{n}{m}$	2	$\frac{\sin(2n)}{2m}$	$\lim\limits_{x\to 0}\frac{\sin x}{x}=1$
$\frac{e^x-1}{2x}$	$\to\infty$	0	0	$\frac{1}{2}$	−3	$\frac{e^{-3}-1}{-6}$	−3 einsetzen
$\frac{\ln(2+x)}{x}$	0	nicht definiert	0	1	−1	0	typisches Beispiel für die Regel von De L'Hospital
$\frac{4(2-x)}{(x-1)^3}$	0	0	1	$\to\pm\infty$	2	0	Pol bei $x=1$, links- und rechtsseitiger Grenzwert verschieden
$1-\frac{2e^x}{e^x+t}$	−1	1	0	$1-\frac{2}{1+t}$	1	$1-\frac{2e}{e+t}$	für $t<0$ Pol an der Stelle $x=\ln(-t)$
$3x(1-t\sqrt{x})$	$\to\infty$	nicht definiert	0	0	1	$3-3t$	$x\to 0$, nur rechtsseitiger Grenzwert
$(x^2-4)e^{-x^2}$	0	0	0	−4	−1	$\frac{-3}{e}$	Graph ist symmetrisch zur y-Achse
$\ln\left(\frac{1+x}{1-x}\right)$	nicht definiert	nicht definiert	−1	$\to-\infty$	1	$\to\infty$	$=\ln(1+x)-\ln(1-x)$!
$\frac{x^2-4}{x+3}$	$\to\infty$	$\to-\infty$	−3	$\to\pm\infty$	±2	0	bei $x=3$ Pol mit Vorzeichenwechsel
$\frac{3x^2-4}{(2x-1)^2}$	$\frac{3}{4}$	$\frac{3}{4}$	$\frac{1}{2}$	$\to-\infty$	0	−4	bei $x=\frac{1}{2}$ Pol ohne Vorzeichenwechsel
$\frac{\sqrt{x+1}-1}{2x}$	0	nicht definiert	0	$\frac{1}{4}$	−1	$\frac{1}{2}$	Regel von De L'Hospital $x\to 1$ rechtsseitiger Grenzwert
$\frac{\sqrt{2-x}}{2\ln x}$	nicht definiert	nicht definiert	0	0	2	0	zwei einseitige Grenzwerte!

Tab. 5.4: Beispiele zur Grenzwertbestimmung

Wenn Sie diese Seite ohne Schwierigkeiten gemeistert haben, kann Ihnen nicht mehr allzu viel bei der „Grenzwertbildung" passieren. Bei Problemen sollten Sie wenigstens versuchen, sich so gut wie möglich so viel wie möglich zu merken.

Auf dem GTR können Sie natürlich immer den Graphen oder die Tabelle erstellen lassen. Bitte tun Sie dies. Wählen Sie auf dem Display einen Maßstab, der Sie den Grenzwert erkennen lässt – das erfordert ein wenig Übung. Üben Sie am besten mit den Funktionen aus Tab. 5.4.

5.3 Approximationen

Approximation (lat.) = Näherung oder Annäherung

Mathematisch muss oftmals mit einer angenäherten Zahl gerechnet werden, z. B. Kreiszahl π, EULER'sche Zahl e und Quadratwurzeln nichtquadratischer Zahlen (z. B. $\sqrt{2}$). Im Rahmen der Schulmathematik unterscheiden wir zwei prinzipiell verschiedene Arten der Approximation:

- Man sucht einen ganz bestimmten Wert, der nicht oder nur sehr aufwendig und schwer berechenbar ist. Oftmals muss man die Verfahren mehrere Male anwenden und erhält nach jeder Anwendung einen genaueren Wert. Diese schrittweise Annäherung nennt man auch **Iteration** und das zugehörige Verfahren Iterationsverfahren.
- Man will nicht einzelne Punkte, sondern ganze Funktionen annähern. Insbesondere die Wachstumsaufgaben bringen es mit sich, dass auch Exponentialfunktionen und nicht nur (wie früher üblich) ganzrationale Funktionen bestimmt werden müssen. In der Regel sind dann einzelne Punkte des Graphen gegeben.

Bestimmung	**Vorgehen**	**Beurteilung**
Nullstelle 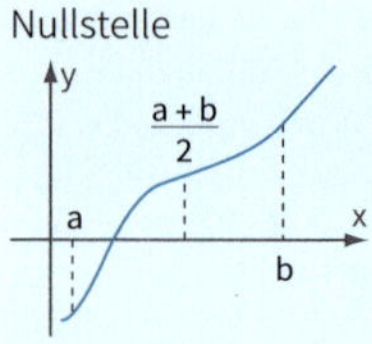	Intervallhalbierung Immer ganz stur den mittleren Funktionswert berechnen. Dann das Intervall mit der innen liegenden Nullstelle weiter verwenden.	Sehr langsames Verfahren, das problemlos auch ohne Taschenrechner funktioniert. Ein Wert muss immer unterhalb, der andere oberhalb der x-Achse liegen.
Nullstelle 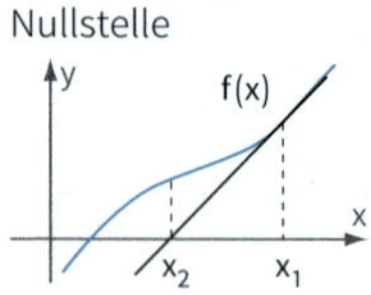	NEWTON-Verfahren Die nächste Näherung ist die Nullstelle der Tangente der alten Näherung.	Nähert sich schnell an. Ohne Taschenrechner zwar berechenbar, aber mühsam und kaum ohne zu runden durchführbar. Das Verfahren steht in jeder Formelsammlung.
Quadratwurzel $\sqrt{2} = 1{,}4\ldots$	HERON-Verfahren, $\sqrt{a}$ wird näherungsweise bestimmt (n + 1: Näherung). $x_{n+1} = \frac{1}{2}\left(x_n - \frac{a}{x_n}\right)$	Vorsicht, steht nicht in jeder Formelsammlung! Meist genügt es zu wissen, dass es ein Verfahren zur Bestimmung von Quadratwurzeln gibt.
Flächeninhalt 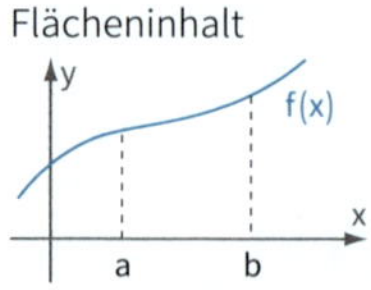	KEPLER'sche Fassregel $\int_a^b f(x)\,dx \approx \frac{b-a}{6}\left[f(a) + 4 \cdot f\left(\frac{a+b}{2}\right) + f(b)\right]$	Schnelles und einfach zu berechnendes Verfahren zur Flächenbestimmung. Es ist problemlos ohne Taschenrechner möglich und Sie sollten es sich auf jeden Fall ansehen.
Flächeninhalt 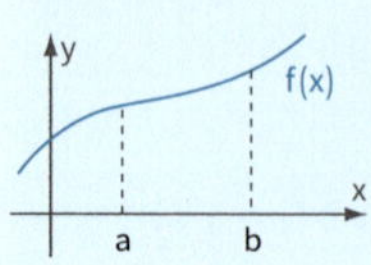	SIMPSON'sche Regel $\int_a^b f(x)\,dx \approx \frac{b-a}{3n}\,[(y_a + y_b)$ $+ 4(y_1 + y_3 + \ldots + y_{n-1})$ $+ 2(y_2 + y_4 + \ldots y_{n-2})]$	Verfeinerung der KEPLER'schen Fassregel, deren Kenntnis nicht immer gefordert ist. Sie steht in der Formelsammlung. (Die Idee dabei ist die wie bei der KEPLER'schen Fassregel, aber die Aufteilung ist feiner).

Tab. 5.5: Beispiele für Approximationen

Nullstellenbestimmung

Das Bestimmen der Nullstellen ist ein zentrales algebraisches Problem.

- So bestimmen Sie die Lösungen der Gleichung $x^2 + 2 = 3x$ durch Umstellen in $x^2 - 3x + 2 = 0$ und lösen das Problem über die Bestimmung der Nullstelle des Terms $x^2 - 3x + 2$.
- Selbst das Bestimmen der Extrem- und Wendestellen ist eine „Nullstellenbestimmung“. (Die Bedingungen lauten $f' = 0$ bzw. $f'' = 0$.)
- Auch Schnittprobleme sind „Nullstellenbestimmungen“: Der Schnitt von $f(x)$ mit $g(x)$ führt über $f(x) = g(x)$ zu $f(x) - g(x) = 0$ und damit zur Bestimmung der Nullstelle der Hilfsfunktion $h(x) = f(x) - g(x)$.

Leider ist es gar nicht so einfach, Nullstellen zu bestimmen. Es gibt viele Funktionsgleichungen in der Schulmathematik, deren Nullstellen nicht mit den zur Verfügung stehenden Mitteln berechnet werden können. Deshalb werden Näherungsverfahren oder Iterationsverfahren gelehrt.

Geometrisch gesehen sind Nullstellen die gemeinsamen Punkte des Graphen mit der x-Achse.

Wir stellen Ihnen hier zwei Verfahren vor, die durch die Einführung des GTR eigentlich nicht mehr benötigt werden. Lesen Sie aber trotzdem bitte beide Verfahren in Ruhe durch: Den Gedankengang der Intervallhalbierung kann man auf viele Probleme anwenden und das NEWTON-Verfahren gehört zur Allgemeinbildung und kann auch in der mündlichen Prüfung abgefragt werden.

Das Intervall-Halbierungsverfahren

Ein Intervall ist eine zusammenhängende Teilmenge der reellen Zahlen. Wenn bei einer stetigen Funktion $y = f(x)$ die Funktionswerte an den Stellen a und b (also $f(a)$ und $f(b)$) verschiedene Vorzeichen haben, muss dazwischen der Graph die x-Achse schneiden und damit muss die Funktion eine Nullstelle haben.

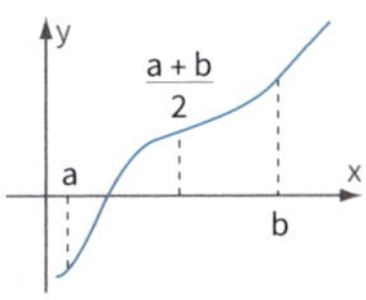

Bestimmt man in der Mitte des Intervalls $[a; b]$ den Funktionswert $f\left(\frac{a+b}{2}\right)$, so erhält man eine Nullstelle oder einen Wert, der ein entweder von $f(a)$ oder von $f(b)$ verschiedenes Vorzeichen hat.

In dem halbierten Intervall, das an den Rändern zu verschiedenen Vorzeichen der Funktionswerte führt, muss die Nullstelle liegen.

Weitere Halbierungen (immer Mitte und Randwert mit entgegengesetztem Vorzeichen der Funktionswerte wählen) verkleinern das für die Nullstelle zuständige Intervall jeweils auf die Hälfte der ursprünglichen Länge. Damit kann die gesuchte Nullstelle immer genauer beschrieben werden. Will man die Nullstelle relativ genau bestimmen (auf zwei oder drei Dezimalen), sind sehr viele Halbierungsschritte notwendig. Auch mit Rechner ist der Zeitaufwand nicht unerheblich.

Das NEWTON-Verfahren

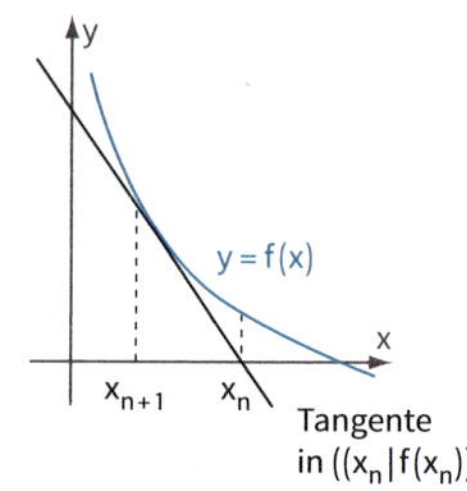

Das NEWTON-Verfahren nutzt nicht nur den Wert der differenzierbaren Funktion, sondern auch ihre Steigung aus. Man bestimmt vom Anfangswert x_0 die Tangente und nimmt als nächsten Wert den Schnittpunkt dieser Tangente mit der x-Achse, der ja nahe bei der gesuchten Nullstelle liegen muss.
Von diesem Wert wird wieder der Funktionswert, die Tangente in diesem Punkt und der Schnittpunkt der Tangente und der x-Achse berechnet und zur nächsten Näherung verwendet. Für Sie ist es nur eine „Einsetzübung", die problemlos mit dem Taschenrechner bewältigt werden kann. Ist x_n der gerade aktuelle Wert, so ist der nächstgenauere Wert $x_{n+1} = x_n - \frac{f(x_n)}{f'(x_n)}$.

Mit dem GTR können Sie natürlich die Nullstellen aller Funktionen ohne Näherungsverfahren numerisch berechnen. Bitte üben Sie das.

Aufgabe

Bestimmen Sie die Nullstelle der Funktion $f(x) = 0{,}5x^3 - x + 3$.

a) 4 Schritte über die Intervallhalbierung mit dem Anfangsintervall $I_1 = [-4, 0]$.

b) 3 Schritte mit den NEWTON-Verfahren mit $x_1 = -3$.

c) Mit dem GTR.

Lösung:

Bemerkung: Bei gutem Start ist das NEWTON-Verfahren sehr schnell sehr nahe an der Nullstelle.

a) $f(-4) = -25;\ f(-2) = 1;\ f(0) = 3 \Rightarrow I_2 = [-4; -2]$
wegen $f(-3) = -7{,}5 \Rightarrow I_3 = [-3, -2]$, wegen $f(-2{,}5) = -2{,}3$
$\Rightarrow I_4 = [-2{,}5; -2]$, wegen $f(-2{,}25) = -0{,}45 \Rightarrow I_5 = [-2{,}25; -2]$
(auch jetzt noch ein sehr großes Intervall, sehr ungenau)

b) $x_{n+1} = x_n - \frac{0{,}5x_n^3 - x_n + 3}{1{,}5x_n^2 - 1}$

$x_1 = -3 \Rightarrow x_2 = -3 - \frac{-7{,}5}{12{,}5} = -2{,}4$

$x_3 = -2{,}4 - \frac{-1{,}512}{7{,}64} = -2{,}202$

$x_4 = -2{,}20 - \frac{-0{,}124}{6{,}26} = -2{,}18019$

c) Mit GTR $x_0 = -2{,}179981 \approx -2{,}18$

Die KEPLER'sche Fassregel

In der Zeit, in der der große Astronom JOHANNES KEPLER lebte, waren Weinfässer noch nicht genormt und das Volumen dieser Fässer ließ sich schlecht feststellen. KEPLER (so wird erzählt) fühlte sich beim Kauf des Weines zu seiner Hochzeit betrogen und überlegte, wie man mit wenigen einfachen Messungen das Volumen eines Fasses berechnen könnte. Diesen Überlegungen verdanken wir eine näherungsweise Berechnung von Integralen. Diese Regel, deren Herleitung Sie nicht kennen müssen, trägt den Namen „KEPLER'sche Fassregel".

JOHANNES KEPLER (1571 – 1630) berühmt unter anderem durch seine Gesetze der Planetenbewegung

Laut den allgemeinen Prüfungsanforderungen sind die Integrationsmethoden „Produktintegration" und „Integration durch Substitution" nicht mehr zwingend gefordert. Sie finden aber beide in jeder Formelsammlung und können sich problemlos einlesen, sofern Sie diese Rechenfertigkeit beherrschen müssen. Das wertet natürlich die Fassregel, die mit dem GTR verschwinden könnte, wieder stark auf.

KEPLER berechnet das Integral unter der Randfunktion f(x) im Intervall [a; b] mit nur 3 Stützpunkten. Das bedeutet, dass lediglich 3 Funktionswerte zu berechnen sind, was sehr einfach ist und zudem sehr schnell geht.

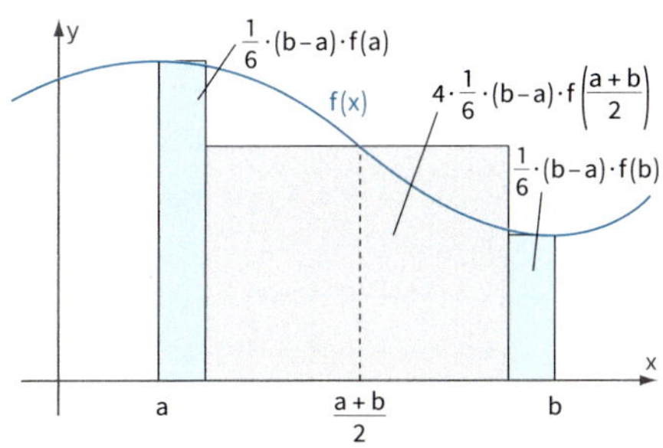

Diese Näherung ergibt nicht bei jeder Funktion einen befriedigenden Wert. Sehr gute Ergebnisse erzielt man, wenn sich die Funktion auf dem Intervall gut durch eine Parabel annähern lässt. Notfalls kann man das Integral in mehrere Teile aufteilen und erhält dann bessere Werte, das hat aber den Nachteil, dass auch mehr Rechenarbeit erforderlich ist.

KEPLER'sche Fassregel

Multipliziert man mit der Intervalllänge die Summe aus dem Anfangsfunktionswert, dem Endfunktionswert und dem Vierfachen des mittleren Funktionswertes und teilt dieses Produkt durch 6, erhält man eine numerische Näherung des Integrals:

$$\left[(b-a)\cdot\left(f(a)+4\cdot f\left(\frac{a+b}{2}\right)+f(b)\right)\right]:6\approx\int_a^b f(x)\,dx$$ oder, anders geschrieben:

$$\int_a^b f(x)\,dx\approx\frac{b-a}{6}\left(f(a)+4\cdot f\left(\frac{a+b}{2}\right)+f(b)\right)$$

THOMAS SIMPSON (1710–1761) englischer Mathematiker

Eine Verfeinerung und Verallgemeinerung der Fassregel veröffentlichte der englische Mathematiker THOMAS SIMPSON. Diese SIMPSON'sche Regel gehört aber nicht zum allgemeinem Schulstoff.

Außer den üblichen Fragen:

- Bestimme den Flächeninhalt mithilfe der Kepler'schen Fassregel.
- Um wie viel unterscheidet sich der durch die Fassregel berechnete Flächeninhalt vom wahren Flächeninhalt (der dann über eine Stammfunktion oder über den GTR berechnet werden muss)?

sind natürlich auch ungewöhnlichere Fragen möglich:

- $P(x_p | y_p)$ sei ein Punkt im ersten Quadranten auf einer Ursprungsgeraden mit positiver Steigung. Die Fläche unterhalb der Geraden im Intervall $[0; x_p]$ soll mit der Fassregel berechnet werden. Wie groß ist der Fehler bei dieser Näherungsrechnung?
- Die Fläche unter der Exponentialfunktion $f(x) = e^x$ wird im Intervall $[a; b]$ durch die Fassregel angenähert. Ist die Näherung größer oder kleiner als der wirkliche Wert oder kommt es auf das Intervall an?

Beispiel

$f(x) = \frac{5-x}{x^2+1}$ im Intervall $[-1; 3]$

$$\int_{-1}^{3} f(x)\,dx \approx \frac{3-(-1)}{6}(3 + 4 \cdot 2 + 0{,}2) \approx 7{,}47 \qquad \text{(über GTR: 7,33)}$$

Überblick

Im Kapitel 5 ging es um das Bestimmen von Grenzwerten und Approximationen. Prüfen Sie bitte, ob Sie folgende Begriffe erklären können:

- Grenzwert, linksseitiger und rechtsseitiger Grenzwert, uneigentlicher Grenzwert

Sie sollten in der Lage sein, Grenzwerte mit

- den Grenzwertsätzen,
- der Regel von DE L'HOPITAL,
- durch „Ausprobieren" mit dem Taschenrechner oder den in der Methode 3 auf Seite 104 dargestellten „Merksätzen"

berechnen zu können.

Darüberhinaus sollten Sie (wenn für Sie überhaupt relevant ist, bitte Fachlehrerin/Fachlehrer fragen!) folgende Approximationen anwenden können:

- Nullstellenbestimmung mit der Intervallhalbierung und/oder dem NEWTON-Verfahren
- Flächenberechnung mithilfe der KEPLER'schen Fassregel

Leitidee Räumliches Strukturieren/ Koordinatisieren

6

Unter einer Struktur verstehen wir eine innere Gliederung, einen wohlüberlegten Aufbau in einem bestimmten Gefüge. Das betrachten wir nicht nur in der Ebene, sondern auch im Raum. Die logische Folge ist, dass wir auch mathematisch den dreidimensionalen Raum betrachten müssen. Beim Koordinatisieren geht es darum, geometrische Objekte (Punkte, Geraden, Ebenen ...) mithilfe von Koordinaten in einem geeigneten Koordinatensystem zu beschreiben.

6.1 Vorbemerkungen

Wenn man einen Punkt im Raum beschreiben will, benötigt man ein Bezugssystem. So kann beispielsweise niemand uns erklären, wo Stuttgart liegt, wenn er kein Bezugssystem hat (z. B. Längen- und Breitengrad oder die Aussage „700 km südlich von Hamburg“ ...).

Was „passiert“ denn, ganz unmathematisch betrachtet, in der Geometrie? Und was müssen Sie kennen oder können? Vereinfacht ausgedrückt, haben wir der antiken Geometrie die Figuren (Parabel, Kugel, ...) entnommen und wie folgt „algebraisiert“:

- Wir wählen einen beliebigen, aber festen Punkt, den wir Nullpunkt oder Ursprung nennen.
- Von diesem Punkt aus wählen wir drei verschiedene (linear unabhängige) Richtungen und geben diesen eine Einheit.
- Damit kann man jeden Punkt des Raumes mit den drei Richtungen und den entsprechenden Anzahlen der Einheiten beschreiben.

Somit wurde eine Möglichkeit geschaffen, alle Punkte des Raumes eindeutig zu benennen.

Mit dieser Beschreibung der Punkte wird jede Figur zu einer Punktemenge:

- Eine Kugel ist keine Kugel im antiken Sinne mehr, sondern die Menge aller Punkte, die von einem festen Punkt (den wir Mittelpunkt M nennen) denselben Abstand (den wir Radius r nennen) haben.
- Eine Gerade ist die Menge aller Punkte, die einer ganz bestimmten Gleichung genügen.

Entsprechendes gilt natürlich für alle Figuren. Wir sind in Punktemengen gelandet, die jeweils algebraisch mit einer Gleichung beschrieben werden können. Damit ist die Geometrie sehr einfach und leicht berechenbar geworden, die Probleme sind nicht mehr so sehr rechentechnischer Art, sondern gelten mehr dem allgemeinen Verständnis.
Und dem entsprechend müssen Sie sich vorbereiten und üben.

Zur heute üblichen Praxis

Wir verwenden das kartesische Koordinatensystem, das folgende Eigenschaften hat:

- Die Achsen werden mit x_1, x_2 und x_3 bezeichnet (manchmal auch x, y, z).
- Die drei Koordinatenachsen stehen paarweise senkrecht aufeinander und bilden ein rechtwinkliges System.
- Ein Punkt wird mit einem Tripel beschrieben: $A(a_1 \mid a_2 \mid a_3)$. Dabei ist a_1 die Anzahl der Einheiten, die man in der x_1-Richtung, a_2 die Anzahl in der x_2-Richtung und a_3 die Anzahl, die man in die x_3-Richtung gehen muss, um vom Ursprung (Nullpunkt) zum Punkt A zu kommen.
- Der Vektor mit dem Anfangspunkt 0 und dem Endpunkt $A(a_1 \mid a_2 \mid a_3)$ ist $\vec{a} = \begin{pmatrix} a_1 \\ a_2 \\ a_3 \end{pmatrix}$. Er geht vom Ursprung zum Punkt A und heißt **„Ortsvektor von A"**.

Einen Vektor mit dem Anfangspunkt O und dem Zielpunkt P nennt man **Ortsvektor** von P.

In der Zeichenebene stellen wir die drei Achsen folgendermaßen dar:

- Die x_1-Achse ist parallel zur 1. Winkelhalbierenden nach links unten gerichtet und um den Faktor $\frac{1}{\sqrt{2}}$ gekürzt. (Eine Diagonale des Karos ist damit eine Einheit.)
- Die x_2-Achse ist parallel zum unteren Zeichenblattrand nach rechts gerichtet, in der Regel mit der Einheit 1 cm (2 Karos).
- Die x_3-Achse ist parallel zum seitlichen Zeichenblattrand nach oben gerichtet, in der Regel mit der Einheit 1 cm (2 Karos).

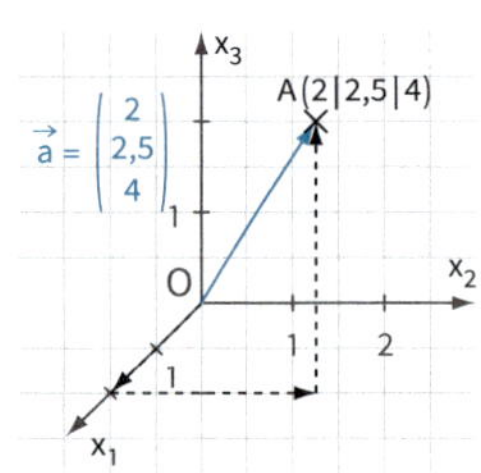

Beispiel

Das Beispiel soll Ihnen zeigen, dass ein Punkt ohne Koordinaten im 3-dimensionalen Koordinatensystem nicht eindeutig ist. Der Punkt A in der Grafik kann folgende Koordinaten haben:
$A(1 \mid 1 \mid 2)$; $A(0 \mid 0{,}5 \mid 1{,}5)$, $A(-3 \mid -1 \mid 0)$, $A(-1 \mid 0 \mid 1)$.
Wie heißt die jeweils fehlende Koordinate für den Punkt B?
$B(2 \mid 3 \mid ?)$; $B(-2 \mid ? \mid 0)$, $B(? \mid 0 \mid -1)$, $B(1 \mid ? \mid 1{,}5)$
Lösung: 2; 1; –4; 2,5

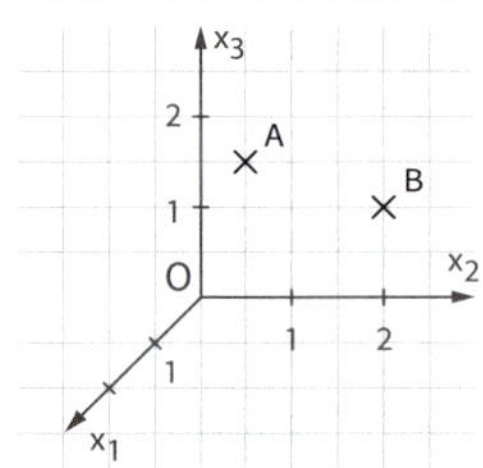

6.2 Lineare Gleichungssysteme (LGS)

Wissen

- Eine Gleichung, in der die Variablen nur linear (hoch 1, die 1 wird aber nicht geschrieben) vorkommen, heißt lineare Gleichung. (Zahlen und Parameter dürfen beliebige Hochzahlen haben.)
- Sind mehrere lineare Gleichungen gegeben, so spricht man von einem linearen Gleichungssystem (LGS).

Die Anzahl der Gleichungen und die Anzahl der vorkommenden Variablen muss nicht gleich groß sein. Für den Lösungsweg und die Lösungsmenge sind diese beiden Zahlen aber von entscheidender Bedeutung. Hat ein LGS n Variablen $x_1, x_2, \ldots, x_n$ (meist gilt $n \leq 3$), so ist jedes n-Tupel $(r_1 | r_2 | \ldots | r_n)$ mit den reellen Zahlen r_i eine Lösung des Systems, wenn beim Ersetzen der Variablen x_i durch die entsprechenden Zahlen r_i **jede** Gleichung des Systems erfüllt ist. Es gibt drei Verfahren zur Lösung von zwei Gleichungen mit zwei Unbekannten bzw. drei Gleichungen mit drei Unbekannten.

- **Einsetzverfahren:** Eine Variable aus einer Gleichung wird berechnet und in die anderen Gleichungen eingesetzt.
- **Gleichsetzungsverfahren:** Zwei nach denselben Variablen freigestellte Gleichungen werden so „gleichgesetzt", dass diese Variable wegfällt.
- **Additions- (oder Subtraktions-)verfahren:** Die einzelnen Gleichungen werden so multipliziert, dass bei der Addition (Subtraktion) zweier Gleichungen eine Variable entfällt.

Mit jedem der drei Verfahren kann jedes LGS gelöst werden. Aber es ist ungleich besser, Sie können eines der Verfahren (am sinnvollsten das Additionsverfahren) richtig, als alle nur oberflächlich.

GAUSS beschrieb ein Verfahren zur Berechnung von Lösungen eines LGS, das eigentlich eine sture Benutzung des Additionsverfahrens darstellt. Dieses **GAUSS'sche Eliminationsverfahren** (GAUSS'scher Algorithmus) gewinnt in heutiger Zeit aufgrund der Rechner immer mehr an Bedeutung. Der große Vorteil dieses Verfahrens ist, dass insbesondere die (immer unbequemen) Sonderfälle (keine Lösung oder unendlich viele Lösungen) sofort erkannt werden.

CARL FRIEDRICH GAUSS (1777 – 1855)

Der GTR ist zur Lösung des LGS hervorragend geeignet. Sofern Sie ihn zur Verfügung haben, setzen Sie ihn natürlich immer ein. Sie müssen allerdings bei den Sonderfällen „keine Lösung" bzw. „unendlich viele Lösungen" die Anzeige auf dem Display richtig deuten können. Das folgende Beispiel sollten Sie mit und ohne Rechner nachvollziehen:

Setzen Sie den GTR ein, wenn Sie ihn nutzen dürfen!
Ein Beispiel finden Sie auf → Seite 118.

Beispiel

①	$3x_1 + x_2 + x_3 = 4$	für $t = 2,\ r = -2$ eine Lösung: $(1 \mid -1 \mid 2)$
②	$x_1 - 2x_2 + 2x_3 = 7$	für $t = -4,\ r = 14$ keine Lösung
③	$-2x_1 + 4x_2 + tx_3 = r$	für $t = -4,\ r = -14$ unendlich viele Lösungen

Das GAUSS-Verfahren

Ein LGS ist in **Stufenform (Dreiecksform)**, wenn in der zweiten Gleichung der Koeffizient der ersten Variablen, in der dritten Gleichung die Koeffizienten der beiden ersten Variablen, in der vierten Gleichung die Koeffizienten der drei ersten Variablen, ..., in der n-ten Gleichung die Koeffizienten der $(n-1)$ ersten Variablen alle null sind. Da die Summanden mit den Koeffizienten null auch null sind, schreibt man üblicherweise diese Summanden nicht. Für die Stufenform ergibt sich somit folgendes Gleichungssystem:

$$\begin{aligned} a_1x_1 + a_2x_2 + a_3x_3 + a_4x_4 + \ldots + a_nx_n &= a \\ b_2x_2 + b_3x_3 + b_4x_4 + \ldots + b_nx_n &= b \\ c_3x_3 + c_4x_4 + \ldots + c_nx_n &= c \\ d_4x_4 + \ldots + d_nx_n &= d \end{aligned}$$

Eine **Äquivalenzumformung** ist eine Umformung, welche die Lösungsmenge des LGS nicht ändert. Die üblichen Äquivalenzumformungen sind:

① Multiplikation einer Gleichung mit einer reellen Zahl $\neq 0$
② Vertauschung zweier Gleichungen
③ Ersetzen einer Gleichung durch die Summe oder die Differenz der Gleichung mit einer anderen Gleichung der LGS.

Mittels der drei Äquivalenzumformungen wird ein LGS auf Stufenform gebracht. Danach berechnet man (mit der letzten Gleichung beginnend) die einzelnen Variablen. In der praktischen Handhabung ist dieses Verfahren (das haben wohl alle guten Ideen gemeinsam) recht einfach:
Wenn man mit der Umformung ① die Koeffizienten einer Variablen bei zwei Gleichungen des Systems gleich macht, dann wird bei einer Subtraktion dieser beiden Gleichungen (Umformung ③) zwangsweise dieser Koeffizient null, „die Variable fällt heraus" und die Gleichung kann in die Stufenform integriert werden. Wiederholt man diesen Schritt genügend oft, kommt man auf die Stufenform.

Notwendig sind (bei drei Gleichungen und drei Variablen) genau zwei Schritte (oder drei Schritte, wenn das LGS zunächst auf die Ausgangsgleichung gebracht werden muss).

Auf der nächsten Seite finden Sie ein Beispiel für ein LGS mit drei Gleichungen und drei Variablen.

Beispiel

Ausgangsgleichungssystem

$$\begin{aligned} 2x_1 + 3x_2 + 2x_3 &= 2 \quad (G\,1.1)\\ x_1 - x_2 - 4x_3 &= 1 \quad (G\,1.2)\\ -x_1 + 2x_2 + 5x_3 &= -2 \quad (G\,1.3) \end{aligned}$$

1. Schritt:

$1 \cdot G\,1.1 - 2 \cdot G\,1.2$ wird zu $G\,2.2$

$-1 \cdot G\,1.1 - 2 \cdot G\,1.3$ wird zu $G\,2.3$

Damit ergibt sich:

$$\begin{aligned} 5x_2 + 10x_3 &= 0\\ -7x_2 - 12x_3 &= 2 \end{aligned}$$

Vereinfacht:

$$\begin{aligned} 2x_1 + 3x_2 + 2x_3 &= 2 \quad (G\,1.1)\\ 5x_2 + 10x_3 &= 0 \quad (G\,2.2)\\ -7x_2 - 12x_3 &= 2 \quad (G\,2.3) \end{aligned}$$

2. Schritt:

$7 \cdot G\,2.2 + 5 \cdot G\,2.3$ wird zu $G\,3.1$

Damit ergibt sich:

$$\begin{aligned} -10x_3 &= -10\\ x_3 &= 1 \end{aligned}$$

Vereinfacht:

$$\begin{aligned} 2x_1 + 3x_2 + 2x_3 &= 2 \quad (G\,1.1)\\ 5x_2 + 10x_3 &= 0 \quad (G\,2.2)\\ x_3 &= 1 \quad (G\,3.1) \end{aligned}$$

durch Einsetzen von unten nach oben: $\Rightarrow x_3 = 1 \Rightarrow x_2 = -2 \Rightarrow x_1 = 3$

Die gesuchte Lösungsmenge lässt sich durch die Stufenform sehr einfach bestimmen. Mittels der letzten Gleichung wird x_3 berechnet. x_3 in G 3.2 eingesetzt ergibt nach leichter algebraischer Umstellung x_2; x_3 und x_2 in G 3.1 eingesetzt ergibt (auch hier ist die Umstellung sehr einfach) die letzte gesuchte Größe x_1. Auch wenn das LGS Parameter beinhaltet, sind die Schritte genau gleich. Sie müssen dann lediglich aufpassen, dass Sie nicht durch null teilen!

Der GTR liefert Ihnen über [2nd] [Matrix] [MATH] [ref] die Stufenform nach Gauß. Wesentlich besser ist aber die Diagonalenform über [2nd] [Matrix] [MATH] [rref], bei der sofort die Größen abgelesen werden können.

Beispiel

Matrix	GTR-ref	GTR-rref
$\begin{matrix} 2 & 1 & -1 & 5\\ -2 & -1 & 2 & -5\\ 2 & 1 & -1 & 5 \end{matrix}$	$\begin{matrix} 1 & -\frac{1}{3} & -\frac{1}{3} & \frac{2}{3}\\ 0 & 1 & -\frac{1}{5} & \frac{11}{5}\\ 0 & 0 & 1 & -1 \end{matrix}$	$\begin{matrix} 1 & 0 & 0 & 1\\ 0 & 1 & 0 & 2\\ 0 & 0 & 1 & -1 \end{matrix}$

Lösungsmengen von linearen Gleichungssystemen

Wissen

Die möglichen Lösungsmengen bei einem LGS sind: keine Lösung oder genau eine Lösung oder unendlich viele Lösungen.

1	0	0	2
0	1	0	1
0	0	0	1

Keine Lösung: Ein LGS mit n Variablen hat keine Lösung, wenn es kein n-Tupel $(x_1; x_2; \ldots; x_n)$ gibt, das alle Gleichungen des Systems erfüllt. Natürlich sieht man dies dem LGS nicht an. Sie müssen die Lösungen mit den bekannten drei Verfahren berechnen oder das LGS auf Stufenform bringen. Um die Lösungsmenge zu erkennen, betrachtet man die letzte Gleichung der Stufenform. Ein LGS in Stufenform hat keine Lösung, wenn die letzte Gleichung keine Lösung hat.

1	0	0	2
0	1	0	1
0	0	1	3

Genau eine Lösung: Ein LGS mit n Variablen hat genau eine Lösung, wenn es genau ein n-Tupel $(x_1; x_2; \ldots; x_n)$ gibt, das alle Gleichungen des Systems erfüllt. Ist $(0; 0; \ldots; 0)$ die einzige Lösung, so sprechen wir von der trivialen Lösung des Systems. Die Lösung der letzten Gleichung der Stufenform wird in die anderen Gleichungen zur Bestimmung der Variablen eingesetzt.

1	0	1	2
0	1	0	1
0	0	0	0

Unendlich viele Lösungen: Sind $(x_1; x_2; \ldots; x_n)$ und $(y_1; y_2; \ldots; y_n)$ verschiedene Lösungen des LGS, so sind die n-Tupel $(rx_1 + ky_1; rx_2 + ky_2; \ldots; rx_n + ky_n)$ für alle reellen Zahlen r und k ebenfalls Lösungen des LGS. Hat die letzte Gleichung der Stufenform unendlich viele Lösungen, dann hat auch das LGS unendlich viele Lösungen.

Vorsicht!

Unendlich viele Lösungen heißt nicht, dass alle möglichen Einsetzungen Lösungen sind:
Es gibt beispielsweise unendlich viele Zahlentripel, die an der zweiten Stelle die Zahl 2 haben [(1|2|3); (−5|2|−1); …], damit haben aber noch lange nicht *alle* möglichen Zahlentripel die Zahl 2 an der zweiten Stelle.

Auf dem GTR erkennt man die Lösungsmenge (vgl. Marginalspalte) schnell:

- Keine Lösung: Die letzte Zeile lautet 0 0 … 0 1
- Genau eine Lösung: In der letzten Spalte stehen beliebige Zahlen. Davor steht in jeder Spalte genau einmal die Zahl 1 und sonst lauter Nullen.
- Unendlich viele Lösungen: In einer Zeile steht vor der letzten Zahl außer der 1 noch eine weitere Zahl $\neq 0$. (Oftmals besteht dann die letzte Zeile aus lauter Nullen.)

Anhand der folgenden drei Beispiele werden die „Ergebnisse“ eines LGS nochmal verdeutlicht. Achten Sie sowohl auf die Ausgangsvorraussetzungen als auch auf die jeweilige Dreiecksform und die resultierende Lösungsmenge.

Beispiele

n sei die Anzahl der Variablen; m die Anzahl der Gleichungen

n = 2 und m = 3	**n = 3 und m = 3**	**n = 3 und m = 2**
$2x_1 + 3x_2 = 3$ $3x_1 - 2x_2 = 4$ $5x_1 - x_2 = -1$	$2x_1 + 3x_2 + 3x_3 = 3$ $3x_1 - 2x_2 - 9x_3 = 4$ $5x_1 - x_2 - 18x_3 = -1$	$2x_1 + 3x_2 + 3x_3 = 3$ $3x_1 - 2x_2 - 9x_3 = 4$
in Dreiecksform gebracht:		
$2x_1 + 3x_2 = 3$ $-13x_2 = -1$ $0 = -204$	$2x_1 + 3x_2 + 3x_3 = 3$ $13x_2 + 27x_3 = 1$ $12x_3 = 12$	$2x_1 + 3x_2 + 3x_3 = 3$ $13x_2 + 27x_3 = 1$
Lösungsmengen des LGS:		
Keine Lösung, letzte Gleichung hat keine Lösung.	Aus der letzten Gleichung: $\Rightarrow x_3 = 1$ $\Rightarrow x_2 = -2$ $\Rightarrow x_1 = 3$ $\Rightarrow$ eine Lösung $(3 \mid -2 \mid 1)$	unendlich viele Lösungen: $x_3 = \frac{1-13x_2}{27}$ $L = \left\{ \frac{13-7t}{9} \mid t \mid \frac{1-13t}{27} \text{ mit } t \in \mathbb{R} \right\}$
Im GTR über [MATRIX] EDIT		
3×3 $\begin{vmatrix} 2 & 3 & 3 \\ 3 & -2 & 4 \\ 5 & -1 & -1 \end{vmatrix}$	3×4 $\begin{vmatrix} 2 & 3 & 3 & 3 \\ 3 & -2 & -9 & 4 \\ 5 & -1 & -18 & -1 \end{vmatrix}$	2×4 $\begin{vmatrix} 2 & 3 & 3 & 3 \\ 3 & -2 & -9 & 4 \end{vmatrix}$
Im GTR über [MATRIX] [MATH] MATH B		
$\begin{vmatrix} 1 & 0 & 0 \\ 0 & 1 & 0 \\ 0 & 0 & 1 \end{vmatrix}$	$\begin{vmatrix} 1 & 0 & 0 & 3 \\ 0 & 1 & 0 & -2 \\ 0 & 0 & 1 & 1 \end{vmatrix}$	$\begin{vmatrix} 1 & 0 & -1{,}61\ldots & 1{,}38\ldots \\ 0 & 1 & 2{,}076 & 0{,}08\ldots \end{vmatrix}$
also keine Lösung wegen letzter Zeile $0 = 1$	mit Lösung $(3 \mid -2 \mid 1)$	also unendlich viele Lösungen

Lineare Gleichungssysteme mit dem GTR berechnen

Beim Lösen von LGS ist der GTR eine sehr wertvolle und schnelle Hilfe. Die Lösungsmenge ist genauso schnell ablesbar wie die Lösungen selbst. Wir raten Ihnen, das Lösen von LGS mit dem GTR zu üben!

Zunächst das Vorgehen über die Berechnung der Matrix anhand eines Beispiels mit drei Variablen und drei Gleichungen:

Gleichungssystem

$$\begin{aligned} x_1 + 2x_2 + 3x_3 &= 4 \\ 2x_1 + 3x_2 + 4x_3 &= 1 \\ 3x_1 + 4x_2 + x_3 &= 2 \end{aligned}$$

Eingabe der Matrix über [Matrix], EDIT $n \times m$ hier 3×4: 3; 4; 1; 2; 3; 4; 2; 3; 4; 1; 3; 4; 1; 2 mit jeweils [Enter] nach der entsprechenden Zahl; Eingabe erfolgt zeilenweise; Programm verlassen über [QUIT]

Matrix

$$\begin{vmatrix} 1 & 2 & 3 & 4 \\ 2 & 3 & 4 & 1 \\ 3 & 4 & 1 & 2 \end{vmatrix}$$

Aufrufen der Diagonalenform über [Matrix], Math, B

Auf dem Display erscheint

Einfügen der Matrix über [MATRIX], n: [ENTER] Klammer schließen und [ENTER] ergibt die Matrix in der Diagonalenform

$$\begin{vmatrix} 1 & 0 & 0 & -11 \\ 0 & 1 & 0 & 9 \\ 0 & 0 & 1 & -1 \end{vmatrix}$$

Das Ergebnis lautet:

1. Zeile bedeutet $x_1 + 0 \cdot x_2 + 0 \cdot x_3 = -11$, also $x_1 = -11$
2. Zeile bedeutet $0 \cdot x_1 + x_2 + 0 \cdot x_3 = 9$, also $x_2 = 9$
3. Zeile bedeutet $0 \cdot x_1 + 0 \cdot x_2 + x_3 = -1$, also $x_3 = -1$

Unendlich viele Lösungen

Ersetzt man die letzte Gleichung des LGS durch die erste Gleichung, ändert sich die Matrix, das LGS hat dann unendlich viele Lösungen.
Die letzte Zeile zeigt die unendlich vielen Lösungen, die mittels der beiden ersten Gleichungen bestimmt werden können:

$$\begin{vmatrix} 1 & 2 & 3 & 4 \\ 2 & 3 & 4 & 1 \\ 1 & 2 & 3 & 4 \end{vmatrix}$$

Auf dem Display erscheint

$$\begin{vmatrix} 1 & 0 & -1 & -10 \\ 0 & 1 & 2 & 7 \\ 0 & 0 & 0 & 0 \end{vmatrix}$$

Wählt man $x_3 = t$, so wird wegen $x_1 + 0 \cdot x_2 - t = -10 \Rightarrow x_1 = t - 10$ und wegen $0 \cdot x_1 + x_2 + 2t = 7 \Rightarrow x_2 = -2t + 7$
Die Lösungsmenge sind die Zahlentripel $(t - 10 \mid -2t + 7 \mid t)$ mit $t \in \mathbb{R}$

Keine Lösung

Ersetzt man die letzte Gleichung des LGS durch die erste Gleichung und ändert die letzte Zahl der Gleichung, so hat das LGS keine Lösung.
Die letzte Zeile ergibt $0 = 1$ und damit keine Lösung.

$$\begin{vmatrix} 1 & 2 & 3 & 4 \\ 2 & 3 & 4 & 1 \\ 1 & 2 & 3 & 5 \end{vmatrix}$$

Auf dem Display erscheint

$$\begin{vmatrix} 1 & 0 & -1 & 0 \\ 0 & 1 & 2 & 0 \\ 0 & 0 & 0 & 1 \end{vmatrix}$$

Übersicht zu den linearen Gleichungssystemen

LGS-Typ	Lösungsvorschlag	typisches Auftreten	Beispiel
1 Gleichung 1 Variable	Ordnen, gegebenenfalls Variable ausklammern und die Variablen berechnen.	Schnitt Gerade-Ebene in Koordinatenform	E: $2x_1-2x_2-x_3=0$; g: $\vec{x}=\begin{pmatrix}2\\-5\\3\end{pmatrix}+t\begin{pmatrix}4\\-2\\1\end{pmatrix}$ $\Rightarrow 2(2+4t)-2(-5-2t)-(3+t)=0$ $\Rightarrow t=-1 \Rightarrow S(-2\,\vert\,-3\,\vert\,2)$
1 Gleichung 2 Variablen	Ordnen, eine der Variablen isolieren und berechnen (in Abhängigkeit zu der anderen Variablen).	Schnitt Ebene in Vektorform mit Ebene in Koordinatenform	E_1: $2x_1+x_2+3x_3-12=0$ E_2: $\vec{x}=\begin{pmatrix}0\\-2\\7\end{pmatrix}+r\begin{pmatrix}-1\\-3\\4\end{pmatrix}+s\begin{pmatrix}3\\-5\\9\end{pmatrix}$ $\Rightarrow 2(-r+3s)+(-2-3r-5s)$ $+3(7+4r+9s)-12=0$ $\Rightarrow r=-4s-1 \Rightarrow$ g: $\vec{x}=\begin{pmatrix}1\\1\\3\end{pmatrix}+s\begin{pmatrix}7\\7\\-7\end{pmatrix}$
1 Gleichung 3 Variablen	Zwei der Variablen beliebig (aber sinnvoll) einsetzen und die dritte Variable berechnen.	Aufsuchen von Punkten auf einer Ebene in Koordinatenform, Vektor orthogonal zum gegebenen Vektor	E_1: $2x_1+x_2+3x_3-12=0$ mit $x_2=1$, $x_3=5$ $\Rightarrow P(-2\,\vert\,1\,\vert\,5)$; $\begin{pmatrix}1\\2\\3\end{pmatrix}\perp\begin{pmatrix}a\\b\\c\end{pmatrix}$ $\Rightarrow a+2b+3c=0$ mit $a=1$, $b=2 \Rightarrow c=-\frac{5}{3}$
2 Gleichungen 1 Variable	Aus 1. Gleichung Variable berechnen und das Ergebnis in die 2. einsetzen.	bei drei Gleichungen und zwei Variablen	$2x-3=5$; $-x+4=9$ aus Gleichung 1 $\Rightarrow$ $x=4$ eingesetzt $\Rightarrow -4+4=9$ also $0=9$ und damit keine Lösung
2 Gleichungen 2 Variablen	Eine Variable eliminieren, die andere Variable berechnen.	häufigstes LGS der Analysis, z. B. Schnitt zweier Geraden	$y=2x+4$; $y=-x+5$ $\Rightarrow 2x+4=-x+5 \Rightarrow 3x=1$ $\Rightarrow x=\frac{1}{3} \Rightarrow y=\frac{14}{3} \Rightarrow S\left(\frac{1}{3}\,\middle\vert\,\frac{14}{3}\right)$
2 Gleichungen 3 Variablen	Eine Variable eliminieren, ergibt eine Gleichung mit zwei Variablen. Dann Bestimmung einer Variablen in Abhängigkeit der anderen.	Schnitt zweier Ebenen in Koordinatenform, Bestimmung eines Normalenvektors einer Ebene in Vektorform	E: $\vec{x}=\begin{pmatrix}1\\2\\1\end{pmatrix}+t\begin{pmatrix}3\\1\\-1\end{pmatrix}+s\begin{pmatrix}1\\-1\\1\end{pmatrix}$ $3n_1+n_2-n_3=0$ $n_1-n_2-n_3=0$ $\Rightarrow 2n_1+2n_2=0 \Rightarrow n_2=-n_1$; $n_3=2n_1$
3 Gleichungen 1 Variablen	Aus einer Gleichung die Variable berechnen und in beide anderen Gleichungen einsetzen. Lösung nur, wenn alle Gleichungen erfüllt sind.	Nachprüfen, ob ein gegebener Punkt auf der Geraden liegt.	$P(2\,\vert\,-1\,\vert\,3)$; g: $\vec{x}=\begin{pmatrix}1\\2\\3\end{pmatrix}+t\begin{pmatrix}-2\\1\\4\end{pmatrix}$ $\Rightarrow \left.\begin{matrix}(1)\;\; 2=1-2t\\(2)\;\; -1=2+t\\(3)\;\; 3=3+4t\end{matrix}\right\} \Rightarrow$ keine Lösung
3 Gleichungen 2 Variablen	Aus zwei Gleichungen mit zwei Variablen die Variablen berechnen und in die dritte Gleichung einsetzen.	Schnitt zweier Geraden, lineare Unabhängigkeit dreier Vektoren	$\Rightarrow \left.\begin{matrix}(1)\;\; 3+t=4-s\\(2)\;\; -2+2t=-2s\\(3)\;\; 1-3t=2+s\end{matrix}\right\} \Rightarrow s=2,\ t=-1$
3 Gleichungen 3 Variablen	Durch Eliminieren der Variablen über zwei Gleichungen mit zwei Variablen auf eine mit einer Variablen.	Schnitt Gerade mit Ebene in Vektorform, Gleichungssysteme bei Basiswechsel	$\Rightarrow \left.\begin{matrix}(1)\;\; 3+r+3s=-t\\(2)\;\; 3+r-3s=2-3t\\(3)\;\; 1-r-s=7+4t\end{matrix}\right\} \Rightarrow t=-\frac{11}{7}$
3 Gleichungen 4 Variablen	Über zwei Gleichungen mit drei Variablen und eine Gleichung mit zwei Variablen.	Schnitt zweier Ebenen in Vektordarstellung	$3+r+3s=-u+3v$ $3+r-3s=-2-3u-5v$ $1-r-s=7+4u+9v$ $v\in\mathbb{R}$; $s=0$; $r=-2+7v$; $u=-1-4v$

Tab. 6.1: Lineare Gleichungssysteme im Überblick

6.3 Koordinatensystem

Das geometrische Denken ist, seitdem man alle geometrischen Gebilde als Punktemengen auffasst, algebraisch geworden. Für uns ist dies sehr angenehm. Die Punktemengen können wir durch Gleichungen beschreiben und mit den Gleichungen können wir gut (und fast problemlos) „rechnen".

Die Punkte sind **in der Ebene** Zahlenpaare $(x|y)$, damit arbeiten wir in der Analysis. So beschreibt die Gleichung $y = x^2 - 2x + 3$ alle Punkte, die diese Gleichung erfüllen. Der Punkt $(1|2)$ gehört zu der Punktemenge, der Punkt $(1|3)$ nicht, da er die Gleichung nicht erfüllt. Die Menge aller Punkte, welche die Gleichung erfüllen, bilden eine Parabel 2. Grades, die um 1 nach rechts und um 2 nach oben verschoben ist.

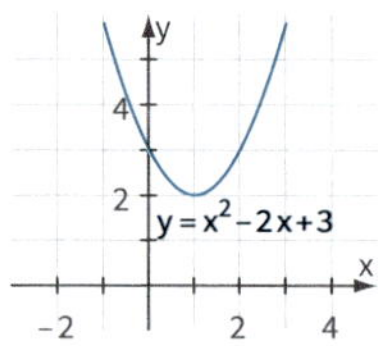

Abb. 6.1: Parabel im zweidimensionalen Koordinatensystem

Die Punkte im Raum sind Zahlentripel $(x_1|x_2|x_3)$, mit diesen Punkten arbeiten wir in der Oberstufengeometrie. Auch hier beschreiben wir die Punktemengen mit Gleichungen, die zum Beispiel so aussehen:

$$\vec{x} = \begin{pmatrix} x_1 \\ x_2 \\ x_3 \end{pmatrix} = \begin{pmatrix} -2 \\ 1 \\ -1 \end{pmatrix} + t \begin{pmatrix} 1 \\ 1 \\ 4 \end{pmatrix} \Rightarrow \quad \begin{matrix} (1)\, x_1 = -2 + t \\ (2)\, x_2 = 1 + t \\ (3)\, x_3 = -1 + 4t \end{matrix}$$

Vorsicht: Im dreidimensionalen Koordinatensystem ist es ohne zusätzlichen Hinweis nicht möglich, Punkte abzulesen. Der Punkt Q könnte (ohne Zahlenangaben) auch als Punkt mit den Koordinaten $(0|2|0)$ interpretiert werden.

Diese Gleichung beschreibt die Punkte einer Geraden des Raumes.
Der Punkt $P(-1|2|3)$ liegt auf dieser Geraden, weil für ein festes t (hier $t = 1$) für alle drei Werte die Gleichung erfüllt ist. $(1|2|4)$ liegt nicht auf der Geraden, da es kein t gibt, sodass alle 3 Gleichungen erfüllt sind.

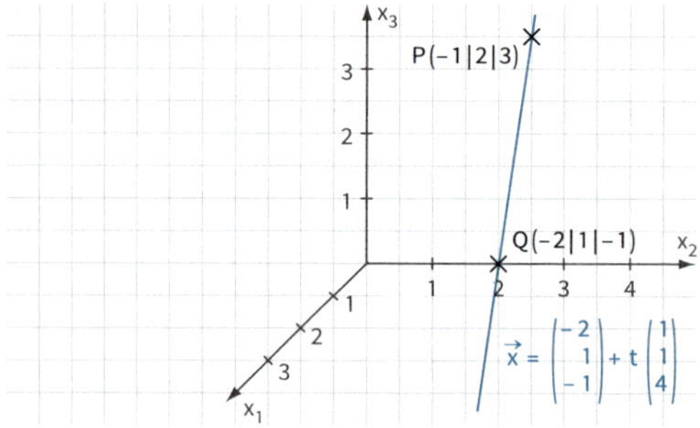

Abb. 6.2: Gerade im dreidimensionalen Koordinatensystem

Gehen von einem festen Punkt des Raumes (Ursprung) drei Vektoren in verschiedener Richtung (linear unabhängig) aus und legt man auf diesen drei Vektoren Einheiten fest, so kann man damit alle Punkte des Raumes beschreiben. Bei den drei unten angegebenen Koordinatensystemen wurde jeweils der Punkt (– 1 | 2 | 3) eingezeichnet.

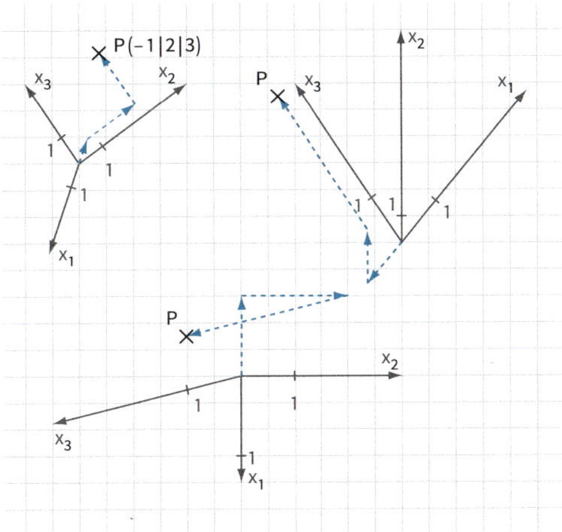

Abb. 6.3: Ein Punkt, verschiedene Koordinatensysteme

Außer diesen sogenannten kartesischen Koordinatensystemen gibt es noch andere Koordinatensysteme, die allerdings in der Schule höchstens eine untergeordnete Rolle spielen (z. B. Polar-Koordinatensystem, Kugel-Koordinatensystem, ...).

Wir verwenden ausschließlich ein rechtwinkliges kartesisches Koordinatensystem, bei dem die drei Koordinatenachsen paarweise senkrecht aufeinander stehen und dieselbe Einheit haben.
Die Einheit in der x_1-Richtung zeichnen wir um $\frac{1}{2}\sqrt{2}$ verkürzt, sodass die Diagonale der Karos als Anhaltspunkte genutzt werden können. In Abb. 6.4 sehen Sie das rechtwinklige kartesische Koordinatensystem:

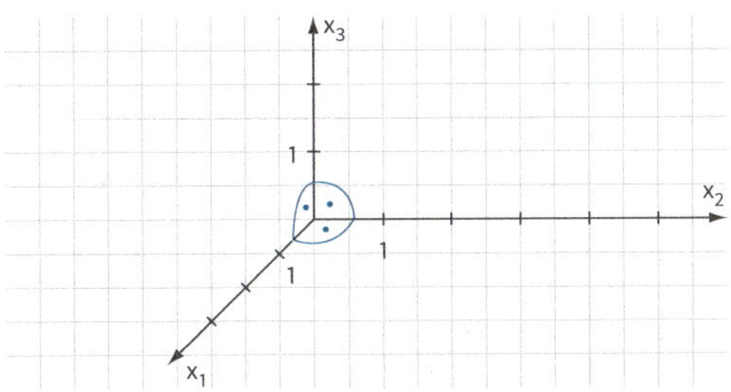

Abb. 6.4: Das dreidimensionale kartesische Koordinatensystem

6.4 Skizzen

Skizzen, Schrägbilder, Schnitte

1

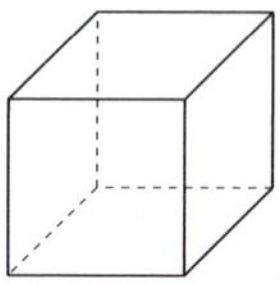

2

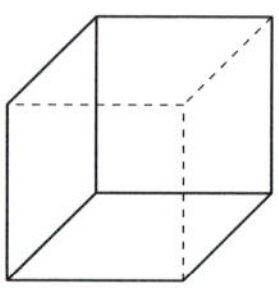

3

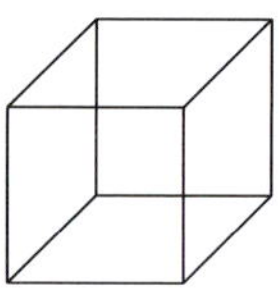

Nicht alle Menschen haben ein gutes räumliches Vorstellungsvermögen. Es ist auch nicht leicht, sich räumliche Figuren oder Zusammenhänge räumlicher Figuren (Schnitt, Berühren, Enthaltensein und Ähnliches) vorzustellen.
Links sind drei Würfel abgebildet. Die Lagen der Würfel 1 und 2 sind leicht zu erkennen: 1 sieht man von vorn, oben und rechts; 2 sieht man von vorn, unten und links; 3 kann man von beiden Ansichten her sehen. Versuchen Sie es: Jede der Positionen 1 und 2 ist mit ein klein wenig Übung zu sehen. Notfalls schließen Sie kurz die Augen, um dann die Würfel vom „anderen Blickpunkt" zu sehen.

Je stärker die Probleme bei der Vorstellung räumlicher Körper werden, desto mehr ist man auf Hilfsmittel angewiesen. In der räumlichen Geometrie ist das die Zeichnung oder die Skizze. Eine klärende, das Problem lösende Zeichnung herzustellen, ist eine (nicht einfache!) Fähigkeit.

Üben Sie es, aussagekräftige, zielführende Skizzen zu erstellen!

Leider können wir Ihnen hier kein „Kochrezept" angeben. Die Herstellung einer Skizze hängt viel zu sehr vom Problem ab. Dennoch sind wir der Ansicht, dass sich auch diese Fähigkeit trainieren lässt. Üben Sie die Arbeit mit den Skizzen. Skizzieren Sie von Anfang an beim Aufgabenlösen mit.

Bei der Herstellung der Skizzen unterscheiden wir zwei Gruppen:

Ebene Skizzen

Die ebene Skizze ist das Bild einer Schnittebene des Raumes. Die Skizze ist zweidimensional und daher einfach zu verstehen und einfach zu zeichnen. Ebene Skizzen sind im Handwerksbereich üblich (z. B. Grundriss eines Hauses). Zeichnen Sie immer das Bild einer senkrechten Projektion: Entweder Sie wählen die Ebene, in der gearbeitet werden soll, als Zeichenebene und projizieren die benötigten Elemente (aber nur die benötigten!) senkrecht auf die Ebene. Oder Sie wählen als Zeichenebene eine zum Problem senkrecht stehende Ebene, auf die Sie wieder nur das Notwendigste senkrecht projizieren.
Wird Ihnen mittels einer einzigen Skizze das Problem nicht klar, zeichnen Sie auf mehreren Ebenen. So, wie ein Werkzeugmacher auch einen Auf-, einen Grund- und einen Seitriss als Bild des Werkstücks erhält oder herstellt. Scheuen Sie sich bitte nicht, auch mehrere Skizzen herzustellen. So viele, bis Sie eine Vorstellung des Problems haben.

Räumliche Skizzen

Die räumliche Skizze ist eine Abbildung des Raumes auf eine Ebene. Sie ist anschaulich, aber nicht einfach herzustellen. Räumliche Skizzen werden z. B. im Bereich der Grafiker und Designer verwendet. Das Koordinatensystem besteht aus drei Achsen, die paarweise aufeinander senkrecht stehen. Die drei Achsen schneiden sich im Ursprung $0(0|0|0)$. Die x_1-Achse, die eigentlich aus der Zeichenebene „herauskommt", wird im Winkel 135° zur x_2-Achse gezeichnet und die Einheit um den Faktor $\frac{1}{2}\sqrt{2}$ verkürzt.

Damit die räumliche Darstellung übersichtlich bleibt, zeichnet man in der Regel nur die „positiven Koordinatenachsen" ein. Dabei legt man die x_2- und die x_3-Achse parallel zu den Zeichenblattbegrenzungen.

ebene Skizzen:

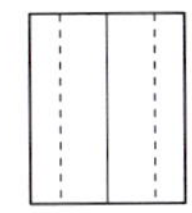

(Grundriss)

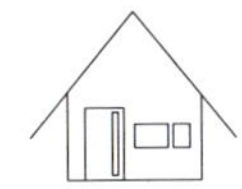

(Aufriss)

räumliche Skizze:

Wahre Größen

Die Darstellung des dreidimensionalen Raumes auf die zweidimensionale Zeicheneben hat als größten Nachteil, dass sowohl Winkelweiten als auch Längen nicht immer in den wirklichen Größen gezeichnet werden können.

Sie sollten aber in der Lage sein, wahre Längen und Winkelweiten nicht nur berechnen, sondern auch konstruieren zu können.

Um wahre Größen bestimmen zu können, muss der Winkel oder die Strecke in einer zur Zeichenebene parallelen Ebene liegen. Es genügt, wenn Sie eine Strecke in wahrer Länge konstruieren können; ein Dreieck können Sie in drei Strecken zerlegen und mit den konstruierten wahren Längen wieder konstruieren und Sie erhalten damit auch alle drei Winkel in wahrer Größe.

Projizieren Sie die Endpunkte der Strecke auf die x_2-x_3-Ebene durch Parallelen zur x_1-Achse mit der Länge der x_1-Koordinate der Punkte. Sie erhalten die Punkte A′ und B′ und durch diese Punkte die Gerade h in der x_2-x_3-Ebene. Klappen Sie das Trapez ABA′B′ in die x_2-x_3-Ebene (Die Senkrechte zu h durch A′ schneidet den Kreis um A′ mit Radius AA′ in A″; entsprechend mit B). Die Strecke A″B″ ist die wahre Länge der Strecke AB.

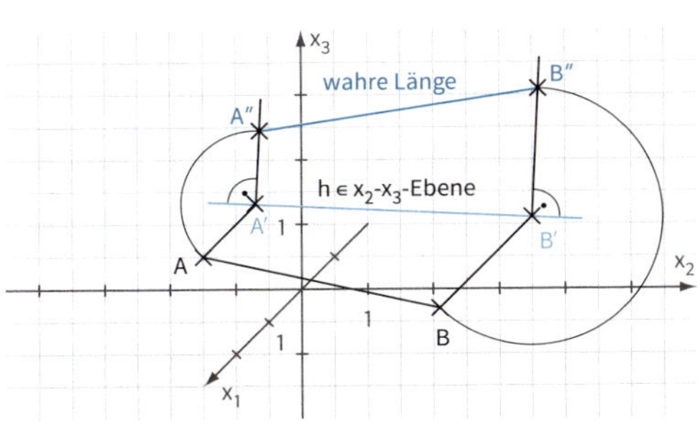

Abb. 6.5: Projektion wahrer Längen

Konstruktion wahrer Längen

Eine „halbgeometrische“ Lösung zur Bestimmung wahrer Längen ist folgendes Verfahren, das wohl in einer gewissen Grauzone (mathematisch nicht ganz korrekt) angesiedelt werden muss: Gegeben sei die Strecke $\overline{AB}$ mit $A(a_1 \mid a_2 \mid a_3)$ und $B(b_1 \mid b_2 \mid b_3)$. Man wählt nun eine zweidimensionale „Hilfszeichenebene“, in der die „Hilfspunkte“ $A'(a_1 \mid a_2)$ und $B'(b_1 \mid b_2)$ eingezeichnet werden. Dann zeichnet man in A′ (oder B′) senkrecht zu $\overline{A'B'}$ die Differenz der x_3-Koordinaten $(a_3 \mid b_3)$ und erhält damit die wahre Länge der Strecke $\overline{AB}$.

Abb. 6.6: Konstruktion wahrer Längen

Klappungen

Gegeben sei ein Giebeldach. Vom Punkt A zum Punkt B wird ein Draht auf der Dachfläche gespannt, der möglichst kurz sein soll. An welchem Punkt C überquert er den Dachfirst f? Eine Frage, die in der darstellenden Geometrie konstruktiv sehr einfach gelöst werden kann: Man klappt einfach eine Dachfläche in die Ebene der anderen Dachfläche und zieht die Gerade von A nach B. Es genügt, wenn Sie von einem Dreieck ABC den Punkt B über C auf die Gerade (AC) klappen können. Damit können Sie mittels mehrerer „Klappungen“ alle geradlinig begrenzten Figuren und über den Mittelpunkt Kreise und Kugeln klappen.

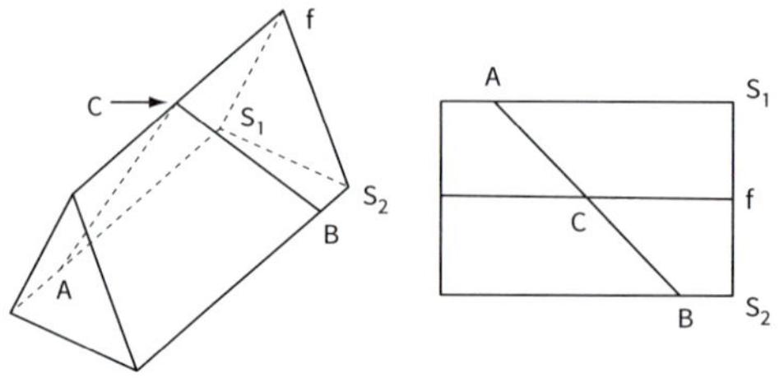

Abb. 6.7: Klappungen

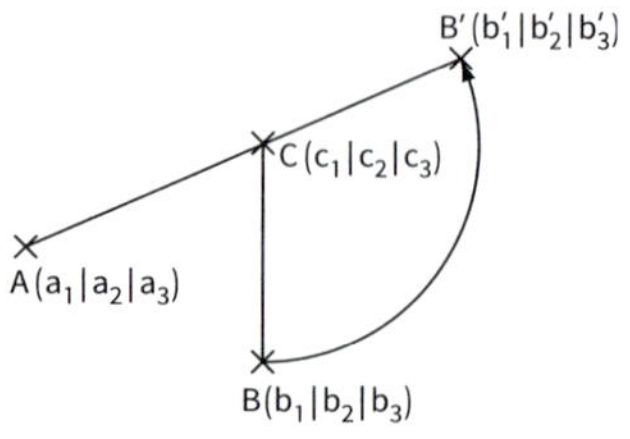

Berechnung der Koordinaten eines geklappten Punktes B′ über seinen Ortsvektor.

$$\overrightarrow{OB'} = \overrightarrow{OC} + |\overrightarrow{CB}| \cdot \overrightarrow{AC_0}$$

↑ Ortsvektor von B′ — ↑ Ortsvektor von C — ↑ Länge der Strecke von C nach B — ↑ normierter Vektor $\overrightarrow{AC}$ $\left(\overrightarrow{AC_0} = \frac{\overrightarrow{AC}}{|\overrightarrow{AC}|}\right)$

Risse und Schnitte

Projiziert man ein räumliches Objekt senkrecht auf eine Ebene, so heißt dieses Bild **Riss**.
Am bekanntesten sind wohl

- der Grundriss (senkrechte Projektion auf die x_1-x_2-Ebene),
- der Aufriss (senkrechte Projektion auf die x_2-x_3-Ebene),
- der Seitenriss (senkrechte Projektion auf die x_1-x_3-Ebene),

die insbesondere von Architekten und Ingenieuren verwendet werden.

Eigentlich genügen zwei Risse auf zueinander senkrechte Ebenen, um jeden Punkt des räumlichen Objekts eindeutig zu beschreiben, also dem Raum zuzuordnen. Durch den dritten Riss ist ein Objekt ohne „Denkarbeit" sehr gut zu erkennen, man kann sich den gezeichneten Körper problemlos vorstellen.
Nicht sichtbare Kanten werden gestrichelt, sichtbare Kanten durchgezogen gezeichnet, sodass schon daher keine Unstimmigkeiten aufkommen können.

Beispiel

Es ist ein Modell einer Kirche mit Turm im Schrägbild und in den verschiedenen Rissen dargestellt.
Wie in der Geometrie üblich, werden nicht sichtbare Kanten gestrichelt gezeichnet.

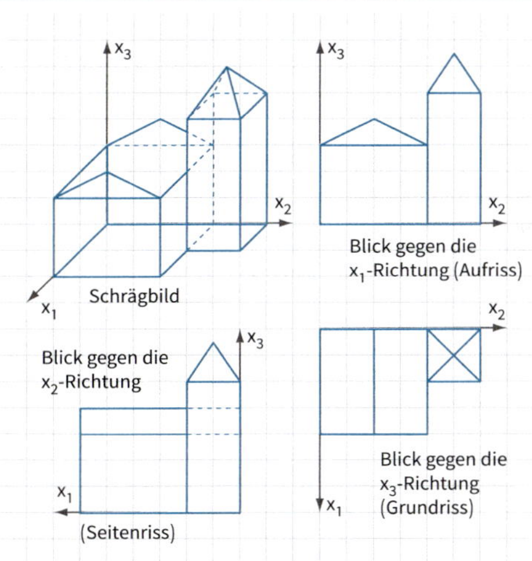

Schneidet man ein räumliches Objekt mit einer Ebene (die nicht unbedingt zu einer Koordinatenebene parallel sein muss) und zeichnet die Punkte des Objektes auf dieser Ebene, so entsteht eine **Schnittzeichnung**. Schnittzeichnungen sind als Hilfen unersetzbar. Insbesondere, wenn Sie beim räumlichen Sehen Probleme haben, sollten Sie Schnitte zeichnen.

Zwei kleine Beispiele sollen Ihnen das verdeutlichen. Die Skizzen sind ohne Maße, nur ganz grob gezeichnet:

Beispiele

Ein Sektglas hat die Form eines auf der Spitze stehenden Kegels mit einem Öffnungswinkel von 60°.
Es wird ein Pfirsich mit einem Durchmesser von 4 cm in das Glas gelegt.
In welcher Höhe von der Spitze aus berührt der Pfirsich das Glas?

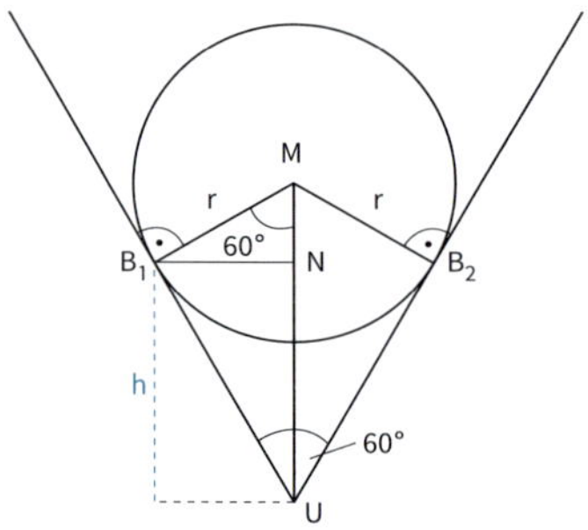

Wegen $\overline{B_1M} = \overline{MR} = r$ und $\sphericalangle B_1MR = 60°$ ist B_1MR gleichseitig, also ist $\overline{B_1N}$ die Höhe eines gleichseitigen Dreiecks mit $h = \frac{s}{2}\sqrt{3}$ (siehe FS oder MH).

Abb. 6.8: Mit dieser Skizze sieht man, wie das Problem mathematisch lösbar wird:
$\overline{B_1N}$ ist die Höhe des gleichseitigen Dreiecks mit $s = r$.
UB_1B_2 ist wieder gleichseitiges Dreieck.

Ein Zelt hat die Form einer senkrechten quadratischen Pyramide, die Längen der Quadratseiten und die Pyramidenhöhe betragen jeweils 2 m.
25 cm unter der Zeltspitze ist eine punktförmige Lampe.
Der Eingang des Zeltes endet in 0 auf der Höhe von 1 m.
Wie weit dringt das Licht bei offenem Eingang nach außen auf den Boden vor dem Zelt?

(Ein etwas abgewandelter Teil einer Abituraufgabe aus Baden-Württemberg)

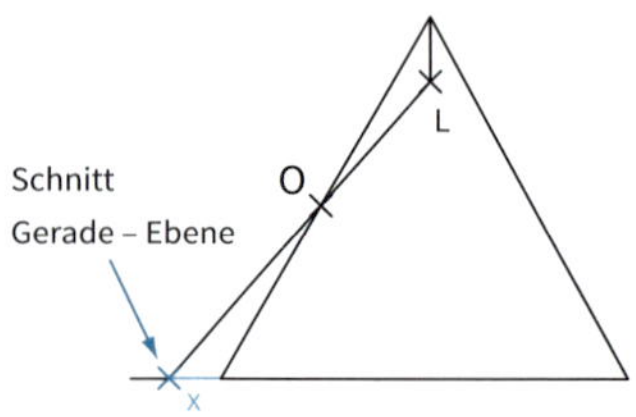

Abb. 6.9: Man erkennt, dass man den äußersten Punkt des Lichtflecks als Durchstoßpunkt der Geraden g (=(LO)) mit der Bodenebene berechnen muss.

Problem	räumliche Skizze	Projektion auf Ebene	Bewertung
Darstellung einer Ebene Beispiel: 3 Ebenen E_1, E_2, E_3 mit $E_1 \parallel E_2$ und $E_3 \cap E_2 = g$, $E_3 \cap E_1 = g'$.	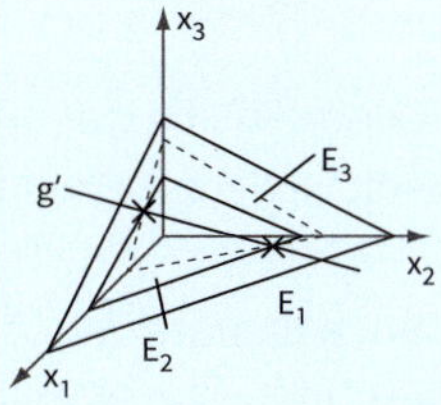	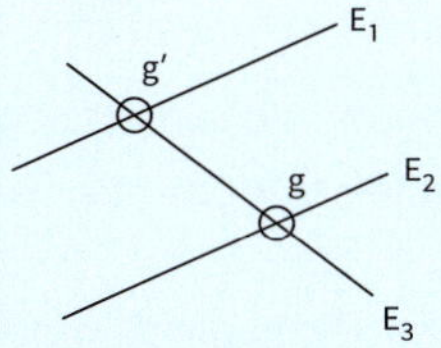 g liegt ⊥ zur Zeichen-Ebene $g' \parallel g$	Räumlich für eine einzelne Ebene sehr anschaulich. Bei mehreren Ebenen (z. B. Schnitt von Ebenen, Ebenenscharen) ist Projektion anschaulicher, da das räumliche Bild bei zu vielen Informationen verwirrt.
Darstellung von ebenen Flächen Teilmengen von Ebenen	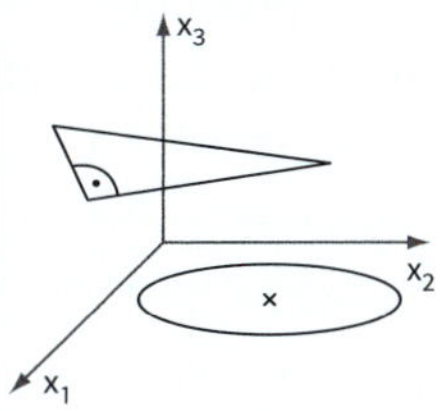	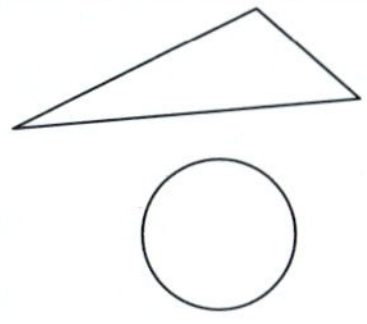	Am besten für jedes Problem eine neue Skizze erstellen. Bei Projektionen: auf eine Ebene || zur Figur projizieren. Achtung: Figuren sind nicht winkeltreu und nicht längentreu.
Darstellung von Körpern	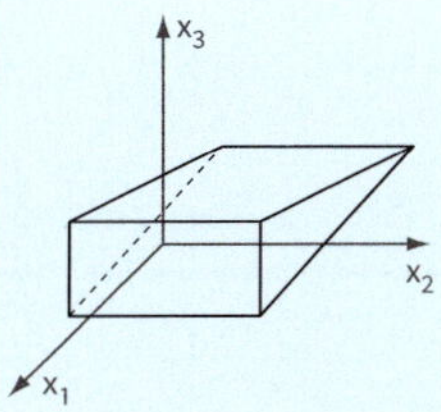	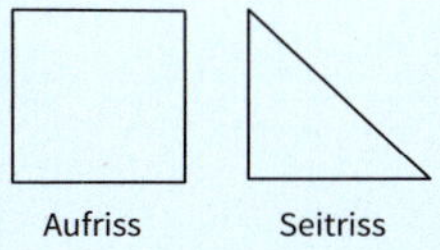	Meist sind räumliche Skizzen notwendig. Nicht sichtbare Kanten gestrichelt zeichnen, das erhöht die Anschaulichkeit. Die Projektion auf die Ebene ist nur sinnvoll bei gleichzeitiger Skizze aus verschiedenen Ansichten.
„Klapp-Probleme" und „Lotprobleme"	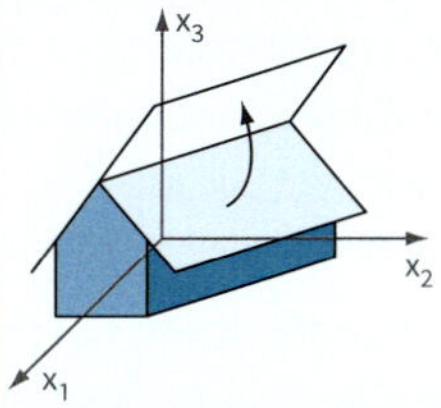	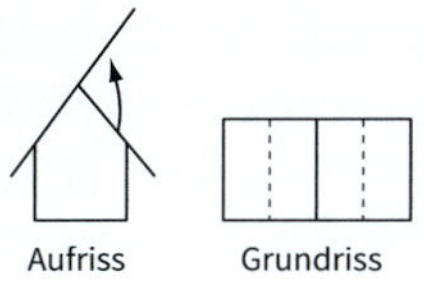	Skizzen aus verschiedenen Blickrichtungen für die Berechnung, räumliche Skizze zur besseren Veranschaulichung
Schnittprobleme Beispiel: Schnitt von Geraden	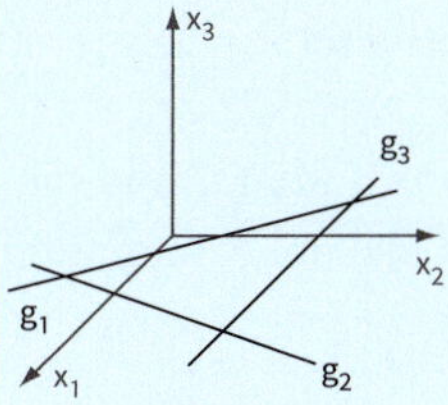	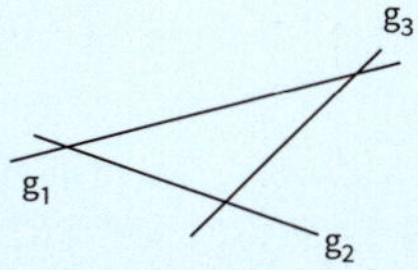 Die Skizze zeigt nicht, ob die Geraden windschief zueinander sind oder sich schneiden.	Sehr unübersichtlich im Raum. Bei Projektion auf Ebene liegen zwei Geraden, die sich schneiden, in einer Ebene. Auf dieser Ebene abbilden! Zweideutig bei beiden Skizzen, da sich immer auch windschiefe Geraden in der Projektion schneiden.
Abstandsprobleme Beispiel: Abstand Gerade und Punkt	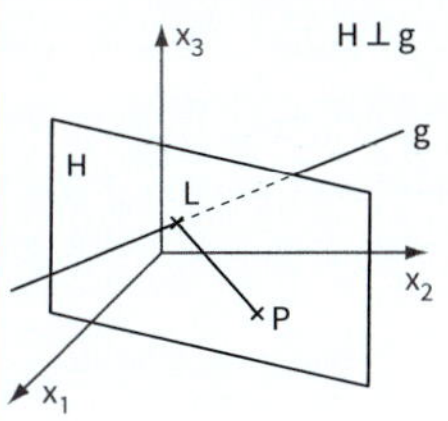	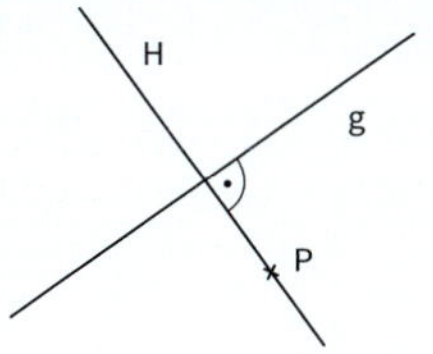	Im Raum übersichtlich, aber nicht abmessbar. Eine ebene Skizze ist nur sinnvoll, wenn auf die von g und P aufgespannte Ebene abgebildet wird (H ist orthogonal zur Zeichenebene).

Tab. 6.2: Übersicht „Skizzen"

6.5 Vektorrechnung

Die Vektorrechnung der analytischen Geometrie ist das einzige Teilgebiet der Schulmathematik, in dem mit zwei verschiedenen Grundmengen gearbeitet wird:

lat. *skalaris* = zur Leiter gehörend

- Reelle Zahlen, die in der Geometrie auch **Skalare** genannt werden und durch ihren Zahlenwert eindeutig bestimmt sind, bilden eine Grundmenge. Sie kennen die Rechentechniken und die Verknüpfungen innerhalb der Skalare aus der Analysis, es handelt sich um das ganz „normale" Rechnen mit den reellen Zahlen. Genauso wird mit den Skalaren in der Geometrie gearbeitet.

Vektor (lat.) = Träger, wobei ein Träger von mehreren Informationen (nicht nur der Zahlengröße) gemeint ist.

- Mit den **Vektoren** wird eine weitere Grundmenge verwendet. Vektoren kennen Sie aus verschiedenen Gebieten der Physik. Zur eindeutigen Bestimmung eines Vektors benötigt man mehr als nur einen Zahlenwert: Ein Vektor ist nur dann eindeutig bestimmt, wenn man seine Länge und seine Richtung kennt!

Tipp

Vereinfacht stellen Sie sich einen Vektor als „Verschiebung" eines Punktes einfach als Pfeil im Raum vor.
Dieser Pfeil hat eine ganz bestimmte Richtung und eine ganz bestimmte Länge. Die Lage des Pfeiles betrachten wir nicht.
Ob nun der Pfeil am oberen Blattende oder in der Mitte oder sonstwo liegt, es ist immer derselbe Vektor, dieselbe Verschiebung.

Alle Pfeile derselben Länge und derselben Richtung beschreiben somit genau einen Vektor und umgekehrt beschreibt ein Vektor alle Pfeile des Raumes, die dieselbe Richtung und dieselbe Länge haben.
Zur Beschreibung eines Vektors genügt eine einzige Zahl *nicht*. Wir geben jeden Vektor im Raum durch *drei* reelle Zahlen an. Es sind die drei Maßzahlen der Verschiebung in Richtung der drei Achsen des Koordinatensystems. Diese drei Zahlen schreiben wir untereinander.

Beispiel

$\vec{a} = \begin{pmatrix} a_1 \\ a_2 \\ a_3 \end{pmatrix}$, hier $\vec{a} = \begin{pmatrix} 1{,}5 \\ -3 \\ 2 \end{pmatrix} = \overrightarrow{AB}$

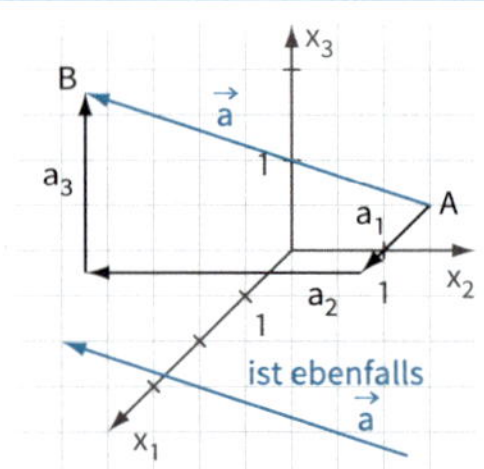

Um einen Platzhalter für einen Skalar von einem Platzhalter für einen Vektor unterscheiden zu können, wählt man verschiedene Schreibweisen.

Ein **Skalar** wird wie eine reelle Zahl behandelt, verknüpft und damit auch so beschrieben. Insbesondere werden als Platzhalter für Skalare die kleinen lateinischen Buchstaben (a, b, …, x, y, z) verwendet.

Vektoren bezeichnen wir mit kleinen lateinischen Buchstaben unter einem Pfeil oder mit den Buchstaben des Anfangs- und Endpunktes unter einem Pfeil.

$$\vec{x} = \begin{pmatrix} x_1 \\ x_2 \\ x_3 \end{pmatrix}; \quad \overrightarrow{AB} = \begin{pmatrix} -3 \\ 11 \\ \sqrt{2} \end{pmatrix}; \quad \vec{a_t} = \begin{pmatrix} 3t \\ 2-t \\ 14 \end{pmatrix}$$

a, x, z sind demnach Skalare und $\vec{a}, \vec{x}, \vec{z}$ sind Vektoren.

Beispiel

$\begin{pmatrix} 3 \\ 2 \\ -4 \end{pmatrix}$ ist der Vektor, den man erhält, wenn man von einem beliebigen Anfangspunkt 3 Einheiten in die x_1-Richtung,
2 Einheiten in die x_2-Richtung und
4 Einheiten in die Gegenrichtung der x_3-Richtung geht.

$$2\begin{pmatrix} 3 \\ 2 \\ -4 \end{pmatrix} = \begin{pmatrix} 2\cdot 3 \\ 2\cdot 2 \\ 2\cdot(-4) \end{pmatrix} = \begin{pmatrix} 6 \\ 4 \\ -8 \end{pmatrix}$$

ist der obige Vektor in doppelter Länge (aber gleicher Richtung).

Es gibt unendlich viele verschiedene Pfeile im Raum. Alle Pfeile mit gleicher Richtung bilden eine Klasse von Vektoren, die durch $\begin{pmatrix} a_1 \\ a_2 \\ a_3 \end{pmatrix}$ beschrieben werden.

(Das sind alle Pfeile, die von einem beliebigen Punkt a_1 in die x_1-Richtung, a_2 in die x_2-Richtung und a_3 in die x_3-Richtung gehen.)

Aufgabe

Vektor	Anfangspunkt	Endpunkt	Mitte	Lösung
$\begin{pmatrix} 3 \\ -1 \\ 2 \end{pmatrix}$	(1 | 1 | −2)			Endpunkt: (4 | 0 | 0) Mitte: (2,5 | 0,5 | −1)
	(2 | 1 | −3)	(−2 | 1 | −1)		Vektor: $\begin{pmatrix} -4 \\ 0 \\ 2 \end{pmatrix}$ Mitte: (0 | 0 | −2)
$\begin{pmatrix} -2 \\ 1 \\ -2 \end{pmatrix}$		(1 | 2 | −3)		Anfangspunkt: (3 | 1 | −1) Mitte: (2 | 1,5 | −2)
		(2 | −1 | 4)	(−1 | 2 | 3)	Vektor: $\begin{pmatrix} -6 \\ 6 \\ 2 \end{pmatrix}$ Anfangspunkt: (−4 | 5 | 2)

Wichtige Vektoren

Bezeichnung	Beschreibung und Schreibweise	Einsatz	Beispiel
allgemeiner Vektor $\vec{a} = \overrightarrow{AB}$ (vom Punkt A zum Punkt B)	Der allgemeine Vektor hat immer als Koordinaten die Koordinaten des Endpunktes minus die Koordinaten des Anfangspunktes: $A(a_1 \mid a_2 \mid a_3)$; $B(b_1 \mid b_2 \mid b_3)$ $\Rightarrow \overrightarrow{AB} = \vec{b} - \vec{a} = \begin{pmatrix} b_1 - a_1 \\ b_2 - a_2 \\ b_3 - a_3 \end{pmatrix}$	Wenn durch zwei Punkte eine Richtung gegeben ist (bei Gerade, Ebene, ...).	$A(4 \mid 2 \mid -3)$ $B(-2 \mid 1 \mid -1)$ $\Rightarrow \overrightarrow{AB} = \begin{pmatrix} -6 \\ -1 \\ 2 \end{pmatrix}$; $\overrightarrow{BA} = \begin{pmatrix} 6 \\ 1 \\ -2 \end{pmatrix}$
Basisvektor	Jeder Vektor des Raumes lässt sich aus drei beliebigen, aber untereinander linear unabhängigen Vektoren als Linearkombination darstellen. Drei linear unabhängige Vektoren heißen eine Basis.	bei jeder Koordinatendarstellung der Vektoren	In der Regel wird die Basis $\begin{pmatrix} 1 \\ 0 \\ 0 \end{pmatrix}, \begin{pmatrix} 0 \\ 1 \\ 0 \end{pmatrix}, \begin{pmatrix} 0 \\ 0 \\ 1 \end{pmatrix}$, verwendet.
Einheitsvektor $\vec{a_0}$ auch: $\vec{a}^0$ oder $\vec{e}_a$	Der Einheitsvektor ist ein Vektor der Länge eins. Man erhält den Einheitsvektor $\vec{a_0}$ in Richtung des Vektors $\vec{a}$, indem man $\vec{a}$ durch seine eigene Länge teilt (man „normiert" den Vektor).	Bei Abstands- und Längenproblemen: $\vec{a_0} = \frac{\begin{pmatrix} a_1 \\ a_2 \\ a_3 \end{pmatrix}}{\sqrt{a_1^2 + a_2^2 + a_3^2}} = \frac{1}{\sqrt{\ldots}} \cdot \begin{pmatrix} a_1 \\ a_2 \\ a_3 \end{pmatrix}$	$\vec{b} = \begin{pmatrix} 2 \\ 1 \\ -2 \end{pmatrix}$ $\vec{b_0} = \frac{1}{3} \begin{pmatrix} 2 \\ 1 \\ -2 \end{pmatrix}$
Gegenvektor $-\vec{a}$	Der Gegenvektor des Vektors $\vec{a}$ ist der Vektor, der addiert zu $\vec{a}$ den Nullvektor gibt. $\vec{a} = \begin{pmatrix} a_1 \\ a_2 \\ a_3 \end{pmatrix}, -\vec{a} = \begin{pmatrix} -a_1 \\ -a_2 \\ -a_3 \end{pmatrix} = -\begin{pmatrix} a_1 \\ a_2 \\ a_3 \end{pmatrix}$	Bei Vektorgleichungen: $\vec{a} + (-\vec{a}) = \vec{0}$	$\vec{a} = \begin{pmatrix} 3 \\ 2 \\ -1 \end{pmatrix} \Rightarrow -\vec{a} = \begin{pmatrix} -3 \\ -2 \\ 1 \end{pmatrix}$
Normalenvektor $\vec{n}$ der Ebene	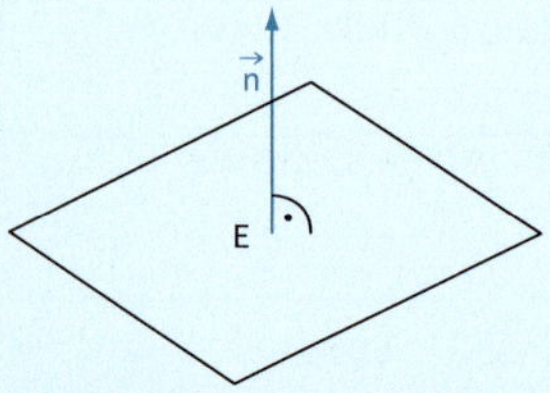 Der Normalenvektor der Ebene ist der Vektor, der senkrecht auf der Ebene steht. Er ist bis auf die Länge (und die Gegenrichtung) eindeutig bestimmt.	zur Beschreibung einer Ebene, bei Lot-, Abstands- und Schnittproblemen mit der Ebene	$E\colon 2x_1 + x_2 - 2x_3 = 0$ $\Rightarrow \vec{n}_t = t \begin{pmatrix} 2 \\ 1 \\ -2 \end{pmatrix}$ ist für jedes $t \neq 0$ ein Normalenvektor.
Nullvektor $\vec{0}$	Der Nullvektor ist der Vektor, dessen Anfangspunkt gleich dem Endpunkt ist. Der Nullvektor hat keine Länge und keine eindeutige Richtung. Er ist das neutrale Element der Vektoraddition.	bei Umrechnungen von Vektorgleichungen Bei Vektorbeweisen wird ein Nullvektor (geschlossener Zug) dargestellt und daran werden die Koeffizienten berechnet.	$\vec{0} = \begin{pmatrix} 0 \\ 0 \\ 0 \end{pmatrix}$ $\vec{0} = t\vec{a} + s \cdot \vec{b}$ bei linearer Unabhängigkeit der Vektoren $\vec{a}$ und $\vec{b}$ $\Rightarrow t = 0$ und $s = 0$

Bezeichnung	Beschreibung und Schreibweise	Einsatz	Beispiel
Ortsvektor $\overrightarrow{OA} = \vec{a}$ des Punktes $A(a_1 \mid a_2 \mid a_3)$	Der Ortsvektor des Punktes A ist der Vektor vom Koordinatenursprung zum Punkt A. Punkt und Ortsvektor haben dieselben Koordinaten, aber eine ganz andere Schreibweise.	bei der vektoriellen Beschreibung von Punkten, Figuren und Körpern	$A(-3 \mid 2 \mid 1)$ $\Rightarrow \vec{a} = \begin{pmatrix} -3 \\ 2 \\ 1 \end{pmatrix}$
Vektoren bei der Geradengleichung $\vec{x} = \vec{p} + t\vec{r}$	$\vec{p}$ heißt **Stützvektor** und ist ein Ortsvektor eines (beliebigen) Punktes der Geraden, $\vec{p}$ gibt die Lage der Geraden an. $\vec{r}$ heißt **Richtungsvektor** und gibt die Richtung der Geraden an. $\vec{r}$ ist ein Vektor zwischen zwei beliebigen Punkten der Geraden.	zur Beschreibung von Geraden und bei Berechnungen mit Geraden	$\vec{x} = \begin{pmatrix} 2 \\ 1 \\ -1 \end{pmatrix} + t\begin{pmatrix} 2 \\ -3 \\ -1 \end{pmatrix}$ hat den Stützvektor $\vec{p} = \begin{pmatrix} 2 \\ 1 \\ -1 \end{pmatrix}$ und den Richtungsvektor $\vec{r} = \begin{pmatrix} 2 \\ -3 \\ -1 \end{pmatrix}$
Vektoren bei der Ebenengleichung $\vec{x} = \vec{p} + r\vec{n} + s\vec{v}$	$\vec{p}$ heißt **Stützvektor** und ist ein Ortsvektor eines (beliebigen) Punktes der Ebene. $\vec{p}$ gibt die Lage der Ebene an. $\vec{u}$ und $\vec{v}$ sind zwei linear unabhängige **Richtungsvektoren**. Jede Linearkombination ergibt eine mögliche Richtung auf der Ebene. Ein Richtungsvektor ist ein Vektor zwischen zwei beliebigen Punkten der Ebene.	zur Beschreibung von Ebenen und bei Berechnungen mit Ebenen	$\vec{x} = \begin{pmatrix} 1 \\ 2 \\ 3 \end{pmatrix}$ (Stützvektor) $+ t\begin{pmatrix} 4 \\ 5 \\ 6 \end{pmatrix}$ (Richtungsvektor) $+ s\begin{pmatrix} 7 \\ 8 \\ 9 \end{pmatrix}$ (Richtungsvektor)
Vektor im n-dimensionalen Raum	Man kann Vektoren auch im n-dimensionalen Räumen definieren. Sie haben dann n-Komponenten. $\vec{v} = \begin{pmatrix} a_1 \\ b_1 \\ \dots \\ a_{n-1} \\ a_n \end{pmatrix}$	Beispielsweise bei Lagerkisten von n verschiedenen Produkten. Berechnung wie bei Vektoren im dreidimensionalem Raum	5 Parteien stellen sich einer Wahl $\vec{v_r} = \begin{pmatrix} p_1 \\ p_1 \\ p_3 \\ p_4 \\ p_5 \end{pmatrix}$ ist die Wahl in Wahllokal R.

Tab. 6.3: Die wichtigsten Vektoren

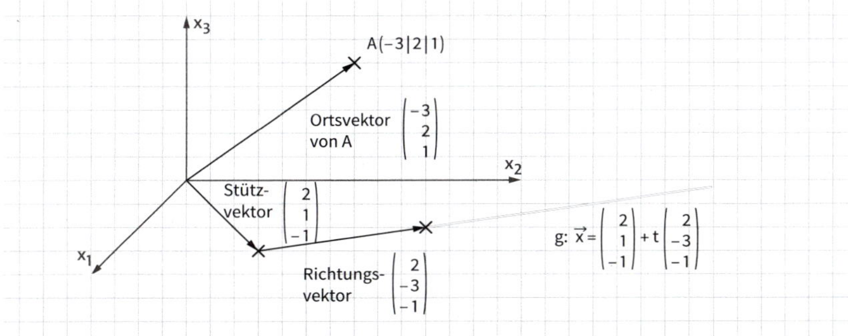

Punkt, Gerade, Strecke

Beschreibung	Zusammenhänge	Skizze
Ein Punkt P des Raumes wird durch drei reelle Zahlen beschrieben. Diese drei Zahlen geben die Verschiebung vom Nullpunkt in die drei Achsenrichtungen an. P (a | b | c) ist der Punkt, den man erreicht, wenn man den Nullpunkt a Einheiten in x_1-, b Einheiten in x_2- und c Einheiten in x_3-Richtung verschiebt.	Der Vektor $\vec{a} = \begin{pmatrix} a_1 \\ a_2 \\ a_3 \end{pmatrix}$ mit den Koordinaten des Punktes $A(a_1 \mid a_2 \mid a_3)$ heißt Ortsvektor von A und ist der Vektor mit Anfangspunkt 0 und Endpunkt A.	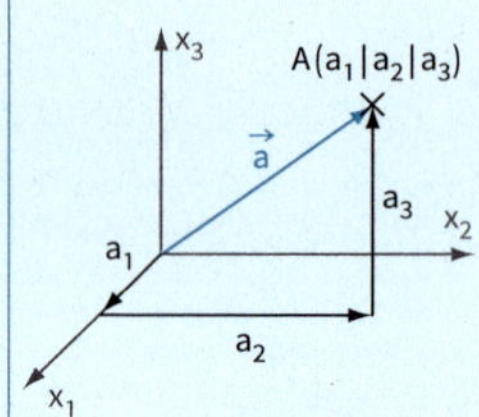
Eine Gerade im Raum wird durch einen Stützvektor plus das Vielfache des Richtungsvektors beschrieben: $x = \vec{p} + t\vec{r}$ $(t \in \mathbb{R})$ heißt Vektorgleichung oder Parametergleichung oder Punktrichtungsform der Geraden g. $\vec{p}$ heißt **Stützvektor** und ist der Ortsvektor zu einem beliebigen Punkt der Geraden g. $\vec{p}$ gibt die Lage der Geraden an. $\vec{r}$ heißt **Richtungsvektor** und ist der Vektor zwischen zwei beliebigen Punkten auf der Geraden g. $\vec{r}$ gibt die Richtung der Geraden an. t heißt **Parameter** und durchläuft alle reellen Zahlen. Für jeden Wert von t erhält man genau einen Punkt der Geraden g und umgekehrt hat jeder Punkt der Geraden genau einen reellen Wert t.	**Punktrichtungsform**: Bei bekannter Richtung $\vec{r}$ und einem bekannten Punkt $P(p_1 \mid p_2 \mid p_3)$ $g\colon \vec{x} = \begin{pmatrix} p_1 \\ p_2 \\ p_3 \end{pmatrix} + t\begin{pmatrix} r_1 \\ r_2 \\ r_3 \end{pmatrix} \Leftrightarrow \begin{matrix} x_1 = p_1 + t r_1 \\ x_2 = p_2 + t r_2 \\ x_3 = p_3 + t r_3 \end{matrix}$ **Zwei-Punkte-Form:** Bei zwei bekannten Punkten (P und Q) wird der Richtungsvektor durch den Vektor zwischen den beiden bekannten Punkten gebildet. $\vec{r} = \vec{q} - \vec{p} \Leftrightarrow \begin{matrix} r_1 = q_1 - p_1 \\ r_2 = q_2 - p_2 \\ r_3 = q_3 - p_3 \end{matrix}$	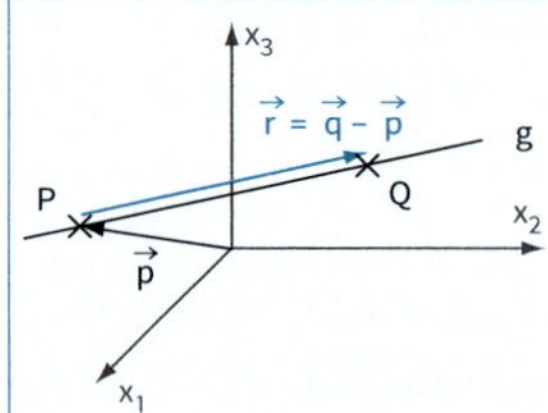
Schränkt man bei der Geradengleichung $\vec{x} = \vec{p} + t \cdot \vec{r}$ die möglichen Werte für den Parameter t ein, so erhält man eine Teilmenge der Punktmenge der Geraden. Ist t nur in einem abgeschlossenen Intervall definiert, sagen wir zu dieser Teilmenge **Strecke**. Setzt man für t den kleinstmöglichen Wert ein, so erhält man den Anfangspunkt; setzt man den größtmöglichen Wert ein, erhält man den Endpunkt der Strecke.	Die Gerade g durch die Punkte P und Q wird beschrieben durch: $g\colon \vec{x} = \vec{p} + t\vec{r} = \vec{p} + t(\vec{q} - \vec{p})$ Lässt man für t nur Werte zwischen 0 und 1 zu, erhält man die Punkte auf der Geraden von P (t = 0) bis Q (t = 1), also die Strecke PQ.	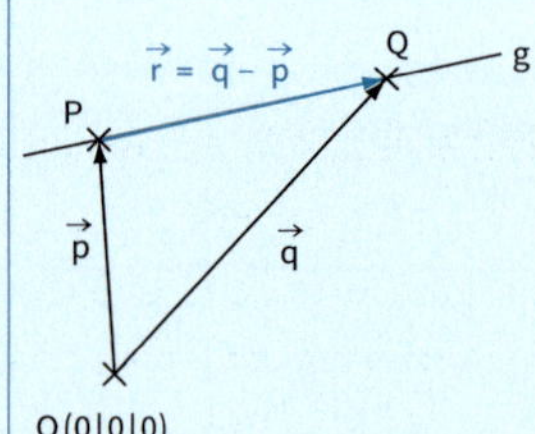

Tab. 6.4: Überblick Punkt, Gerade, Strecke

Beispiel

$g\colon \vec{x} = \begin{pmatrix} 1 \\ 2 \\ -1 \end{pmatrix} + t\begin{pmatrix} 3 \\ -1 \\ 4 \end{pmatrix}$ ist die Gerade durch die Punkte $A(1 \mid 2 \mid -1)$ und $B(4 \mid 1 \mid 3)$.

Schränkt man t ein, z. B. $t \in [-1; 3]$ erhält man die Strecke
von Punkt $P(1-3 \mid 2+1 \mid -1-4) = P(-2 \mid 3 \mid -5)$
zu Punkt $Q(1+9 \mid 2-3 \mid -1+12) = Q(10 \mid -1 \mid 11)$

Die Gerade g kann auch als Punktmenge geschrieben werden:
$g\colon (1+3t \mid 2-t \mid -1+4t)$.
Für jedes t gibt es genau einen Punkt.

Teilverhältnis

Für jeden Punkt T auf einer Strecke $\overline{AE}$ wird ein Teilverhältnis t definiert durch $t = \frac{\overline{AT}}{\overline{TE}}$. Dieses Teilverhältnis legt fest, wie T in Bezug auf die Punkte A und E liegt.

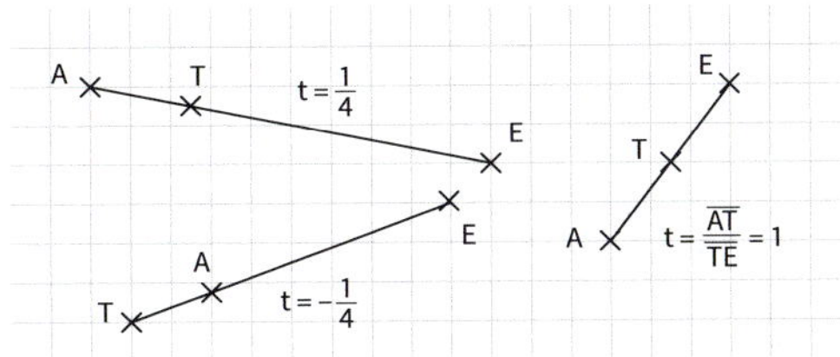

Für $t = 1$ teilt T die Strecke $\overline{AE}$ genau in der Mitte
Für $t = \frac{1}{5}$ ist die Strecke von A nach T nur $\frac{1}{5}$ der Strecke von T nach E.
Für $t = 5$ ist die Entfernung von T zum Anfangspunkt A der Strecke $\overline{AE}$ 5-mal so groß wie zum Endpunkt B der Strecke.

Ist t positiv, so liegt T innerhalb der Strecke $\overline{AE}$, ist t negativ, so liegt T außerhalb der Strecke $\overline{AE}$.

Gilt für die Gerade g: $\vec{x} = \vec{a} + r\vec{v}$ $(= \overrightarrow{OA} + r\overrightarrow{AE})$, und ist T ein Punkt auf der Geraden (AE) mit dem Teilverhältnis t, so gilt für das r zum Punkt T: $t = \frac{r}{1-r}$ und damit auch $r = \frac{t}{1+t}$.
Der Wert r, der die Länge des Richtungsvektors vom Punkt A aus zum Punkt T angibt und das Teilverhältnis t des Punktes T zur Strecke $\overline{AE}$ hängen voneinander ab.

Einschub zur Allgemeinbildung

Goldener Schnitt

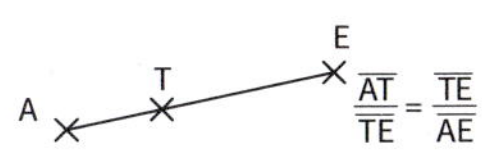

Teilt man eine Strecke so, dass sich der kleinere Teil zum größeren Teil so verhält wie der größere Teil zum Ganzen, so spricht man von einer stetigen Teilung oder vom „Goldenen Schnitt“. In der Antike war man der Ansicht, dass der Goldene Schnitt die ideale Schönheit der Figuren und Bauwerke ausmache. Für Sie geht es nicht um Schönheit, sondern um Beweise mithilfe der Vektoren, die mittels der Teilverhältnisse gelöst werden können bzw. deren Teilverhältnis berechnet oder bestimmt werden muss. Vorsicht, vielen Schülerinnen und Schülern fallen diese Aufgaben sehr schwer (obwohl sie eigentlich problemlos sind). Gehen Sie bei diesem Aufgabentyp immer gleich vor (zunächst das Problem in der Ebene):

- Fertigen Sie eine Skizze an mit der Sie arbeiten können (nicht zu klein!) und die dem Problem entspricht.
- Bestimmen Sie zwei Vektoren verschiedener Richtung, mit denen Sie problemlos alle anderen Richtungen der Skizze beschreiben können.

Vorschlag zum Lösen von Aufgaben über Teilverhältnisse oder Beweise mit Vektoren:

- Bestimmen Sie einen Weg, der wieder am Anfangspunkt endet (also den Nullvektor beschreibt) und den Teilungspunkt beinhaltet und alle Wege mittels der gewählten zwei Vektoren beschreibt.
- Wenn Sie nur einen Teil eines Vektors benötigen, verwenden Sie einen Teiler (z. B. $s \cdot v$ ist der s-te Teil von v).
- Multiplizieren Sie die Gleichung des Nullvektors aus und ordnen Sie alles nach den gewählten Vektoren.
- Die beiden Koeffizienten der Vektoren müssen beide null sein. Sie haben zwei Gleichungen mit zwei Variablen, die leicht zu lösen sind.

Die Vektoren $\overrightarrow{a_1}, \overrightarrow{a_2}, \dots \overrightarrow{a_k}$ heißen **linear unabhängig**, wenn aus $r_1\overrightarrow{a_1} + r_2\overrightarrow{a_2} + \dots + r_k\overrightarrow{a_k}$ folgt: $r_1 = r_2 = \dots = r_k = 0$.

Aufgabe

Beweisen Sie, dass sich die Seitenhalbierenden im Dreieck im Verhältnis 1 : 2 teilen.

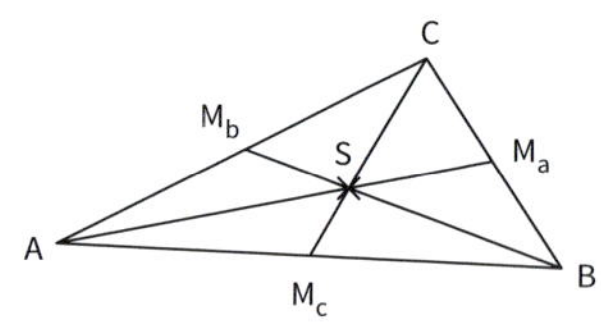

Lösung: $\vec{a} = \overrightarrow{AB}$; $\vec{b} = \overrightarrow{BC} \Rightarrow \overrightarrow{AC} = \vec{a} + \vec{b}$

$\overrightarrow{AM_a} = \vec{a} + \frac{1}{2}\vec{b}$; $\overrightarrow{CM_c} = -\vec{b} - \frac{1}{2}\vec{a}$

Mit ASM_cA

$\Rightarrow \vec{0} = u \cdot \left(\vec{a} + \frac{1}{2}\vec{b}\right) + v\left(-\vec{b} - \frac{1}{2}\vec{a}\right) - \frac{1}{2}\vec{a}$

$\Rightarrow \vec{a}\left(u - \frac{v}{2} - \frac{1}{2}\right) + \vec{b}\left(\frac{1}{2}u - v\right) = \vec{0} \Rightarrow \left(u - \frac{v}{2} - \frac{1}{2}\right) = 0$ und $\left(\frac{1}{2}u - v\right) = 0$

$\Rightarrow v = \frac{1}{3},\ u = \frac{2}{3}$

Das Problem im Raum ist im Grunde genau das gleiche. Sie müssen nur drei (anstatt zwei) linear unabhängiger Vektoren zur Beschreibung wählen, wieder den Nullvektor beschreiben, ausmultiplizieren und ordnen und erhalten dann drei Koeffizienten, die null sein müssen.

Überblick

Lineare Gleichungssysteme sollten Sie

- mit einem Verfahren sicher lösen können (auch mit dem GTR).
- Die Lösungsmenge (genau eine, unendlich viele oder keine Lösung) bestimmen können.

Das kartesische Koordinatensystem

- kennen Sie nun zwei- und dreidimensional und Sie wissen auch, wie man Punkte und andere geometrische Objekte einträgt.

Skizzen, Risse und Schrägbilder

- können Sie unterscheiden und gewinnbringend einsetzen.

Die Vektoren

- Ortsvektor, Einheitsvektor, Nullvektor, Gegenvektor und Normalenvektor müssen Ihnen ein Begriff sein
- Stütz- und Richtungsvektoren bei Geraden und Ebenen können Sie zuordnen.

Leitidee Algorithmus

7

Algorithmus bezeichnet ursprünglich das um 1600 in Europa eingeführte Rechnen mit Dezimalzahlen.
Heute verstehen wir darunter ein Rechenverfahren, das nach einem festgelegten, auch wiederholbaren, eindeutigen Schema mit endlich vielen Schritten vollziehbar ist. Die wohl bekanntesten Algorithmen der Schulmathematik sollten Sie kennen.

7.1 Bekannte Algorithmen

- **Intervallschachtelung**
  z. B. zur Bestimmung von Nullstellen eines Schaubildes.
- **EUKLIDischer Algorithmus**
  zur Berechnung des größten gemeinsamen Teilers (→ Beispiel).
- **GAUSS'scher Algorithmus**
  zur Lösung linearer Gleichungssysteme (→ Seite 113 ff.)
- **HORNER-Schema**
  zur Berechnung von Funktionswerten $f(x_0)$ ganzrationaler Funktionen und deren Ableitungen (→ Beispiel).
- **Sieb des ERATOSTHENES**
  zur Bestimmung von Primzahlen (→ Beispiel).
- **NEWTON'sches Näherungsverfahren**
  zur Bestimmung von Nullstellen (→ Seite 137).
- **HERON-Verfahren**
  zur näherungsweisen Berechnung von Quadratwurzeln. Das Verfahren liefert mithilfe des arithmetischen Mittels eine Intervallschachtelung, mit der die Quadratwurzel beliebig genau angenähert werden kann (→ Beispiel).

al ist ein arabischer Artikel und *arithmos* heißt griechisch „Zahl". Der Name *Algorithmus* ist aus diesen beiden Worten in Anlehnung des persisch-arabischen Mathematikers MOHAMMED BEN MUFA ALKARESMI entstanden.

Beispiele

EUKLIDischer Algorithmus
Sucht man den größten gemeinsamen Teiler der Zahlen x und y
$(x > y,\ y = m_0)$
so beginnt man mit

$x = n_1 \cdot m_0 + m_1;$ (m_1 ist der Rest und somit kleiner als y)

$m_0 = n_2 \cdot m_1 + m_2;$

$m_1 = n_3 \cdot m_2 + m_3;\ \ m_2 = n_4 \cdot m_3 + m_4;\ \ m_3 = \ldots$

bis nach endlich vielen Schritten m_i null wird.
Dann ist n_i der größte gemeinsame Teiler.

>>

>> Beispiele

Horner-Schema

−4	0	0	2	0	3	Koeffizienten nach fallender Potenz ordnen Beispiel: $f(x) = -4x^5 + 2x^2 + 3$, gesucht: $f(2)$; $x_0 = 2$
↓	+	+		+	+	
	−8	−16	−32	−60	−120	Multiplikation der vorgehenden Spalte der 3. Zeile mit x_0
	$\cdot x_0$	$\cdot x_0$	$\cdot x_0$	$\cdot x_0$	$\cdot x_0$	
−4	−8	−16	−30	−60	−117	Die 1. Zahl ist Koeffizient der höchsten Potenz, Rest ist jeweils Summe der 1. und 2. Zeile. Die letzte Zahl der 3. Zeile ist die gesuchte Zahl.

Wendet man das Verfahren auf die Zahlen der 3. Zeile an (die dann als 1. Zeile gilt), erhält man die Ableitung an der Stelle x_0, also $f'(x_0)$.

Sieb des Eratosthenes zur Bestimmung von Primzahlen

Es sind die Primzahlen bis zur Zahl n gesucht (hier bis zu n = 90). Zunächst werden alle Zahlen von 2 bis n aufgelistet. Dann streicht man alle Vielfache dieser mit 2 beginnenden Zahlen. Die nächste nicht gestrichene Zahl ist die 1. Primzahl (hier 3). Man streicht nun alle Vielfachen von 3. Die nächste nicht gestrichene Zahl ist die neue Primzahl (hier 5). Streichen der Vielfachen von 5. …

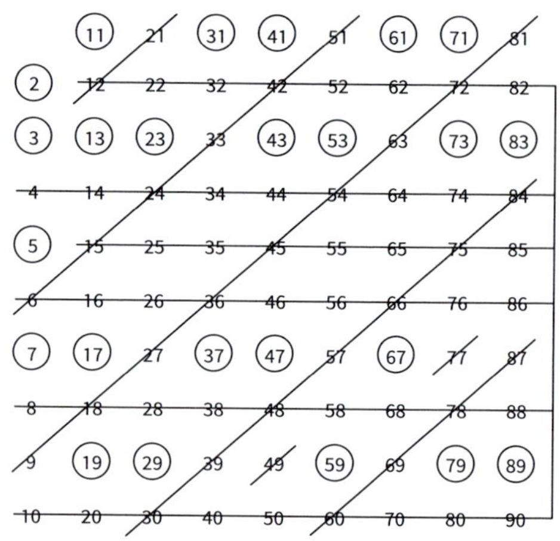

Heron-Verfahren

Soll $\sqrt{p}$ berechnet werden, so zerlegt man $p = a_1 \cdot b_1$ mit $a_1 < \sqrt{p} < b_1$ mit $b_{n+1} = \frac{a_n + b_n}{2}$ und $a_{n+1} = \frac{p}{b_{n+1}}$.

Es ergibt sich die Intervallschachtelung

$a_1 < a_2 < \ldots a_n < a_{n+1} < \sqrt{p} < b_{n+1} < b_n < \ldots b_2 < b_1$

z. B.: $\sqrt{15}$ (Wert mit TR: 3,872 983 346)

$a_1 = 3$; $a_2 = 3{,}75$; $a_3 = 3{,}8709$; …; $b_1 = 5$; $b_2 = 4$; $b_3 = 3{,}875$; …

7.2 Iteration

Iteration ist die wiederholte Anwendung desselben Rechenverfahrens. Dabei benutzt man die gewonnenen Zwischenergebnisse, um sich dem Ergebnis weiter zu nähern. **Wissen**

Iterationsvorschriften gibt es insbesondere bei Näherungsrechnungen, wobei man das Verfahren dann abbricht, wenn die gewünschte Genauigkeit erreicht wurde.

Ein typisches Beispiel für eine Iterationsvorschrift ist das **NEWTON-Verfahren**.

Beispiel

Als Beispiel soll hier die Iterationsvorschrift zur Berechnung von Kubikwurzeln positiver Zahlen erläutert werden:

$\sqrt[3]{a}$ wird angenähert durch $x_{n+1} = \frac{2 \cdot x_n + \frac{a}{x_n^2}}{3}$. Das bedeutet, dass mit einem Startwert x_0 begonnen wird, dann wird mittels x_0 der erste Näherungswert x_1 berechnet, damit dann x_2 usw. x_{n+1} ist dann die $(n+1)$-te Näherung, berechnet aus der n-ten Näherung x_n.

Gesucht ist $\sqrt[3]{100}$: $x_1 = 10$; $\Rightarrow$ $x_2 = 7$; $\Rightarrow$ $x_3 = 5{,}3469\ldots$; $\Rightarrow$ $x_4 = 4{,}7305\ldots$; $\Rightarrow$ $x_5 = 4{,}643\,25\ldots$ (Wert aus dem TR: $\sqrt[3]{100} = 4{,}641\,588\,834$)

Auch **grafische Iterationen** sind möglich, kommen aber relativ selten vor. Ein Beispiel, damit Sie sich den Sachverhalt vorstellen können, sollte genügen:

Beispiel

Bestimmen Sie die Folgeglieder (und damit den Grenzwert) der Folge $a_{n+1} = -\frac{7}{9}a_n + 7$ mit $a_0 = 7{,}4$

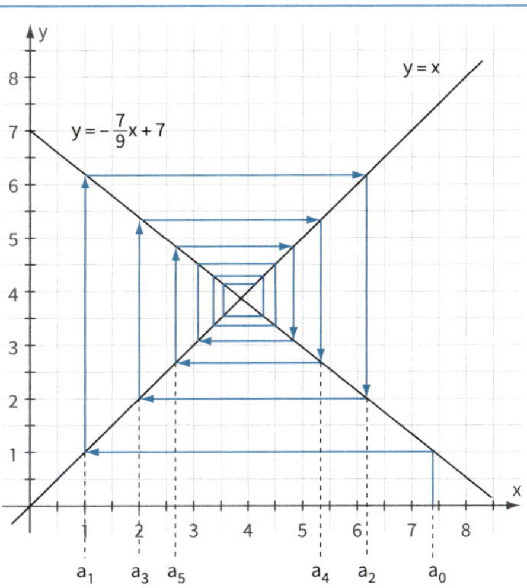

Ergebnis: $\frac{63}{16} = 3{,}9375$

7.3 Rekursion

„Rekursion" bedeutet: Auf Bekanntes zurückgreifen, also die Berechnung einer Größe durch bekannte Größen.

Eine rekursive Funktion ist eine mittels rekursiver Definition gewonnene Funktion, bei der die Funktionswerte durch bereits bekannte Funktionswerte berechnet oder bestimmt werden, insbesondere die Folgen und Reihen werden oftmals rekursiv definiert.

Betrachten wir als Beispiele Folgen, die explizit (durch eine Formel, die das n-te Glied angibt) oder eben rekursiv (durch schon bekannte Folgenglieder) angegeben werden können. Gerne gefragt wird die Umsetzung der expliziten auf die rekursive Definition der Folgeglieder (und umgekehrt). Diese Aufgaben sind nicht immer einfach.

explizite Darstellung	rekursive Darstellung	
$a_n = a_1 + (n-1) \cdot d$	$a_{n+1} = a_n + d$	arithmetische Folge
$a_n = a_1 \cdot q^{n-1}$	$a_{n+1} = a_n \cdot q$	geometrische Folge
$a_n = 5^{-n}$	$a_{n+1} = \frac{1}{5} \cdot a_n;\ a_0 = 1$	Folge
$a_n = n^2 + 2n$	$a_{n+1} = a_n + 2n + 3;\ a_0 = 0$	
$a_n = n!$	$a_{n+1} = (n+1) \cdot a_n;\ a_0 = 1$	

Tab. 7.1: Beispiele zu Folgen

Auch Reihen sind rekursiv definierbar. So hat die geometrische Reihe mit der expliziten Form $s_n = a_1 \cdot \frac{q^n - 1}{q - 1}$ die Rekursionsformel $s_{n+1} = s_n \cdot q + a_1$ mit $s_o = a_1$. Textaufgaben sehen beispielsweise so aus:

Aufgabe

Ein Ratensparvertrag bringt 5 % Jahreszins, der Zins wird am Jahresende dem Kapital zugeführt. Zu Beginn jeden Jahres werden 5000 € einbezahlt. Berechnen Sie das Kapital nach 5 und nach 10 Jahren. Geben Sie eine explizite und eine rekursive Gleichung für das Kapital zum Ende der Jahre an.

Lösung: s_n sei das Kapital am Ende des n-ten Jahres. Dann gilt mit $s_o = 5000$:

$s_1 = 5000 + 0{,}05 \cdot 5000$

$s_2 = s_1 + 0{,}05 \cdot s_1$

$s_3 = s_2 + 0{,}05 \cdot s_2 = s_1 + s_1 \cdot 0{,}05 + s_1 \cdot 0{,}05^2$

$s_4 = s_3 + 0{,}05 \cdot s_3 = s_1 + s_1 \cdot 0{,}05 + s_1 \cdot 0{,}05^2 + s_1 \cdot 0{,}05^3$

Also ist s_n eine geometrische Reihe mit

$$s_n = 5000 \cdot \frac{1{,}05^n - 1}{1{,}05 - 1}$$

$$s_5 = 5000 \cdot \frac{1{,}05^5 - 1}{1{,}05 - 1} = 27\,628{,}16$$

$s_{10} = 62\,889{,}46$

rekursive Gleichung für ein beliebiges Folgenglied: $s_n = s_{n-1} + 0{,}05 \cdot s_{n-1}$

7.4 Matrizen

Unter einer (m × n)-Matrix versteht man ein rechteckiges Zahlenschema, in dem in m Zeilen und n Spalten reelle Zahlen oder deren Platzhalter aufgelistet sind. **Wissen**

$$\begin{pmatrix} a_{11} & a_{12} & & a_{1n} \\ a_{21} & a_{22} & \dots & a_{2n} \\ \dots & \dots & & \dots \\ a_{m1} & a_{m2} & & a_{mn} \end{pmatrix}, \quad \text{z.B.} \quad \begin{pmatrix} 3 & 1 & -2 & -1 \\ 2 & -1 & 4 & 5 \\ -5 & 2 & 1 & 1 \end{pmatrix} \text{ ist eine } 3\times 4\text{-Matrix.}$$

Dabei ist a_{ij} das Element in der i-ten Zeile und der j-ten Spalte; $a_{3;4}$ steht in der 3. Zeile und der 4. Spalte.

Die Matrix ist eine sehr angenehme, kurze, treffende, alles Unnötige weglassende Schreibweise für zahlreiche mathematischer Probleme. Innerhalb der Oberstufenmathematik wird die Matrix als Beschreibung linearer Gleichungssysteme, linearer Abbildungen, affiner Abbildungen und für Vektorgleichungen verwendet. Ist diese Schreibweise in Ihrem Unterricht eingeführt, müssen Sie sie beherrschen.

Gegenüberstellung von Matrix- und anderen Schreibweisen

Sie sehen sehr leicht, dass weder Informationen gewonnen werden noch verloren gehen. Der Vorteil ist die knappe, sachliche Schreibweise.

Lineares Gleichungssystem	Matrix	Vektorgleichung
$\begin{matrix} a_{11}x_1 + & a_{12}x_2 + & \dots & a_{1n}x_n & = & b_1 \\ a_{21}x_1 + & a_{22}x_2 + & \dots & a_{2n}x_n & = & b_2 \\ \dots & \dots & \dots & \dots & & \dots \\ a_{m1}x_1 + & a_{m2}x_2 + & \dots & a_{mn}x_n & = & b_m \end{matrix}$	$\begin{pmatrix} a_{11} & a_{12} & & a_{1n} & b_1 \\ a_{21} & a_{22} & \dots & a_{2n} & b_2 \\ \dots & \dots & & \dots & \dots \\ a_{m1} & a_{m2} & & a_{mn} & b_m \end{pmatrix}$	$\begin{pmatrix} a_{11} \\ a_{21} \\ \dots \\ a_{m1} \end{pmatrix} x_1 + \begin{pmatrix} a_{12} \\ a_{22} \\ \dots \\ a_{m2} \end{pmatrix} x_2 + \dots + \begin{pmatrix} a_{1n} \\ a_{2n} \\ \dots \\ a_{mn} \end{pmatrix} x_n = \begin{pmatrix} b_1 \\ b_2 \\ \dots \\ b_m \end{pmatrix}$

Tab. 7.2: Verschiedene Schreibweisen

Oft wird die Matrixschreibweise bei den linearen Abbildungen verwendet:

Lineare Abbildung: $\begin{matrix} x_1' = a_1x_1 + b_1x_2 \\ x_2' = a_2x_1 + b_2x_2 \end{matrix}$; Matrix: $\begin{pmatrix} a_1 & b_1 \\ a_2 & b_2 \end{pmatrix}$

Mit der Matrix A gilt: $\overrightarrow{x'} = A \cdot x$

Da man in der Schulmathematik bei der Vektorrechnung mit (3 × 3)-Matrizen auskommt und für die linearen und affinen Abbildungen (2 × 2)-Matrizen verwendet, werden im Folgenden nur diese beiden Matrizenarten vorgestellt.

Schreibweisen

Die folgenden Schreibweisen, Aussagen und Sätze sind (sofern sie in demselben Unterpunkt stehen) gleichwertig und austauschbar. Vorschlag zur Lösung (bei jeder Schreibweise!): Umschreiben in LGS und mit GAUSS-Verfahren, oder, sofern erlaubt) mit GTR über [2nd] [Matrix] lösen.

Nachfolgend finden Sie dreimal dasselbe Zahlenbeispiel in unterschiedlichen Schreibweisen.

Lineares Gleichungssystem (LGS)

- **Schreibweise**: für m Gleichungen mit n Variablen:

$$\begin{array}{lllll} a_{11}x_1 + & a_{12}x_2 + & \dots & a_{1n}x_n & = & b_1 \\ a_{21}x_1 + & a_{22}x_2 + & \dots & a_{2n}x_n & = & b_2 \\ \dots & \dots & \dots & \dots & & \dots \\ a_{m1}x_1 + & a_{m2}x_2 + & \dots & a_{mn}x_n & = & b_m \end{array}$$

- **Zahlenbeispiel**: LGS mit drei Gleichungen und drei Variablen:

Lösung: $x_1 = 1$, $x_2 = -2$, $x_3 = 3$

$$\begin{aligned} 3x_1 + 6x_2 - 2x_3 &= -15 \\ 2x_1 + 5x_2 - 5x_3 &= -23 \\ -5x_1 + 7x_2 - 4x_3 &= -31 \end{aligned}$$

- **Bezeichnungen**: x_i heißen Variablen; a_{ij} heißen Koeffizienten; a_{ij} ist der Koeffizient vor der j-ten Variablen in i-ter Gleichung.
- **Spezialfall mit $b_1 = b_2 = b_n = 0$ bzw. $b = 0$:** Gilt $b_1 = b_2 = b_3 = 0$, so heißt das LGS homogenes LGS. Ein homogenes LGS besitzt mindestens die triviale Lösung $(0|0|\dots|0)$.
  Beim homogenen LGS ist jedes Vielfache einer Lösung wieder eine Lösung und die Summe zweier Lösungen auch wieder eine Lösung.
- **Lösbarkeit:** Ein inhomogenes LGS ist eindeutig lösbar, wenn das zugehörende homogene LGS nur die triviale Lösung hat.

Schreibweise Vektorgleichung

- **Schreibweise**:

$$\overrightarrow{a_1}x_1 + \overrightarrow{a_2}x_2 + \dots \overrightarrow{a_n}x_n = \vec{b}$$

$$\begin{pmatrix} a_{11} \\ a_{21} \\ \dots \\ a_{m1} \end{pmatrix} x_1 + \begin{pmatrix} a_{12} \\ a_{22} \\ \dots \\ a_{m2} \end{pmatrix} x_2 + \dots + \begin{pmatrix} a_{1n} \\ a_{2n} \\ \dots \\ a_{mn} \end{pmatrix} x_n = \begin{pmatrix} b_1 \\ b_2 \\ \dots \\ b_m \end{pmatrix}$$

- **Zahlenbeispiel**: Vektorgleichung mit Vektoren aus $\mathbb{R}^3$:

$$\begin{pmatrix} -2 \\ 3 \\ 1 \end{pmatrix} x_1 + \begin{pmatrix} 2 \\ -10 \\ 3 \end{pmatrix} x_2 + \begin{pmatrix} 7 \\ -3 \\ 10 \end{pmatrix} x_3 = \begin{pmatrix} 11 \\ 3 \\ 0 \end{pmatrix}$$

- **Bezeichnungen**: x_i heißen Koeffizienten oder Koordinaten der Vektoren und sind reelle Zahlen.
- **Spezialfall mit $b_1 = b_2 = b_n = 0$ bzw. $\vec{b} = \vec{0}$:** $\vec{b}$ ist Nullvektor $\vec{0} = \begin{pmatrix} 0 \\ 0 \\ 0 \end{pmatrix}$.

  DieVektorgleichung hat mindestens eine Lösung: Alle Koeffizienten sind gleich null $(x_1 = x_2 = \ldots = x_n = 0)$. Sind die Vektoren $\vec{a_1}, \vec{a_2}, \ldots, \vec{a_n}$ linear abhängig, so existieren weitere Lösungen der Vektorgleichung.
- **Lösbarkeit:** Lösungen existieren, wenn $\vec{b}$ als Linearkombination der Vektoren $\vec{a_1}, \vec{a_2}, \ldots, \vec{a_n}$ darstellbar ist, das heißt: $\{\vec{b}, \vec{a_1}, \ldots, \vec{a_n}\}$ sind linear abhängig.

  Sind schon die Vektoren $\vec{a_1}, \vec{a_2}, \ldots, \vec{a_n}$ linear abhängig, gibt es unendlich viele Lösungen.

Schreibweise Matrizenrechnung

- **Schreibweise**: Erweiterte Matrix (A/b), eine $(m \times n + 1)$-Matrix:

  $$\begin{pmatrix} a_{11} & a_{12} & & a_{1n} & b_1 \\ a_{21} & a_{22} & \ldots & a_{2n} & b_2 \\ \ldots & \ldots & & \ldots & \ldots \\ a_{m1} & a_{m2} & & a_{mn} & b_m \end{pmatrix}$$
- **Zahlenbeispiel**: (3×4)-Matrix (ebenfalls eine erweiterte Matrix):

  $$\begin{pmatrix} -2 & 2 & 7 & 11 \\ 3 & -10 & -3 & 3 \\ 1 & 3 & 10 & 0 \end{pmatrix}$$
- **Bezeichnungen**: Die Anzahl der linear unabhängigen Zeilen ist gleich der Anzahl der linear unabhängigen Spalten und heißt Rang der Matrix.
- **Zusammenhänge**: Ist A eine quadratische Matrix mit n Spalten und n Zeilen, so gilt für ihre Determinante: $\text{Det}\,A \neq 0 \Leftrightarrow \text{Rang}(A) = n$
- **Lösbarkeit:** Es sei A eine Matrix mit n Spalten und n Zeilen. Für die Lösbarkeit der erweiterten Matrix $(A/\vec{b})$ gilt:

  $\text{Rang}\,A = \text{Rang}\,(A/\vec{b}) = n \quad \Rightarrow$ eindeutig lösbar.
  $\text{Rang}\,A = \text{Rang}\,(A/\vec{b}) < n \quad \Rightarrow$ unendlich viele Lösungen.
  $\text{Rang}\,A < \text{Rang}\,(A/\vec{b}) \quad \Rightarrow$ keine Lösung.

Am allerwichtigsen ist der Überblick.

Rechnen mit quadratischen Matrizen

	Beschreibung, Erklärung	(3×3)-Matrix	(2×2)-Matrix
Einheitsmatrix	Die Einheitsmatrix E ist das neutrale Element der Matrizenmultiplikation $(A\cdot E = E\cdot A = A)$: identische Abbildung, die jeden Punkt auf sich selbst abbildet.	$\begin{pmatrix}1&0&0\\0&1&0\\0&0&1\end{pmatrix}=E$	$\begin{pmatrix}1&0\\0&1\end{pmatrix}=E$
Adjunkte A_{ij}	Die Adjunkte A_{ij} des Elements a_{ij} (auch algebraisches Komplement) ist die mit dem Vorzeichen $(-1)^{i+j}$ multiplizierte Unterdeterminante der Matrix A, wenn die i-te Zeile und die j-te Spalte bei A gestrichen werden.	Zur Bestimmung von Determinante und inverser Matrix: $\begin{pmatrix}a_{11}&a_{12}&a_{13}\\a_{21}&a_{22}&a_{23}\\a_{31}&a_{32}&a_{33}\end{pmatrix} \Rightarrow$ $A_{11}=(-1)^2\cdot(a_{22}\cdot a_{33}-a_{23}\cdot a_{32})$ $A_{23}=(-1)^5\cdot(a_{11}\cdot a_{32}-a_{12}\cdot a_{31})$	Bei Matrizen vom Rang < 3 kommt die Adjunkte nicht vor. Determinante und inverse Matrix der (2×2)-Matrix auswendig lernen!
Determinante $\mathrm{Det}\,A = \lvert A\rvert$	Die Determinante einer quadratischen Matrix ist eine reelle Zahl, die von den Elementen der Matrix abhängt. Die Determinante benötigt man für fast alle Rechenprobleme mit Matrizen. Man muss die Determinante einer (2×2)- und einer (3×3)-Matrix bestimmen können.	$\begin{vmatrix}a_{11}&a_{12}&a_{13}\\a_{21}&a_{22}&a_{23}\\a_{31}&a_{32}&a_{33}\end{vmatrix}=\lvert A\rvert=\mathrm{Det}\,A$ $=a_{11}\cdot a_{22}\cdot a_{33}+a_{12}\cdot a_{23}\cdot a_{31}$ $+a_{13}\cdot a_{21}\cdot a_{32}-a_{13}\cdot a_{22}\cdot a_{31}$ $-a_{11}\cdot a_{23}\cdot a_{32}-a_{12}\cdot a_{21}\cdot a_{33}$	Bei Abbildungen ist die (leicht merkbare) Determinante wichtig: $\mathrm{Det}\,A=\begin{pmatrix}a_1&b_1\\a_2&b_2\end{pmatrix}$ $=a_1b_2-a_2b_1$
inverse Matrix A^{-1}	Die inverse Matrix von A heißt A^{-1}. Es gilt: $A\cdot A^{-1}=A^{-1}\cdot A=E$. Eine inverse Matrix von A existiert, wenn $\mathrm{Det}\,A\neq0$ ist. Eine $(n\times n)$-Matrix hat eine inverse Matrix, wenn Rang $A=n$. Die Bestimmung der inversen Matrix geht über die Adjunkte. A_{ij} ist die zu a_{ij} gehörige Adjunkte von Det A.	Bei (3×3)-Matrix gilt: $A^{-1}=\frac{1}{\mathrm{Det}\,A}\cdot\begin{pmatrix}A_{11}&A_{12}&A_{13}\\A_{21}&A_{22}&A_{23}\\A_{31}&A_{32}&A_{33}\end{pmatrix}$ $\Rightarrow$ Formelsammlung	Auf jeden Fall müssen Sie die inverse Matrix einer (2,2)-Matrix kennen! Nebendiagonale: Vorzeichen ändern; Hauptdiagonale: Elemente tauschen; durch Det A dividieren $A=\begin{pmatrix}a_1&b_1\\a_2&b_2\end{pmatrix}$, $A^{-1}=\frac{1}{\lvert A\rvert}\begin{pmatrix}b_2&-b_1\\-a_2&a_1\end{pmatrix}$
Rang einer Matrix	Der Rang einer Matrix ist die Maximalzahl der linear unabhängigen Zeilen- bzw. Spaltenvektoren. Beide maximalen Zahlen stimmen überein.	Der Rang ist ≤ 3.	Der Rang ist ≤ 2.
Summe und Differenz	Es können nur Matrizen, die in der Zeilen- und Spaltenzahl gleich sind, verknüpft werden. $A\pm B=C$ mit $c_{ij}=a_{ij}\pm b_{ij}$. Man addiert (subtrahiert) die an gleicher Stelle stehenden Elemente.	$\begin{pmatrix}1&4&3\\2&-1&-2\\3&-1&10\end{pmatrix}+\begin{pmatrix}-1&2&-1\\-1&2&3\\0&3&-5\end{pmatrix}=\begin{pmatrix}0&6&2\\1&1&1\\3&2&5\end{pmatrix}$	$\begin{pmatrix}-2t&3\\t&-t\end{pmatrix}+\begin{pmatrix}t&2\\1&-t\end{pmatrix}=\begin{pmatrix}-t&5\\t+1&-2t\end{pmatrix}$
Skalarmultiplikation	Wird eine Matrix mit einem Skalar (also mit einer reellen Zahl) multipliziert, so wird jedes Element der Matrix mit dieser Zahl multipliziert.	$(-2)\cdot\begin{pmatrix}1&4&3\\2&-1&-2\\3&-1&10\end{pmatrix}=\begin{pmatrix}-2&-8&-6\\-4&2&4\\-6&2&-20\end{pmatrix}$	$t\cdot\begin{pmatrix}t&-t\\-2&3\end{pmatrix}=\begin{pmatrix}t^2&-t^2\\-2t&3t\end{pmatrix}$
Produkt von Matrizen	Führt man zwei Abbildungen hintereinander aus (Verkettung), so berechnet sich die Abbildungsgleichung über das Produkt der dazugehörenden Matrizen.	$A\cdot B=C$ mit $c_{ij}=a_{i1}\cdot b_{1j}+\ldots+a_{in}\cdot b_{nj}$; $c_{ij}=a_{i1}\cdot b_{1j}+a_{i2}\cdot b_{2j}+a_{i3}\cdot b_{3j}$; $\begin{pmatrix}\ldots\end{pmatrix}\cdot\begin{pmatrix}\vdots\end{pmatrix}=\begin{pmatrix}\blacksquare\end{pmatrix}$	$\begin{pmatrix}2&-3\\1&2\end{pmatrix}\cdot\begin{pmatrix}-2&-4\\3&1\end{pmatrix}$ $=\begin{pmatrix}(-4-9)&(-8-3)\\(-2+6)&(-4+2)\end{pmatrix}=\begin{pmatrix}-13&-11\\4&-2\end{pmatrix}$
(2,2)-Regeln	Bei den Abbildungen (und damit bei den (2×2)-Matrizen) gilt:		$(A\cdot B)^{-1}=B^{-1}\cdot A^{-1}$; $A^{-n}=(A^{-1})^n$ Im Allgemeinen gilt: $AB\neq BA$.

Tab. 7.3: Grundlagen der Matrizenrechnung

Anwendungsmöglichkeiten

Die Anwendungen der Matrizenrechnung sind in der Sekundarstufe II vielfältig. Und sinnvoll ist die Matrixschreibweise allemal, da sie für gewisse Aufgaben mit Abstand die kürzeste Schreibweise der Mathematik ist, bei Belieben jederzeit umgeschrieben werden kann und zudem „GTR-tauglich“ ist. Eines muss Ihnen klar sein: Um mit dem GTR Probleme lösen zu können, müssen Sie nicht Matrixdarstellungen in andere Formen bringen, sondern andere Formen durch Matrizen darstellen! Wenn Sie einen GTR zur Verfügung haben, führt kein Weg an der Matrixschreibweise vorbei. Sie ersparen sich dadurch viel Rechenarbeit und sehr viel Zeit! Drei einfache Beispiele sollen Ihnen zeigen, wo Sie die Matrixschreibweise einsetzen könnten:

Beispiel 1

In drei verschiedenen Lebensmitteln (X, Y, Z) sind pro Einheit die drei Vitamine A, B, C jeweils in verschiedenen mg enthalten:

	Vitamin A	Vitamin B	Vitamin C
Stoff X	1	3	2
Stoff Y	0	2	1
Stoff Z	3	1	2

Wie viele Einheiten von jedem der drei Stoffe sind zu nehmen, damit man von jedem Vitamin genau 20 mg erhält?

Die nächstliegendste Lösung wird wohl ein **lineares Gleichungssystem** sein mit drei Gleichungen (pro Vitaminsorte eine) und drei Variablen (Anzahl der Einheiten pro Stoff; $x = \text{Stoff X}$; $y = \text{Stoff Y}$; $z = \text{Stoff Z}$):

Vitamin A: $x \cdot 1 + y \cdot 0 + z \cdot 3 = 20 \Rightarrow x + 3z = 20$

Vitamin B: $x \cdot 3 + y \cdot 2 + z \cdot 1 = 20 \Rightarrow 3x + 2y + z = 20$

Vitamin C: $x \cdot 2 + y \cdot 1 + z \cdot 2 = 20 \Rightarrow 2x + y + 2z = 20$

Die Lösung wäre $x = 2$; $y = 4$; $z = 6$.

Man kann die Vitaminmengen auch als **Vektoren** auffassen: Für A: $\vec{a} = \begin{pmatrix} 1 \\ 3 \\ 2 \end{pmatrix}$; für B: $\vec{b} = \begin{pmatrix} 0 \\ 2 \\ 1 \end{pmatrix}$; für C: $\vec{c} = \begin{pmatrix} 3 \\ 1 \\ 2 \end{pmatrix}$. Vektorgleichung $x\vec{a} + y\vec{b} + z\vec{c} = \begin{pmatrix} 20 \\ 20 \\ 20 \end{pmatrix}$

Es genügt aber auch die Beschreibung des Problems mittels der Zahlen.

Man erhält dann die **Matrix** $\begin{pmatrix} 1 & 0 & 3 & 20 \\ 3 & 2 & 1 & 20 \\ 2 & 1 & 2 & 20 \end{pmatrix}$.

Es gibt unendlich viele Lösungen: $x_1 = 20 - 3x_3$; $x_2 = -20 + 4x_3$; $x_3 = x_3$.
Wählt man $x_3 = 6$ ergibt sich $x_1 = 2$; $x_2 = 4$; $x_3 = 6$.

Im Prinzip spielt der Ansatz überhaupt keine Rolle. Die drei Lösungswege (LGS, Vektorgleichung, Matrix) sind gleichwertig, nur die Schreibweise weist wesentliche Unterschiede auf. Von jeder Rechenart kann zu jeder Zeit in eine der beiden anderen gewechselt werden. Versteht man diese Identität, entfällt die Brisanz der neuen Schreibweise.

Beispiel 2

Schnitt einer Ebene in Vektordarstellung mit einer Geraden

$E: \vec{x} = \begin{pmatrix} 2 \\ 1 \\ -3 \end{pmatrix} + v \begin{pmatrix} 1 \\ -2 \\ 3 \end{pmatrix} + u \begin{pmatrix} 3 \\ -5 \\ 0 \end{pmatrix}$; $g: \vec{x} = \begin{pmatrix} -1 \\ 2 \\ -2 \end{pmatrix} + t \begin{pmatrix} 2 \\ 0 \\ 5 \end{pmatrix}$

$2 + v + 3u = -1 + 2t \quad \Rightarrow 1 \cdot v + 3 \cdot u - 2t + 3 = 0$

$1 - 2v - 5u = 2 + 0 \cdot t \quad \Rightarrow -2 \cdot v - 5 \cdot u + 0t - 1 = 0$

$-3 + 3v + 0 \cdot u = -2 + 5t \quad \Rightarrow 3v + 0 \cdot u - 5t - 1 = 0$

die (3×4)-Matrix $A = \begin{pmatrix} 1 & 3 & -2 & 3 \\ -2 & -5 & 0 & -1 \\ 3 & 0 & -5 & -1 \end{pmatrix}$ und über GTR: $v = 2,\ u = -1,\ t = 1$

Beispiel 3

Auffinden der Funktionsgleichung durch einzelne Punkte des Schaubilds

Gesucht ist die Parabel 2. Grades durch die Punkte $A(1\,|\,1)$, $B(-2\,|-17)$ und $C(3\,|-7)$.

Der Ansatz über $y = ax^2 + bx + c$ führt auf das Gleichungssystem

$1a + 1b + 1c = 1$

$4a - 2b + 1c = -17$

$9a + 3b + 1c = -7$

und damit auf die Matrix $\begin{pmatrix} 1 & 1 & 1 & 1 \\ 4 & -2 & 1 & -17 \\ 9 & 3 & 1 & -7 \end{pmatrix}$,

und über den GTR auf $a = -2,\ b = 4,\ c = -1$

$\Rightarrow y = -2x^2 + 4x - 1$

Matrizen können Sie auch ohne GTR berechnen. Es geht mit nur viel schneller!

Sie können eine Matrix auch ohne den GTR auf die Diagonalform bringen, indem Sie (wie bei einem LGS) den GAUSS-Algorithmus anwenden. D. h. mit einer wiederholten Anwendung des Additionsverfahrens und ein wenig Übung können Sie Matrizen in die Diagonalform umwandeln.

7.5 Abbildungen

Die von der Mittelstufe her bekannten Abbildungen (Verschiebung, Spiegelung, Streckung, Drehung, ...) werden in der Oberstufe nicht mehr nur konstruiert, sondern algebraisch erfasst und berechnet. Dabei handelt es sich ausschließlich um Abbildungen der Zeichenebene auf sich selbst. Insbesondere kommen (im selben Koordinatensystem) Bild- und Urpunkte vor. Wir bezeichnen hier die Urpunkte mit großen lateinischen Buchstaben, die zugehörigen Bildpunkte mit einem zusätzlichen Ableitungsstrich: $A \to A'$. Da nur ebene Figuren abgebildet werden, wird im $\mathbb{R}^2$ gearbeitet. Die Vektoren bestehen also aus zwei Zahlen. Man unterscheidet zwischen den affinen Abbildungen (der Punktraum $\mathbb{R}^2$ wird in $\mathbb{R}^2$ abgebildet; jeder Punkt der „Ur-Ebene" hat einen eindeutig festgelegten Bildpunkt in der Bild-Ebene) und der dazugehörenden linearen Abbildung (jeder Vektor der Ebene hat einen eindeutigen Bildvektor in der Ebene).

Für dieses Kapitel gilt in besonderem Maße: Erst prüfen, ob es für Sie relevant ist (Fachlehrerin/Fachlehrer fragen). Wenn nicht, dann bitte sofort überspringen!

Man muss streng zwischen **affinen** und **linearen Abbildungen** unterscheiden. Jede affine Abbildung induziert (bedingt) eindeutig eine Vektorabbildung, bei der die Verschiebungen entfallen, da zwei Vektoren gleich sind, wenn sie in Richtung und Länge übereinstimmen (die Lage spielt dabei keine Rolle).

- affine Abbildung: $\overrightarrow{x'} = A \cdot \vec{x} + b$
- lineare Abbildung: $\overrightarrow{x'} = A \cdot \vec{x}$

Meist benutzt man zur Beschreibung der Abbildungen die Matrizenschreibweise.

Erleichternd kommt hinzu, dass in der Ebene gearbeitet wird, sodass die Skizzen sehr einfach und klar sind, dass es lediglich (2×2)-Matrizen sind, die bearbeitet werden müssen und dass nur zwei lineare Gleichungen zu lösen sind.

Tipp

Wenn man mit einer Abbildung „arbeiten" muss, ist es immer von Vorteil, wenn sie in der Koordinatendarstellung (zwei lineare Gleichungen) vorliegt.

Die wichtigsten Definitionen und Erläuterungen:

- **Charakteristische Gleichung:** Ist $A = \begin{pmatrix} a_1 & b_1 \\ a_2 & b_2 \end{pmatrix}$ eine Vektorabbildung, so heißt die quadratische Gleichung
  $\begin{vmatrix} a_1 - k & b_1 \\ a_2 & b_2 - k \end{vmatrix} = 0 \Leftrightarrow k^2 - (a_1 + b_1)k + (a_1 b_2 - a_2 b_1) = 0$
  die charakteristische Gleichung der Vektorabbildung.
- **Determinante D:** Ist $D \neq 0$, so ist die Abbildung umkehrbar.
  Ist $|D| = 1$, so ist die Abbildung flächentreu.
- **Eigenraum:** Von den Eigenvektoren und dem Nullvektor gebildeter Untervektorraum von $\mathbb{R}^2$.
- **Eigenvektoren:** Ist k ein Eigenwert, so gilt mit der Vektorabbildung A: $A\vec{v} = k\vec{v}$ und $\vec{v}$ heißt Eigenvektor zum Eigenwert k.
- **Eigenwerte:** Lösungen der charakteristischen Gleichungen
- **Fixgerade:** Gerade, die auf sich selbst abgebildet wird. Ein Punkt kann auf einen anderen Punkt der Geraden abgebildet werden.
- **Fixpunkt:** Punkt bezüglich der Abbildung α, der auf sich selbst abgebildet wird.
- **Fixpunktgerade:** Gerade bezüglich der Abbildung α, auf der jeder Punkt auf sich selbst abgebildet wird (jeder Punkt ist Fixpunkt).
- **Invariantes Rechtwinkelpaar:** Werden zwei Richtungen, die orthogonal aufeinander stehen, bezüglich der Abbildung α so abgebildet, dass die Bildrichtungen wieder rechtwinklig stehen, heißen die Richtungen „Rechtwinkelpaar“ zu α.
  ($\vec{v} \perp \vec{u} \Rightarrow \alpha(\vec{v}) \perp \alpha(\vec{u}) \Rightarrow \vec{v}, \vec{u}$ ist invariantes Rechtwinkelpaar).
  Jede affine Abbildung hat genau ein Rechtwinkelpaar.
- **Matrizenrechnung:** Notwendige Begriffe und Verknüpfungen
- **Normalform:** Ändert man die Basisvektoren, ändern sich auch die Koordinaten derAbbildungsgleichungen. Besonders einfach wird die Beschreibung, wenn die Eigenvektoren als Basisvektoren verwendet werden. Die affinen Abbildungen heißen Normalform, wenn sie folgende Form haben:
  Bei zwei Eigenwerten (k, r): $\begin{pmatrix} k & 0 \\ 0 & r \end{pmatrix} + \begin{pmatrix} C_1 \\ C_2 \end{pmatrix}$,
  bei einem Eigenwert (k): $\begin{pmatrix} k & 0 \\ 0 & r \end{pmatrix} + \begin{pmatrix} C_1 \\ C_2 \end{pmatrix}$ oder $\begin{pmatrix} k & 1 \\ 0 & k \end{pmatrix} + \begin{pmatrix} C_1 \\ C_2 \end{pmatrix}$,
  ohne Eigenwert: $\begin{pmatrix} a & -b \\ b & a \end{pmatrix} + \begin{pmatrix} C_1 \\ C_2 \end{pmatrix}$

Eigenschaften von Abbildungen

	affine Abbildung α	lineare Abbildung f
Beschreibung	Abbildung einer Ebene E auf sich selbst	Abbildung eines Vektorraums V auf einen Vektorraum U
„vereinfachte Schulversion“	Die im x_1-x_2-Koordinatensystem (entspricht dem x-y-System der Analysis) liegenden Punkte der Zeichenebene werden durch Vorschriften (Gleichungen) wieder auf Punkte derselben Ebene abgebildet.	Die Vektoren der Ebene werden auf Vektoren der Ebene abgebildet.
Zusammenhang	Jede affine Abbildung induziert eine lineare Abbildung im Vektorraum der Verschiebungspfeile der Ebene.	Lässt man bei der affinen Abbildung die „Verschiebung“ (Abbildung des Ursprungs $(0\mid 0)$) weg, erhält man die induzierte lineare Abbildung für die Vektoren der Ebene.
Vektordarstellung	$\vec{x'} = x_1\vec{a} + x_2\vec{b} + \vec{c}$ oder $\begin{pmatrix} x_1 \\ x_2 \end{pmatrix}' = x_1\begin{pmatrix} a_1 \\ a_2 \end{pmatrix} + x_2\begin{pmatrix} b_1 \\ b_2 \end{pmatrix} + \begin{pmatrix} c_1 \\ c_2 \end{pmatrix}$	$\vec{x'} = x_1\vec{a} + x_2\vec{b}$ oder $\begin{pmatrix} x_1 \\ x_2 \end{pmatrix}' = x_1\begin{pmatrix} a_1 \\ a_2 \end{pmatrix} + x_2\begin{pmatrix} b_1 \\ b_2 \end{pmatrix}$
Koordinatendarstellung	$x_1' = a_1x_1 + b_1x_2 + c_1$ $x_2' = a_2x_2 + b_2x_2 + c_2$ $x_1' = -3x_1 + 2x_2 - 1$ $x_2' = 4x_1 - 3x_2 + 5$	$x_1' = a_1x_1 + b_1x_{21}$ $x_2' = a_2x_2 + b_2x_2$ $x_1' = -3x_1 + 2x_2$ $x_2' = 4x_1 - 3x_2$
Matrixdarstellung	$\vec{x'} = A\vec{x} + \vec{c}$ mit $A = \begin{pmatrix} a_1 & b_1 \\ b_2 & b_2 \end{pmatrix}$, $\vec{x'} = \begin{matrix} -3 & 2 \\ 4 & -3 \end{matrix} \cdot \vec{x} + \begin{pmatrix} -1 \\ 5 \end{pmatrix}$	$\vec{x'} = A\vec{x}$ mit $A = \begin{pmatrix} a_1 & b_1 \\ a_2 & b_2 \end{pmatrix}$, $\vec{x'} = \begin{pmatrix} -3 & 2 \\ 4 & -3 \end{pmatrix}\vec{x}$
Definition	Geometrische Definition: Eine geradentreue und umkehrbare Abbildung der Ebene auf sich heißt affine Abbildung oder Affinität.	Die Vektorabbildung $f\colon V \to U$ heißt linear, wenn gilt: $f(\vec{x} + \vec{y}) = f(\vec{x}) + f(\vec{y})$ und $r f(\vec{x}) = f(r\vec{x})$ für alle Vektoren $\vec{x}, \vec{y}$ und alle reellen Zahlen r.
Eigenschaften	Parallelentreu und teilverhältnistreu (Mitte bleibt Mitte), Gerade bleibt Gerade, parallel bleibt parallel, aber nicht winkeltreu und nicht längentreu.	dieselben Eigenschaften wie bei der zugehörigen affinen Abbildung
inverse Abbildung	$\alpha^{-1}\colon \vec{x} = A^{-1}\vec{x'} - a^{-1}\vec{c}$ mit $A^{-1} = \frac{1}{\operatorname{Det} A} \cdot \begin{pmatrix} b_2 & -b_1 \\ -a_2 & a_1 \end{pmatrix}$ A^{-1} aus A mit Nebendiagonale: Vorzeichen ändern und Hauptdiagonale: Elemente tauschen. Dann durch Det A teilen.	$f^{-1}\colon \vec{x} = A^{-1}\vec{x'}$ mit $A^{-1} = \frac{1}{\operatorname{Det} A}\begin{pmatrix} b_2 & -b_1 \\ -a_2 & a_1 \end{pmatrix}$
Verkettung (Hintereinanderausführung)	Mit $\alpha\colon \vec{x'} = A\vec{x} + \vec{c}$ und $\beta\colon \vec{x'} = U\vec{x} + \vec{w}$ gilt: $\alpha \circ \beta$ (α nach β): $\vec{x'} = AU\vec{x} + A\vec{w} + \vec{c}$, aber $\beta \circ \alpha$ (β nach α): $\vec{x'} = UA\vec{x} + U\vec{c} + \vec{w}$.	Mit $f\colon \vec{x'} = A\vec{x}$ und $g\colon \vec{x'} = U\vec{x}$ gilt: $f \circ g$ (f nach g): $\vec{x'} = AU\vec{x}$, aber $g \circ f$ (g nach f): $\vec{x'} = UA\vec{x}$.

Tab. 7.4: Eigenschaften von Abbildungen

Probleme bei Abbildungen

Fragestellung	Beschreibung	Ansatz	Beispiel
Konstruktion von Bildpunkten bei einer affinen Abbildung mit Achse s	Gegeben ist eine Fixpunktgerade (Achse) s und ein Punkt P mit Bildpunkt P'. Gesucht: Bildpunkte von Urpunkten oder Figuren (die über einzelne Punkte abgebildet werden).	(PP') ist die Abbildungsrichtung und parallel zu (AA'), (BB'), … (AP) schneidet s im Fixpunkt F. (P'F) schneidet Parallele zu (PP') durch A in A'.	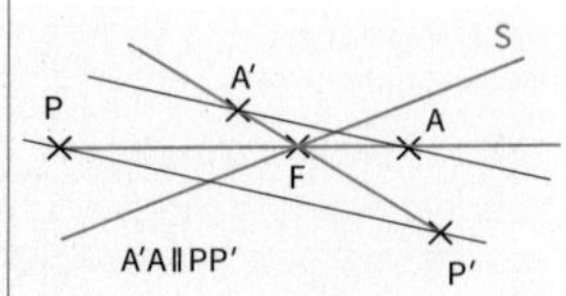
Konstruktion von Bildpunkten bei einer affinen Abbildung ohne eine Achse	Es können nur die Eigenschaften – parallelentreu – verhältnistreu – geradentreu verwendet werden.	Kein stures Schema möglich. Zunächst versuchen, die Achsen abzubilden. Ist ein Punkt mit Bildpunkt gegeben, können infolge der Geradentreue die Geraden parallel zu den Achsen durch den gegebenen Urpunkt gebildet werden.	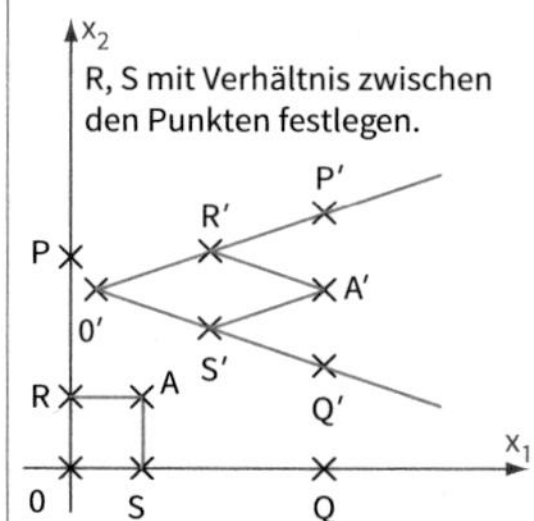
Konstruktion einer Ellipse als affines Bild eines Kreises bei einer affinen Abbildung mit Achse s	Man bestimmt das invariante Rechtwinkelpaar und erhält als Abbildung der Schnitte der Schenkel des rechten Winkels am Kreis, die Scheitel der Ellipse.	① Punkt M auf M' abbilden. ② Mittellot von MM' schneidet s in M_T. ③ Kreis um M_T mit $r = \overline{M_TM}$ schneidet s in F_1 und F_2. ④ (F_1M) schneidet Kreis in den Urpunkten der Ellipsenscheitel. ⑤ Parallelen zu MM' durch die Urpunkte schneiden die Bildgeraden (F_1M') und (F_2M') in den Ellipsenscheiteln.	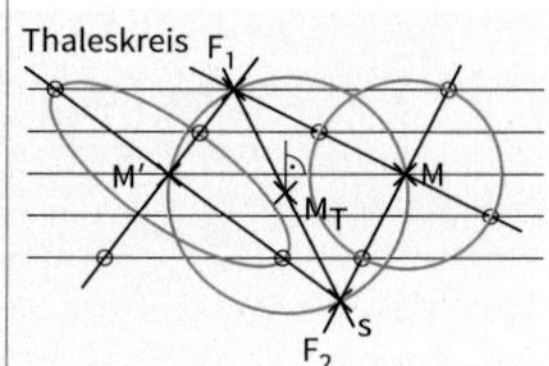 ○≙ Urpunkte des Ellipsenscheitels
Bestimmung von Abbildungsgleichungen	Drei Punktepaare bestimmen (wenn die Punkte nicht auf einer Geraden liegen) eindeutig eine affine Abbildung.	Allgemeiner Ansatz: $x_1' = a_1x_1 + b_1x_2 + c_1$ $x_2' = a_2x_2 + b_2x_2 + c_2$ Einsetzen ergibt zwei lineare Gleichungssysteme, aus denen a_1, b_1, c_1 bzw. a_2, b_2, c_2 berechnet werden können.	Gegeben: $P(1\|1) \to P'(6\|1)$; $Q(-1\|0) \to Q'(2\|1)$; $R(2\|-1) \to R'(3\|7)$ $6 = a_1 + b_1 + c_1$ $2 = -a_1 + c_1$ $3 = 2a_1 - b_1 + c_1$ $\Rightarrow a_1 = 1,\ b_1 = 2,\ c_1 = 3$ $1 = a_2 + b_2 + c_2$ $1 = -a_2 + c_2$ $7 = 2a_2 - b_2 + c_2$ $\Rightarrow a_2 = 1{,}2;\ b_2 = -2{,}4;\ c_2 = 2{,}2$

Fragestellung	Beschreibung	Ansatz	Beispiel
Berechnung von Eigenwerten	Nur über die charakteristische Gleichung. Es gibt keinen, genau einen oder zwei Eigenwerte.	Bei der Abbildung $\begin{pmatrix} a_1 & b_1 \\ a_2 & b_2 \end{pmatrix}$ ist $k^2-(a_1+b_2)k+(a_1b_2-a_2b_1)=0$ die charakteristische Gleichung.	$\begin{pmatrix} 0{,}6 & 1 \\ 0{,}4 & 0 \end{pmatrix} \Rightarrow$ $k^2-0{,}6\,k-0{,}4=0$ $\Rightarrow k_{1,2}=\frac{0{,}6+\sqrt{0{,}36+1{,}6}}{2}$ $\Rightarrow k_1=1,\ k_2=-0{,}4$
Berechnung von Eigenvektoren	Eigenvektoren existieren nur, wenn es Eigenwerte gibt; für jeden Eigenwert neu bestimmen.	Allgemeinen Vektor $\begin{pmatrix} v_1 \\ v_2 \end{pmatrix}$ abbilden und nach Eigenwert schauen: $\begin{pmatrix} v_1 \\ v_2 \end{pmatrix}\begin{pmatrix} a_1 & b_1 \\ a_2 & b_2 \end{pmatrix}=k\begin{pmatrix} v_1 \\ v_2 \end{pmatrix}$ $\Leftrightarrow a_1v_1+b_1v_2=kv_1$ $\Leftrightarrow a_2v_2+b_2v_2=kv_2$	Mit $\begin{pmatrix} 0{,}6 & 1 \\ 0{,}4 & 0 \end{pmatrix}$ und dem Eigenwert $-0{,}4$: $0{,}6v_1+v_2=-0{,}4v_1$ $0{,}4v_1=-0{,}4v_2$ $\Rightarrow v_1=-v_2 \Rightarrow t\begin{pmatrix} 1 \\ -1 \end{pmatrix}$ sind die Eigenvektoren.
Bestimmung von Fixpunkten	Einfach die Bedingungen eines Fixpunktes überprüfen. Es gibt keinen Fixpunkt, genau einen Fixpunkt oder eine ganze Fixpunktgerade.	$P(p_1\,\|\,p_2)$ ist Fixpunkt, wenn er sich bezüglich einer affinen Abbildung nicht ändert: $\begin{pmatrix} a_1 & b_1 \\ a_2 & b_2 \end{pmatrix}\begin{pmatrix} p_1 \\ p_2 \end{pmatrix}+\begin{pmatrix} c_1 \\ c_2 \end{pmatrix}=\begin{pmatrix} p_1 \\ p_2 \end{pmatrix}$ $=p_1=p_1a_1+b_1p_2+c_1=p_1$ $p_2=p_1a_2+b_2p_2+c_2=p_2$	$\alpha: \vec{x}=\begin{pmatrix} 0{,}6 & 1 \\ 0{,}4 & 0 \end{pmatrix}\cdot\vec{x}+\begin{pmatrix} -2{,}4 \\ 2{,}4 \end{pmatrix}$ $\Rightarrow 0{,}6p_1+p_2-2{,}4=p_1$ $0{,}4p_1+2{,}4=p_2$ $\Rightarrow p_2=0{,}4p_1+2{,}4$ bzw. $p_2=0{,}4x+2{,}4$ ist Fixpunktgerade.
Bestimmung von Fixgeraden	Kommen nur bei Eigenvektoren (als Richtungsvektoren) vor. Existiert eine Fixpunktgerade, so ist jede Gerade von Urpunkt zu Bildpunkt parallel und Fixgerade.	Richtungsvektor muss ein Eigenvektor sein und ein beliebiger Punkt muss wieder auf der Geraden liegen.	$\vec{x}=\vec{p}+t\vec{u}$ ist Fixgerade, wenn $\vec{u}$ Eigenvektor ist und P′ wieder auf der Geraden liegt.
Normalform	2 Eigenwerte: $\begin{pmatrix} k_1 & 0 \\ 0 & k_2 \end{pmatrix}$ 1 Eigenwert: $\begin{pmatrix} k & 0 \\ 0 & k \end{pmatrix}$ kein Eigenwert: $\begin{pmatrix} a & -b \\ b & a \end{pmatrix}$	Wählt man das Koordinatensystem so, dass ein Fixpunkt der neue Ursprung ist und die Eigenvektoren die neuen Richtungen sind, erhält man $\begin{pmatrix} k_1 & 0 \\ 0 & k_2 \end{pmatrix}$ bei zwei Eigenwerten.	Bei einem oder keinem Eigenwert nicht in dieser Kürze erklärbar, aber auch nicht so wichtig wie im Fall von zwei Eigenwerten.

Tab. 7.5: Problemstellungen zu Abbildungen

7.6 Vollständige Induktion

Das Wort *Induktion* kommt aus dem Lateinischen. Wir verstehen darunter eine wissenschaftliche Methode, die vom besonderen Einzelfall auf das Allgemeine schließen lässt.

Vereinfacht kann man diese Beweismethode folgendermaßen sehen: Um einer Menschenmenge etwas mitzuteilen, muss ich nicht unbedingt allen gleichzeitig diese Mitteilung überbringen (z. B. über einen Lautsprecher); ich könnte die Menschen der Menge sich auch in einer Reihe aufstellen lassen und müsste dafür sorgen, dass jeder die Mitteilung seinem linken Nachbarn weitergibt. Wenn ich dann mit dem ganz rechts stehenden Menschen beginne, erfährt auch jeder der Menschenmenge die Mitteilung.

Übertragen auf die Mathematik bedeutet das: Wenn ich zeigen kann, dass eine mathematische Aussage, die für eine natürliche Zahl n gilt, auch für den Nachfolger von n (also $n + 1$) gilt und ich zusätzlich zeige, dass sie für ein ganz bestimmtes n_0 gilt (z. B. für $n_0 = 4$), dann weiß ich, dass die Aussage für alle natürlichen Zahlen größer gleich n_0 (im Beispiel ≥ 4) gilt.

Auch für dieses Kapitel gilt: Notwendigkeit prüfen und ggf. direkt überspringen.

Beweisverfahren der vollständigen Induktion

Die vollständige Induktion ist ein mathematisches Beweisverfahren, mit dem gezeigt werden kann, dass ein Aussageterm A (u) für alle natürlichen Zahlen gilt, die größer oder gleich einer festen natürlichen Zahl sind.

Zu zeigen ist:

- $A(n_0)$ ist eine wahre Aussage.
  Das heißt, die Aussage ist wahr für die Zahl n_0. (In der Regel $n_0 = 1$)
- Aus $A(n) \Rightarrow A(n + 1)$.
  Das heißt, man muss zeigen, dass wenn A für n gilt, A auch für $n + 1$ gilt.
- Aus a und b kann man schließen, dass A für alle n mit $n \geq n_0$ gilt (bei $n_0 = 1$ gilt also die Aussage für alle natürlichen Zahlen).

Tipp

Sie müssen nie zeigen, dass A (n) gilt, sondern nur dass A (1) oder A (2), … gilt. Dann nehmen Sie an, dass A (n) gilt und schließen auf $A(n + 1)$.
Eigentlich sind die Beweise recht einfach: Man weiß genau, was zu zeigen ist und man weiß genau, was zu verwenden ist. Der Weg ist so eng vorgegeben, dass im Grunde nichts passieren kann.
Die Aufgaben, bei denen ein Beweis mit vollständiger Induktion verlangt wird, sind gar nicht so selten. Es lohnt sich, die folgenden Aufgaben nicht nur zu überfliegen, sondern wirklich durchzuarbeiten. Für die typischen Anwendungsgebiete wurde jeweils ein Beispiel gewählt.

Aufgaben

1 Zeigen Sie, dass n^3+2n für alle n durch 3 teilbar ist.

Lösung: für $n=1$ gilt: $n^3+2n=1+2\cdot 1=3$

$\Rightarrow$ Aussage ist richtig (Induktionsanfang) für $n=1$

Wir gehen davon aus, dass die Aussage für n (Induktionsannahme) gilt:

$n^3+2n=3\cdot r$ mit $r\in\mathbb{N}$

Zu zeigen ist: $(n+1)^3+2(n+1)$ ist durch 3 teilbar.

Ausmultiplizieren ergibt: $n^3+3n^2+3n+1+2n+2$; und ordnen ergibt:

n^3+2n	$+$ $3n^2+3n+3$	$\Rightarrow (n+1)^3+2(n+1)$	
ist laut Annahme durch 3 teilbar	alle Summanden durch 3 teilbar	ist durch 3 teilbar (Induktionsschluss)	$\Rightarrow$ Behauptung ist richtig

2 Zeigen Sie, dass $1+2+3+\ldots+n=\frac{n(n+1)}{2}$.

Lösung: für $n=1$ gilt: linke Seite 1; rechte Seite $\frac{1(1+1)}{2}=1$ $\Rightarrow$ richtig (Induktionsanfang) für $n=1$

Wir gehen davon aus, dass $1+2+3+\ldots+n=\frac{n(n+1)}{2}$ (Induktionsannahme)

Es ist für $n+1$ zu zeigen:

linke Seite $=1+\ldots+n+(n+1)=$ rechte Seite $=\frac{(n+1)(n+2)}{2}$.

Wir nutzen die Annahme aus:

linke Seite $=1+\ldots+n+(n+1)=\frac{n(n+1)}{2}+n+1$

$=\frac{n(n+1)+2n+2}{2}=\frac{n^2+3n+2}{2}=\frac{(n+1)(n+2)}{2}$

= rechte Seite $\Rightarrow$ Behauptung stimmt (Induktionsschluss)

Überblick

Kapitel 7 war in gewissem Sinne ein „Spezialitäten-Kapitel".
Ist es Ihnen gelungen, zu klären welche Themen daraus für Sie überhaupt infrage kommen? Das ist fast das wichtigste ...
Folgende Themen wurden besprochen:

- **Iterationen**, von denen das NEWTON-Verfahren für die Schule eines der wichtigsten ist.
- **Folgen** in rekursiver und expliziter Schreibweise (haben Sie die Verwandtschaft mit den Funktionen erkannt?)
- **Matrizen**; die können Sie auch anwenden, wenn sie kein extra Thema in Ihrem Unterricht waren, da sich beispielsweise LGS damit sehr übersichtlich lösen lassen.
- **Lineare Abbildungen** und deren Eigenschaften.
- Das **Beweisverfahren der vollständigen Induktion** – auch hier gilt: Notwendigkeit prüfen, bevor Sie sich überhaupt (oder nochmals) damit auseinandersetzen.

8 Leitidee Messen

Messen bedeutet eigentlich vergleichen. Genauer: vergleichen mit einem bekannten Einheitsmaß. „Wie oft geht das gewählte Einheitsmaß in die zu messende Größe."

Wir messen in diesem Kapitel Winkel und Längen, Flächen und Volumen, betrachten Ebenen und klären die Grundfragen der Geometrie.

8.1 Steigung, Winkel, Orthogonalität

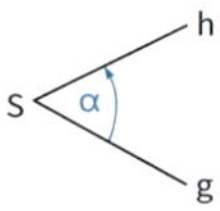

Dreht man die Halbgerade g in mathematisch positiver Richtung (entgegen dem Uhrzeigersinn) auf die Halbgerade h (g und h gehen von demselben Punkt S aus), so überstreicht g einen Winkel α. Die Größe des Winkels (oder die Winkelweite) wird in Teilen einer ganzen Drehung (g wird ganz gedreht, bis g in die alte Lage kommt) gemessen.

Gradmaß: 1° ist der 360. Teil des Vollwinkels. Steigungen und Schnittwinkel werden im Gradmaß gemessen.

Bogenmaß: Ein Winkel kann auch als Teil eines Kreisumfangs im Bogenmaß (Einheit Radiant, abgekürzt RAD) gemessen werden. Der Vollkreis hat die Bogenlänge 2π, da man im Einheitskreis (Radius = 1) arbeitet und damit den Kreisumfang $2\pi r = 2\pi \cdot 1 = 2\pi$ hat. Der große Vorteil dabei ist, dass damit der Winkel mittels der Längeneinheit gemessen werden kann.

Die Steigung einer Geraden ist der Tangens des Winkels α zwischen Gerade und x-Achse mit $-90° \leq \alpha \leq 90°$. Die Umrechnung „Steigung ↔ Winkel" ist immer ein „Taschenrechner-Problem". Beachten Sie, dass sich der GTR im Gradmaß (Degree), nicht im Bogenmaß (Radian) befinden muss.

Beispiel	Die Gerade $y = -3x + 7$ hat die Steigung -3 und damit zur x-Achse den Winkel $\alpha = -71{,}57°$, über [2nd] [TAN] [(-)] [3] [)] [ENTER]. Umgekehrt hat eine Gerade, die mit der x-Achse einen Winkel von 20° einschließt, die Steigung $m \approx 0{,}36$, über [TAN] [20] [)] [ENTER].

Die Steigung eines Graphen $y = f(x)$ im Punkt $P\,(u\,|\,f(u))$ ist die Steigung der Tangente an den Graphen in P.

Berechnet wird die Steigung über die Ableitung: $m = f'(u)$. Da $-\infty < f'(u) < \infty$, erhalten Sie über die 1. Ableitung mittels des Taschenrechners ([2nd] [TAN]) den Steigungswinkel in Bezug zur x-Achse zwischen $-90°$ und $90°$.

Zur Ableitung einer Funktion → Seite 50 ff.

Der Schnittwinkel zweier Graphen ist der Schnittwinkel bei beiden Tangenten im Schnittpunkt. Es sei $S(x_s | y_s)$ der Schnittpunkt der beiden Graphen f und g. Zur Berechnung des Schnittwinkels der beiden Graphen müssen zwei Fälle unterschieden werden.

Zur Tangente in einem Punkt P → Seite 75

Schneiden sich die Schaubilder rechtwinklig (orthogonal), im Zeichen: ⊥, so muss eine Steigung der negative Kehrwert der anderen Steigung sein:

$$f_1'(s) \perp f_2'(s) \Leftrightarrow f_1'(x_s) = -\frac{1}{f_2'(x_s)}$$

Oder, was natürlich genau dasselbe ist:

$$f_1'(x_s) \cdot f_2'(x_s) = -1$$

Umgekehrt gilt mit $m_1 \cdot m_2 = -1$ auch, dass die den Steigungen zugeordneten Geraden (oder Tangenten an Graphen) rechtwinklig (orthogonal) sind.

Zur Normale in einem Punkt P → Seite 75

Insbesondere gilt für die Tangentensteigung m_t und die Normalensteigung m_n in einem Punkt P des Graphen von f(x): $m_t = \frac{-1}{m_n}$; $m_n = \frac{-1}{m_t}$; $m_n \cdot m_t = -1$.

Schneiden sich die Schaubilder zweier Graphen f und g nicht rechtwinklig (nicht orthogonal), so gilt für den Schnittwinkel α im Schnittpunkt $P(x_p | y_p)$:

$$\tan\alpha = \frac{f'(x_p) - g'(x_p)}{1 + f'(x_p) \cdot g'(x_p)} = \frac{m_2 - m_1}{1 + m_1 \cdot m_2}$$

Über den Taschenrechner mit [2nd] [TAN] folgt dann die Winkelweite (bitte in Grad!).

Beispiele

1. Die Geraden g: $y = -3x - 2$ und h: $y = 2x - 7$ schneiden sich im Punkt $P(1 | -5)$ unter dem Winkel $\alpha = -45°$.
   Über $\tan\alpha = \frac{2-(-3)}{1+(-3)\cdot 2} = -1$ ([2nd] [TAN] [(-)] [1] [)] [ENTER]) folgt:
   $\alpha = -45°$.

2. Die Geraden i: $y = -0{,}5x + 2$ und h: $y = 2x - 7$ schneiden sich im Punkt $S(3{,}6 | 0{,}2)$ unter dem Winkel $\alpha = 90°$, denn $-0{,}5 \cdot 2 = -1$.
   ($-0{,}5$ ist der negative Kehrwert von 2)

8.2 Flächenberechnung

Ein **krummliniges Trapez** bezüglich der Randfunktion $f(x)$ ist die Punktmenge $(x|y)$ mit $a \le x \le b$ und $0 \le y \le f(x)$ oder $f(x) \le y \le 0$, je nachdem, ob der Graph ober- oder unterhalb der x-Achse verläuft. Schneidet der Graph die x-Achse, so teilen wir die Fläche in zwei (oder mehrere) krummlinige Trapeze ein, sodass jedes krummliniges Trapez nur oberhalb oder nur unterhalb der x-Achse liegt. Ein krummliniges Trapez wird somit von einem Schaubild einer Funktion und von drei Geraden begrenzt. Eine Gerade davon ist die x-Achse, die beiden anderen Geraden (deren Längen auch 0 sein dürfen) sind parallel zur y-Achse.

Vorschlag zur Vorgehensweise bei der Flächenberechnung

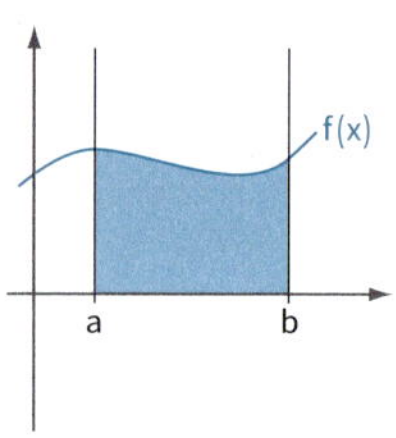

① **Aufteilung der zu berechnenden Fläche in krummlinige Trapeze:** Insbesondere müssen die seitlichen Begrenzungen parallel zur y-Achse sein, es sei denn, der Graph der Randfunktion schneidet die x-Achse, dann wird die seitliche Begrenzung zu einem Punkt (was an den folgenden Schritten überhaupt nichts ändert)!

② **Festlegung der seitlichen Grenzen a und b und der Randfunktion f(x) jedes einzelnen Trapezes:** Ist $a < b$, so heißt a untere, b obere Grenze. Meist sind die Grenzen und $f(x)$ gegeben.

③ **Aufstellung der Integralfunktion für jedes einzelne Trapez:**

$\int_a^b f(x)\,dx$; a ist die untere, b die obere Grenze, dx heißt Differenzial und gibt die Integrationsvariable an.

④ **Bestimmung der Stammfunktion F(x) der Randfunktion f(x):** $F(x)$ wird in eine eckige Klammer geschrieben, die Grenzen a und b kommen an den unteren bzw. oberen Rand der hinteren Klammer. $[F(x)]_a^b$

⑤ **Einsetzen der Grenzen:** Ersetzen der Variablen durch die Grenzen b und a. Vom Term mit der oberen Grenze wird der Term mit der unteren Grenze abgezogen; kurz: $F(b) - F(a)$. Das ist der „orientierte Flächeninhalt", der bis auf das Vorzeichen gleich dem Flächeninhalt des Trapezes ist.

$$\int_a^b f(x)\,dx = [F(x)]_a^b = F(b) - F(a)$$

$\int_a^b f(x)\,dx = F(b) - F(a)$ nennt man den Hauptsatz der Integralrechnung.

⑥ **Addition der Beträge der „Inhalte" der einzelnen krummlinigen Trapeze:** Des Betrags deswegen, weil $F(b) - F(a)$ negativ wird, wenn die Randfunktion unterhalb der x-Achse liegt. Der Flächeninhalt ist immer eine positive Größe.

Beispiel

In der Skizze sei $a=-2,\ b=3$ mit $f(x)=x^2-x-2$

Graph schneidet die x-Achse in $f(x)=x^2-x-2=0$

$\Rightarrow x_{1,2}=\frac{1\pm\sqrt{1+8}}{2} \Rightarrow x_1=-1,\ x_2=2$

Es gilt: $A_1=\int_{-2}^{-1}(x^2-x-2)\,dx=\left[\frac{1}{3}x^3-\frac{1}{2}x^2-2x\right]_{-2}^{-1}=\frac{7}{6}-\left(-\frac{2}{3}\right)=\frac{11}{6}$

entsprechend

$A_2=\int_{-1}^{2}f(x)\,dx=[\ldots]_{-1}^{2}=-\frac{10}{3}-\left(\frac{7}{6}\right)=-\frac{9}{2}$ und $A_3=\int_{2}^{3}f(x)\,dx=[\ldots]_{2}^{3}=-\frac{3}{2}-\left(-\frac{10}{3}\right)=\frac{11}{6}$

Flächeninhalt $=\frac{11}{6}+\left|-\frac{9}{2}\right|+\frac{11}{6}=8\frac{1}{6}$ FE

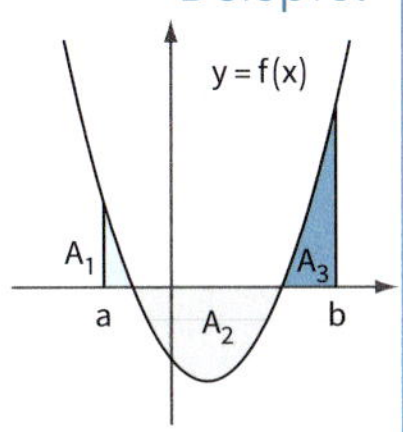

Flächeninhalt zwischen zwei Graphen

$$\int_a^b [f(x)-g(x)]\,dx \text{ oder } \int_a^b f(x)\,dx-\int_a^b g(x)\,dx$$

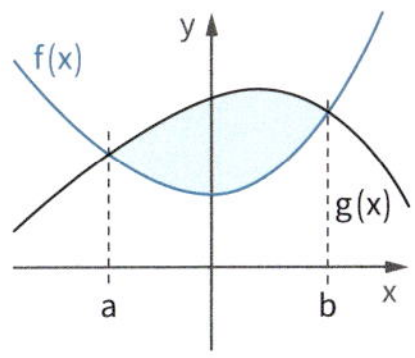

Entweder Sie berechnen die orientierten Teilflächen unter den Graphen einzeln oder (viel schneller und besser!) Sie integrieren über die Hilfsfunktion $h(x)=f(x)-g(x)$.

Der orientierte Inhalt wird positiv, wenn $f(x)\ge g(x)$ für $a\le x\le b$ gilt.

Schneiden f oder g die x-Achse, müssen Sie dies nicht beachten. Nur wenn $h(x)$ eine Nullstelle hat, das heißt, wenn $f(x)=g(x)$ gilt, muss die Fläche aufgeteilt werden.

Uneigentliche Flächen

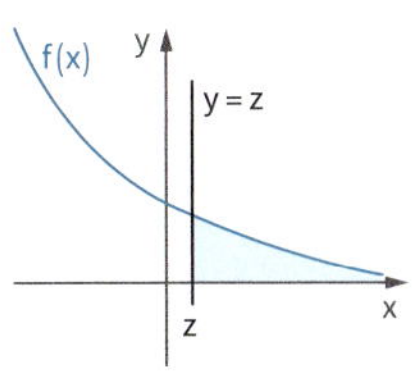

Uneigentliche Flächen sind Flächen, die nicht durchgehend begrenzt sind. Die Ausdehnung (aber nicht der Inhalt!) ist unendlich groß.

Zur Berechnung müssen Sie zunächst die Ausdehnung der Fläche begrenzen: durch Geraden $x=z$ bzw. $y=z$ an der „nicht begrenzten Stelle“.

Danach führen Sie Ihre Berechnung nach den Punkten 1 bis 6 durch. Sie erhalten den Flächeninhalt A_z in Abhängigkeit von z.

Erst jetzt bilden Sie den Grenzübergang $\lim_{z\to\infty} A_z \ldots$ (je nach Aufgabe).

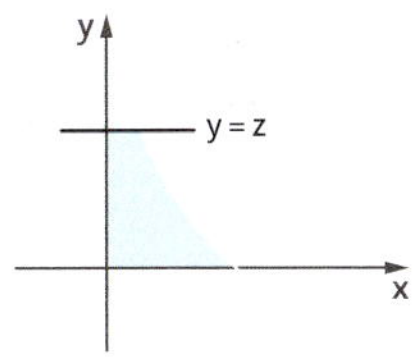

Auch bei den Flächenberechnungen hat sich mit dem GTR einiges geändert:

- Der GTR berechnet die Flächen, ohne dass sie die Stammfunktionen benötigen. Damit können nicht integrierbare Funktionen als Randfunktionen vorkommen.
- Durch GTR-Flächenberechnungen sind Vergleiche mit den Näherungsrechnungen möglich.
- Der TR hat keine Funktion zur Berechnung von Integralen. Sie müssen die Stammfunktion „von Hand“ bestimmen.

Beispiel

Gegeben sind die Graphen der Funktion: $g(x) = \frac{4}{x^2}$ und $f(x) = -x^2 + 5$.
Bestimmen Sie folgende Flächeninhalte:

① Zwischen dem Graph von f(x), der x-Achse und den Geraden $x = 1$ und $x = 3$.
Die Randfunktion f(x) hat bei $x_0 = \sqrt{5}$ eine Nullstelle, die Fläche muss deshalb in zwei krummlinige Trapeze zerlegt werden:

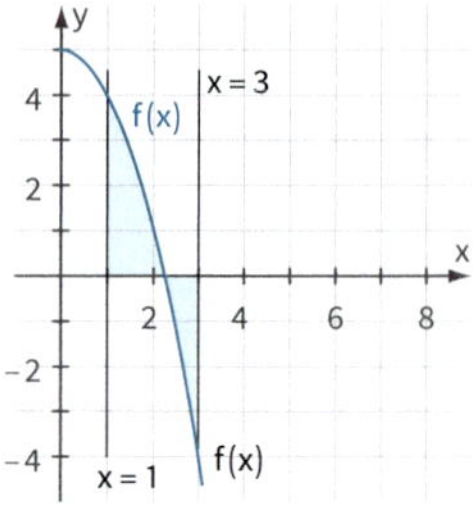

$$A = \int_1^{\sqrt{5}} (-x^2 + 5)\,dx = \left[-\tfrac{1}{3}x^3 + 5x\right]_1^{\sqrt{5}}$$

$$= -\tfrac{5}{3}\sqrt{5} + 5\sqrt{5} + \tfrac{1}{3} - 5 = \tfrac{10}{3}\sqrt{5} - \tfrac{14}{3} \approx 2{,}8$$

$$A = \int_{\sqrt{5}}^{3} (-x^2 + 5)\,dx = \left[-\tfrac{1}{3}x^3 + 5x\right]_{\sqrt{5}}^{3} = -9 + 15 + \tfrac{5}{3}\sqrt{5} - 5\sqrt{5} = 6 - \tfrac{10}{3}\sqrt{5} \approx -1{,}5$$

Flächeninhalt: $A = |A_1| + |A_2| = 2{,}8 + 1{,}5 = 4{,}3$ FE.

② Zwischen den Graphen der beiden Funktionen im Intervall [1; 3].
Die Graphen schneiden sich im Punkt S(2 | 1).
Über $\frac{4}{x^2} = -x^2 + 5 \Rightarrow$ die biquadratische Gleichung: $-x^4 + 5x^2 - 4 = 0$ mit der für uns relevanten Lösung $x = 2$; wieder zwei Integrale getrennt berechnen:

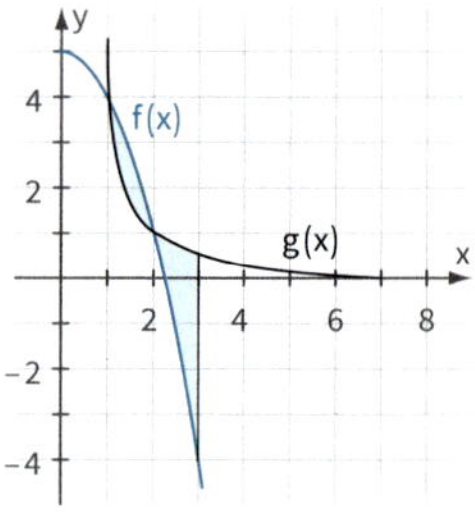

$$h(x) = f(x) - g(x) = -x^2 + 5 - \tfrac{4}{x^2} = -x^2 + 5 - 4x^{-2}$$

$$B_1 = \int_1^2 (-x^2 + 5 - 4x^{-2})\,dx = \left[-\tfrac{1}{3}x^3 + 5x + \tfrac{4}{x}\right]_1^2$$

$$= -\tfrac{8}{3} + 10 + 2 + \tfrac{1}{3} - 5 - 4 = \tfrac{2}{3}$$

$$B_2 = \int_2^3 (-x^2 + 5 - 4x^{-2})\,dx = \left[-\tfrac{1}{3}x^3 + 5x + \tfrac{4}{x}\right]_2^3 = -9 + 15 + \tfrac{4}{3} + \tfrac{3}{8} - 10 - 2 = -4{,}29$$

Flächeninhalt: $B = |B_1| + |B_2| = 2 + 4{,}29 = 6{,}29$ FE.

③ Zwischen der Geraden $x = 1$, dem Graphen von g(x) und der x-Achse.
Eine uneigentliche Fläche, mit der „künstlichen Grenze“ $x = z$ zur vollständigen Umrandung der Fläche.

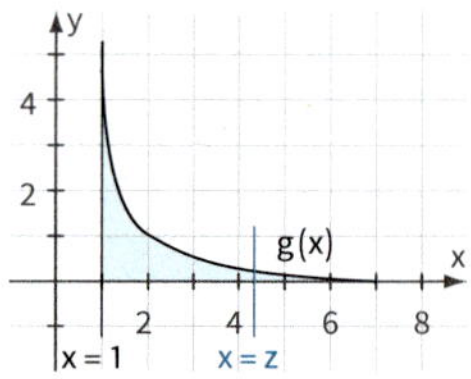

$$C_z = \int_1^z 4x^{-2}\,dx = \left[-\tfrac{4}{x}\right]_1^z = -\tfrac{4}{z} + 4 = 4 - \tfrac{4}{z}.$$

Mit $\lim\limits_{z \to \infty} C_z = \lim\limits_{z \to \infty} \left[4 - \left(\tfrac{4}{z}\right)\right] = 4 \Rightarrow$ uneigentlicher Flächeninhalt $I = 4$ FE.

8.3 Volumenberechnung

Sie werden immer wieder auf Körper treffen. Einige Tipps könnten Ihnen die Arbeit mit den Körpern erleichtern:

- Zerlegen (oder vervollständigen) Sie den Körper so, dass Sie zu den bekannten „Grundkörpern" der Mittelstufengeometrie kommen: Würfel, Quader, Prisma, Pyramide, Zylinder, Kegel, Kugel und die platonischen Körper (reguläre Polyeder), → Abb. 8.1.
- Sie finden die „Grundkörper" in jeder Formelsammlung, einschließlich der Formeln zur Berechnung des Volumens und der Oberfläche, meist auch das Netz und den Radius der Umkreis- und der Inkreiskugel. Bitte schauen Sie sich die entsprechenden Seiten in der Formelsammlung in Ruhe an.
- Denken Sie daran, dass ein Kegelstumpf die Differenz zweier Kegel ist (auch der Pyramidenstumpf ist eine Differenz), → Abb. 8.2.
- Denken Sie daran, dass bei Schrägbildern bestimmte Eigenschaften wie rechter Winkel, Streckenlänge nicht erhalten bleiben, → Abb. 8.3.
- Setzen Sie immer die Formelsammlung, die Merkhilfe und den Taschenrechner ein.
- Denken Sie daran, dass eine Bohrung in einem Körper ein Zylinder ist und ein Rohr die Differenz zweier Zylinder, → Abb. 8.4.
- Das Volumen eines auf eine Spitze zulaufenden Körpers ist $\frac{1}{3}\cdot$ Grundfläche $\cdot$ Höhe. Sind Stand- und Deckfläche gleich, gilt V = Grundfläche $\cdot$ Höhe, → Abb. 8.5.

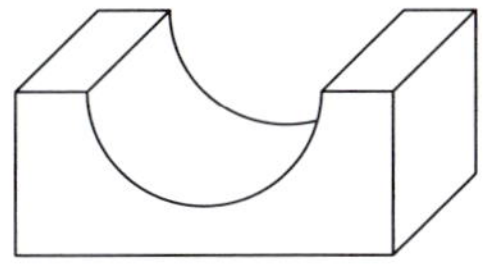

Abb. 8.1: Dieser Körper stellt einen Quader dar, aus dem die Hälfte eines Zylinders ausgefräst wurde.

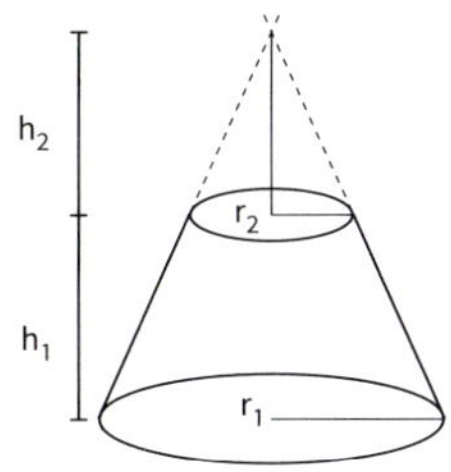

Abb. 8.2:
$V = \frac{1}{3}\pi r_1^2 (h_1 + h_2) - \frac{1}{3}\pi r_2^2 h_2$
(Für die Höhe und die Radien gilt der Strahlensatz.)

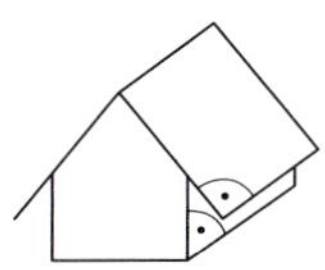

Abb. 8.3: in Wirklichkeit rechte Winkel

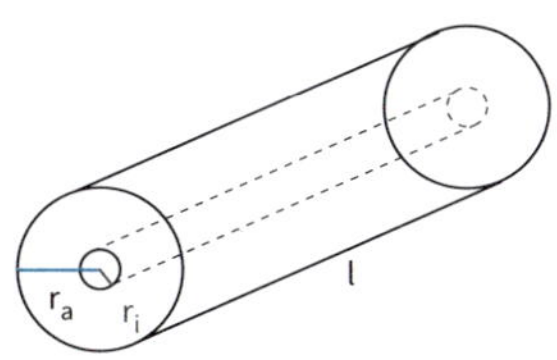

Abb. 8.4:
$V = \pi r_a^2 \cdot l - \pi r_i^2 \cdot l = \pi \cdot l (r_a^2 - r_i^2)$

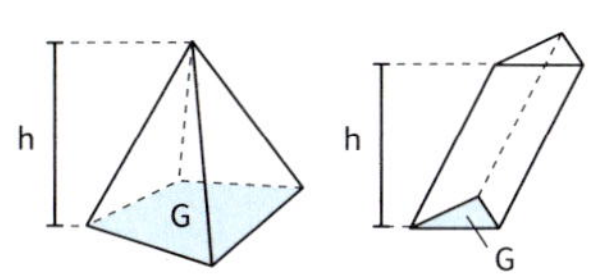

Abb. 8.5: links: $V = \frac{1}{3} G \cdot h$;
rechts: $V = G \cdot h$

Drehkörper

Wissen

Dreht man ein krummliniges Trapez um eine der Koordinatenachsen, so entsteht ein Drehkörper, dessen Volumen wir mittels der Integralrechnung bestimmen können.

Die Randfunktion des krummlinigen Trapezes muss stetig sein und, wenn wir es um die y-Achse drehen, zusätzlich streng monoton.

Drehung um die x-Achse $V_x = \pi \int_a^b y^2\,dx = \pi \int_a^b [f(x)]^2\,dx$ (siehe Abb. 8.6).

Mit dem GTR kann man als Randfunktionen auch Funktionen wählen, deren Quadrat für uns nicht integrierbar ist. Dadurch werden die Aufgaben wesentlich vielschichtiger!

Sie müssen den Funktionsterm quadrieren und über dieses Quadrat integrieren. Dieses Integral ist mit der Kreiszahl π zu multiplizieren. Nach dem Einsetzen der Grenzen in die vorher bestimmte Stammfunktion erhalten Sie als Ergebnis den Rauminhalt des Drehkörpers in Volumeneinheiten (VE).

Drehung um die y-Achse $V_y = \pi \int_{f(a)}^{f(b)} x^2\,dy = \pi \int_{f(a)}^{f(b)} [f^{-1}(y)]^2\,dy$ (siehe Abb. 8.6 Mitte)

Bitte prüfen Sie, ob der Rotationskörper bei Drehung um die y-Achse für sie relevant ist.

Die Integrationsvariable hat sich geändert. Es wird nun nach y integriert. Das heißt, dass im Integranden auch nur noch y als Variable vorkommen darf. Auch die Grenzen sind nicht mehr auf der x-Achse ablesbar. Es sind nun die Ordinaten (die y-Werte) der Begrenzung einzusetzen. Zuerst berechnen Sie die neuen Grenzen f(a) und f(b): Einsetzen der Werte a und b in die Randfunktion f(x). Danach bestimmen Sie aus der Randfunktion $y = f(x)$ die Variable x (oder gleich x^2). Das Integral über $x^2\,dy$ wird mit π multipliziert. Nach dem Einsetzen der Grenzen erhalten Sie den Inhalt des Drehkörpers in Volumeneinheiten (VE).

$(a-b)^2 \neq a^2 - b^2$, also $(f(x) - g(x))^2 \neq f(x)^2 - g(x)^2$

Wird ein Flächenstück zwischen zwei Graphen um eine Koordinatenachse gedreht (siehe Abb. 8.6), kann bei der Berechnung nicht mit der Hilfsfunktion $h(x) = [f(x) - g(x)]^2$ gearbeitet werden. Sie müssen den „inneren Körper" vom „äußeren Körper" abziehen, nachdem Sie beide einzeln berechnet haben. Bei unübersichtlichen Problemen (wie auch bei der Flächenberechnung) sollten Sie die Körper immer in Teilkörper aufteilen und getrennt berechnen!

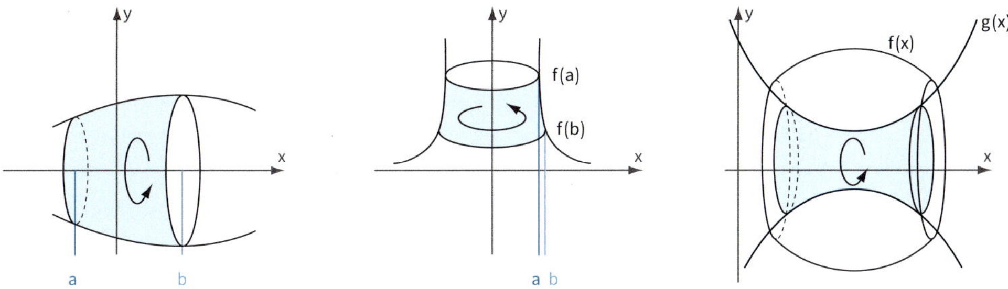

Abb. 8.6: Rotationskörper

Aufgaben

1 Das Schaubild der Funktionen f mit $f(x) = \sqrt{x-2}$ rotiert um die x-Achse, dabei entsteht ein Rotationskörper.
Berechnen Sie das Volumen des Körpers, der eine Höhe von 8 cm hat.

Lösung:

f ist nur definiert für $x \geq 2$. Damit der Rotationskörper eine Höhe von 8 cm hat, muss die obere Integrationsgrenze bei $x = 10$ liegen.
Somit gilt für das Volumen

$$V = \pi \cdot \int_2^{10} f(x)^2\,dx = \pi \cdot \int_2^{10} \left(\sqrt{x-2}\right)^2 dx = \pi \cdot \int_2^{10} (x-2)\,dx$$

$$V = \pi \cdot \left[\frac{1}{2}x^2 - 2x\right]_2^{10} = \pi \cdot [30] - \pi \cdot [-2] = 32\,\pi\,\text{VE}$$

2 Legt man bei einem Sektglas in Gedanken ein ebenes Koordinatensystem dahinter (wie in der Skizze), so hat der Glasrand die Form der Parabel $f(x) = x^2$.

a) Wieviel fasst das Glas höchstens, wenn der zu füllende Körper eine Höhe von 5 cm hat?

b) Wie hoch müsste das Glas sein, damit es einen halben Liter fasst?

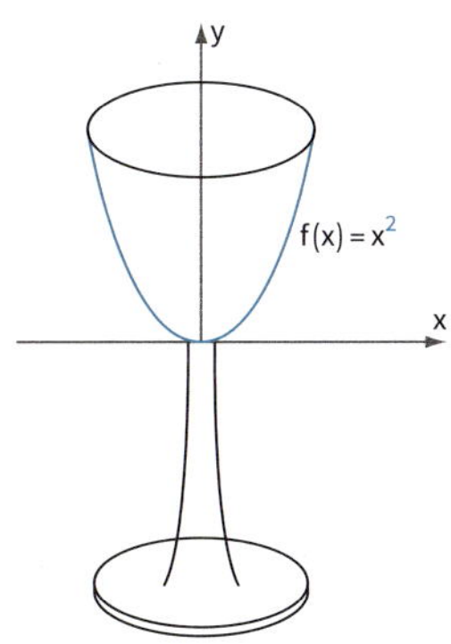

Lösung:

a) $f(x) = x^2$

$$\Rightarrow V_y = \pi \int_0^{0,5} x^2\,dy = \pi \int_0^{0,5} y\,dy = \pi \left[\frac{1}{2}y^2\right]_0^{0,5} = 0{,}125\,\pi \approx 0{,}393\,\text{ml}.$$

Ergebnis: $125\,\pi$
(Maße bei der Berechnung in dm, da $1\,\text{dm}^3 = 1\,\text{l}$ entspricht.)

b) $V_y = 0{,}5 = \pi \cdot \left[\frac{1}{2}y^2\right]_0^h = \frac{\pi}{2}h^2 \Rightarrow h \approx 0{,}564$, also $5{,}64\,\text{cm}$

8.4 Skalarprodukt

In der Geometrie wird mit zwei ganz verschiedenen Mengen gearbeitet:

- Die Menge der reellen Zahlen, die wir **Skalare** nennen. Diese sind durch die Zahl eindeutig bestimmt ($\sqrt{3}$ ist eben $\sqrt{3}$, 17 eben 17).
- Die Menge der **Vektoren**, die im Raum durch drei Angaben bestimmt sind. Schreibweise: $\vec{x} = \begin{pmatrix} x_1 \\ x_2 \\ x_3 \end{pmatrix}$. Die drei reellen Zahlen x_1, x_2 und x_3 geben die Längen an, die der Vektor in der x_1-, x_2- bzw. x_3-Richtung hat, wenn man ihn in diese drei Richtungen zerlegt (was bei jedem Vektor möglich ist).

Verknüpfungen von Vektoren und Skalaren sind teilweise möglich, teilweise nicht. Die Auflistung zeigt Ihnen, was möglich ist und was nicht:

- Vektor ± Vektor = Vektor $\begin{pmatrix} 2 \\ -1 \\ 3 \end{pmatrix} + \begin{pmatrix} 4 \\ 1 \\ -2 \end{pmatrix} = \begin{pmatrix} 6 \\ 0 \\ 1 \end{pmatrix}$; $\begin{pmatrix} 2 \\ -1 \\ 3 \end{pmatrix} - \begin{pmatrix} 4 \\ 1 \\ -2 \end{pmatrix} = \begin{pmatrix} -2 \\ -2 \\ 5 \end{pmatrix}$
- Vektor · Vektor = Skalar (Skalarprodukt) $\begin{pmatrix} 2 \\ -1 \\ 3 \end{pmatrix} \cdot \begin{pmatrix} 4 \\ 1 \\ -2 \end{pmatrix} = 2 \cdot 4 + (-1) \cdot 1 + 3 \cdot (-2) = 1$
- Vektor : Vektor nicht definiert $\begin{pmatrix} 2 \\ -1 \\ 3 \end{pmatrix} : \begin{pmatrix} 4 \\ 1 \\ -2 \end{pmatrix}$ oder: $\dfrac{\begin{pmatrix} 2 \\ -1 \\ 3 \end{pmatrix}}{\begin{pmatrix} 4 \\ 1 \\ -2 \end{pmatrix}}$ geht nicht!
- Skalar ± Vektor nicht definiert $3 \pm \begin{pmatrix} 2 \\ -1 \\ 3 \end{pmatrix}$ geht nicht!
- Skalar · Vektor = Vektor (s-Multiplikation) $3\begin{pmatrix} 2 \\ -1 \\ 3 \end{pmatrix} = \begin{pmatrix} 6 \\ -3 \\ 9 \end{pmatrix}$
- Skalar : Vektor nicht definiert $5 : \begin{pmatrix} 2 \\ -1 \\ 3 \end{pmatrix}$ oder: $\dfrac{5}{\begin{pmatrix} 2 \\ -1 \\ 3 \end{pmatrix}}$ geht nicht!
- Vektor ± Skalar nicht definiert $\begin{pmatrix} 2 \\ -1 \\ 3 \end{pmatrix} \pm 3$ geht nicht!
- Vektor · Skalar = Vektor (s-Multiplikation) $\begin{pmatrix} 2 \\ -1 \\ 3 \end{pmatrix} \cdot 3 = \begin{pmatrix} 6 \\ -3 \\ 9 \end{pmatrix}$
- Vektor : Skalar = Vektor (s-Multiplikation) $\begin{pmatrix} 2 \\ -1 \\ 3 \end{pmatrix} : 3 = \dfrac{\begin{pmatrix} 2 \\ -1 \\ 3 \end{pmatrix}}{3} = \dfrac{1}{3}\begin{pmatrix} 2 \\ -1 \\ 3 \end{pmatrix} = \begin{pmatrix} \frac{2}{3} \\ -\frac{1}{3} \\ 1 \end{pmatrix}$

Das Skalarprodukt ist die mit Abstand ungewöhnlichste mathematische Verknüpfung, da aus zwei Vektoren eine reelle Zahl entsteht.

Allgemein gilt: Eine Abbildung zweier Vektoren des Vektorraumes V in die reellen Zahlen heißt Skalarprodukt in V, wenn für alle $\vec{x}, \vec{y}, \vec{z} \in V$ und alle $k \in \mathbb{R}$ gilt: $\vec{x} \cdot \vec{y} = \vec{y} \cdot \vec{x}$; $\vec{x}\,(\vec{y} + \vec{z}) = \vec{x}\,\vec{y} + \vec{x}\,\vec{z}$; $\vec{x}\,(k\vec{y}) = k(\vec{x}\,\vec{y})$; $\vec{x} \cdot \vec{x} = x^2 > 0$ für alle $\vec{x} \neq 0$.

Sollten Sie je bei einer vorgegebenen Abbildung zeigen müssen, dass es sich um ein Skalarprodukt handelt, müssen Sie diese Gesetze nachweisen, was durch Einsetzen und algebraische Umformungen geschieht. Die Gesetze selbst finden Sie in jeder Formelsammlung, ein Auswendiglernen ist verlorene Zeit. Für Sie gilt:

Wissen

In rechtwinkligen Koordinaten ist das Skalarprodukt:

$$\vec{x} \cdot \vec{y} = \begin{pmatrix} x_1 \\ x_2 \\ x_3 \end{pmatrix} \cdot \begin{pmatrix} y_1 \\ y_2 \\ y_3 \end{pmatrix} = x_1 \cdot y_1 + x_2 \cdot y_2 + x_3 \cdot y_3$$

Und genau mit dieser reellen Zahl (also der Summe der Produkte der einander entsprechenden Koordinaten) müssen Sie arbeiten.

Obwohl auch dies in jeder Formelsammlung steht, schlage ich Ihnen vor, diesmal nicht nur auswendig zu lernen, sondern auch zu üben.

Beispiel

$$\begin{pmatrix} -1 \\ 2 \\ 3 \end{pmatrix} \cdot \begin{pmatrix} 2 \\ 1 \\ -2 \end{pmatrix} = -2 + 2 - 6 = -6; \quad \begin{pmatrix} \sqrt{3} \\ 0 \\ \frac{1}{2} \end{pmatrix} \cdot \begin{pmatrix} \frac{1}{3} \\ 4 \\ 7 \end{pmatrix} = \frac{\sqrt{3}}{3} + 0 + \frac{7}{2} \approx 4{,}077; \quad \begin{pmatrix} 0 \\ 1 \\ 0 \end{pmatrix} \cdot \begin{pmatrix} 2 \\ 0 \\ 4 \end{pmatrix} = 0$$

Winkelbestimmung über das Skalarprodukt

Die Bestimmung der Winkelweite in der Analysis (x-y-Ebene) geschieht über den Tangens und über die Steigung (1. Ableitungen) der Graphen.
Im Raum (also in der Geometrie) benutzt man zur Winkelweitenbestimmung das Skalarprodukt. Über die Längen der Vektoren, über das Skalarprodukt und über den Cosinussatz (den auf beliebige Dreiecke verallgemeinerten Satz des Pythagoras) lässt sich der Winkel (genauer: die Winkelweite) zwischen zwei Vektoren im Gradmaß berechnen.

Winkel

Der Winkel zwischen den Vektoren $\vec{x}$ und $\vec{y}$ wird berechnet über

$$\cos\alpha = \frac{\left| \begin{pmatrix} x_1 \\ x_2 \\ x_3 \end{pmatrix} \cdot \begin{pmatrix} y_1 \\ y_2 \\ y_3 \end{pmatrix} \right|}{|\vec{x}| \cdot |\vec{y}|} = \frac{|x_1 y_1 + x_2 y_2 + x_3 y_3|}{\sqrt{x_1^2 + x_2^2 + x_3^2} \cdot \sqrt{y_1^2 + y_2^2 + y_3^2}},$$

dann mit Taschenrechner [2nd] [COS] oder $\cos^{-1}$.

Stehen die beiden Vektoren $\vec{x}$ und $\vec{y}$ rechtwinklig zueinander, ist das Skalarprodukt $\vec{x} \cdot \vec{y} = \begin{pmatrix} x_1 \\ x_2 \\ x_3 \end{pmatrix} \cdot \begin{pmatrix} y_1 \\ y_2 \\ y_3 \end{pmatrix} = 0$. ⊥

Beispiel

Die zwei Geraden g: $y = 3x + 4$ und h: $y = -x + 1$ schneiden sich unter dem Winkel φ. Berechnet man diesen

a) in der Analysis: $\tan\varphi = \frac{m_2 - m_1}{1 + m_1 \cdot m_2} = \frac{-1-3}{1-3} = \frac{-4}{-2} = 2 \Rightarrow \varphi \approx 63{,}43°$;

b) in der Geometrie: g: $\vec{x} = \begin{pmatrix} 0 \\ 4 \\ 0 \end{pmatrix} + t\begin{pmatrix} 1 \\ 3 \\ 0 \end{pmatrix}$, h: $x = \begin{pmatrix} 0 \\ 1 \\ 0 \end{pmatrix} + s\begin{pmatrix} 1 \\ -1 \\ 0 \end{pmatrix}$;

$$\cos\varphi = \frac{\left|\begin{pmatrix} 1 \\ 3 \\ 0 \end{pmatrix} \cdot \begin{pmatrix} 1 \\ -1 \\ 0 \end{pmatrix}\right|}{\sqrt{1+9} \cdot \sqrt{1+1}} = \frac{|-2|}{\sqrt{20}} = 0{,}4472\ldots \Rightarrow \varphi \approx 63{,}43°;$$

kommt man (natürlich) zum gleichen Ergebnis.

In der Praxis wird die Berechnung, sofern Sie die Sätze und Regeln dieser Seite beachten, beziehungsweise die in Ihrer Formelsammlung zuständigen Hilfen finden und richtig anwenden, zu einer reinen „Einsetz- und Taschenrechner-Tipp-Übung".

Wissen

- Zwei Vektoren schließen immer zwei Winkel ein: die beiden Winkel, die man erhält, wenn die beiden Vektoren so verschoben werden, dass ihre Anfangspunkte zusammenfallen. Wir berechnen immer den kleineren der beiden Winkel (die sich ja zu 360° ergänzen).

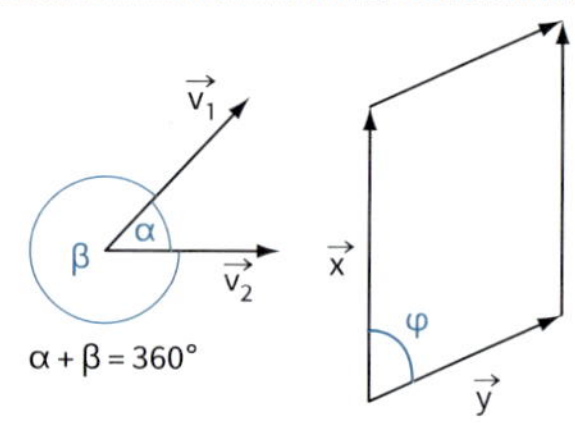

- Der Winkel α zwischen zwei Geraden ist der kleinere Winkel zwischen den Richtungsvektoren der beiden Geraden. Da zwei Vektoren immer (ganz gleich, wie sie auch liegen) zwei Winkel miteinander einschließen, haben damit auch zwei Geraden immer zwei Winkel miteinander. Auch wenn sie windschief sind!

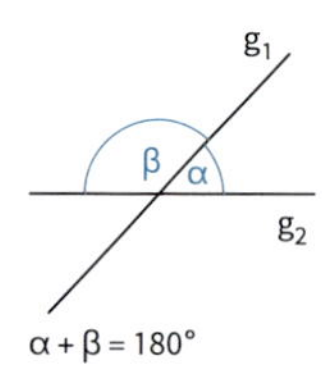

- Der Winkel β zwischen zwei Ebenen ist der Winkel zwischen den beiden Normalenvektoren der beiden Ebenen. Damit schließen auch zwei Ebenen immer zwei Winkel ein.

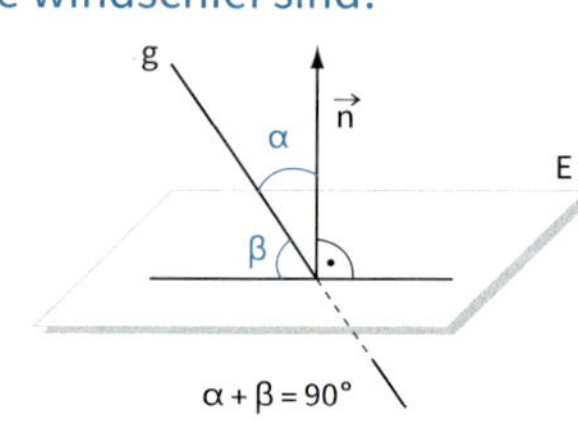

- Der Winkel β zwischen der Geraden g und der Ebene ist der zu 90° Grad ergänzte Winkel des Winkels zwischen dem Richtungsvektor der Geraden und dem Normalenvektor der Ebene, daher berechnet man den Winkel zwischen Gerade und Ebene mithilfe der Sinusfunktion oder nimmt den Ergänzungswinkel.

Die Winkelhalbierenden der beiden Geraden g und l (mit den Richtungsvektoren $\vec{u}$ und $\vec{v}$), deren Schnittpunkt A in der gemeinsamen Ebene E liegt, sind die Geraden:

Winkelhalbierende

w_1: $\vec{x} = \vec{a} + t\left(\overrightarrow{u_0} + \overrightarrow{v_0}\right)$ mit $|\overrightarrow{u_0}| = |\overrightarrow{v_0}| = 1$

w_2: $\vec{x} = \vec{a} + t\left(\overrightarrow{u_0} - \overrightarrow{v_0}\right)$ mit $|\overrightarrow{u_0}| = |\overrightarrow{v_0}| = 1$

Aufgabe

Gegeben sind die zwei Ebenen E und F und die zwei Geraden g und l,

E: $-x_1 + 2x_2 - 3x_3 + 4 = 0$, F: $2x_1 - 2x_2 + 5x_3 - 1 = 0$,

g: $\vec{x} = \begin{pmatrix} 3 \\ -2 \\ 4 \end{pmatrix} + t\begin{pmatrix} -1 \\ 6 \\ 2 \end{pmatrix}$, l: $\vec{x} = \begin{pmatrix} 4 \\ -8 \\ 2 \end{pmatrix} + t\begin{pmatrix} 2 \\ -3 \\ -2 \end{pmatrix}$

a) Gesucht sind paarweise die zugehörigen Winkel.

b) Bestimmen Sie von den Geraden g und l die Richtung ihrer Winkelhalbierenden.

c) Bestimmen Sie die Richtung des Normalenvektors der winkelhalbierenden Ebene der Ebene E und F:

Lösung:

a) $\measuredangle(g, l)$: $\cos\alpha = \dfrac{|(-1)\cdot 2 + 6(-3) + 2(-2)|}{\sqrt{1+36+4}\cdot\sqrt{4+9+4}} = \dfrac{24}{\sqrt{697}} = 0{,}909\ldots \Rightarrow \alpha = 24{,}62°$

$\measuredangle(g, E)$: $\sin\alpha = \dfrac{|-1(-1) + 6\cdot 2 + 2(-3)|}{\sqrt{1+36+4}\cdot\sqrt{1+4+9}} = \dfrac{7}{\sqrt{574}} = 0{,}292\ldots \Rightarrow \alpha = 17°$

$\measuredangle(l, E)$: $\sin\alpha = \dfrac{|2(-1) - 3\cdot 2 - 2(-3)|}{\sqrt{4+9+4}\cdot\sqrt{1+4+9}} = \dfrac{2}{\sqrt{238}} = 0{,}129\ldots \Rightarrow \alpha = 7{,}4°$

$\measuredangle(g, F)$: $\sin\alpha = \dfrac{|-1\cdot 2 + 6(-2) + 2\cdot 5|}{\sqrt{1+36+4}\cdot\sqrt{4+4+25}} = \dfrac{4}{\sqrt{1353}} = 0{,}108\ldots \Rightarrow \alpha = 6{,}2°$

$\measuredangle(l, F)$: $\sin\alpha = \dfrac{|2\cdot 2 - 3(-2) - 2\cdot 5|}{\sqrt{4+9+4}\cdot\sqrt{4+4+25}} = \dfrac{0}{\sqrt{561}} \Rightarrow \alpha = = 0°$

$\measuredangle(E, F)$: $\cos\alpha = \dfrac{|-1\cdot 2 + 2(-2) - 3\cdot 5|}{\sqrt{1+4+9}\cdot\sqrt{4+4+25}} = \dfrac{21}{\sqrt{462}} = 0{,}977\ldots \Rightarrow \alpha = 12{,}31°$

b) $\vec{r} = \overrightarrow{u_0} + \overrightarrow{v_0} = \dfrac{1}{\sqrt{41}}\begin{pmatrix} -1 \\ 6 \\ 2 \end{pmatrix} + \dfrac{1}{\sqrt{17}}\begin{pmatrix} 2 \\ -3 \\ -2 \end{pmatrix}$

c) $\vec{n} = \dfrac{1}{\sqrt{14}}\begin{pmatrix} -1 \\ 2 \\ -3 \end{pmatrix} + \dfrac{1}{\sqrt{33}}\begin{pmatrix} 2 \\ -2 \\ 5 \end{pmatrix}$

Richten Sie sich auch auf Aufgaben ein, die nicht nur die üblichen Rechenschritte verlangen, sondern mehr auf die Übersicht und das Verständnis zielen. Schwierigkeiten machen oft die Aufgaben, bei denen es unendlich viele Lösungen gibt und Sie eine davon angeben müssen.

Beispiel

Geben Sie eine Gerade an, die die x_1-x_2- Ebene (oder die Ebene $2x_1 - 3x_2 + 4x_3 = 7$) unter einem Winkel von 50° schneidet.

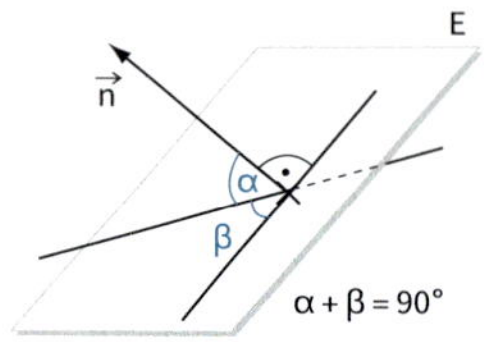

Wie man sich denken kann, gibt es unendlich viele solcher Geraden. Es gäbe sogar dann unendlich viele Geraden, wenn der Schnittpunkt mit angegeben wäre, z. B.: Geben Sie eine Gerade an, die die x_1-x_2-Ebene (oder die Ebene $2x_1 - 3x_2 + 4x_3 = 7$) im Punkt $P(0|-1|1)$ unter einem Winkel von 50° schneidet. Diese Geraden liegen alle auf einem Doppelkegel. Bitte beachten Sie, dass es auch unendlich viele Geraden gibt, die die Ebene ***nicht*** unter 50° schneiden.

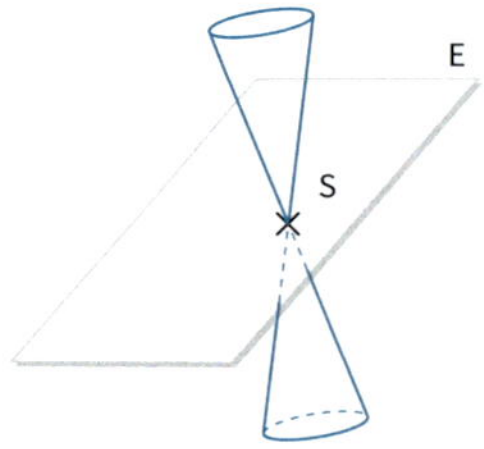

Zurück zum Beispiel: Wenn die Ebene unter 50° geschnitten wird, so muss zwischen dem Normalenvektor der Ebene und dem Richtungsvektor der Geraden ein Winkel von $90° - 50° = 40°$ sein. Der Kosinus von 40° ist 0,766; das Skalarprodukt muss also 0,766 werden.

Mit dem Richtungsvektor $\vec{r} = \begin{pmatrix} r_1 \\ r_2 \\ r_3 \end{pmatrix}$ und dem Normalenvektor $\vec{n} = \begin{pmatrix} 0 \\ 0 \\ 1 \end{pmatrix}$

muss somit $0 \cdot r_1 + 0 \cdot r_2 + 1 \cdot r_3 = 0{,}766$ gelten.

$\Rightarrow r_3 = 0{,}766$, r_1 und r_2 beliebig.

Eine Gerade wäre $\vec{x} = \begin{pmatrix} 0 \\ 0 \\ 0 \end{pmatrix} + t \begin{pmatrix} 1 \\ 1 \\ 0{,}766 \end{pmatrix}$

oder mit dem gewünschten Schnittpunkt $\vec{x} = \begin{pmatrix} 0 \\ -1 \\ 1 \end{pmatrix} + t \begin{pmatrix} 1 \\ 1 \\ 0{,}766 \end{pmatrix}$.

Entsprechend: $2 \cdot r_1 - 3 \cdot r_2 + 4 \cdot r_3 = 0{,}766$.

Lösung: z. B.: $\vec{x} = \begin{pmatrix} 0 \\ -1 \\ 1 \end{pmatrix} + t \begin{pmatrix} 0{,}383 \\ 0 \\ 0 \end{pmatrix}$

8.5 Ebenen

Wie jede geometrische Figur wird in der analytischen Geometrie auch die Ebene mittels einer Punktmenge beschrieben.

Man arbeitet mit einer „Ebenengleichung“, die für alle Punkte, die in der Ebene liegen, erfüllt ist und für alle Punkte, die nicht in der Ebene liegen, nicht erfüllt ist.

Es gibt drei wichtige unterschiedliche Darstellungen (also Gleichungen) einer Ebene:

Vektordarstellung

Die Ebene wird mittels dreier nicht auf einer Geraden liegenden Punkte beschrieben, wobei der Ortsvektor zu einem Punkt als Stützvektor und die Vektoren zwischen zwei Punktpaaren als Richtungsvektoren verwendet werden.

$$A(a_1\,|\,a_2\,|\,a_3),\ B(b_1\,|\,b_2\,|\,b_3),\ C(c_1\,|\,c_2\,|\,c_3) \Rightarrow E\colon \vec{x} = \begin{pmatrix} a_1 \\ a_2 \\ a_3 \end{pmatrix} + t\begin{pmatrix} b_1 - a_1 \\ b_2 - a_2 \\ b_3 - a_3 \end{pmatrix} + s\begin{pmatrix} c_1 - a_1 \\ c_2 - a_2 \\ c_3 - a_3 \end{pmatrix}$$

Die Richtungsvektoren einer Ebene nennt man auch **Spannvektoren**.

Koordinatendarstellung

Die Ebene wird als lineare Gleichung dreier Variablen x_1; x_2; x_3 dargestellt. Ersetzt man diese drei Variablen durch die Koordinaten eines Punktes, so erhält man eine wahre Aussage, wenn der Punkt auf der Ebene liegt; sonst eine falsche Aussage. $E\colon a x_1 + b x_2 + c x_3 = d$

$\begin{pmatrix} a \\ b \\ c \end{pmatrix}$ ist ein Normalenvektor der Ebene.

Statt $\begin{pmatrix} a \\ b \\ c \end{pmatrix}$ schreibt man auch $\vec{n} = \begin{pmatrix} n_1 \\ n_2 \\ n_3 \end{pmatrix}$.

Normalendarstellung

Man nützt bei dieser Darstellung aus, dass es bis auf die Länge nur genau eine Richtung (mit Gegenrichtung) gibt, die senkrecht (orthogonal) auf der Ebene steht. Damit lässt sich die Lage der Ebene beschreiben. Weiß man zudem noch einen beliebigen Punkt der Ebene, so kann sie bereits eindeutig beschrieben werden. $E\colon \left[\begin{pmatrix} x_1 \\ x_2 \\ x_3 \end{pmatrix} - \begin{pmatrix} p_1 \\ p_2 \\ p_3 \end{pmatrix}\right] \cdot \begin{pmatrix} n_1 \\ n_2 \\ n_3 \end{pmatrix} = 0$

$\left[\begin{pmatrix} x_1 \\ x_2 \\ x_3 \end{pmatrix} - \begin{pmatrix} p_1 \\ p_2 \\ p_3 \end{pmatrix}\right] \cdot \begin{pmatrix} n_1 \\ n_2 \\ n_3 \end{pmatrix}$ ist ein Skalarprodukt zweier Vektoren.

Jede einzelne dieser drei Darstellungen einer ganz bestimmten Ebene kann sich außer in der Form (die natürlich gleich bleibt) in unendlich vielen Punkten verändern, da es unendlich viele Punkte auf jeder Ebene gibt, die man zur Beschreibung verwenden kann.

Häufig sieht man zwei verschiedenen Darstellungen nicht an, dass sie dieselbe Ebene beschreiben und man merkt erst, wenn man die Ebenen schneidet, dass es dieselben Ebenen sind.

Leider kann man sich nicht auf eine der drei Darstellungsarten festlegen, die man dann bei jedem Problem verwenden könnte:

- Aufgrund der Angaben der Aufgabe lassen sich nicht alle Arten problemlos darstellen. Man muss bei jedem Problem die Darstellung der Ebene wählen, die mittels der Angaben machbar ist.
- Zum Lösen bestimmter mathematischer Probleme ist häufig nur eine der drei Ebenenformen möglich oder besonders günstig.

Damit wird eine Rechenfertigkeit sehr wichtig, die trainierbar ist und auch trainiert werden muss: Das Umrechnen einer Ebenenform in eine andere Ebenenform. Grundsätzlich kann man aus jeder Ebenenform jede andere Form berechnen.

Am problemlosesten scheint uns folgender Zyklus:
Zum Beispiel: von der Vektorgleichung über die Koordinatengleichung zur Normalengleichung oder von der Normalengleichung über die Koordinatengleichung zur Vektorgleichung.

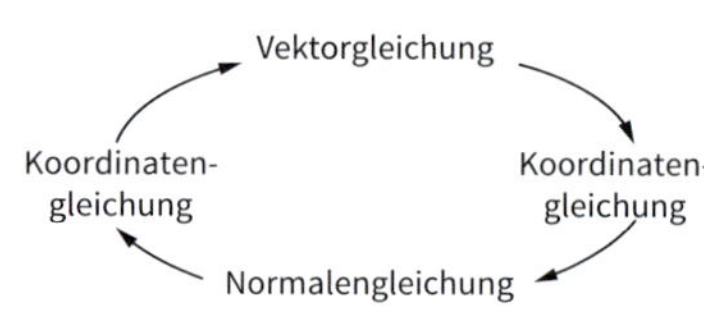

Tipp

Sie machen mit Sicherheit weniger Fehler, wenn Sie einem sturen Schema folgen. Der Nachteil, einmal eine Darstellung unnötigerweise herzustellen, ist das kleinere Übel.

„Normieren“ heißt bei Vektoren „auf die Länge eins bringen“

Ludwig Otto Hesse 1811 – 1874 deutscher Mathematiker

Normiert man den Normalenvektor bei der Normalengleichung oder teilt man die Koordinatendarstellung durch die Zahl $\sqrt{a^2+b^2+c^2}$, also den Betrag des Normalenvektors, so erhält man die entsprechende Hesse-Form, die bei Abstandsproblemen benötigt wird.
In der Regel tauchen nur bei den speziellen Ebenen (sowohl bei der Berechnung als auch bei der zeichnerischen Darstellung) Probleme auf. Bitte prägen Sie sich die folgenden Seiten ein, insbesondere die speziellen Lagen der Ebenen!

Tipp

Die meisten Probleme (Abstand, Schnitt, Lage) mit Ebenen sind am einfachsten mit der Koordinatendarstellung zu lösen.

Darstellung von Ebenen

Erklärungen	**keine spezielle Lage**	**parallel zu einer Koordinatenachse**	**parallel zu einer Koordinatenebene**
Die Schnittpunkte von Ebene und Koordinatenachsen heißen **Spurpunkte**, Schnittgeraden von Ebenen und Koordinatenebenen **Spurgeraden**.	Ist keine Koordinatenachse parallel zu der Ebene, so schneidet die Ebene alle drei Achsen. Dann existieren drei Spurpunkte.	Zwei Spurgeraden sind parallel zu einer Koordinatenachse. Dann existieren nur zwei Spurpunkte.	Die Ebene wird mit zwei Spurgeraden gezeichnet, die beide parallel zu einer Koordinatenachse sind. Dann existiert nur ein Spurpunkt.
Zeichnerische Darstellung Ebenen werden (soweit möglich) mittels ihrer Spurpunkte und ihrer Spurgeraden gezeichnet.	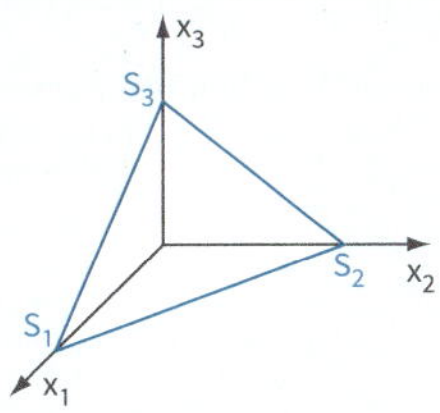	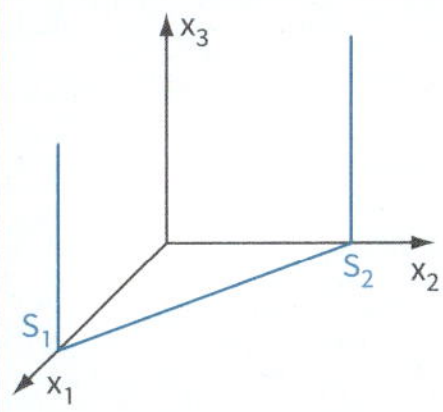 $E \parallel x_3$-Achse	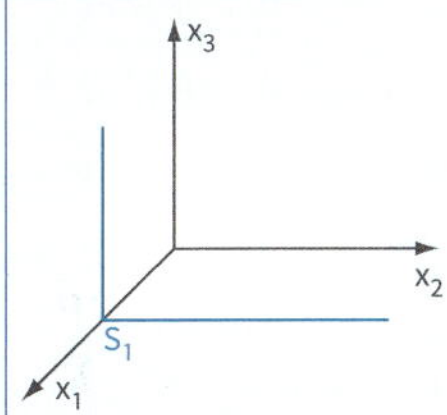 $E \parallel x_2$-Achse; $E \parallel x_3$-Achse; also: $E \parallel x_2$-x_3-Ebene
Vektordarstellung Wenn zwei Richtungen und ein Punkt der Ebene bekannt sind oder drei Punkte. Jeder Vektor zwischen zwei Punkten einer Ebene ist Richtungsvektor.	$\vec{x} = \begin{pmatrix} p_1 \\ p_2 \\ p_3 \end{pmatrix} + t\begin{pmatrix} r_1 \\ r_2 \\ r_3 \end{pmatrix} + s\begin{pmatrix} v_1 \\ v_2 \\ v_3 \end{pmatrix}$	Mit den drei Punkten P, Q, R gilt: $\vec{x} = \vec{p} + t(\vec{r} - \vec{p}) + s(\vec{r} - \vec{p})$. Die spezielle Lage ist aus der Gleichung im Allgemeinen nicht zu sehen.	Beide Richtungsvektoren müssen bezüglich der Achse, zu der E nicht parallel ist, als Koeffizienten Null haben. $\vec{x} = \begin{pmatrix} p_1 \\ p_2 \\ p_3 \end{pmatrix} + t\begin{pmatrix} 0 \\ v_2 \\ v_3 \end{pmatrix} + s\begin{pmatrix} 0 \\ u_2 \\ u_3 \end{pmatrix}$
Koordinatendarstellung Wird auch parameterfreie Darstellung genannt. Die Koeffizienten vor den Variablen x_i bilden einen Normalenvektor.	$a x_1 + b x_2 + c x_3 + d = 0$ Eine Änderung von d bewirkt eine Parallelverschiebung. Für $d = 0$ ist die Ebene eine Ursprungsebene. Normalenvektor: $\vec{n} = \begin{pmatrix} a \\ b \\ c \end{pmatrix}$	Mit dem Normalenvektor $\vec{n}$ und dem Punkt P: $a x_1 + b x_2 + d = 0$ $\vec{n} = \begin{pmatrix} a \\ b \\ 0 \end{pmatrix}$ Es fehlt die x_i-Komponente, zu der E parallel ist.	Es fehlen beide x_i-Komponenten, zu denen E parallel ist. $x_1 = a$; Normalenvektor $\vec{n} = \begin{pmatrix} a \\ 0 \\ 0 \end{pmatrix}$
Normalendarstellung Bei einem gegebenem Normalenvektor und einem Punkt in der Ebene. Das Berechnen des Skalarprodukts führt sofort auf die Koordinatengleichung.	$(\vec{x} - \vec{p}) \cdot \vec{n} = 0$ $\vec{p}$ ist Ortsvektor eines beliebigen Punktes. $\vec{n}$ ist ein Normalenvektor.		
HESSE-Formen Die HESSE-Formen sind die normierten Formen. Sowohl die Koordinatenform als auch die Normalenform kann normiert werden.	$\frac{a x_1 + b x_2 + c x_3 + d}{\sqrt{a^2 + b^2 + c^2}} = 0$ $\left[\begin{pmatrix} x_1 \\ x_2 \\ x_3 \end{pmatrix} - \begin{pmatrix} p_1 \\ p_2 \\ p_3 \end{pmatrix}\right] \cdot \frac{1}{\sqrt{n_1^2 + n_2^2 + n_3^2}} \begin{pmatrix} n_1 \\ n_2 \\ n_3 \end{pmatrix} = 0$	Eine HESSE-Form ist immer noch eine Koordinatenform oder eine Normalenform. Die Eigenschaften bleiben erhalten, und damit gelten auch die obigen Bemerkungen. Die Koordinatengleichung wird lediglich durch den Betrag (die Länge) des Normalenvektors dividiert, eine erlaubte algebraische Umformung. Bei der Normalengleichung wird als Normalenvektor ein Vektor verwendet, der die Länge eins hat. Sonst keine Änderungen. HESSE-Formen werden zur Abstandsberechnung benötigt (siehe S. 176).	

Tab. 8.1: Darstellungsformen von Ebenen

Übersicht zur Umwandlung von Ebenen

von → nach ↓	Vektorgleichung	Koordinatengleichung	Normalengleichung
	$\vec{x} = \begin{pmatrix} p_1 \\ p_2 \\ p_3 \end{pmatrix} + t\begin{pmatrix} r_1 \\ r_2 \\ r_3 \end{pmatrix} + s\begin{pmatrix} v_1 \\ v_2 \\ v_3 \end{pmatrix}$ $\vec{x} = \begin{pmatrix} -3 \\ 3 \\ 4 \end{pmatrix} + r\begin{pmatrix} 6 \\ -1 \\ -2 \end{pmatrix} + s\begin{pmatrix} 9 \\ 1 \\ -8 \end{pmatrix}$	$a x_1 + b x_2 + c x_3 + d = 0$ $2 x_1 + 6 x_2 + 3 x_3 - 24 = 0$	$\left[\vec{x} - \begin{pmatrix} p_1 \\ p_2 \\ p_3 \end{pmatrix}\right] \cdot \begin{pmatrix} n_1 \\ n_2 \\ n_3 \end{pmatrix} = 0$ $\left[\vec{x} - \begin{pmatrix} -3 \\ 3 \\ 4 \end{pmatrix}\right] \cdot \begin{pmatrix} 2 \\ 6 \\ 3 \end{pmatrix} = 0$
Vektorgleichung	Es gibt unendlich viele verschiedene Stütz- und Richtungsvektoren zur Darstellung derselben Ebene. Eine Umstellung ist unüblich und für kein Problem notwendig (aber leicht möglich): $\vec{x} = \begin{pmatrix} 0 \\ 5 \\ -6 \end{pmatrix} + t\begin{pmatrix} -3 \\ -2 \\ 10 \end{pmatrix} + s\begin{pmatrix} 21 \\ -1 \\ -4 \end{pmatrix}$ $\vec{x} = \begin{pmatrix} -3 \\ 3 \\ 4 \end{pmatrix} + r\begin{pmatrix} 16 \\ -1 \\ -2 \end{pmatrix} + s\begin{pmatrix} 9 \\ 1 \\ -8 \end{pmatrix}$ Beide Gleichungen beschreiben dieselbe Ebene E.	Drei Punkte $X(x_1 \mid x_2 \mid x_3)$ beliebig (aber sinnvoll) wählen, die die Koordinatengleichung erfüllen. Vorsicht: Die Punkte dürfen nicht auf einer Geraden liegen! Ortsvektor eines Punktes als Stützvektor und die Vektoren zwischen zwei Punkten als Richtungsvektoren ergeben die Vektordarstellung.	Aus der Normalenform drei Punkte bestimmen, die nicht auf einer Geraden liegen dürfen (kollinear sind), gibt allerdings oft Probleme, sodass es sinnvoll sein kann, zunächst durch Ausmultiplizieren die Koordinatenform und erst damit die Vektorgleichung herzustellen.
Koordinatengleichung	Aus den drei linearen Gleichungen mit den beiden Parametern werden beide Parameter eliminiert. Es bleibt eine lineare Gleichung mit den Variablen x_i, die gesuchte Koordinatengleichung. $x_1 = -3 + 6r + 9s$ $x_2 = 3 - r + s$ $x_3 = 4 - 2r - 8s$ $\Rightarrow -x_1 - 6x_2 = -15 - 15s$ $2x_2 - x_3 = 2 + 10s$ $\Rightarrow 2x_1 + 6x_2 + 3x_3 = 24$ Man kann den Normalenvektor auch über das Vektorprodukt (Kreuzprodukt) bestimmen: $\begin{pmatrix} 6 \\ -1 \\ -2 \end{pmatrix} \times \begin{pmatrix} 9 \\ 1 \\ -8 \end{pmatrix} = \begin{pmatrix} 10 \\ 30 \\ 15 \end{pmatrix}$, was ein Vielfaches von $\begin{pmatrix} 2 \\ 6 \\ 3 \end{pmatrix}$ ist. Anschließend über Normalenform zur Koordinatenform.	Multipliziert man die Koordinatengleichung mit einer reellen Zahl $\neq 0$, so ändern sich die Koeffizienten vor den Variablen x_i, aber nicht die Ebene. Sinnvoll, um Bruchzahlen zu vermeiden. Notwendig, wenn man eine HESSE-Normalenform braucht.	Das Skalarprodukt ausmultiplizieren. Dann ordnen und zusammenfassen zur Koordinatenform: $\left[\begin{pmatrix} x_1 \\ x_2 \\ x_3 \end{pmatrix} - \begin{pmatrix} -3 \\ 3 \\ 4 \end{pmatrix}\right] \cdot \begin{pmatrix} 2 \\ 6 \\ 3 \end{pmatrix}$ $= (x_1 + 3) \cdot 2 + (x_2 - 3) \cdot 6$ $+ (x_3 - 4) \cdot 3 = 0$ $\Rightarrow 2x_1 + 6x_2 + 3x_3 - 24 = 0.$
Normalengleichung	Der Normalenvektor der Ebene muss zu beiden Richtungsvektoren senkrecht stehen. Man erhält zwei Skalarprodukte, die null werden müssen, und damit zwei Gleichungen für drei Variablen. Eine Variable (beliebig) wählen, die restlichen beiden Variablen dann berechnen. Mit diesem Normalenvektor und einem bekannten Punkt folgt die Normalendarstellung.	Die Koeffizienten a, b, c vor den Variablen x_i in der Koordinatengleichung bilden einen Normalenvektor! Mit einem gegebenen Punkt gilt: Normalenvektor: $\begin{pmatrix} 2 \\ 6 \\ 3 \end{pmatrix}$ Punkt: $(0 \mid 0 \mid 8)$ $\Rightarrow \left[\vec{x} - \begin{pmatrix} 0 \\ 0 \\ 8 \end{pmatrix}\right] \cdot \begin{pmatrix} 2 \\ 6 \\ 3 \end{pmatrix} = 0$	Nur sinnvoll, wenn man eine HESSE-Form benötigt. Dann den Normalenvektor normieren (auf die Länge eins bringen: durch seine eigene Länge dividieren): $\left\lvert\begin{pmatrix} 2 \\ 6 \\ 3 \end{pmatrix}\right\rvert = \sqrt{2^2 + 6^2 + 3^2} = 7$ $\frac{1}{7}\left[\vec{x} - \begin{pmatrix} -3 \\ 3 \\ 4 \end{pmatrix}\right] \cdot \begin{pmatrix} 2 \\ 6 \\ 3 \end{pmatrix} = 0$

Tab. 8.2: Ebenengleichungen und deren Umwandlung ineinander

Spezialfälle (Gerade, Kugel, Ebene)

Spezialfälle sind erfahrungsgemäß wesentlich schwerer zu behandeln als die „Normalfälle". In Textaufgaben können diese Spezialfälle gehäuft vorkommen.

Spezielle Geradengleichungen

Ursprungsgerade: $\vec{x} = t\begin{pmatrix}r_1\\r_2\\r_3\end{pmatrix}$

x_1-Achse: $\vec{x} = t\begin{pmatrix}1\\0\\0\end{pmatrix}$;

x_2-Achse: $\vec{x} = t\begin{pmatrix}0\\1\\0\end{pmatrix}$;

x_3-Achse: $\vec{x} = t\begin{pmatrix}0\\0\\1\end{pmatrix}$

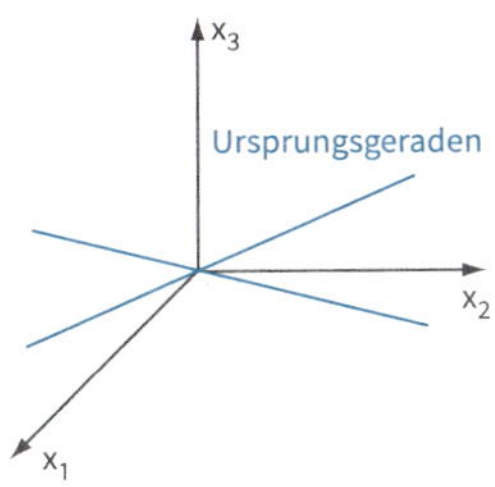

Winkelhalbierende z. B. in der x_1-x_2-Ebene (also $x_3 = 0$):

W_1: $\vec{x} = t\begin{pmatrix}1\\1\\0\end{pmatrix}$

W_2: $\vec{x} = t\begin{pmatrix}1\\-1\\0\end{pmatrix}$

Geraden parallel zu den Achsen durch den Punkt $P(p_1 \mid p_2 \mid p_3)$:

parallel zur x_1-Achse: $\vec{x} = \begin{pmatrix}p_1\\p_2\\p_3\end{pmatrix} + t\begin{pmatrix}1\\0\\0\end{pmatrix}$

parallel zur x_2-Achse: $\vec{x} = \begin{pmatrix}p_1\\p_2\\p_3\end{pmatrix} + t\begin{pmatrix}0\\1\\0\end{pmatrix}$

parallel zur x_3-Achse: $\vec{x} = \begin{pmatrix}p_1\\p_2\\p_3\end{pmatrix} + t\begin{pmatrix}0\\0\\1\end{pmatrix}$

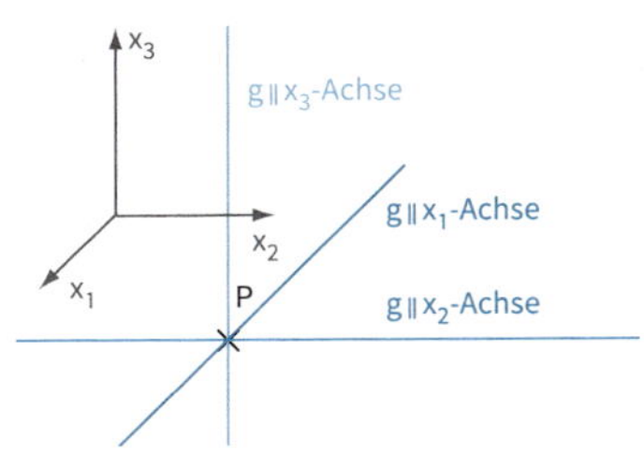

Kugelgleichungen mit speziellem Mittelpunkt M

$M(0 \mid 0 \mid 0)$: $x_1^2 + x_2^2 + x_3^2 = r^2$ $\qquad (\vec{x})^2 = r^2$

M auf x_1-Achse:

$(x_1 - m_1)^2 + x_2^2 + x_3^2 = r^2$ $\qquad \left[\vec{x} - \begin{pmatrix}m_1\\0\\0\end{pmatrix}\right]^2 = r^2$

M in x_2-x_3-Ebene:

$x_1^2 + (x_2 - m_2)^2 + (x_3 - m_3)^2 = r^2$ $\qquad \left[\vec{x} - \begin{pmatrix}0\\m_2\\m_3\end{pmatrix}\right]^2 = r^2$

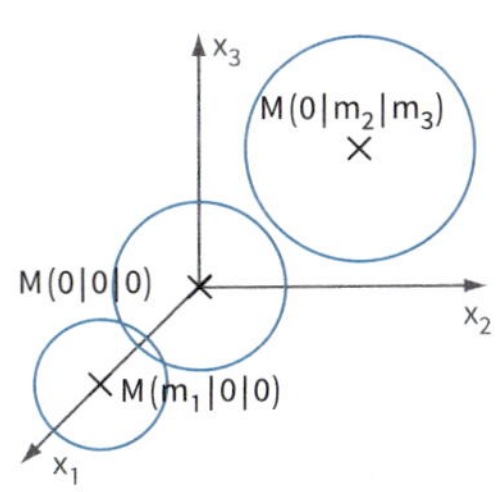

Vorsicht! Die Kugel steht nicht in allen Bundesländern auf dem Lehrplan. Fragen Sie Ihren Fachlehrer/Ihre Fachlehrerin, ob dieses Thema für Sie relevant ist.

z. B.: $\left|\vec{x} - \begin{pmatrix}-3\\0\\1\end{pmatrix}\right| = 9$ ist die Kugel mit Mittelpunkt $M(-3 \mid 0 \mid 1)$ auf der x_1-x_3-Ebene mit Radius $r = 3$.

Spezielle Ebenengleichungen

Koordinatenebene:

Vektorgleichung Koordinatengleichung

x_1-x_2-Ebene:

$\vec{x} = t\begin{pmatrix}1\\0\\0\end{pmatrix} + s\begin{pmatrix}0\\1\\0\end{pmatrix}$ $x_3 = 0$

x_1-x_3-Ebene:

$\vec{x} = t\begin{pmatrix}1\\0\\0\end{pmatrix} + s\begin{pmatrix}0\\0\\1\end{pmatrix}$ $x_2 = 0$

x_2-x_3-Ebene:

$\vec{x} = t\begin{pmatrix}0\\1\\0\end{pmatrix} + s\begin{pmatrix}0\\0\\1\end{pmatrix}$ $x_1 = 0$

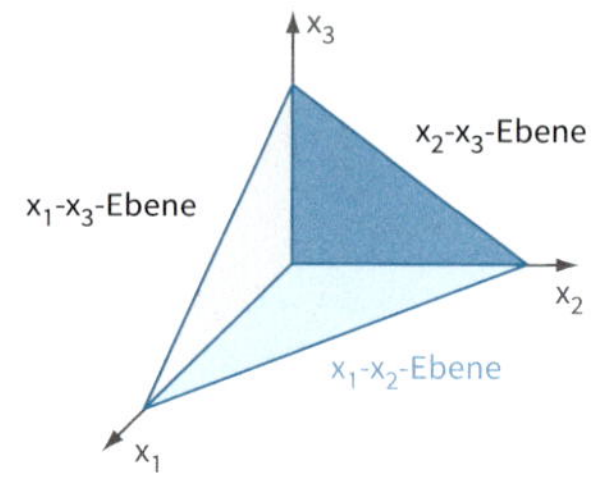

Ebenen parallel zu den Koordinatenebenen durch den Punkt $P(p_1 \mid p_2 \mid p_3)$:

Vektorgleichung Koordinatengleichung

parallel zur x_1-x_2-Ebene:

$\vec{x} = \begin{pmatrix}p_1\\p_2\\p_3\end{pmatrix} + t\begin{pmatrix}1\\0\\0\end{pmatrix} + s\begin{pmatrix}0\\1\\0\end{pmatrix}$ $x_3 = p_3$

parallel zur x_1-x_3-Ebene:

$\vec{x} = \begin{pmatrix}p_1\\p_2\\p_3\end{pmatrix} + t\begin{pmatrix}1\\0\\0\end{pmatrix} + s\begin{pmatrix}0\\0\\1\end{pmatrix}$ $x_2 = p_2$

parallel zur x_2-x_3-Ebene:

$\vec{x} = \begin{pmatrix}p_1\\p_2\\p_3\end{pmatrix} + t\begin{pmatrix}0\\1\\0\end{pmatrix} + s\begin{pmatrix}0\\0\\1\end{pmatrix}$ $x_1 = p_1$

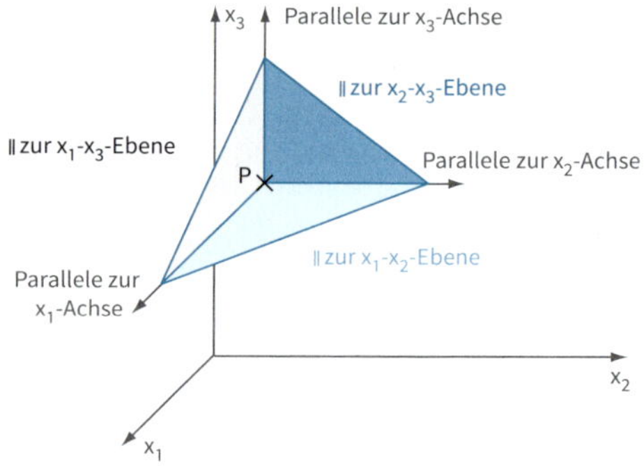

Tipp

Die speziellen Lagen der Ebenen sieht man am besten in der Koordinatendarstellung: Kommt in der Darstellung ein x_i nicht vor, so ist die Ebene zur x_i-Achse parallel.

Beispiele:

- Die Ebene $3x_1 - 5x_3 = 7$ ist parallel zur x_2-Achse.
- Die Ebene $2x_2 = 5$ ist parallel zur x_1- und x_3-Achse und damit zur x_1-x_3-Ebene im Abstand $\frac{5}{2}$; alle Punkte haben die x_2-Koordinate $\frac{5}{2}$.
- Die Ebene $x_3 = 0$ ist parallel zur x_1- und x_2-Achse und damit zur x_1-x_2-Ebene im Abstand 0, d. h. $x_3 = 0$ ist die x_1-x_2-Ebene.
- Die Ebene $x_1 + x_2 = 0$ ist parallel zur x_3-Achse, die Ebene geht durch $(0 \mid 0 \mid 0)$.

8.6 Grundfragen der Geometrie

Der geometrische Teil der Oberstufenmathematik führt uns zurück in die Geometrie der Mittelstufe. Alle von dort schon bekannten Figuren und Körper kommen wieder vor: Gerade und Strecke, Ebene und Teile von Ebenen (Dreieck, Viereck, Raute, Kreis ...) und nicht zuletzt Körper (Kugel, Prisma, Zylinder ...). Was in der Mittelstufe im mathematischen Teilgebiet der Geometrie zeichnerisch bewältigt wurde (konstruktiv mit Lineal, Zirkel und Bleistift), wird nun algebraisch in Gleichungen umgesetzt und rechnerisch behandelt. Die Theorie steht ab jetzt über der Praxis und der Taschenrechner wird wichtiger als Lineal und Zirkel.

Dass Zeichnungen und Skizzen immer noch zur Geometrie gehören, ist klar. Aber sie dominieren nicht mehr. Sie dienen als Planfigur, als Hilfsmittel und zur Vervollständigung oder zur Veranschaulichung eines Problems.

Ganz grob vereinfacht geht es um genau vier Probleme: Inzidenz, Abstand, Lage und Schnitt. Und dies mit den vier „Grundfiguren" und den entsprechenden Teilmengen davon. Die wichtigsten (das heißt, die am häufigsten bei Aufgaben vorkommenden) sind:

- Punkt;
- Gerade (Strecke);
- Ebene (Kreis, Dreieck, Viereck);
- Raum (Kugel, Pyramide, Prisma, Kegel).

Um die angesprochenen vier Probleme (Inzidenz, Abstand, Lage, Schnitt) bewältigen zu können, sind (außer der schon geübten Rechenfertigkeit „Lösen eines linearen Gleichungssystems") nur wenige Rechentechniken notwendig. Sie werden bei der folgenden Problembeschreibung geübt.

Informieren Sie sich auch in Ihrer Formelsammlung.

Enthaltensein (Inzidenz)

Das einfachste „Grundproblem" der Geometrieaufgaben ist das Enthaltensein. Da wir alle Figuren als Punktmengen verstehen, genügt es, wenn man weiß, wann der Punkt A in oder auf der Figur B liegt. (Also: Wann liegt A auf der Geraden g, in der Ebene E, auf oder in der Kugel K, ...?) Grundsätzlich gilt die sehr einleuchtende und damit auch einfache Regel:

Wissen

Setzt man die Koordinaten des Punktes A (also a_1, a_2, und a_3) anstelle der Variablen x_i (also für x_1, x_2 und x_3) der Figur B ein und erhält man dann eine wahre Aussage, so liegt A in (oder auf) B. Erhält man dagegen eine falsche Aussage, so liegt A nicht in oder auf B.

Im Folgenden beispielhaft einige (teils „fehleranfällige") **Inzidenzprobleme** in einer nicht vollständigen Aufstellung.

Beispiele

Gerade g in Ebene E

Eine Gerade g liegt in der Ebene E, wenn zwei beliebige Punkte $A, B \in g$ in E liegen. Sie wählen auf der Geraden g zwei beliebige Punkte und setzen die Koordinaten in die Ebenengleichung ein.

Punkt A in oder auf Kugel K

Berechnen Sie den Abstand d des Punktes $A(a_1 | a_2 | a_3)$ vom Mittelpunkt M der Kugel. Vergleichen Sie d und r: $d < r \Rightarrow$ A liegt innerhalb der Kugel. $d = r \Rightarrow$ A liegt auf der Kugel. $d > r \Rightarrow$ A liegt außerhalb der Kugel. $A(1|-1|1)$ liegt innerhalb, $B(1|-2|0)$ auf und $C(1|-2|-3)$ außerhalb der Kugel mit $M(1|-2|3)$ und $r = 3$.

Punkt A liegt auf der Strecke $\overline{PQ}$

mit $P(p_1|p_2|p_3)$ und $Q(q_1|q_2|q_3)$ ist $\vec{x} = \begin{pmatrix} p_1 \\ p_2 \\ p_3 \end{pmatrix} + t\begin{pmatrix} q_1 - p_1 \\ q_2 - p_2 \\ q_3 - p_3 \end{pmatrix}$ die Gerade (PQ).

Die Punktmenge mit $0 \le t \le 1$ ist die Strecke $\overline{PQ}$.

Hat $\vec{a} = \vec{p} + t(\vec{q} - \vec{p})$, also $\begin{vmatrix} (1) & a_1 = p_1 + t(q_1 - p_1) \\ (2) & a_2 = p_2 + t(q_2 - p_2) \\ (3) & a_3 = p_3 + t(q_3 - p_3) \end{vmatrix}$ eine Lösung, liegt A auf g.

Ist bei der Lösung $t \in [0; 1]$ $(0 \le t \le 1)$, so liegt A auf der Strecke $\overline{PQ}$.

Sonderfälle: $t = 0 \Rightarrow A = P$; $t = 1 \Rightarrow A = Q$; $t = 0{,}5 \Rightarrow$ A ist Mitte der Strecke $\overline{PQ}$

A liegt in der Dreiecksfläche BCD

Wohl am elegantesten über eine Linearkombination (vgl. Skizze) zu lösen:

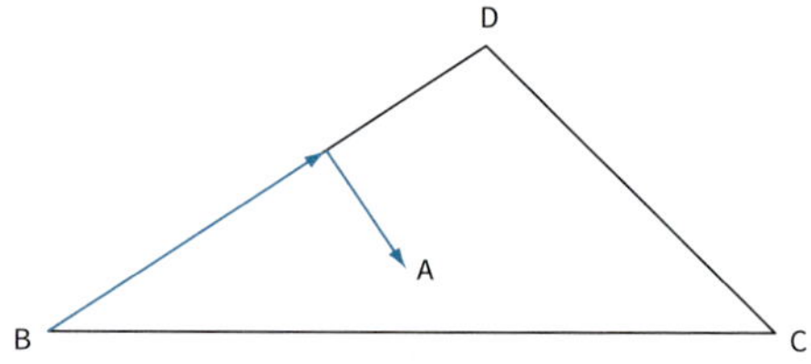

Hat die Vektorgleichung $\overrightarrow{BA} = t \cdot \overrightarrow{BD} + s \cdot \overrightarrow{DC}$ und damit das LGS $\begin{vmatrix} a_1 - b_1 = t(d_1 - b_1) + s(c_1 - d_1) \\ a_2 - b_2 = t(d_2 - b_2) + s(c_2 - d_2) \\ a_3 - b_3 = t(d_3 - b_3) + s(c_3 - d_3) \end{vmatrix}$ eine Lösung, liegt A in der Ebene BCD. Gilt dabei $0 \le t \le 1$ und $0 \le s \le t$, so liegt A im Dreieck.

Strecke $\overline{PQ}$ in Ebene E oder Kugel K

Eine Strecke liegt in der Ebene E beziehungsweise in der Kugel K, wenn der Anfangs- und der Endpunkt der Strecke in E bzw. K liegen.

Lagebeziehungen

Im Gegensatz zur Ebene im Gebiet der Analysis, in der es eigentlich nur Schnittprobleme gibt, kommen in der Geometrie im Raum noch Lageprobleme dazu.

$g\colon \vec{x}=\begin{pmatrix}a_1\\a_2\\a_3\end{pmatrix}+t\begin{pmatrix}r_1\\r_2\\r_3\end{pmatrix}$ $\vec{x}=\vec{a}+t\cdot\vec{r}$	Gerade ↔ Gerade $a_1+t\cdot r_1=b_1+s\cdot v_1$ $a_2+t\cdot r_2=b_2+s\cdot v_2$ $a_3+t\cdot r_3=b_1+s\cdot v_3$		$h\colon \vec{x}=\begin{pmatrix}b_1\\b_2\\b_3\end{pmatrix}+s\begin{pmatrix}v_1\\v_2\\v_3\end{pmatrix}$ $\vec{x}=\vec{b}+s\cdot\vec{v}$
gleich	parallel	gemeinsamer Schnitt	windschief
Richtungsvektoren $\vec{r}$ und $\vec{v}$ linear abhängig, $\vec{r}=k\cdot\vec{v}$ gemeinsamer Punkt	Richtungsvektoren linear abhängig, $\vec{r}=k\cdot\vec{v}$ kein gemeinsamer Punkt	Richtungsvektoren linear unabhängig, $k\cdot\vec{v}+l\cdot\vec{r}=0$ $\Rightarrow k=l=0$ gemeinsamer Punkt	Richtungsvektoren linear unabhängig, $k\cdot\vec{v}+l\cdot\vec{r}=0$ $\Rightarrow k=l=0$ kein gemeinsamer Punkt
unendlich viele Lösungen des LGS	keine Lösung des LGS	genau eine Lösung des LGS	keine Lösung des LGS

Tab. 8.3: Lagebeziehungen Gerade – Gerade

$g\colon \vec{x}=\begin{pmatrix}a_1\\a_2\\a_3\end{pmatrix}+t\begin{pmatrix}r_1\\r_2\\r_3\end{pmatrix}$ $\vec{x}=\vec{a}+t\cdot\vec{r}$	Gerade ↔ Ebene am schnellsten: $n_1(a_1+tr_1)+n_2(a_2+tr_2)+n_3(a_3+tr_3)=d$	$E\colon \vec{x}=\begin{pmatrix}b_1\\b_2\\b_3\end{pmatrix}+s\begin{pmatrix}v_1\\v_2\\v_3\end{pmatrix}+l\begin{pmatrix}w_1\\w_2\\w_3\end{pmatrix}$ $x=b+s\cdot\vec{v}+l\cdot\vec{w}$ $n_1x_1+n_2x_2+n_3x_3=d$
parallel	enthalten	gemeinsamer Schnittpunkt
Der Richtungsvektor der Geraden ist linear abhängig zu den beiden Richtungsvektoren der Ebene. $\vec{r}=m\cdot\vec{v}+q\cdot\vec{w}$ Oder der Richtungsvektor der Geraden steht senkrecht auf dem Normalenvektor der Ebene. $\vec{r}\cdot\vec{n}=0$ kein gemeinsamer Punkt	Der Richtungsvektor der Geraden ist linear abhängig zu den beiden Richtungsvektoren der Ebene. $\vec{r}=m\cdot\vec{v}+q\cdot\vec{w}$ Oder der Richtungsvektor der Geraden steht senkrecht auf dem Normalenvektor der Ebene. $\vec{r}\cdot\vec{n}=0$ gemeinsamer Punkt	Der Richtungsvektor der Geraden ist linear unabhängig zu den beiden Richtungsvektoren der Ebene. Oder der Richtungsvektor der Geraden steht nicht senkrecht auf dem Normalenvektor der Ebene. $\vec{r}\cdot\vec{n}\neq 0$ ein gemeinsamer Punkt
keine Lösung des LGS	unendlich viele Lösungen des LGS	genau eine Lösung des LGS

Tab. 8.4: Lagebeziehungen Gerade – Ebene

$E\colon \vec{x}=\vec{a}+t\cdot\vec{r}+s\cdot\vec{v}$ $n_1x_1+n_2x_2+n_3x_3=d$	Ebene ↔ Ebene Gleichsetzen	$F\colon \vec{x}=\vec{b}+l\cdot\vec{w}+k\cdot\vec{u}$ $m_1x_1+m_2x_2+m_3x_3=c$
parallel	gleich	Schnittgerade
Normalenvektoren linear abhängig $\vec{n}=p\cdot\vec{m}$ oder Richtungsvektoren linear abhängig, kein gemeinsamer Punkt	Normalenvektoren linear abhängig $\vec{n}=p\cdot\vec{m}$ oder Richtungsvektoren linear abhängig, gemeinsamer Punkt	Normalenvektoren linear unabhängig $p\cdot\vec{m}+q\cdot\vec{m}=\vec{0}\quad p=q=0$ oder Richtungsvektoren linear unabhängig
keine Lösung des LGS	unendlich viele Lösungen des LGS	unendlich viele Lösungen des LGS

Tab. 8.5: Lagebeziehungen Ebene – Ebene

Schnittprobleme Gerade – Gerade

Gleichsetzen der beiden Geradengleichungen ergibt ein lineares Gleichungssystem mit drei Gleichungen und zwei Variablen. Aus zwei Gleichungen die beiden Parameter bestimmen und in die 3. Gleichung einsetzen.

Schnittprobleme Gerade – Ebene

- Bei unendlich vielen Lösungen $\Rightarrow$ $g \in E$.
- Bei keiner Lösung $\Rightarrow$ $g \parallel E$ mit $g \notin E$.
- Genau eine Lösung: Einsetzen ergibt den einzigen Schnittpunkt.

Am sichersten und einfachsten ist der Schnitt der Geraden mit der Koordinatenform der Ebene. Es lohnt sich, die Ebene in die Koordinatenform zu bringen, bevor geschnitten wird. Zur Übersicht die drei Arten:

Gerade $\leftrightarrow$ Ebene in Vektorgleichung
Gleichsetzen ergibt drei Gleichungen mit drei Variablen. Lösen des linearen Gleichungssystems und Einsetzen der berechneten Parameter ergibt das Ergebnis.

Gerade $\leftrightarrow$ Ebene in Koordinatenform
Einsetzen der x_i der Geradengleichung in die Ebenengleichung. Man erhält eine lineare Gleichung für den Parameter der Geraden. Berechnung des Parameters und Einsetzen in Geradengleichung ergibt das Ergebnis.

Gerade $\leftrightarrow$ Ebene in Normalenform
Einsetzen der x_i der Geradengleichung in die Normalenform. Ausmultiplizieren des Skalarprodukts ergibt eine lineare Gleichung für den Parameter der Geraden. Berechnung des Parameters und Einsetzen in Geradengleichung ergibt das Ergebnis.

Schnittprobleme Ebene – Ebene

Am schnellsten ist der Schnitt zweier Ebenen in der Koordinatengleichung zu berechnen – und mit dem GTR ist das sehr einfach.

Grundsätzlich kann wieder jede Ebenenform mit jeder Ebenenform geschnitten werden. Rechnerisch am einfachsten ist der Schnitt zweier Ebenen, wenn eine Ebene in Koordinatenform, die andere in Vektorform vorliegt.

- Der Schnitt zweier Ebenen ist leer (kein gemeinsamer Punkt), wenn die Ebenen parallel sind.
- Ist jeder Punkt der Ebene Lösung des Schnittes, so sind die Ebenen gleich.
- Zwei nicht parallele und ungleiche Ebenen schneiden sich in einer Geraden der Schnittgeraden (also unendlich viele gemeinsame Punkte!).

Koordinatengleichung ↔ Koordinatengleichung
Es liegen zwei lineare Gleichungen mit jeweils drei Variablen (x_1, x_2, x_3) vor. Eine Variable eliminieren und aus der verbliebenen Gleichung eine der Variablen als Funktion der zweiten berechnen. Eliminierte Variable ebenfalls als Funktion der Variablen bestimmen. Die so erhaltene Punktmenge ist die Schnittgerade.

Koordinatengleichung ↔ Vektorgleichung
Die x_i der Koordinatengleichung durch die entsprechenden Terme der Vektorgleichung ersetzen. Ergibt eine lineare Gleichung mit zwei Variablen. Eine Variable als Funktion der anderen Variablen ausdrücken und in die Vektorgleichung einsetzen. Neu geordnet ergibt sich die Schnittgeradengleichung.

Koordinatengleichung ↔ Normalenform
Das Skalarprodukt der Normalenform ausmultiplizieren und zusammenfassen. Dann weiter wie beim Schnitt zweier Koordinatengleichungen.

Vektorgleichung ↔ Vektorgleichung
Gleichsetzen ergibt drei Gleichungen mit vier Variablen. Zwei Variablen (aber beide derselben Ebene) eliminieren und von den restlichen beiden eine als Funktion der anderen berechnen und in Ebene einsetzen. Dann neu ordnen. (Dieser Weg ist nicht zu empfehlen; er ist viel zu fehleranfällig!)

Vektorgleichung ↔ Normalenform
Die x_i der Vektorgleichung in die Normalenform einsetzen. Skalarprodukt ausmultiplizieren, dann weiter wie beim Schnitt Vektorgleichung ↔ Koordinatengleichung.

Normalenform ↔ Normalenform
Bei beiden Normalenformen die Skalarprodukte ausmultiplizieren und neu ordnen. Dann derselbe Weg wie bei Schnitt Koordinatengleichung ↔ Koordinatengleichung.

Abstandsprobleme

	Erklärung	Skizze	Beispiel
Punkt – Punkt	Der Abstand d (A, B) der beiden Punkte $A(a_1 \mid a_2 \mid a_3)$ und $B(b_1 \mid b_2 \mid b_3)$ wird mit dem Satz des PYTHAGORAS berechnet: $d(A, B) = \sqrt{(b_1-a_1)^2 + (b_2-a_2)^2 + (b_3-a_3)^2}$ $= d(B, A) = \sqrt{(a_1-b_1)^2 + (a_2-b_2)^2 + (a_3-b_3)^2}$ Die Reihenfolge von Anfangs- und Endpunkt ist unwichtig.	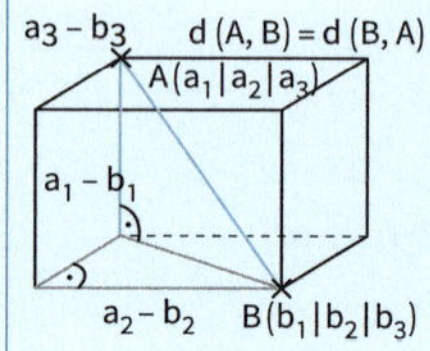	$A(-3 \mid 2 \mid 5)$, $B(1 \mid -2 \mid 7)$ $d(A, B) = \sqrt{(-3-1)^2 + (2-(-2))^2 + (5-7)^2}$ $= \sqrt{16+16+4} = \sqrt{36} = 6$ LE
Punkt – Gerade	Zunächst wird eine Hilfsebene H bestimmt, in der der Punkt P liegt und die senkrecht zu der Geraden g liegt. Diese Hilfsebene H schneidet die Gerade g in S. Der Abstand der beiden Punkte S und P ist der Abstand des Punktes P zur Geraden g. Oder: Gerade als Punktmenge $(2+t \mid -2+t \mid 1-t)$ Skalarprodukt mit Richtungsvektor $\begin{pmatrix} 2+t \\ -2+t \\ 1-t \end{pmatrix} \cdot \begin{pmatrix} 1 \\ 1 \\ -1 \end{pmatrix} = 0 \Rightarrow t = 2$	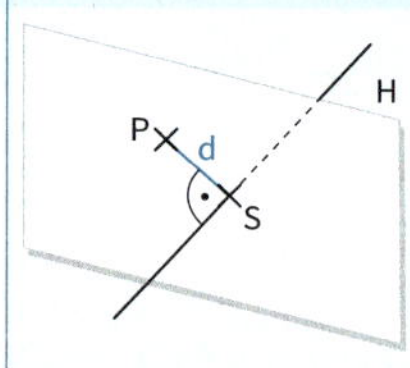	Gerade g: $\vec{x} = \begin{pmatrix} 2 \\ -2 \\ 1 \end{pmatrix} + t \begin{pmatrix} 1 \\ 1 \\ -1 \end{pmatrix}$, $P(1 \mid 2 \mid -2)$ $\Rightarrow$ H: $\left[\vec{x} - \begin{pmatrix} 1 \\ 2 \\ -2 \end{pmatrix}\right] \cdot \begin{pmatrix} 1 \\ 1 \\ -1 \end{pmatrix} = 0$ $\Rightarrow x_1 + x_2 - x_3 - 5 = 0$ $g \cap H$: $(2+t) + (-2+t) - (1-t) - 5 = 0$ $\Rightarrow t = 2 \Rightarrow S(4 \mid 0 \mid -1)$ $\Rightarrow d(P, S) = \sqrt{9+4+1} = \sqrt{14}$ LE
Punkt – Ebene	Die Koordinaten des Punktes P in die HESSE-Form der Ebene einsetzen; das ergibt (bis auf das Vorzeichen) den Abstand des Punktes von der Ebene. Bei positivem Vorzeichen liegt der Punkt in Richtung des Normalenvektors, bei negativem Vorzeichen auf der anderen Seite der Ebene (entgegen der Normalenrichtung).	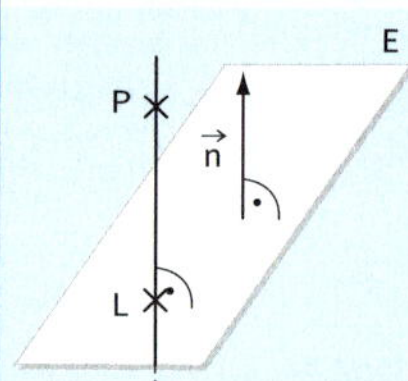	E: $2x_1 - 3x_2 - x_3 + 10 = 0$; $P(1 \mid 2 \mid -2)$ E in HESSE-Form: $\frac{2x_1 - 3x_2 - x_3 + 10}{\sqrt{14}} = 0$; P in E eingesetzt, gibt $d(P, E) = \left\| \frac{2-6-(-2)+10}{\sqrt{14}} \right\| \approx 2{,}14$ LE
Gerade – Gerade	Am einfachsten, schnellsten und „fehlerunanfälligsten" über die Formel (in jeder Formelsammlung enthalten): Mit g: $\vec{x} = \vec{p} + t\vec{u}$ und l: $\vec{x} = \vec{q} + s\vec{v}$ gilt: $d(g, l) = \|\vec{n_0}\,(\vec{q} - \vec{p})\|$ mit den Ortsvektoren $\vec{p}$ und $\vec{q}$ und dem normierten Vektor $\vec{n_0}$ mit $\vec{n_0} \perp \vec{u}$; $\vec{n_0} \perp \vec{v}$ und $\|\vec{n_0}\| = 1$.	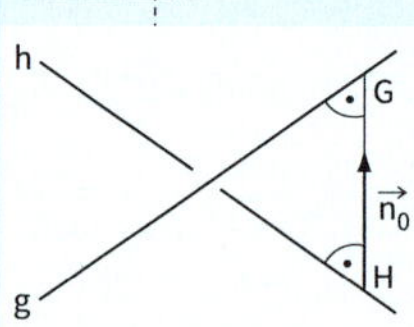	g: $\vec{x} = \begin{pmatrix} 2 \\ -2 \\ 1 \end{pmatrix} + t \begin{pmatrix} 1 \\ 1 \\ -1 \end{pmatrix}$; h: $\vec{x} = \begin{pmatrix} 2 \\ -1 \\ 3 \end{pmatrix} + s \begin{pmatrix} 2 \\ 2 \\ 1 \end{pmatrix}$ $d(g, h) = \left\| \frac{1}{\sqrt{2}} \begin{pmatrix} 1 \\ -1 \\ 0 \end{pmatrix} \cdot \begin{pmatrix} 0 \\ 1 \\ 2 \end{pmatrix} \right\| = \frac{1}{\sqrt{2}} \approx 0{,}7$ LE
Gerade – Ebene	Zunächst werden Ebene und Gerade geschnitten. Ist ein Schnittpunkt vorhanden, so ist der Abstand natürlich null. Ohne gemeinsamen Punkt (g muss dann parallel zu E sein) nimmt man einen beliebigen Punkt der Geraden und berechnet mittels der HESSE-Form den Abstand, der auch der Abstand von g und E ist.	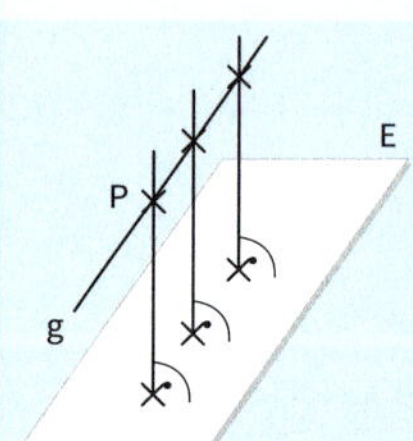	g: $\vec{x} = \begin{pmatrix} 2 \\ -2 \\ 1 \end{pmatrix} + t \begin{pmatrix} 1 \\ 1 \\ -1 \end{pmatrix}$, E: $2x_1 - 3x_2 - x_3 + 10 = 0$ Wegen g || E wird $P(2 \mid -2 \mid 1)$ in die HESSE-Form eingesetzt: $d = \left\| \frac{2 \cdot 2 - 3(-2) - 1 + 10}{\sqrt{14}} \right\| \approx 5{,}1$ LE
Ebene – Ebene	Nur sinnvoll, wenn sich die Ebenen nicht schneiden, also parallel sind. Sonst ist infolge der gemeinsamen Punkte der Abstand null. Bei parallelen Ebenen sind alle Punkte einer Ebene gleich weit von der anderen Ebene entfernt. Abstand: beliebiger Punkt ↔ Ebene.	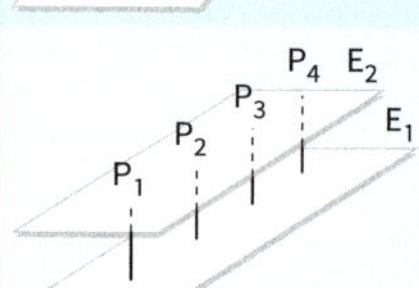	Einen beliebigen Punkt P einer Ebene in die HESSE-Form der anderen Ebene einsetzen ($E_1 \parallel E_2$). E_1: $2x_1 - 3x_2 - x_3 + 10 = 0$ E_2: $2x_1 - 3x_2 - x_3 + 3 = 0$ mit $P(0 \mid 0 \mid 3)$ $\Rightarrow d = \left\| \frac{0+0-3+10}{\sqrt{14}} \right\| \approx 1{,}87$ LE

Tab. 8.6: Abstandsprobleme

Lot, Lotgerade, Lotfußpunkt

Wissen

- Das Lot vom Punkt A auf **die Gerade g** ist die Gerade durch A, welche die Gerade g senkrecht schneidet.
  Der Schnittpunkt mit der Geraden heißt Lotfußpunkt L.
- Die Lotgerade vom Punkt A auf **die Ebene E** ist die Gerade durch A, welche die Ebene E senkrecht schneidet.
  Der Schnittpunkt mit der Ebene heißt Lotfußpunkt L.

Lot auf Gerade

Das Lot von $A(a_1|a_2|a_3)$ auf die Gerade $g: \vec{x} = \begin{pmatrix} p_1 \\ p_2 \\ p_3 \end{pmatrix} + r\begin{pmatrix} u_1 \\ u_2 \\ u_3 \end{pmatrix}$ wird über eine Hilfsebene H mit $A \in H$ und $g \perp H$ (Richtungsvektor von g ist Normalenvektor von H) bestimmt. g schneidet H im Lotfußpunkt L. (AL) ist die Lotgerade.

Beispiel

Gegeben: Punkt $A(-1|2|-3)$ und Gerade $g: \vec{x} = \begin{pmatrix} 2 \\ -1 \\ 1 \end{pmatrix} + t\begin{pmatrix} -1 \\ -2 \\ 1 \end{pmatrix}$.
Gesucht: Lot von A auf g.

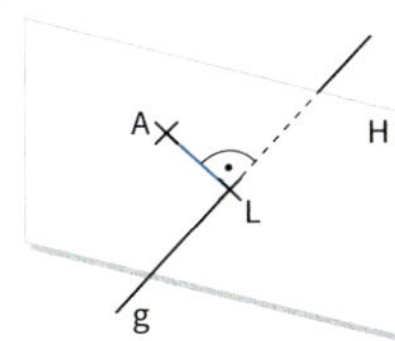

H: $\left[\begin{pmatrix} x_1 \\ x_2 \\ x_3 \end{pmatrix} - \begin{pmatrix} -1 \\ 2 \\ -3 \end{pmatrix}\right] \cdot \begin{pmatrix} -1 \\ -2 \\ 1 \end{pmatrix} = 0 \Rightarrow -x_1 - 2x_2 + x_3 + 6 = 0.$

$H \cap g: -(2-t) - 2(-1-2t) + (1+t) + 6 = 0$

$\Rightarrow t = -\frac{7}{6} \Rightarrow L\left(\frac{19}{6}\middle|\frac{8}{6}\middle|-\frac{1}{6}\right)$

Lot: $\vec{x} = \begin{pmatrix} -1 \\ 2 \\ -3 \end{pmatrix} + t \cdot \begin{pmatrix} 25 \\ -4 \\ 19 \end{pmatrix}$ (Richtungsvektor $\overrightarrow{AL}$ mit 6 multipliziert.)

Lot auf Ebene

Das Lot von $A(a_1|a_2|a_3)$ auf die Ebene $E: ax_1 + bx_2 + cx_3 + d = 0$ kann ohne Rechnung sofort angegeben werden, da der Richtungsvektor der Lotgeraden gleich dem Normalenvektor der Ebene ist. $l: \vec{x} = \begin{pmatrix} a_1 \\ a_2 \\ a_3 \end{pmatrix} + t\begin{pmatrix} a \\ b \\ c \end{pmatrix}$.
Den Lotfußpunkt erhalten wir aus $l \cap E$.

Beispiel

Lot von $P(3|-2|5)$ auf die Ebene $2x_1 + 3x_2 - x_3 = 4$

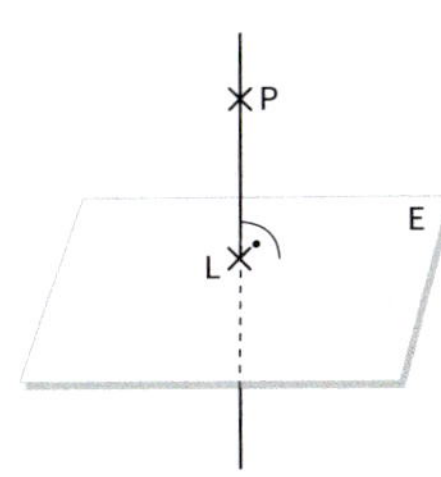

$l: \vec{x} = \begin{pmatrix} 3 \\ -2 \\ 5 \end{pmatrix} + t \cdot \begin{pmatrix} 2 \\ 3 \\ -1 \end{pmatrix}$

$$\begin{aligned} l \cap E: \quad 2(3+2t) + 3(-2+3t) - 5 + t &= 4 \\ 6 + 4t - 6 + 9t - 5 + t &= 0 \\ 14t &= 9 \\ t &= \frac{9}{14} \end{aligned}$$

$\Rightarrow L\left(3 + \frac{9}{14} \cdot 2 \middle| -2 + \frac{9}{14} \cdot 3 \middle| 5 + \frac{9}{14} \cdot (-1)\right) \Rightarrow L\left(\frac{30}{7}\middle|-\frac{1}{14}\middle|\frac{61}{14}\right)$

Spiegelungen

Keine Angst vor Spiegelungen. Sie müssen lediglich einen Punkt spiegeln können, denn alle Spiegelprobleme lassen sich auf Spiegelungen von Punkten zurückführen.

Spiegelung am Punkt S

Stellen Sie die Gleichung der Geraden (AS) mit Sützvektor $\overrightarrow{OA}$ und Richtungsvektor $\overrightarrow{AS}$ auf und setzen Sie $t = 2$ ein, so erhalten Sie den Ortsvektor des Spiegelpunktes A′. Spiegeln Sie jeden Punkt für sich.

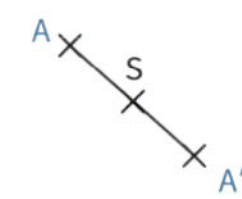

Beispiel

A(2 | −1 | 4) an S(−2 | 3 | 2) gespiegelt:

$$(AS)\colon \vec{x} = \begin{pmatrix} 2 \\ -1 \\ 4 \end{pmatrix} + t\begin{pmatrix} -4 \\ 4 \\ -2 \end{pmatrix};\ t = 2 \Rightarrow \begin{matrix} (1)\ x_1 = 2 + 2(-4) = -6 \\ (2)\ x_2 = -1 + 2\cdot 4 = 7 \\ (3)\ x_3 = 4 + 2(-2) = 0 \end{matrix} \quad \Rightarrow A'(-6 | 7 | 0)$$

Spiegelung an der Geraden g

Die Hilfsebene H mit $A \in H$ und $H \perp g$ schneidet g in S. A über S gespiegelt ergibt den Spiegelpunkt A′.
Hilfsebene H über die Normalenform beschreiben, dann in die Koordinatengleichung umwandeln.

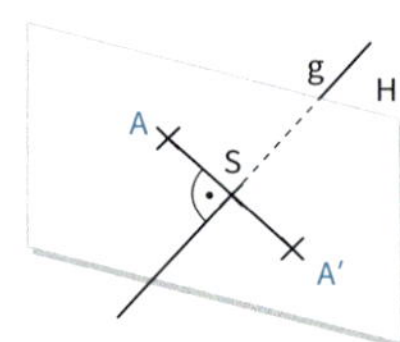

Beispiel

$$A(2 | -1 | 4),\ g\colon \vec{x} = \begin{pmatrix} 0 \\ 4 \\ 0 \end{pmatrix} + t\begin{pmatrix} 2 \\ 1 \\ -2 \end{pmatrix},\ H\colon \left[\vec{x} - \begin{pmatrix} 2 \\ -1 \\ 4 \end{pmatrix}\right]\cdot\begin{pmatrix} 2 \\ 1 \\ -2 \end{pmatrix} = 0$$

$\Rightarrow 2x_1 + x_2 - 2x_3 + 5 = 0;$

$H \cap g\colon\ 2(0 + 2t) + (4 + t) - 2(0 - 2t) + 5 = 0$

$\Rightarrow t = -1 \Rightarrow S(-2 | 3 | 2) \Rightarrow$ A′ wie bei Punkt S

Spiegelung an der Ebene E

Die Hilfsgerade h mit $A \in h$ und $h \perp E$ scheidet E in S. A über S spiegeln ergibt den Spiegelpunkt A′.
Am besten: Gerade mit A und $\overrightarrow{AS}$, dann $t = 2$
(wie Spiegelung am Punkt, siehe oben).

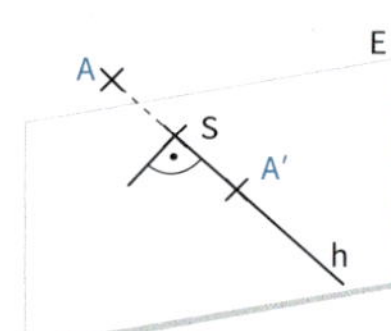

Beispiel

A(−2 | 1 | 3) wird an $E\colon 2x_1 - x_2 + x_3 = 4$ gespiegelt.

Hilfsgerade h (Lot von A auf E): $h\colon x = \begin{pmatrix} -2 \\ 1 \\ 3 \end{pmatrix} + t\cdot\begin{pmatrix} 2 \\ -1 \\ 1 \end{pmatrix}$

$h \cap E$ ergibt Lotfußpunkt S: $2(-2 + 2t) - 1 + t + 3 + t = 4$

$6t = 6 \Rightarrow t = 1 \Rightarrow S(0 | 0 | 4)$

Gerade durch A und S mit Richtungsvektor $\overrightarrow{AS}$ und $t = 2$ ergibt Spiegelpunkt A′.

$g_{AS}\colon \vec{x} = \begin{pmatrix} -2 \\ 1 \\ 3 \end{pmatrix} + t\cdot\begin{pmatrix} 2 \\ -1 \\ 1 \end{pmatrix}$ ergibt mit $t = 2$: A′(2 | −1 | 5)

Strecken

Strecke

Nicht selten wird nur mit einem beidseitig begrenztem Teil einer Geraden gearbeitet, wir nennen dieses Stück dann **Strecke** mit dem Anfangspunkt $A(a_1 | a_2 | a_3)$ und dem Endpunkt $E(e_1 | e_2 | e_3)$.

Die Strecke beschreibt man am einfachsten durch: $\vec{x} = \begin{pmatrix} a_1 \\ a_2 \\ a_3 \end{pmatrix} + t \begin{pmatrix} e_1 - a_1 \\ e_2 - a_2 \\ e_3 - a_3 \end{pmatrix}, \ 0 \leq t \leq 1$

Man sieht dann sehr gut über t, ob ein Punkt auf der Strecke liegt und kann sogar sehr leicht die Lage des Punktes auf der Strecke abschätzen. Übrigens werden alle gradlinig begrenzten Ebenen Figuren wie Dreieck, Trapez, Rechteck, Parallelogramm … durch Strecken begrenzt.

Beispiele

a: $\vec{x} = \begin{pmatrix} b_1 \\ b_2 \\ b_3 \end{pmatrix} + t \begin{pmatrix} c_1 - b_1 \\ c_2 - b_2 \\ c_3 - b_3 \end{pmatrix}, \quad 0 \leq t \leq 1$

b: $\vec{x} = \begin{pmatrix} c_1 \\ c_2 \\ c_3 \end{pmatrix} + s \begin{pmatrix} a_1 - c_1 \\ a_2 - c_2 \\ a_3 - c_3 \end{pmatrix}, \quad 0 \leq s \leq 1$

c: $\vec{x} = \begin{pmatrix} a_1 \\ a_2 \\ a_3 \end{pmatrix} + l \begin{pmatrix} b_1 - a_1 \\ b_2 - a_2 \\ b_3 - a_3 \end{pmatrix}, \quad 0 \leq l \leq 1$

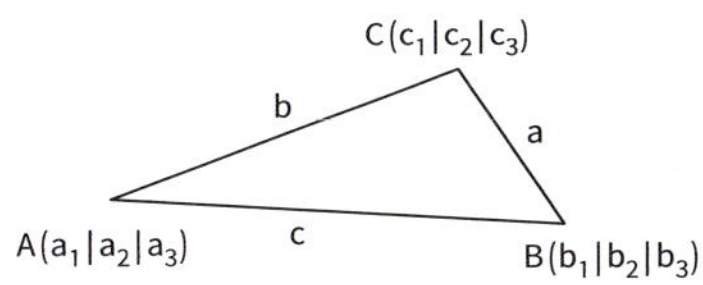

Gegeben sind die Punkte $A(1 | 2 | -1)$, $B(-1 | 2 | 1)$, $C(2 | -1 | 2)$.

a) Geben Sie die Gleichungen der Strecken a; b; c des Dreiecks ABC an.

b) Liegen die Punkte $P(0{,}5 | 0{,}5 | 1{,}5)$ und $Q(1 | -5 | 4)$ auf, in oder außerhalb des Dreiecks?

c) Zeichnen Sie das Dreieck und P und Q in ein dreidimensionales Koordinatensystem.

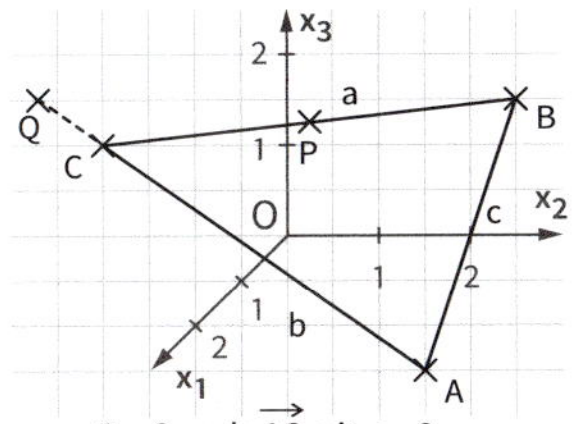

$Q \in$ Gerade $\overrightarrow{AC}$ mit $s = 2$

a: $\vec{x} = \begin{pmatrix} -1 \\ 2 \\ 1 \end{pmatrix} + t \begin{pmatrix} 3 \\ -3 \\ 1 \end{pmatrix}, \quad 0 \leq t \leq 1;$

b: $\vec{x} = \begin{pmatrix} 2 \\ -1 \\ 2 \end{pmatrix} + s \begin{pmatrix} -1 \\ 3 \\ -3 \end{pmatrix}, \quad 0 \leq s \leq 1;$

c: $\vec{x} = \begin{pmatrix} 1 \\ 2 \\ -1 \end{pmatrix} + l \begin{pmatrix} -2 \\ 0 \\ 2 \end{pmatrix}, \quad 0 \leq l \leq 1$

$P(0{,}5 | 0{,}5 | 1{,}5)$ liegt auf der Strecke a (ist die Mitte zwischen C und B)

$Q(1 | -5 | 4)$ liegt zwar auf der Geraden, die b enthält, aber nicht auf der Strecke b.

Flächen

Fläche

Eine nach allen Seiten begrenzte Ebene heißt **Fläche**.
Viele Körper (Würfel, Prisma, Quader …) werden durch Flächen begrenzt.
Die Begrenzungen der geradlinig begrenzten Flächen sind Strecken.

Alle geradlinig begrenzten Flächen lassen sich in Dreiecke aufteilen.

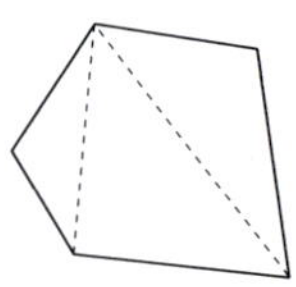

Es gibt viele geradlinig begrenzte Flächen, man kann aber alle diese Flächen in Dreiecke zerlegen. Wer also das Dreieck „im Griff" hat, hat alle geradlinig begrenzte Flächen im Griff. Grund genug, die folgenden Zeilen aufmerksam zu lesen. Natürlich werden Sie bei allen Problemen zum Quadrat, zum Rechteck, zum Parallelogramm … meist elegantere und schnellere Lösungen als durch das Aufteilen in zwei Dreiecke finden, aber über die Dreiecke geht es zur Not eben immer!

Zunächst sollten Sie entscheiden können, ob ein gegebener Punkt $P(p_1 | p_2 | p_3)$ innerhalb oder außerhalb (oder auf eine der Seiten) einer gegebenen Dreiecksfläche liegt. Dazu ein Lösungsvorschlag, der zwar arbeitsintensiv, aber immer möglich ist:

Ein Dreieck spannt immer ganz genau eine Ebene auf. Das Dreieck mit den Eckpunkten $A(a_1 | a_2 | a_3)$, $B(b_1 | b_2 | b_3)$ und $C(c_1 | c_2 | c_3)$ spannt die Ebene (ABC) auf:

$$\vec{x} = \begin{pmatrix} a_1 \\ a_2 \\ a_3 \end{pmatrix} + t \begin{pmatrix} b_1 - a_1 \\ b_2 - a_2 \\ b_3 - a_3 \end{pmatrix} + s \begin{pmatrix} c_1 - b_1 \\ c_2 - b_2 \\ c_3 - b_3 \end{pmatrix}$$

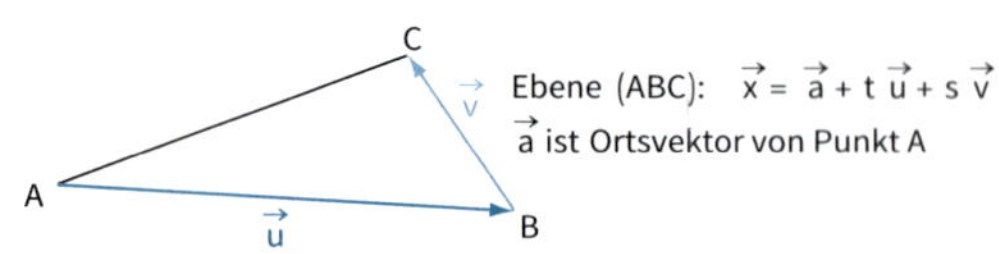

Untersuchen Sie zuallererst, ob der Punkt P überhaupt in der Ebene (ABC) liegt. Wenn nicht, kann er auch nicht in der Dreiecksfläche liegen.

Lösen des LGS:
$$\begin{aligned} a_1 + t(b_1 - a_1) + s(c_1 - b_1) &= p_1 \\ a_2 + t(b_2 - a_2) + s(c_2 - b_2) &= p_2 \\ a_3 + t(b_3 - a_3) + s(c_3 - b_3) &= p_3 \end{aligned}$$

Gibt es eine Lösung für t und s, so liegt P in der Ebene (ABC).
Wenn P in der Ebene (ABC) liegt, stellen Sie den Ortsvektor p des Punktes durch die Vektoren $\vec{u} = \overrightarrow{AB} = \begin{pmatrix} b_1 - a_1 \\ b_2 - a_2 \\ b_3 - a_3 \end{pmatrix}$ und $\vec{v} = \overrightarrow{BC} = \begin{pmatrix} c_1 - b_1 \\ c_2 - b_2 \\ c_3 - b_3 \end{pmatrix}$ dar:

$\vec{p} = n \cdot \vec{u} + m \cdot \vec{v}$

Gilt $0 \le n \le 1$ und $m \le n$ liegt der Punkt in der Dreiecksfläche, sonst nicht.

Zu beachten ist, dass ein Dreieck „schräg im Raum“ liegen kann und keineswegs parallel zu einer Koordinatenebene sein muss.

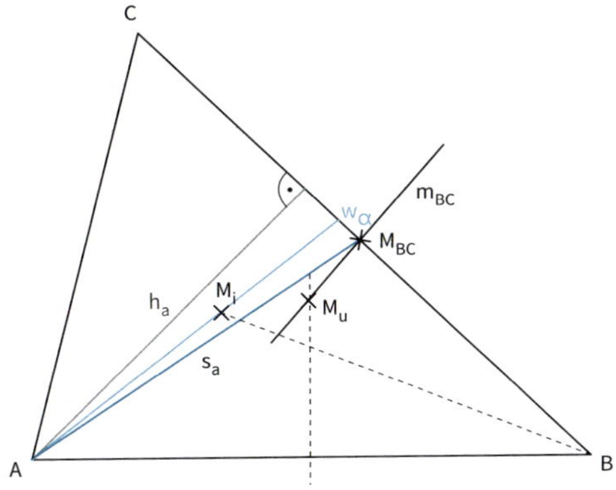

- **Flächeninhalt**:
  $F = 0{,}5 \cdot d(C, B) \cdot d(A, (BC))$
  mit $d(A, (BC))$ = Abstand des Punktes A von der Geraden (BC).
- **Höhe**:
  $h_a = d(A, (BC))$ = Abstand des Punktes von A von der Geraden (BC).
- **Inkreis K_i**: Mittelpunkt ist Schnittpunkt M_i der drei Winkelhalbierenden, Radius r_i ist der Abstand von M_i zu einer der Geraden (AB), (AC) oder (BC). K_i liegt in der Ebene (ABC).
- **Schwerpunkt**: Schnitt der Schwerelinien = Seitenhalbierenden.
  $s = \frac{1}{3}\left(\vec{a} + \vec{b} + \vec{c}\right)$
- **Seitenhalbierende**: $s_a = (A, M_{BC})$ mit $M_{BC}\left(\frac{b_1 + c_1}{2} \middle| \frac{b_2 + c_2}{2} \middle| \frac{b_3 + c_3}{2}\right)$
  Gerade durch A und Mitte M_{BC} der Strecke BC.
- **Umkreis K_u**: Mittelpunkt ist Schnittpunkt M_u der drei Mittelsenkrechten, Radius r_u ist der Abstand von M_u zu einem der Punkte A, B oder C. K_u liegt in der Ebene (ABC).
- **Winkelhalbierende**: $w_\alpha = (AW_\alpha)$ mit $\overrightarrow{AW_\alpha} = \frac{\overrightarrow{AC}}{|AC|} + \frac{\overrightarrow{AB}}{|AB|}$.

Flächeninhalt auch mithilfe des Betrages des Vektorprodukts berechenbar:

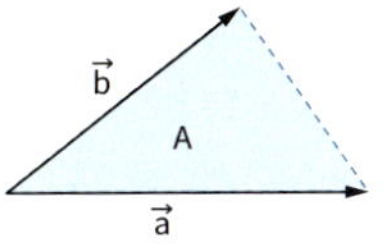

$A = \frac{1}{2} \cdot \left|\vec{a} \times \vec{b}\right|$

Überblick

Dieses Kapitel beinhaltet viele, in nahezu jeder Klausur oder Prüfung vorkommende Themen und Fragestellungen. Prüfen Sie daher bitte genau, ob Sie die nachfolgend genannten Inhalte sicher beherrschen. Sie bringen Ihnen viele Punkte ein!

- Berechnung von **Winkeln** bei Funktionen und in der Geometrie (sagt ihnen der Begriff „**Skalarprodukt**“ etwas?).
- Die **Berechnung von Integralen** ist neben der Funktionsuntersuchung der zweite große Teil der Analysis.
- **Volumenberechnungen** kommen nicht nur in der Geometrie, sondern im Zusammenhang mit Drehkörpern auch in der Analysis vor.
- Eine besondere Zahl ist das **Skalarprodukt**. Wissen Sie warum?
- Neben den verschiedenen Ebenenformen sind die Grundfragen der Geometrie (Fragen zu **Lagebeziehungen, Schnitt- und Abstandsberechnungen**) zentraler Teil der „Vektoraufgaben“ einer jeder Prüfung und absolut sicherer Punktelieferant (im Übrigen auch sehr gut als Thema in der mündlichen Prüfung geeignet!).

9 Leitidee Zufall, die Stochastik

Bei Wahlen werden sofort nach Schließung der Wahllokale die ersten Hochrechnungen veröffentlicht, diese beschreiben meist sehr gut das Endergebnis. Wissen Sie, dass durch einen Blitzschlag zu sterben etwa 7-mal wahrscheinlicher ist als ein Sechser im Lotto? Und da die Zeit ein wichtiger Kalkulationsfaktor ist, wird die Qualitätsprüfung von Teilen großer Stückzahlen zuverlässig und mit starker Aussagekraft über Stichproben ermittelt. Dank dem Teilgebiet Stochastik sind wir in der Lage, viele „Ungewissheiten" zu berechnen und (was genauso wichtig ist) die Ergebnisse zu deuten.

9.1 Überblick

Das Wort „Stochastik" kommt vom griechischen *stochasmos* und bedeutet eigentlich „Vermutung". Im Lexikon steht allerdings unter stochastisch „zufallsbedingt, zufällig". Im Prinzip sind beide Deutungen (so verschieden sie auch auf den ersten Blick klingen mögen) richtig. Es ist wohl kein Zufall, dass die Wahrscheinlichkeitsrechnung mit der mathematischen Betrachtung eines Glücksspiels beginnt. Mitte des 17. Jahrhunderts wurde sie in Paris von Blaise Pascal begründet.

Blaise Pascal 1623 – 1662 französischer Mathematiker, Physiker und Philosoph

Obwohl die Statistik und die Wahrscheinlichkeitsrechnung in den EPA festgeschrieben sind, gehört die Stochastik nicht überall zum Abiturprüfungsstoff. Auch die Intensität ist sehr verschieden. Bitte fragen Sie Ihre Fachlehrerin bzw. Ihren Fachlehrer, wie tief (wenn überhaupt) Sie in dieses Gebiet einsteigen müssen.

Die notwendigen Rechenfertigkeiten sind absolut problemlos, die Hauptschwierigkeit liegt im Verstehen der Textaufgaben und in der Entscheidung, welcher Lösungsweg zu gehen ist. Zudem hilft gerade in der Stochastik der Taschenrechner: Kombinatorik und Verteilungen – alles wird vom Rechner gerechnet. Auch die Skizze „Baumdiagramm" ist ein Hilfsmittel, dass Ihnen die Übersicht und den Rechenweg liefert. Also: Keine Angst vor der Stochastik!

Das Stoffgebiet Stochastik besteht in diesem Band aus fünf verschiedenen Blöcken, die nachfolgend auflistet sind.

Teilgebiet	Inhalt und Problematik	Beschreibung	Beispiel
beschreibende Statistik	Definitionen, Maßzahlen zur Beschreibung, grafische Darstellungsarten	Mit wenigen Zahlen soll eine Datenmenge aussagekräftig beschrieben werden.	Mit dem Durchschnitt und der Streuung die Ergebnisse einer Klassenarbeit beschreiben.
Definitionen der Wahrscheinlichkeit	klassische, statistische und axiomatische Definition	Übersicht über die verschiedenen (historisch gewachsenen) Definitionen.	Am Bahnsteig 1 halten Züge, die in Richtung A und in die Gegenrichtung B fahren. Carl steigt immer in den nächsten Zug ein. Wie groß ist die Wahrscheinlichkeit, dass … Kann diese Aufgabe mittels der klassischen Definition berechnet werden?
Berechnung von Wahrscheinlichkeiten	Ereignisalgebra, Baumdiagramm, Additionssatz, Multiplikationssatz, bedingte Wahrscheinlichkeit, Satz von BAYES	Umsetzung des Textes in eine mathematische Gleichung, möglicherweise durch Zerlegen des Problems und Einsatz der gültigen Sätze mit anschließender Berechnung.	Wie groß ist die Wahrscheinlichkeit, beim Lotto mindestens 4 Richtige zu erhalten?
Wahrscheinlichkeitsverteilungen	Zufallsvariable, Maßzahlen, Binomialverteilung, Normalverteilung	Etwas tieferer Einstieg in die Wahrscheinlichkeitstheorie, Vergleich der Theorie mit den empirischen Werten.	Wie groß ist die Wahrscheinlichkeit, dass bei 20-maligem Würfeln mehr als 4-mal die 6 fällt?
beurteilende Statistik	Fehler 1. und 2. Art, Schätzfunktionen, Testen von Hypothesen, Signifikanztest, Simulationen	Anwendungen auf die Praxis mit Fehlerrechnungen und Entscheidungen. Test, um von einer Stichprobe auf die Gesamtheit zu schließen.	Ein Hersteller verkauft Glühbirnen und behauptet, maximal 5 % davon seien defekt. Hat der Hersteller gelogen, wenn in einem Karton von 100 Stück 7 defekte sind?

Tab. 9.1: Gebiete der Stochastik

Auf der folgenden Seite werden die wichtigsten Begriffe der Statistik alphabetisch aufgelistet.

Alle dort aufgeführten Beispiele beziehen sich auf eine Urliste, die durch zwanzigmaliges Würfeln entstand. Die Stichprobe hat damit den Umfang 20.

Es fielen folgende Augenzahlen: 2, 6, 6, 1, 2, 5, 3, 4, 4, 1, 6, 5, 2, 3, 1, 1, 1, 2, 5, 6. Urliste

9.2 Wichtige Begriffe der beschreibenden Statistik

Name	Beschreibung	Erläuterung	Beispiel
Absolute Häufigkeit	Tritt beim n-maligen Durchführen eines Experiments die Ausprägung a_i n_i-mal auf, heißt n_i die absolute Häufigkeit von a_i.	Die absoluten Häufigkeiten werden meist mit n_i bezeichnet. Die Summe aller absoluten Häufigkeiten ist die Anzahl n der Stichproben.	Mit obiger Urliste (20 Stichproben) gilt: $n_1 = 5$; $n_2 = 4$; $n_3 = 2$; $n_4 = 2$; $n_5 = 3$; $n_6 = 4$. n_i bedeutet: Anzahl der Stichproben mit der Augenzahl i.
Ausprägung	Beim Beobachten eines Zufallsexperiments heißt jeder mögliche Ausgang eine Ausprägung des Experiments.	Angegeben in kleinen lateinischen Buchstaben mit Index: $a_1, a_2, \ldots a_m$.	Zufallsexperiment ist das Würfeln. Merkmal: die Augenzahl. Es gibt 6 Ausprägungen: $a_1 = 1$; $a_2 = 2$; $a_3 = 3$; $a_4 = 4$; $a_5 = 5$; $a_6 = 6$.
Boxplot	Zeichnerische Darstellung der Werteverteilung vom Minimum zum Maximum	Zwischen dem 1. und 3. Quartil wird ein Rechteck (Box) gezeichnet.	s. Grafik S. 185
Median	Ist der Zentralwert (s. unten).	Ist in der Regel vom Mittelwert verschieden.	Im Beispiel: 3
Mittelwert (Durchschnitt)	Der Mittelwert ist das arithmetische Mittel: Summe aller Stichprobenwerte durch Anzahl der Stichproben.	$\overline{x} = \frac{1}{n}\sum_{i=1}^{n} x_i$ ausgeschrieben: $\overline{x} = \frac{1}{n}(x_1 + x_2 + \ldots + x_n)$	$\overline{x} = \frac{1}{20}(2 + 6 + 6 + \ldots + 6)$ $= \frac{1}{20} \cdot 66 = 3{,}3$
Quartile	Werte in der Mitte der unteren bzw. oberen Hälfte der Datenreihe (Mediane der Datenhälften).	Durch die drei Mediane wird die Werteverteilung in vier Teile aufgeteilt.	1. Quartil ist wegen der Datenhälfte 1, 1, 1, 1, 1, 2, 2, 2, 2, 3 der Medianwert 1,5.
Relative Häufigkeit	Quotient der absoluten Häufigkeit durch die Anzahl der Stichproben (Summe aller n_i).	Relative Häufigkeiten werden meist mit h_i bezeichnet. Relative Häufigkeiten sind immer vergleichbar.	$h_1 = \frac{5}{20}$; $h_2 = \frac{4}{20}$; $h_3 = \frac{2}{20}$; $h_4 = \frac{2}{20}$; $h_5 = \frac{3}{20}$; $h_6 = \frac{4}{20}$
Spannweite	Differenz zwischen Minimum und Maximum.	Minimum ist kleinster, Maximum ist größter Wert.	Spannweite: $6 - 1 = 5$
Standardabweichung	Quadratwurzel aus der Varianz (Wurzel aus der Summe der Quadrate der Differenzen zum Mittelwert).	Bezeichnung der Standardabweichung: $\overline{s}$ oder σ. $\overline{s} = \sqrt{\overline{s}^2} = \sqrt{\sum_{i=1}^{n}(x_1 - \overline{x})^2}$	$\overline{s} = \sqrt{3{,}8} \approx 1{,}95$
Varianz/ Streuung	Maß für die Streuung („Entfernung vom Mittelwert“): Man addiert die Quadrate der Differenzen und teilt durch die Anzahl der Stichproben.	Bezeichnung der Varianz: meist V(x), $\overline{s}^2$ oder σ^2. $\overline{s}^2 = \frac{1}{n}\sum_{i=1}^{n}(x_1 - \overline{x})^2$ $= \frac{1}{n}[(x_1 - \overline{x})^2 + (x_2 - \overline{x})^2 + \ldots + (x_n - \overline{x})^2]$	$\overline{s}^2 = \frac{1}{20}[(2 - 3{,}3)^2 + \ldots (6 - 3{,}3)^2]$ $= 3{,}8$
Zentralwert	Ordnet man die Stichproben der Größe nach, so ist der Zentralwert der Wert, der nicht mehr als die Hälfte vor und nicht mehr als die Hälfte hinter sich hat.	Bei ungerader Stichprobenzahl der mittlere Wert, bei gerader Stichprobenzahl der Mittelwert der beiden mittleren Werte.	Geordnete Stichprobenwerte: 1, 1, 1, 1, 1, 2, 2, 2, 2, **3**, **3**, 4, 4, 5, 5, 5, 6, 6, 6, 6 Zentralwert ist 3.

Tab. 9.2: Grundlagen der beschreibenden Statistik

9.3 Grafische Darstellungen

Boxplot

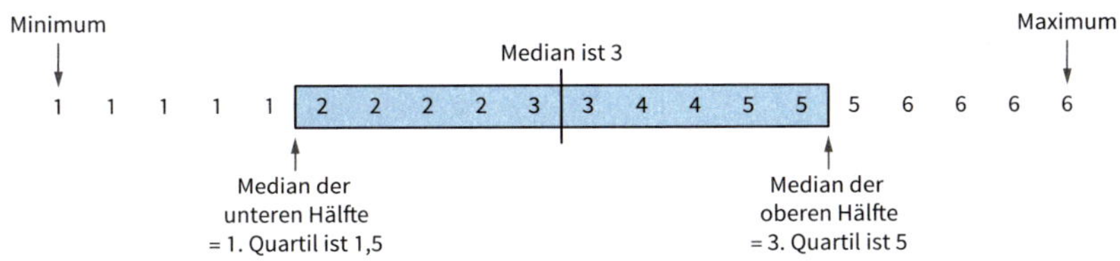

Statistiken sollten auf einen Blick überschaubar sein. Mit Stichprobenlisten oder Tabellen ist dies nicht möglich. Gerne werden zum Überblick grafische Darstellungen verwendet, zumal man dann sofort die Gewichtung im Vergleich erkennt.

Beispiel

Von 100 Schülern der Schule A wählten 60 als 1. Fremdsprache Englisch, 20 Französisch, 10 Latein und 10 Russisch.

Kreisdiagramm

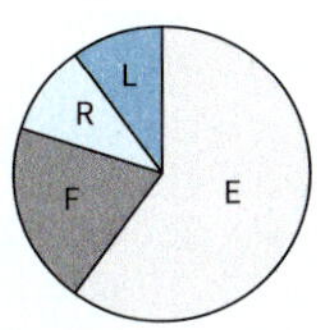

Säulendiagramm

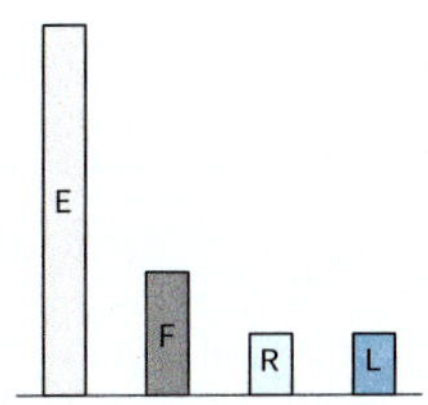

Piktogramm

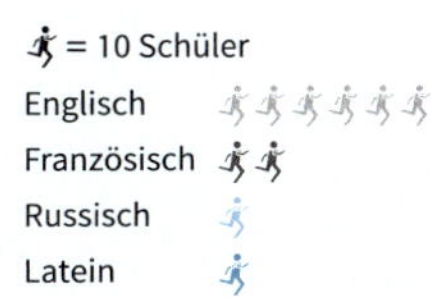

Darstellungen im Koordinatensystem: Da die x-Achse eine Skala trägt, müssen die verschiedenen Blöcke metrisch zu ordnen sein. Die dargestellten Merkmale müssen „kartional“ oder „ordinal“ messbar sein.

Beispiel

100 Schüler wurden nach ihrem Gewicht (auf volle kg gerundet) befragt. Es ergab sich folgende Verteilung:

Gewicht	38	39	40	41	42
Anzahl der Schüler	5	10	40	25	30

Punktuelle Eintragung in das Koordinatensystem	Schaubild mit Extrempunkten durch Verbindung der Punkte	Mit der Breite 1 als Balken gezeichnet	„Abgerundeter Graph“, um Zwischenwerte anzudeuten

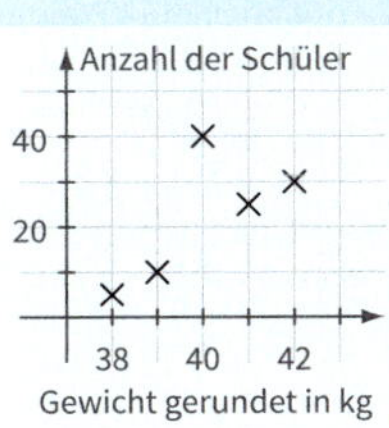

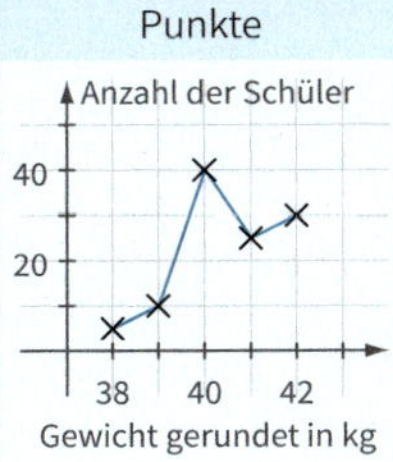

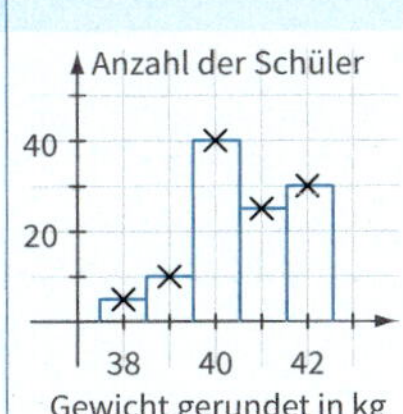

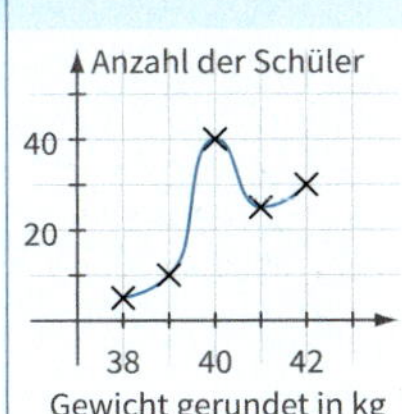

Dank neuerer Computerprogramme kann man natürlich auch dreidimensional arbeiten. Die Säulen beispielsweise werden dann zu Quadern. Da in der Schulmathematik in den Statistiken normalerweise keine Korrelationen betrachtet werden, bleiben wir im zweidimensionalen Raum.

9.4 Definition Wahrscheinlichkeit

	Klassische Definition	Statistische Definition	Axiomatische (heutige) Definition
Definition	$P(E) = \frac{\text{Anzahl der günstigen Fälle}}{\text{Anzahl der möglichen Fälle}}$	Mit h(E) als relativer Häufigkeit gilt für die Wahrscheinlichkeit P: $P(E) = \lim_{n \to \infty} h(E)$. Die Wahrscheinlichkeit wird zum Grenzwert der relativen Häufigkeit nach unendlich vielen Experimenten. Die relative Häufigkeit kann empirisch bestimmt werden.	Die Wahrscheinlichkeit ist eine Abbildung des Ereignisraumes eines Zufallsexperiments mit den Elementarereignissen e_i in die Menge der reellen Zahlen mit: ① $P(e_i) \geq 0$ für alle i ② $P(e_1) + P(e_2) + \ldots + P(e_n) = 1$ ③ $P(E) = P(e_k) + \ldots + P(e_l)$, wenn $E = \{e_k, \ldots e_1\}$ ist.
Grundgedanke	Man geht davon aus, dass jeder Ausgang gleich wahrscheinlich ist. Dann überlegt man, welche (besser wie viele) der Ausgänge in dem Ereignis enthalten sind, dessen Wahrscheinlichkeit berechnet werden soll, und dividiert diese Zahl durch die Anzahl aller überhaupt möglichen Ausgänge.	Die relativen Häufigkeiten sind recht leicht bestimmbar. Man kann „gemessene, beobachtete" Stichprobenwerte oder theoretisch erdachte verwenden. Der Zusammenhang zwischen der relativen Häufigkeit und der Wahrscheinlichkeit bietet sich für eine Definition praktisch an.	Diese Definition ist für alle Problembereiche gültig. Die Wahrscheinlichkeit kann für jedes Gebiet und für jede Verteilung und für jedes Problem entsprechend definiert werden. Es müssen lediglich die geforderten Eigenschaften erfüllt sein.
Historisches	Die Definition entstand beim Versuch, die Chancen bei Glücksspielen zu berechnen. Bei Glücksspielen waren die Ausgänge (mindestens in der Theorie) gleich wahrscheinlich, sodass die Wahrscheinlichkeit ein Problem der Abzählbarkeit, der Möglichkeiten, der Kombinatorik war. Begründer: BERNOULLI (1654–1705); LAPLACE (1749–1827)	Um 1900 wurde der Versuch unternommen, die Wahrscheinlichkeit über den Bereich der Glücksspiele hinaus auf andere Gebiete anzuwenden. Es sollte mit den bekannten und gesicherten Erfahrungswerten (die dank der Forschungsarbeiten vieler Mathematiker vorhanden waren) gearbeitet werden. Begründer: MISES (1883–1953)	Bereits wenige Axiome reichen aus, um eine logische und in sich stabile Theorie aufzubauen. Diese Theorie kam erst nach den praktischen Versuchen in neuen Gebieten (die Wahrscheinlichkeit wurde dank der Ausbreitung von Rechnern fast überall eingesetzt) richtig auf. Begründer: KOLMOGOROV (1903–1987)
Einsatz	Bei praktisch allen Problemen, deren Ausgänge gleich wahrscheinlich sind oder in gleich wahrscheinliche Elementarereignisse zerlegt werden können. Insbesondere bei Würfel, Los, Glücksrad, Urne, Karten, Lotto, Toto, Glücksspielautomat, zufälliger Auswahl von Werkstücken …	Wird in der Schulmathematik so gut wie nicht eingesetzt. Dient nur dem Überblick und dem Grundverständnis, ist aber für Zusammenhänge und unter Umständen für die mündliche Prüfung wichtig.	In allen Teilen der Schulmathematik einsetzbar. Auch bei Gleichverteilung kann mit den logischen Folgerungen der axiomatisierten Definition gearbeitet werden.
Vorteile	Einfach durchschaubar, über die kombinatorischen Hilfsmittel leicht berechenbar, übersichtlich, mit einem Baumdiagramm skizzierbar.	Für die Schulmathematik keine, da auf diesem Gebiet kaum Grenzwertbetrachtungen gemacht werden.	Logisch, klar und widerspruchsfrei. Man verzichtet auf problemorientierte Definitionen und legt nur ganz bestimmte Eigenschaften fest, auf die sich aufbauen lässt.
Nachteile	Nur anwendbar bei Gleichverteilung aller Elementarereignisse. Schon bei einem nicht idealen Würfel versagt die Theorie. Bei Verzahnungen, Abhängigkeiten und bedingten Wahrscheinlichkeiten ist selbst die Kombinatorik nicht mehr ganz so einfach.	Wird im Unterricht nicht behandelt, da die logische Präzision fehlt. Somit für Schülerinnen und Schüler nicht anwendbar.	Für praktisch veranlagte Schülerinnen und Schüler sehr theoretisch. Die Definition ist für die Schulmathematik eigentlich viel zu weit gespannt und bringt deshalb Probleme beim Vorstellungsvermögen.

Tab. 9.3: Definitionen der Wahrscheinlichkeit

9.5 Berechnung der Wahrscheinlichkeiten

Die Tab. 9.5 auf Seite 188 listet alphabetisch die wirklich notwendigen Begriffe auf. Lesen Sie diese Tabelle aufmerksam durch und schließen Sie mithilfe Ihrer Lehrkraft oder Ihrem Lehrbuch sofort auftretende Lücken. Sie müssen immer wissen, wovon man spricht.

Die nächsten Seiten greifen dann schon ein wenig voraus. Es werden die normal üblichen Sprachformulierungen gezeigt, die dazugehörige Mengenschreibweise und die Wahrscheinlichkeiten, obwohl die dazugehörigen Sätze erst auf den später folgenden Seiten behandelt werden. Notfalls lassen Sie Lücken, blättern vor und kommen wieder zurück. Wie in der Analysis haben sich auch im Bereich der Stochastik die Aufgaben verändert. Es wird auch hier mehr Wert auf das Verständnis und weniger auf die sture Rechenarbeit gelegt. Lesen Sie die Seiten des Kapitels so konzentriert durch, dass Sie auf jeden Fall einen Überblick haben und wissen, was diese Art der Mathematik leisten kann und leisten will. Einige Beispiele in Tab. 9.4 sollen Ihnen aufzeigen, was wir meinen. Betrachten Sie in Ruhe die Fragen und decken Sie die Lösungen ab. Bearbeiten Sie das Kapitel und kommen Sie wieder zu dieser Seite zurück. Wenn Sie konzentriert gearbeitet haben, müssten die Beispiele für Sie nun einfach erscheinen.

Aufgabe	Bemerkung	Lösungsvorschlag
Weshalb kann nicht jede Fragestellung mittels der klassischen Definition $P(A) = \frac{\text{günstige Fälle}}{\text{mögliche Fälle}}$ berechnet werden? Geben Sie ein Beispiel an, bei dem die klassische Definition nicht brauchbar ist und begründen Sie dieses. Können Sie ein Modell zu Ihrem Beispiel angeben?	Auch bei der Wahrscheinlichkeit gibt es die „neue Fragetechnik“. Sie sollten insbesondere modellhafte Beispiele kennen, um das angesprochene Problem oder die entsprechende Wahrscheinlichkeitsverteilung auf ein möglichst einfaches Beispiel zurückzuführen. Das Urnenmodell ist für viele Probleme geeignet und mit der Anzahl der roten, der blauen, … Kugeln kann praktisch jede Verteilung erreicht werden.	In D-Dorf gibt es genau ein Bahngleis, auf dem gleich viele Züge nach A und in die Gegenrichtung nach B fahren. Nach A fährt ein Zug jeweils 5 Minuten nach der vollen Stunde (z. B. 5.05; 6.05; 7.05; …), nach B jeweils 10 Minuten vor jeder vollen Stunde (z. B. 5.50, 6.50; 7.50; …). Anton geht zufällig zum Bahnhof und steigt in den nächsten Zug ein. Wie groß ist die Wahrscheinlichkeit, dass er nach B fährt? Keine Gleichverteilung! Im Urnenmodell sind 15 blaue Kugeln (Minuten, in denen der nächste Zug nach A fährt) und 45 rote Kugel (Minuten bis Zug nach B fährt). Wahrscheinlichkeit $P(A) = 0{,}25$; $P(B) = 0{,}75$
Durch eine Befragung einzelner Personen soll auf das Verhalten der ganzen Bevölkerung geschlossen werden. Geben Sie drei Fehler beim Herstellen der Stichprobe an, die eine verlässliche Aussage zur Gesamtheit verhindern.	Auch die sog. „Verständnisfragen“ sind wesentlich wichtiger geworden. Sie müssen die Gedankengänge der Wahrscheinlichkeitsrechnung verstehen und nicht nur Wahrscheinlichkeit berechnen können (zumal dies der Taschenrechner problemlos berechnet).	Fehler, die die Aussagekraft wesentlich schmälern oder sogar verfälschen: a) falsche Auswahl der Stichprobe (nicht alle Gruppen sind in gleicher Stärke vertreten) b) zu kleine Stichprobe c) Fragestellung nicht eindeutig d) Rahmenbedingungen sind falsch (z. B. Zusammenhang oder Ziel der Befragung nicht klar)

Tab. 9.4: Beispiele zur „neuen“ Aufgabenform

Notwendiges Grundwissen

Baumdiagramm	Grafische Darstellungsform für ein mehrstufiges Zufallsexperiment. Zu jedem Ereignis gehört ein Pfad von der Wurzel bis zur Spitze.
Bernoulli-Experiment	Experiment, das genau zwei Ergebnisse e_1, e_2 hat. Häufige Bezeichnung für die Ereignisse: 0 und 1 oder Treffer und Niete.
Sätze von De Morgan	$(\overline{A \cup B}) = \overline{A} \cap \overline{B}$ und $(\overline{A \cap B}) = (\overline{A} \cup \overline{B})$. Die Sätze von De Morgan sind sehr wichtig. Es gibt Probleme, die nur über das Gegenereignis lösbar sind. Außerdem wechselt man mit den Sätzen von De Morgan vom Additionssatz der Wahrscheinlichkeitsrechnung zum Multiplikationssatz und umgekehrt!
Elementarereignis	Einelementige Teilmenge der Ausgangsmenge eines Zufallsexperiments
Ereignis	Jede Teilmenge der Ausgangsmenge (Menge aller möglichen Ausgänge) eines Zufallsexperiments heißt Ereignis.
Ereignisalgebra	Algebra mit Mengen und (mengentheoretischen) Verknüpfungen. Mit ihr werden Ereignisse vor der Berechnung der entspr. Wahrscheinlichkeit verknüpft.
Gegenereignis	Ereignis $\overline{A}$, das eintritt, wenn A nicht eintritt. Es gilt insbesondere: $P(A \cup \overline{A}) = 1$ und $P(A \cap \overline{A}) = 0$.
Laplace-Experiment	Experiment, bei dem alle Elementarereignisse dieselbe Wahrscheinlichkeit haben (Gleichverteilung).
Sicheres Ereignis	Ereignis, das auf jeden Fall eintritt (z. B. beim Werfen eines Würfels eine Augenzahl < 7). Es gilt $P(E) = 1$.
Stichprobe	Unter einer Stichprobe vom Umfang n versteht man das n-malige Durchführen eines Zufallsexperiments. Dabei muss die Beobachtung nicht praktisch durchgeführt werden. Auch rein „theoretische Beobachtungen" sind möglich.
Unabhängigkeit	Zwei Ereignisse A und B heißen voneinander unabhängig, wenn $P_A(B) = P(B)$ und damit auch $P_B(A) = P(A)$ gilt. Mit anderen Worten: Ganz gleich, wie das Experiment mit B ausgeht, die Wahrscheinlichkeit für A bleibt gleich (wird nicht vom Ausgang von B beeinflusst).
Unmögliches Ereignis	Ereignis, das in keinem Fall eintritt $(P(E) = 0)$, beispielsweise beim Werfen eines Würfels die Augenzahl null.
Unvereinbarkeit	Die Ereignisse A und B heißen unvereinbar, wenn der Schnitt leer ist. $(A \cap B = \emptyset)$. Das heißt, dass es kein Elementarereignis gibt, das sowohl in A als auch in B ist.
Verneinung	Bei den Ereignissen ist „nicht A" das Gegenereignis zu A (Bezeichnung: $\overline{A}$, lies: „A quer"). Nicht A heißt die Verneinung von A. Es gilt $\overline{\overline{A}} = A$.
Wahrscheinlichkeit	Eine Wahrscheinlichkeit P(E) ist eine reelle Zahl im Intervall $[0; 1]$, die dem Ereignis E durch $P(E) = P(E_1) + \ldots + P(E_k)$ zugeordnet ist, wenn $E = E_1 \cup \ldots \cup E_k$ gilt und P eine Wahrscheinlichkeitsverteilung ist.
Wahrscheinlichkeitsverteilung	Funktion, die jedem Ereignis E genau eine Zahl P(E) (die Wahrscheinlichkeit heißt) zuordnet, mit folgenden Eigenschaften: Für jedes Elementarereignis E_i gilt: $P(E_i) \geq 0$ und die Summe aller $P(E_i)$ ist 1.
Zufallsexperiment	Das Beobachten eines zufälligen Ereignisses („mit ungewissem Ausgang") heißt Durchführen eines Zufallsexperiments.
Zufallsgröße	Funktion, die jedem Ausgang a_i eines Zufallsexperiments eine reelle Zahl zuordnet. Im Gegensatz zur Wahrscheinlichkeit muss diese Zahl nicht zwischen 0 und 1 liegen.
Zufallsvariable	Anderes Wort für Zufallsgröße.

Tab. 9.5: Grundbegriffe der Wahrscheinlichkeitsrechnung

Die Ereignisalgebra

In der Ereignisalgebra gibt es nur drei Zuordnungen: **„und“** (Schnitt, $\cap$), bedeutet „beides gleichzeitig“, entspricht dem Multiplikationssatz, Wahrscheinlichkeiten werden multipliziert; **„oder“** (Vereinigung, $\cup$), bedeutet „mindestens eines der beiden“, entspricht dem Additionssatz, die Wahrscheinlichkeiten werden addiert; **„nicht“** meint das Gegenteil und kann mit den Regeln von DE MORGAN umgeschrieben werden. Jede Teilmenge der Ausgangsmenge eines Zufallsexperiments heißt Ereignis.

Das Wichtigste ist die Umsetzung des sprachlichen Textes in die Ereignisalgebra und daraus in die Wahrscheinlichkeitsrechnung.

Innerhalb der Aufgabenstellungen spielt die Ereignisalgebra (z. B. Gesetze von DE MORGAN) eine wesentliche Rolle. A, B, C, … sind Ereignisse; P(A), P(B), P(C) sind die entsprechenden Wahrscheinlichkeiten. Die Zusammenhänge regeln der Additions- und der Multiplikationssatz.

Text	**Text mit Ereignis**	**Ereignisse**	**Beschreibung**	**Wahrscheinlichkeit**
entweder … oder	entweder A oder B	$(A \cap \overline{B}) \cup (\overline{A} \cap B)$	Wenn A, dann B nicht; oder wenn B, dann A nicht. Keinesfalls beide oder keines.	$P(A \cap \overline{B}) + P(\overline{A} \cap B)$ $= P(A) \cdot P_A(\overline{B}) + P(\overline{A}) \cdot P_{\overline{A}}(B)$
genau eines	genau eines von A und B	$(A \cap \overline{B}) \cup (\overline{A} \cap B)$	Wenn A, dann B nicht; oder wenn B, dann A nicht. Keinesfalls beide oder keines.	$P(A \cap \overline{B}) + P(\overline{A} \cap B)$ $= P(A) \cdot P_A(\overline{B}) + P(\overline{A}) \cdot P_{\overline{A}}(B)$
höchstens eines	höchstens A oder B	$\overline{A \cap B} = \overline{A} \cup \overline{B}$	Keines der beiden oder A allein oder B allein.	$P(\overline{A}) + P(\overline{B}) - P(\overline{A} \cap \overline{B})$
keins	keins von A und B	$\overline{A} \cap \overline{B}$	Nicht A und gleichzeitig nicht B.	$P(\overline{A}) \cdot P_{\overline{A}}(\overline{B})$ oder $P(\overline{B}) \cdot P_{\overline{B}}(\overline{A})$
mehr als eines	mehr als A oder B	$A \cap B$	Also beide: A und B.	$P(A) \cdot P_A(B)$ oder $P(B) \cdot P_B(A)$
mindestens eines	mindestens A oder B	$A \cup B$	Entweder beide oder nur A oder nur B.	$P(A) + P(B) - P(A \cap B)$
nicht alle	nicht A und B	$\overline{A \cap B} = \overline{A} \cup \overline{B}$	Keines der beiden. Oder A allein oder B allein.	$P(\overline{A}) + P(\overline{B}) - P(\overline{A} \cap \overline{B})$
nur eines	nur eines von A und B	$(A \cap \overline{B}) \cup (\overline{A} \cap B)$	Dasselbe wie: genau eines.	$P(A \cap \overline{B}) + P(\overline{A} \cap B)$
oder	A oder B	$A \cup B$	A allein, B allein oder A und B.	$P(A) + P(B) - P(A \cap B)$
ohne	A ohne B	$A \cap \overline{B}$	A tritt ein und gleichzeitig B nicht.	$P(A) \cdot P_A(\overline{B})$
sowohl … als auch	sowohl A als auch B	$A \cap B$	Beide: sowohl A als auch B.	$P(A) \cdot P_A(B)$ oder $P(B) \cdot P_B(A)$
und	A und B	$A \cap B$	Beide: also A und B.	$P(A) \cdot P_A(B)$ oder $P(B) \cdot P_B(A)$
weder … noch	weder A noch B	$\overline{A} \cap \overline{B} = \overline{A \cup B}$	A nicht und gleichzeitig B nicht.	$P(\overline{A}) \cdot P_{\overline{A}}(\overline{B})$ oder $P(\overline{B}) \cdot P_{\overline{B}}(\overline{A})$
weniger als zwei	weniger als A und B	$(\overline{A \cap B}) = \overline{A} \cup \overline{B}$	Höchstens eines. Also entweder A oder B oder keines der beiden.	$P(\overline{A}) + P(\overline{B}) - P(\overline{A} \cap \overline{B})$

Tab. 9.6: Ereignisalgebra

Baumdiagramm und Pfadregel

Oft genügt ein Teil der Skizze zur Problemlösung, das Baumdiagramm muss nicht immer komplett gezeichnet werden.

Bei mehrstufigen Experimenten (Hintereinanderausführung von Einzelexperimenten) ist zur Übersicht und zur Berechnung eine Skizze hilfreich. Zeichnet man bei jedem Experiment die möglichen Ausgänge auf, ergeben sich Verzweigungspunkte. Diese „Verästelungen" gaben der Skizze ihren Namen: **Baumdiagramm** oder Ereignisbaum. Die Wahrscheinlichkeit eines Pfades ist gleich dem Produkt der einzelnen Wahrscheinlichkeiten auf den Teilstrecken des Pfades (1. Pfadregel). Damit kann man die Wahrscheinlichkeiten der einzelnen Experimente getrennt betrachten, was gedanklich ungleich einfacher ist.

Pfadregeln

1. Pfadregel (Produktregel): Die Wahrscheinlichkeit eines Ergebnisses (Elementarereignisses) in einem mehrstufigen Zufallsversuch ist gleich dem Produkt der Wahrscheinlichkeiten entlang dem zugehörigen Pfad.
2. Pfadregel (Summenregel): Die Wahrscheinlichkeit eines Ereignisses in einem Zufallsversuch ist gleich der Summe der Wahrscheinlichkeiten der für dieses Ereignis günstigen Ergebnisse.

Beispiel

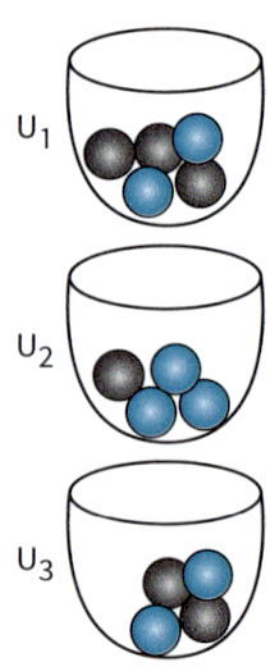

Drei gleiche Urnen U_1, U_2, U_3, mit schwarzen (s) und blauen (b) Kugeln in der Verteilung U_1: 3 s, 2 b; U_2: 1 s, 3 b; U_3: 2 s, 2 b stehen nebeneinander. Man greift zufällig in eine der Urnen und entnimmt zufällig genau eine Kugel. Damit ist das Experiment beschrieben; ganz gleich, wonach gefragt wird (zum Beispiel nach der Wahrscheinlichkeit, dass es eine schwarze Kugel aus Urne 1 ist oder dass es eine blaue Kugel ist oder ...). Alle von einem Punkt ausgehenden Äste haben jeweils als Summe der Wahscheinlichkeiten 1.

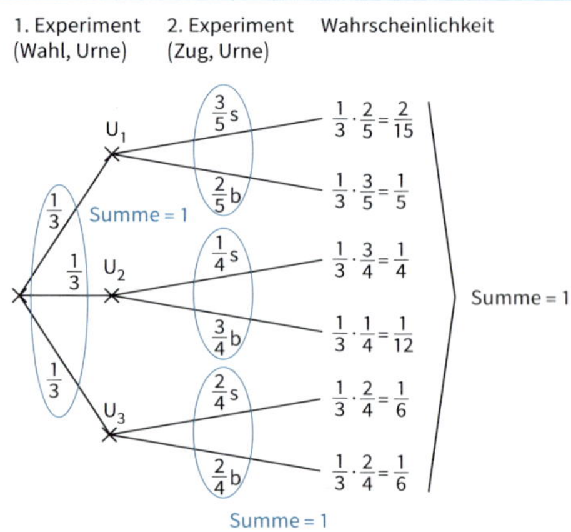

Merke: Beim Ziehen **mit Zurücklegen** ändern sich die Wahrscheinlichkeiten von einer Stufe zur nächsten nicht, beim Ziehen **ohne Zurücklegen** dagegen schon.

Die entsprechenden Wahrscheinlichkeiten können (als Multiplikation der einzelnen Wahrscheinlichkeiten), wie es die Pfadregel sagt, abgelesen werden. Auch Ereignisse wie „Kugel ist rot" können leicht bestimmt werden über den Additionssatz, zumal der Schnitt der einzelnen Äste leer ist, was ebenfalls aus dem Diagramm ablesbar ist.

Das Baumdiagramm (und damit auch die Berechnung über die Pfadregel) ist auch bei kombinatorischen Problemen anwendbar. Bei hoher Anzahl der Möglichkeiten genügt meist schon eine Teilskizze, die die Berechnung enorm erleichtert.

Beispiel

Vier verschiedene Bäume sollen vor das Rathaus gepflanzt werden: eine Eiche (e); eine Pappel (p); eine Kastanie (k) und eine Fichte (f).
Wie viele verschiedene Möglichkeiten der Anordnung gibt es (Anzahl der letzten Äste des Baumdiagramms) oder mit welcher Wahrscheinlichkeit fängt der Gärtner mit der Pappel an, wenn er die Reihenfolge zufällig auswählt?

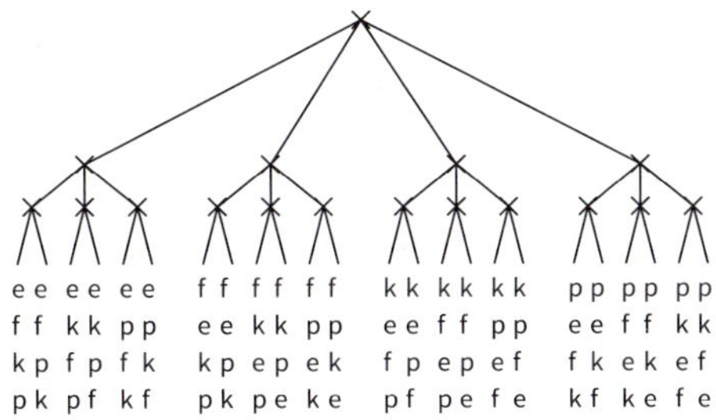

Infolge der Gleichverteilung hat jeder Ast dieselbe Wahrscheinlichkeit.

Mit Baumdiagramm und Pfadregel haben Sie ein wertvolles und brauchbares, vielseitig einsetzbares und schnell herstellbares Hilfsmittel zur Verfügung. Eignen Sie sich im Training unbedingt die Handhabung an.

Rechenwege

Bei Aufgaben der Wahrscheinlichkeitsrechnung ist in der Regel die Wahrscheinlichkeit für ein Ereignis A, das bei einer Durchführung eines Zufallsexperiments auftreten kann, gesucht. Im Prinzip sind zwei ganz verschiedene Wege möglich. Es gibt Aufgaben, die nur über einen der Wege lösbar sind, und Aufgaben, die über beide Wege lösbar sind. Leider gibt es kein „Kochrezept", nach dem man sich stur richten könnte. Die Wahl des Weges ist absolut vom Problem und der gestellten Frage abhängig, wobei man nicht von einem „besseren" oder „schnelleren" Weg reden kann.

Weg 1
Wenn man bei dem vorgegebenen Experiment die Ereignismenge so bestimmen kann, dass alle Elementarereignisse die gleiche Wahrscheinlichkeit besitzen, bestimmt man die Wahrscheinlichkeit nach der „klassischen" Definition:

$$P(A) = \frac{\text{Anzahl der günstigen Fälle}}{\text{Anzahl der möglichen Fälle}}$$

Die Regeln der Kombinatorik finden sie auf Seite 22 (auswendig lernen).

Die mathematischen Hilfsmittel muss man dann der Kombinatorik entnehmen. Sie sind zwar in jeder Formelsammlung enthalten (nicht in der Merkhilfe!), aber man benötigt sie auch im Pflichtbereich.

Hier hilft Ihnen der Rechner immer!

Gehen Sie folgendermaßen vor: Bestimmen Sie zunächst alle überhaupt möglichen Fälle. Diese Anzahl ist der Nenner des Bruches („Anzahl der möglichen Fälle“). Dann gehen Sie davon aus, dass das Ereignis A eingetreten ist, und bestimmen unter dieser Voraussetzung alle dafür möglichen Fälle. Diese Anzahl ist der Zähler des Bruches („Anzahl der günstigen Fälle“).
Der Bruch selbst ist die Wahrscheinlichkeit für das Ereignis A. Trennen Sie vor der Bestimmung der Anzahlen die Mengen, die laut dem gesuchten Ereignis getrennt werden müssen!

Weg 2
Ist die Wahrscheinlichkeit der Elemtarereignisse nicht gleich, so müssen Sie aus dem Text eine Verteilung herausfinden, die dem Problem entspricht.
Danach müssen Sie das Ereignis A mittels der Ereignisalgebra in einfache (leicht berechenbare) Ereignisse zerlegen. Am besten sind dabei natürlich die Elementarereignisse als Zerlegungen. Diese Zerlegungen werden in die Ereignisalgebra übertragen (Verknüpfungen: $\cap$ für „und“ und $\cup$ für „oder“).
Dann setzen Sie diesen mengentheoretischen Teil mittels des Additionssatzes und des Multiplikationssatzes um. Es entstehen Terme, die nur reelle Zahlen zwischen 0 und 1 und als Verknüpfungen „mal“ und „plus“ haben.

Beispiele

Aus einer Klasse mit 20 Schülerinnen und Schülern werden durch Los drei Freiwillige für den Tafeldienst bestimmt. Wie groß ist die Wahrscheinlichkeit, dass Jonas, Kai und Anne nicht dabei sind?
Es gibt bei dieser Aufgabe zwei verschiedene Mengen: Die Menge derer, die nicht dabei sein dürfen (Jonas, Kai, Anne), und die Menge derer, aus der die Teilnehmer sein dürfen (der Rest der Schülerinnen und Schüler).
Trennen Sie die beiden Mengen! Aus der ersten Menge muss man kein, aus der zweiten Menge drei Elemente auswählen.

Zur Erklärung des Symbols (n über k) siehe Seite 22 oder Glossar.

Die Wahrscheinlichkeit ist: $\frac{\binom{3}{0}\cdot\binom{17}{3}}{\binom{20}{3}} = \frac{1\cdot 1680}{1140} = 0{,}597.$

Anton trifft beim Freiwurf im Basketball mit der Wahrscheinlichkeit von 0,9 den Korb.
Mit welcher Wahrscheinlichkeit trifft er bei 2 Würfen mindestens einmal?
A_i sei Treffer beim i-ten Wurf: $A = A_1 \cup A_2$
$P(A) = P(A_1) + P(A_2) - P(A_1)\cdot P(A_2) = 0{,}9 + 0{,}9 - 0{,}9\cdot 0{,}9 = 0{,}99$

Additionssatz

Die Wahrscheinlichkeit eines Ereignisses A wird (laut Definition) als Addition der Wahrscheinlichkeiten der Elementarereignisse berechnet. Dementsprechend wird die Wahrscheinlichkeit des Ereignisses ebenfalls über die Elementarereignisse berechnet. Betrachtet man die Menge der Elementarereignisse und zeichnet ein Diagramm, so sieht man sofort, dass nicht immer $P(A \cup B) = P(A) + P(B)$ gelten kann.

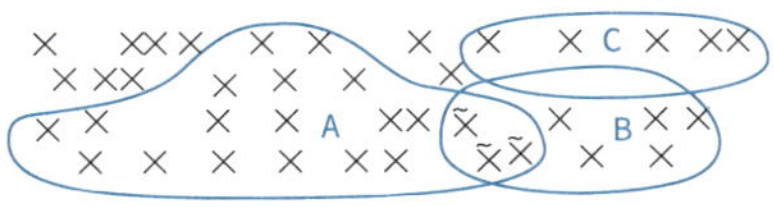

Abb. 9.1: Schematische Darstellung dreier Ereignisse A, B und C

Bei dem Diagramm Abb. 9.1 ist $A \cap C = \{\ \}$, aber $A \cap B \neq \{\ \}$.
(Die mit $\tilde{x}$ bezeichneten Elementarereignisse liegen in A und in B.)
Jedes x sei nun ein Elementarereignis und wegen $P(A) = P(E_i) + \ldots + P(E_j)$ und $P(B) = P(E_k) + \ldots + P(E_l)$ müssen die Wahrscheinlichkeiten der Elementarereignisse der Ereignisse A und B addiert werden. Dabei addiert man die mit $\tilde{x}$ bezeichneten Elementarereignisse zweimal. Einmal, weil sie in A, und einmal, weil sie in B liegen.

Beispiel

Wie groß ist die Wahrscheinlichkeit bei einem Würfel, dass die geworfene Zahl gerade oder eine Primzahl ist?

$P(g) = \frac{1}{2}$ (2, 4, 6 sind gerade)

$P(p) = \frac{1}{2}$ (2, 3, 5 sind Primzahlen)

$P(g \cap p) = \frac{1}{6}$ (2 ist gerade und eine Primzahl)

$P(g \cup p) \neq P(g) + P(p)$, sondern

$P(g \cup p) = P(g) + P(p) - P(g \cap p) = \frac{1}{2} + \frac{1}{2} - \frac{1}{6} = \frac{5}{6}$

Die in beiden Ereignissen liegenden Elementarereignisse müssen damit einmal abgezogen werden, sodass auch sie nur einmal gezählt werden.

Allgemeiner Additionssatz

Für zwei beliebige Ereignisse A und B aus einem Ereignisraum gilt:
$P(A \cup B) = P(A) + P(B) - P(A \cap B)$.
Für drei Ereignisse gilt:

$$P(A \cup B \cup C) = P(A) + P(B) + P(C) - P(A \cap B) - P(A \cap C) - P(B \cap C) + P(A \cap B \cap C).$$

Für den Fall, dass der Schnitt der Ereignisse A und B leer ist, ergibt sich der spezielle Additionssatz (im Diagramm Abb. 9.1 A und C):

Spezieller Additionssatz

Für zwei Ereignisse A und B mit $A \cap B = 0$ (damit liegt kein Elementarereignis in beiden Ereignissen) gilt:
$P(A \cup B) = P(A) + P(B)$.

Beispiel

Eine Münze wird dreimal geworfen.
Mit welcher Wahrscheinlichkeit fällt mindestens einmal Wappen?
Es sei W_i im i-ten Wurf Wappen.
Wegen der Gleichverteilung Wappen – Zahl gilt $P(W_i) = 0{,}5$.
Gesucht: $P(W_1 \cup W_2 \cup W_3)$;

$$P(W_1 \cup W_2 \cup W_3)$$
$$= P(W_1) + P(W_2) + P(W_3) - P(W_1 \cap W_2) - P(W_1 \cap W_3) - P(W_2 \cap W_3) + P(W_1 \cap W_2 \cap W_3)$$
$$= 0{,}5 + 0{,}5 + 0{,}5 - 0{,}5 \cdot 0{,}5 - 0{,}5 \cdot 0{,}5 - 0{,}5 \cdot 0{,}5 + 0{,}5 \cdot 0{,}5 \cdot 0{,}5 = 0{,}875.$$

Tipp

Für n Ereignisse $P\ (A_1 \ldots A_n)$ gilt:
Vom bzw. zum Term $P(A_1) + \ldots + P(A_n)$ werden
- alle möglichen Paare $P(A_i A_j)$ abgezogen,
+ alle möglichen Tripel $P(A_i A_j A_k)$ addiert,
- alle möglichen 4-Tupel $P(A_i A_j A_k A_l)$ abgezogen,
+ alle möglichen 5-Tupel $P(A_i A_j A_k A_l A_m)$ addiert.

Die n-Tupel mit geradem n werden abgezogen,
die n-Tupel mit ungeradem n werden addiert.

Aufgabe

An einer Schule haben 55 % der Schüler Englisch und 35 % Französisch als Fremdsprache gewählt. 51 der insgesamt 850 Schüler haben beide Fremdsprachen gewählt.
Wie hoch ist der prozentuale Anteil der Schüler, die Englisch oder Französisch lernen?

Lösung:

$P(E) = 0{,}55$

$P(F) = 0{,}35$

$P(E \cap F) = \frac{51}{850} = 0{,}06$

$P(E \cup F) = 0{,}55 + 0{,}35 - 0{,}06 = 0{,}84$

84 % der Schüler lernen Englisch oder Französisch.

Bedingte Wahrscheinlichkeit

Kennt man von einem mehrstufigen Zufallsexperiment den Ausgang einer Stufe, so kann dies die Wahrscheinlichkeitsverteilung des gesuchten Gesamtereignisses ändern.

Beispiel

In einer Schulklasse sind 50 % der 14 Schüler und 25 % der 16 Schülerinnen im Orchester. Mit welcher Wahrscheinlichkeit ist ein zufällig ausgewähltes Klassenmitglied im Orchester?

Klassische Definition: $P(0) = \frac{\text{Anzahl der günstigen Fälle}}{\text{Anzahl der möglichen Fälle}} = \frac{11}{30} = 0{,}37.$

Weiß man aber, dass die ausgewählte Person ein Junge war, so ändert dies die Wahrscheinlichkeit auf 0,5 (bei einem Mädchen auf 0,25), da ja 50 % der Schüler und 25 % der Schülerinnen für unseren Fall „günstig" sind.

A und B seien zwei beliebige Ereignisse ungleich null. Dann ist

$P_A(B) = \frac{P(A \cap B)}{P(A)}$ die von A bedingte Wahrscheinlichkeit von B.

$P_B(A) = \frac{P(A \cap B)}{P(B)}$ die von B bedingte Wahrscheinlichkeit von A.

Oft fällt die Unterscheidung der beiden Begriffe: $P_A(B)$ und $P(A \cap B)$ schwer. $P_A(B)$ ist die Wahrscheinlichkeit des Ereignisses B unter den Umständen, dass A bereits eingetreten ist. Wenn A eingetreten ist, zählen natürlich nur noch die Elementarereignisse von A. (Für alle anderen ist die Wahrscheinlichkeit ja null.) Die Elementarereignisse erhalten durch das Eintreten von A eine ganz andere Wahrscheinlichkeit. $P_A(B)$ ist die Summe der nun neuen Wahrscheinlichkeiten der Elementarereignisse von B. $P(A \cap B)$ dagegen ist die Wahrscheinlichkeit, dass das Ereignis A eintritt und gleichzeitig das Ereignis B. Es ist die Summe der Wahrscheinlichkeiten derjenigen Elementarereignisse, die sowohl in A als auch in B enthalten sind. Das folgende Beispiel dient zur Illustration der beschriebenen Unterscheidung.

Erfahrungsgemäß passieren bei den bedingten Wahrscheinlichkeiten sehr häufig Denkfehler.

Beispiel

Das Experiment sei das Werfen mit einem Würfel. Die Elementarereignisse sind die Anzahl der Augen $\left(\text{Gleichverteilung mit } P(E_i) = \frac{1}{6}\right)$.

A sei das Ereignis: Augenzahl > 4; B sei das Ereignis: Primzahl. Dann gilt:

$P(A \cap B) = \frac{1}{6}$: Es gibt nur eine Zahl (ein Elementarereignis), die sowohl Primzahl als auch > 4 ist: die Zahl 5.

$P_A(B) = \frac{1}{2}$: Man weiß, dass die Zahl > 4 ist. Damit werden die Wahrscheinlichkeiten der nun noch bleibenden Elementarereignisse zu $\frac{1}{2}$. Eines davon (die Zahl 5) ist Primzahl.

$P_B(A) = \frac{1}{3}$: Man weiß, es handelt sich um eine Primzahl. Die Wahrscheinlichkeiten der Elementarereignisse werden zu $\frac{1}{3}$. Eines davon (die Zahl 5) ist > 4.

Man sieht, dass die drei Wahrscheinlichkeiten $P(A \cap B)$; $P_A(B)$ und $P_B(A)$ verschieden sind.

Multiplikationssatz

Allgemeiner Multiplikationssatz

Eine mathematische Umstellung der Definition der bedingten Wahrscheinlichkeit ergibt den allgemeinen Multiplikationssatz für zwei Ereignisse A und B: $P(A \cap B) = P(A) \cdot P_A(B)$.

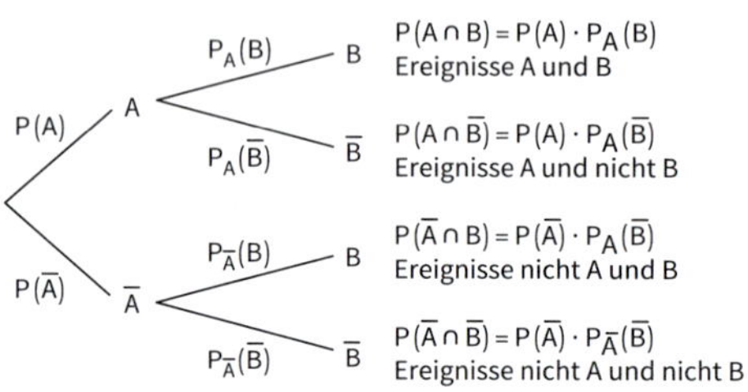

Ist die bedingte Wahrscheinlichkeit (meist ist sie theoretisch leicht herleitbar) bekannt, so kann damit die Wahrscheinlichkeit des Schnittes von A und B (in Worten: Ereignis A und Ereignis B) berechnet werden. Das links abgebildete Baumdiagramm zeigt alle Möglichkeiten bei einem zweistufigen Experiment auf.

Beispiel

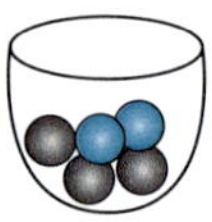

Eine Urne enthält 2 blaue und 3 schwarze Kugeln. Man zieht ohne Zurücklegen zweimal. Wie groß ist die Wahrscheinlichkeit, dass man zwei schwarze Kugeln zieht?

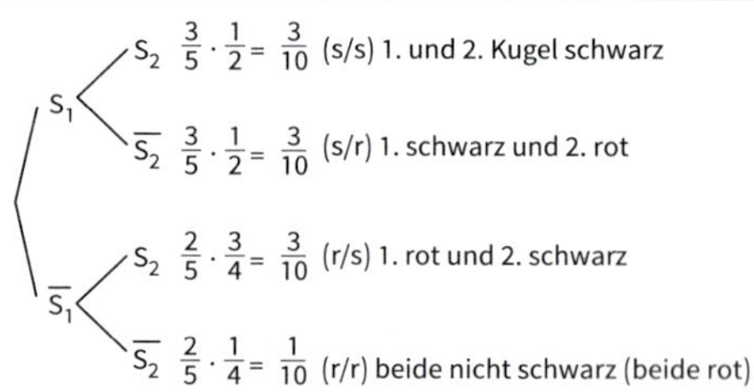

Die Ereignisse A und B heißen voneinander unabhängig, wenn $P_A(B) = P(B)$ und damit auch $P_B(A) = P(A)$ gilt.

Multiplikationssatz mit mehr als zwei Ereignissen

Für drei Ereignisse A_1, A_2, A_3 gilt: $P(A_1 \cap A_2 \cap A_3) = P(A_1) \cdot P_{A_1}(A_2) \cdot P_{A_1 \cap A_2}(A_3)$

Für n Ereignisse $A_1, A_2, \ldots, A_n$ gilt:

$$P(A_1 \cap A_2 \cap \ldots \cap A_n) = P(A_1) \cdot P_{A_1}(A_2) \cdot P_{A_1 \cap A_2}(A_3) \cdot \ldots \cdot P_{A_1 \cap \ldots \cap A_{n-1}} \cdot P(A_n)$$

n Ereignisse sind unabhängig voneinander, wenn sie paarweise unabhängig voneinander sind und jedes Ereignis zusätzlich von allen Schnitten, die gebildet werden können, unabhängig ist. Ändert sich die Wahrscheinlichkeit für B nicht, ganz gleich wie das Experiment von A auch ausgeht, so sind die Ereignisse A und B unabhängig. Damit wird der Multiplikationssatz sehr einfach.

Spezieller Multiplikationssatz

Für n unabhängige Ereignisse gilt:

$$P(A_1 \cap A_2 \cap \ldots \cap A_n) = P(A_1) \cdot P(A_2) \cdot \ldots \cdot P(A_n).$$

Beispiel

Das Werfen einer Münze ist unabhängig vom vorigen Wurf der Münze.

Eine Münze wird viermal hintereinander geworfen.
Wie groß ist die Wahrscheinlichkeit, dass viermal Zahl fällt?
A_i sei das Ereignis „i-ter Wurf ist Zahl". Es gilt:
$P(A) = P(A_1 \cap A_2 \cap A_3 \cap A_4) = P(A_1) \cdot P(A_2) \cdot P(A_3) \cdot P(A_4) = 0{,}5^4 = 0{,}0625.$

Totale Wahrscheinlichkeit

Will man die Wahrscheinlichkeit von B berechnen, wobei es gleichgültig ist, ob A eintritt oder nicht, so gilt:

$$P(B) = P(A) \cdot P_A(B) + P(\overline{A}) \cdot P_{\overline{A}}(B).$$

Man berechnet die Wahrscheinlichkeit von B, wenn A eingetreten ist, und addiert die Wahrscheinlichkeit von B, wenn A nicht eingetreten ist, hinzu. Der Schnitt von A und $\overline{A}$ ist leer, sodass der spezielle Additionssatz auf jeden Fall richtig ist. Führt man diesen Gedankengang mit einer vollständigen Zerlegung von S in n Ereignisse $A_1, \dots A_n$ durch

$$A_1 \cup A_2 \cup \dots \cup A_n = S \text{ und } A_1 \cap A_2 \dots \cap A_n = \emptyset$$

durch, erhält man den Satz von der totalen Wahrscheinlichkeit:

Totale Wahrscheinlichkeit

Gilt für die Ergebnismenge S:

$$A_1 \cup A_2 \cup \dots \cup A_n = S \text{ und } A_i \cap A_j = \emptyset \text{ (für alle } i \neq j),$$

so gilt für jedes Ereignis B:

$$P(B) = P(A_1) \cdot P_{A_1}(B) + \dots + P(A_n) \cdot P_{A_1}(B).$$

Diesen Satz benötigt man insbesondere, wenn sich innerhalb der Zerlegung A_1, A_2, … A_n die Wahrscheinlichkeit von B ändert, oder wenn nur die bedingten Wahrscheinlichkeiten bekannt sind. Typische Beispiele: verschiedene Urnen mit verschiedenen Belegungen, verschiedene Fabriken oder Maschinen mit verschiedenen Prozentzahlen für ordnungsgemäße Werkstücke. A ist etwa eine Zerlegung der Bevölkerung (zum Beispiel männlich und weiblich) und B ist ein anderes Merkmal (zum Beispiel Bayern-Fan, RTL-Fan, …).

Aufgaben

Ein Werkstück wird im Werk A (30 % der Fertigung; Ausschuss im Werk A 10 %), im Werk B (50 % der Fertigung; Ausschuss im Werk B 20 %) und im Werk C (20 % der Fertigung; Ausschuss im Werk C 5 %) hergestellt.
Wie groß ist die Wahrscheinlichkeit, dass ein beliebiges Werkstück fehlerhaft (Ausschuss = S) ist?

Lösung:

$$P(S) = P(A) \cdot P_A(S) + P(B) \cdot P_B(S) + P(C) \cdot P_C(S)$$
$$= 0{,}3 \cdot 0{,}1 + 0.5 \cdot 0{,}2 + 0{,}2 \cdot 0{,}05 = 0{,}14$$

Satz von Bayes

Üblicherweise nutzt man die Wahrscheinlichkeitsrechnung, um Aussagen über zukünftige Ereignisse zu machen. Mit dem Satz von Bayes kann für ein schon eingetretenes Ereignis berechnet werden, mit welcher Wahrscheinlichkeit die einzelnen Teilereignisse eines mehrstufigen Experiments eingetreten sind.

Tipp

Denken Sie gerade in diesem Bereich an die Möglichkeit, über eine Skizze (Baumdiagramm) das Problem „anschaulich" darzustellen.

Der Satz von Bayes wird auch als Satz über die Wahrscheinlichkeit von Ursachen bezeichnet.

Die Herleitung des Satzes von Bayes

Wenn $P(A \cap B) = P(B \cap A)$ und auf beiden Seiten der Gleichung der Multiplikationssatz angewendet wird, gilt auch:

$$P(A) \cdot P_A(B) = P(B) \cdot P_B(A).$$

Eine leichte algebraische Umformung ergibt folgende Gleichung:

$P_B(A) = \frac{P(A)}{P(B)} \cdot P_A(B)$ oder, sofern $P(B)$ mittels der totalen Wahrscheinlichkeit $P(B) = P(A_1) \cdot P_{A_1}(B) + \ldots + P(A_n) \cdot P_{A_n}(B)$ dargestellt wird:

$$P_B(A) = \frac{P(A)}{P(A_1) \cdot P_{A_1}(B) + \ldots + P(A_n) \cdot P_{A_n}(B)} \cdot P_A(B),$$

woraus der Satz von Bayes wird (natürlich auch in jeder Formelsammlung enthalten):

Satz von Bayes

$$P_B(A_i) = \frac{P(A_i) \cdot P_{A_i}(B)}{P(A_1) \cdot P_{A_1}(B) + \ldots + P(A_n) \cdot P_{A_n}(B)} \cdot P_A(B)$$

Aufgabe

Eine Urne enthält zwei rote und drei schwarze, die zweite Urne fünf rote und eine schwarze Kugel. Es wird eine Kugel zufällig aus einer der Urnen gezogen. Die Kugel ist rot.

Mit welcher Wahrscheinlichkeit stammt sie aus der ersten Urne?

Lösung:

Mit $U_1 = \text{Urne } 1$ und $r = \text{rot}$ gilt nach dem Satz von Bayes:

$$P_r(U_1) = \frac{P(U_1) \cdot P_{U_1}(r)}{P(U_1) \cdot P_{U_1}(r) + P(U_2) \cdot P_{U_2}(r)} = \frac{\frac{1}{2} \cdot \frac{2}{5}}{\frac{1}{2} \cdot \frac{2}{5} + \frac{1}{2} \cdot \frac{5}{6}} = \frac{\frac{1}{5}}{\frac{37}{60}} = 0{,}324$$

9.6 Wahrscheinlichkeitsverteilung

Eine Wahrscheinlichkeitsverteilung ist eine Funktion, die jedem Wert einer Zufallsvariablen die dazugehörige Wahrscheinlichkeit zuordnet.

Zufallsvariable

Eine Funktion $X: S \to \mathbb{R}$, die jedem Ereignis eines Zufallsexperiments eine reelle Zahl zuordnet, heißt Zufallsvariable oder Zufallsgröße.

Beispiel

Bei einem Würfelspiel gilt für die geworfene Augenzahl: Man erhält bei einer Primzahl drei Punkte und verliert bei einer geraden Zahl zwei Punkte.

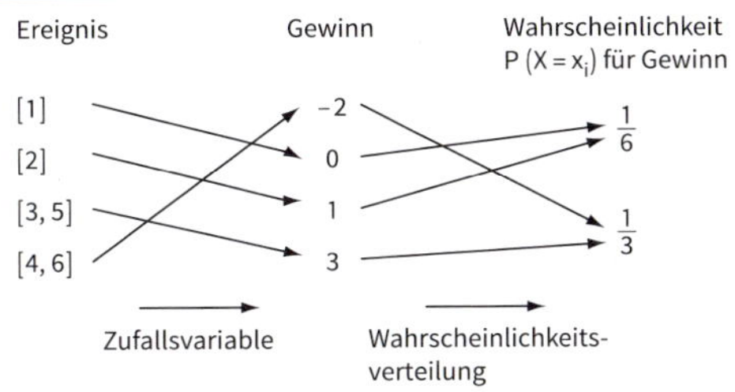

Unter der Zufallsvariablen versteht man die Funktion, die den geworfenen Augenzahlen den jeweiligen Gewinn zuordnet. Diese möglichen Gewinne bilden wieder eine Zerlegung des Experiments und werden dann ihrerseits mit Wahrscheinlichkeiten belegt.

Wahrscheinlichkeitsverteilung

Über eine Ereignismenge S eines Zufallsexperiments sei eine Zufallsvariable X definiert mit den Werten $x_1, x_2, \ldots$
Die Funktion $x_i \mapsto P(X = x_i)$ heißt **Wahrscheinlichkeitsverteilung** (oder Wahrscheinlichkeitsfunktion) der Zufallsvariablen X.

Praktische Erklärung des Würfelspiels

Den Spieler interessiert nicht die Augenzahl, sondern die Punktezahl, die er erhält. Ihm wird es gleichgültig sein, ob er wegen der „3" oder wegen der „5" drei Punkte erhält. Wichtig sind die drei Punkte; und wenn mathematisch untersucht werden soll, wie groß die Gewinnchancen sind, so benötigt man die Wahrscheinlichkeit für deren Gewinn, nicht die für eine bestimmte Augenzahl. Das Würfelexperiment hat für dieses spezielle Problem die Ausgangsmenge $[-2; 0; 1; 3]$, deren Wahrscheinlichkeiten interessieren:
$P(X = -2) = \frac{1}{3}$; $P(X = 0) = \frac{1}{6}$; $P(X = 1) = \frac{1}{6}$; $P(X = 3) = \frac{1}{3}$.

Die Wahrscheinlichkeitsverteilung ist eine Funktion und kann als Tabelle oder Histogramm dargestellt werden.

$X = x_i$	-2	0	1	3
$P(X = x_i)$	$\frac{1}{3}$	$\frac{1}{6}$	$\frac{1}{6}$	$\frac{1}{3}$

Vorschlag für schrittweises Vorgehen

① Definition von X gemäß dem gestellten Problem,
② Überlegung, welche Werte $x_1, x_2, \ldots$ (reelle Zahlen!) X annehmen kann,
③ Berechnung der Wahrscheinlichkeiten für $X = x_i$ mittels der Kombinatorik oder mit den Sätzen (Additions- beziehungsweise Multiplikationssatz).

Maßzahlen, Kenngrößen

Für Kennzahlen, die zur Beschreibung von Wahrscheinlichkeitsverteilungen verwendet werden, gibt es viele Namen: Maßzahlen, Kenngrößen, Parameter, Lagemaße, Wahrscheinlichkeitsbeschreibungen …

Der Grund für die Einführung charakteristischer Zahlen, sowohl bei statistischen Erhebungen oder Beschreibungen als auch bei theoretisch bestimmten Wahrscheinlichkeiten, liegt auf der Hand: Man versucht mit möglichst wenigen reellen Zahlen die umfangreichen (Erhebungs-)Daten möglichst eindeutig und genau zu beschreiben.

Ganz gleich, welche Wahrscheinlichkeitsverteilung vorliegt: Wenn man sie mit möglichst wenigen Zahlen beschreiben will (oder muss), kommt man nicht an den Maßzahlen vorbei. Im Folgenden kommen auch solche Verteilungen vor, die erst in den nächsten Kapiteln beschrieben werden.

	Erwartungswert	**Varianz (empirische Varianz)**	**Standardabweichung**
Beschreibung	Entspricht dem arithmetischen Mittel mit den x_i-Werten der Zufallsvariablen und den zugehörigen Wahrscheinlichkeiten: Wert, der laut Wahrscheinlichkeitsverteilung im Mittel erwartet wird.	Ersetzt man die Stichprobenwerte durch die Elemente der Zufallsvariablen und die relativen Häufigkeiten durch die Wahrscheinlichkeiten, so erhält man als Streuungsmaß die Varianz als „mittlere quadratische Abweichung“.	Wie bei der Statistik die Quadratwurzel aus der Varianz.
Zufallsvariable X mit $x_1, x_2, \dots x_n$	Der Erwartungswert wird mit E (X) oder μ bezeichnet. Laut Definition gilt: $E(X) = x_1 \cdot P(X = x_1) + \dots + x_n \cdot P(X = x_n)$ E (X) muss kein Wert x_k der Variablen sein.	Die Varianz wird mit V (X) oder σ^2 bezeichnet. Laut Definition gilt: $V(X) = (x_1 - \mu)^2 \cdot P(X = x_1) + \dots + (x_n - \mu)^2 \cdot P(X = x_n)$	Die Standardabweichung wird mit σ bezeichnet. Laut Definition ist $\sigma = \sqrt{V(X)}$.
Binomialverteilung	Bei einem n-stufigen Experiment mit der Trefferwahrscheinlichkeit p gilt für den Erwartungswert: $E(X) = \mu = n \cdot p$	Bei einem n-stufigen Experiment mit der Trefferwahrscheinlichkeit p gilt für die Varianz: $V(X) = \sigma^2 = n \cdot p \cdot (1 - p)$	Für die Standardabweichung gilt: $\sigma = \sqrt{n \cdot p \cdot (1 - p)}$
Verknüpfungen	Die Erwartungswerte von verknüpften Zufallsvariablen lassen sich leicht berechnen. Es gilt: $E(aX + b) = a \cdot E(X) + b$ $E(X + Y) = E(X) + E(Y)$ Sind X und Y unabhängig, dann gilt: $E(X \cdot Y) = E(X) \cdot E(Y)$	Die Varianz verknüpfter Zufallsvariablen ist nur dann einfach bestimmbar, wenn die Variablen unabhängig sind: $V(aX + b) = a^2 \cdot V(X)$, $V(X + Y) = V(X) + V(Y)$ für X, Y unabhängig.	Die Standardabweichung wird über die Varianz berechnet.

Tab. 9.7: Kenngrößen von Wahrscheinlichkeitsverteilungen

BERNOULLI-Experimente und BERNOULLI-Kette

Ein Zufallsexperiment mit genau zwei möglichen Ausgängen heißt BERNOULLI-Experiment.

BERNOULLI-Experiment

Die beiden möglichen Ausgänge werden üblicherweise mit 0 und 1 oder Niete (0) und Treffer (1) oder Misserfolg (0) und Erfolg (1) oder nein (0) und ja (1) bezeichnet. Denken Sie daran, dass die Bezeichnung (zum Beispiel Treffer und Niete) nichts mit einer Wertigkeit zu tun hat.

Diese Zweiwertigkeit ist nicht nur mathematisch sehr einfach zu behandeln (immerhin kennt man alle Werte der Wahrscheinlichkeitsverteilung, wenn man einen Wert kennt), sondern sie ist auch sehr gut geeignet, um maschinell (Rechner!) damit zu arbeiten (Strom – kein Strom oder Magnetfeld – kein Magnetfeld oder Spannung – keine Spannung). Beispiele für BERNOULLI-Experimente sind das Werfen einer Münze, das Ziehen eines Loses, der Zustand einer Lampe ...; Gegenbeispiele wären das Werfen eines Würfels, das Ziehen einer Skatkarte, ... Ändert sich die Wahrscheinlichkeit für einen Treffer bei der Wiederholung eines BERNOULLI-Experimentes nicht und wiederholt man das Experiment n-mal, so heißt diese Wiederholung eine **n-stufige BERNOULLI-Kette** und kann wie ein einziges Experiment betrachtet werden.

Auch das Werfen eines Würfels kann ein BERNOULLI-Experiment sein, wenn es nur zwei mögliche Ausgänge gibt, z. B. wenn nur die 6 interessiert. Dann wäre eine 6 ein Treffer, alle anderen Zahlen eine Niete.

Das n-malige Ziehen einer Kugel aus einer Urne mit zwei verschiedenen Kugelfarben wäre *mit* Zurücklegen eine BERNOULLI-Kette (die Wahrscheinlichkeiten ändern sich nicht), *ohne* Zurücklegen jedoch keine, da sich die Wahrscheinlichkeiten ändern würden.

Beispiel

In einer Urne befinden sich 5 rote und 3 blaue Kugeln.
Es werden 3 Kugeln entnommen.
Wie groß ist die Wahrscheinlichkeit, dass es 3 rote Kugeln sind?

a) Mit Zurücklegen handelt es sich um ein BERNOULLI-Experiment:
$P(r_1 \cap r_2 \cap r_3) = P(r_1) \cdot P(r_2) \cdot P(r_3) = \frac{5}{8} \cdot \frac{5}{8} \cdot \frac{5}{8} = \frac{125}{512} = 0{,}244$

b) Ohne Zurücklegen handelt es sich um eine bedingte Wahrscheinlichkeit, zur Übersicht hier den Teil eines Baumdiagrammes:
$\frac{5}{8} \cdot \frac{4}{7} \cdot \frac{3}{6} = \frac{60}{336} = 0{,}179$ (für den obersten Pfad), da jeweils eine rote Kugel fehlt.

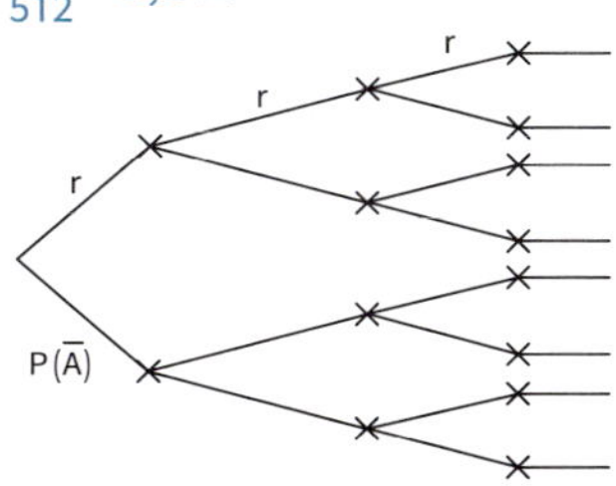

Binomialverteilung

Bei einer n-stufigen BERNOULLI-Kette (ein BERNOULLI-Experiment wird n-mal durchgeführt) taucht sofort die Frage auf, wie groß wohl die Wahrscheinlichkeit für k Treffer ist oder welche Trefferzahl am wahrscheinlichsten ist oder mit welcher Trefferzahl zu rechnen ist. Bei der Anzahl der Treffer können nur natürliche Zahlen r mit $0 \leq r \leq n$ vorkommen.

Bei einer n-stufigen BERNOULLI-Kette sei die Wahrscheinlichkeit für einen Treffer p, für eine Niete $q = 1 - p$. Fragt man, mit welcher Wahrscheinlichkeit genau k Treffer zu erwarten sind $(0 < k < n)$, so gilt:
Dass die ersten k Ausführungen zu Treffern führen und der Rest zu Nieten, trifft mit der Wahrscheinlichkeit (Multiplikationssatz) $p^k \cdot q^{n-k}$ zu.

Für die summierte (kumulierte) binomiale Wahrscheinlichkeit gilt: $P(x \leq k) = \sum_{i=0}^{k} \binom{n}{i} \cdot p^i \cdot (1-p)^{n-i}$

Es müssen aber laut Aufgabenstellung nicht die ersten k Durchführungen sein, die zu Treffern führen. Die k Treffer können beliebig verteilt sein, ein kombinatorisches Problem. Da es $\binom{n}{k}$ Möglichkeiten gibt, k Treffer auf n Experimente zu verteilen, ist die Wahrscheinlichkeit für k Treffer bei einer n-stufigen BERNOULLI-Kette mit Wahrscheinlichkeit p:

$$P(X = k) = \binom{n}{k} \cdot p^k \cdot q^{n-k}.$$

Binomialverteilung

Ist bei einer n-stufigen BERNOULLI-Kette die Trefferwahrscheinlichkeit p, so heißt die Wahrscheinlichkeitsverteilung $P(X = k) = \binom{n}{k} \cdot p^k (1-p)^{n-k}$ für alle k mit $0 \leq k \leq n$ Binomialverteilung.

Man sagt dann, die Zufallsvariable X ist **binomialverteilt**. Die Schreibweisen sind vielfältig: $B(n, p, k)$ oder $B(k; n; p)$ oder $B_{k; n; p}$ oder $B_{n; p}(k)$. Verwenden Sie die bei Ihnen übliche Schreibweise.

Die Rechner besitzen alle zwei Funktionen zur Berechnung der Binomialverteilung. Für Einzelwerte (meist pdf), für Summen (meist cdf). TR: siehe Seite 31 /32. GTR: siehe Seite 34 / 35

Da sehr viele Probleme binomialverteilt sind (oder so zerlegt werden können, dass eine Binomialverteilung entsteht), sind für diese Verteilung **Tabellen** vorhanden, die in den meisten Schulen verwendet werden. Damit entfällt eine oft mühsame Berechnung. Andererseits ist eine Fertigkeit gefordert, die Sie üben müssen: das Aufschlagen von Tabellenwerten. Der GTR allerdings berechnet die Binomialverteilungen auch. Sogar die Summen, was bei vielen Problemen (insbesondere bei der beurteilenden Statistik) sehr bequem ist.

Die Binomialverteilung ist das Herzstück der schulischen Wahrscheinlichkeitsrechnung schlechthin. Bemühen Sie sich, sie zu verstehen. Insbesondere müssen Sie entscheiden können, ob ein Problem binomialverteilt ist oder nicht.

Gesetz der großen Zahlen

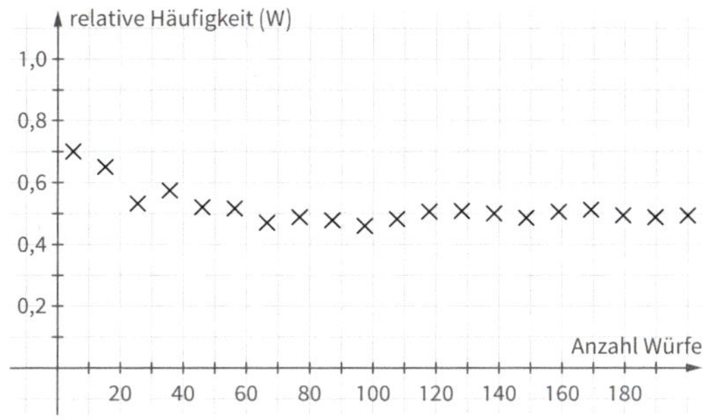

Dass die Wahrscheitnlichkeit für eine bestimmte Zahl beim idealen Würfel (zum Beispiel für die Zahl 3) bei ein Sechstel liegt, ist klar. Und genauso klar ist, dass bei sechs Würfen nicht genau einmal, bei 60 Würfen nicht genau zehnmal, bei 600 Würfen nicht genau hundertmal die Zahl „3" auftritt. Aber (und auch diese Tatsache ist unumstritten): Je öfter man würfelt, je häufiger man das Experiment ausführt, umso genauer wird der gemessene Wert (hier: die Anzahl der „Dreien") mit dem theoretischen Wert (hier: ein Sechstel der Gesamtwürfe) übereinstimmen.

Oder: Die durch Experimente bestimmten relativen Häufigkeiten nähern sich bei immer größer werdenen Anzahlen der Ausführungen des Experimentes immer mehr den theoretisch (über die Wahrscheinlichkeitsverteilung) berechenbaren Werten.

Gesetz der großen Zahlen nach TSCHEBYSCHEW

Es sei e eine vorgegebene positive Zahl, h_i die relative Häufigkeit des Ereignisses A_i, $P(A_i)$ die Wahrscheinlichkeit des Ereignisses A und n die Zahl der Durchführungen des Experimentes.

Dann gilt: $\lim\limits_{n \to \infty} \left(h_i - P(A_i)\right) = 0$.

Wiederholt man ein Experiment genügend oft, so ist die gemessene relative Häufigkeit gleich der theoretischen Wahrscheinlichkeit. — Wissen

Mittels dieses Satzes werden die näherungsweisen Bestimmungen der Wahrscheinlichkeiten durch die empirisch bestimmten Messwerte gerechtfertigt. Und der Satz sagt zudem, dass die Anzahl der Durchführungen des Experiments (entsprechend: die Anzahl der Stichproben bei der Statistik) möglichst groß sein soll; dann (und nur dann) stimmt die Praxis mit der Theorie überein.

Dass in den Aufgaben der Schulmathematik aus sehr wenigen Durchführungen eines Experiments gefolgert und geschlossen, ja sogar weitergerechnet und beurteilt wird, ist eine reine Konzession an die Überschaubarkeit und an die Rechenarbeit (kleine, einfache Zahlen).

GAUSS'sche Glockenkurve

JOHANN CARL FRIEDRICH GAUSS (1777–1855) war ein deutscher Mathematiker, Atronom, Physiker und Geodät.

Betrachtet man Binomialverteilungen für große Werte von n (sehr häufige Wiederholungen), so ist die Wahrscheinlichkeit für die Trefferzahl k am größten, wenn k gleich dem Erwartungswert ist $(k = E(X))$. Vor dem Erwartungswert $(k < E(X))$ und nach dem Erwartungswert $(k > E(X))$ sind die Wahrscheinlichkeiten kleiner und werden mit größerem Abstand zu $E(X)$ immer kleiner.
Es entsteht ein zur Geraden beim Erwartungswert symmetrischer Graph, der bei geeigneter Wahl der beiden Maßstäbe (in die Koordinatenrichtungen) die Form einer Glocke hat.
Verbindet man die oberen Stabenden der Wahrscheinlichkeiten, so nähert sich der dadurch gewonnene Graph bei $n \to \infty$ einer Grenzkurve, die algebraisch mittels einer e-Funktion beschrieben werden kann.
Diese Grenzkurve heißt **GAUSS'sche Glockenkurve** oder kurz **GAUSS-Kurve**.

Wissen

GAUSS'sche Glockenfunktion oder kurz GAUSS-Funktion:

$$\varphi\colon x \mapsto \frac{1}{\sqrt{2\pi}} \cdot e^{-\frac{1}{2}x^2}$$

GAUSS'sche Summenfunktion

$$\Phi\colon x \mapsto \int_{-\infty}^{x} \varphi(t)\,dt$$

$\Phi(x)$ ist damit der links von x liegende Flächeninhalt unter der GAUSS'schen Glockenkurve.

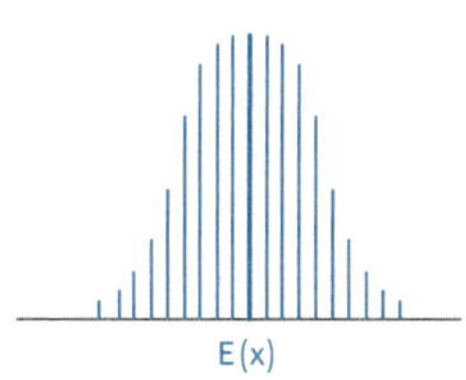

$B_{n,p}$-Verteilung

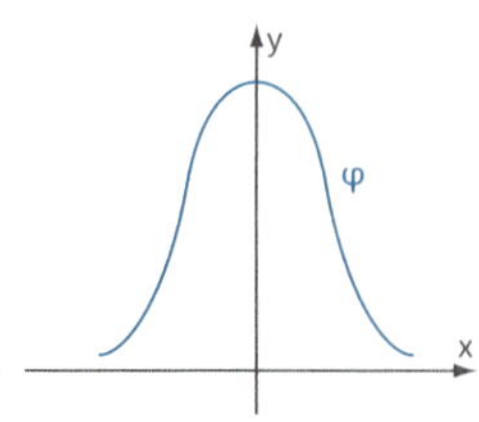

GAUSS'sche Glockenkurve

Die Werte von Φ finden Sie unter Umständen auch als Tabelle in Ihrer Formelsammlung.

Der Flächeninhalt zwischen k_1 und k_2 ist $\frac{1}{\sqrt{2\pi}} \int_{k_1}^{k_2} e^{-\frac{1}{2}x^2}\,dx = \Phi(k_2) - \Phi(k_1)$.

Grob gesagt ist dieser Flächeninhalt die Wahrscheinlichkeit von k_1 bis k_2 einer Verteilung mit sehr großem n. Die Stammfunktion von φ ist elementar nicht berechenbar, aber numerisch über den GTR (leider nicht mit einem nicht grafikfähigem Rechner).

Zentraler Grenzwertsatz

Eigentlich müsste man bei der Vielseitigkeit der mathematischen Definition der Wahrscheinlichkeit mit einer unübersehbaren Vielfalt verschiedener Wahrscheinlichkeitsverteilungen rechnen. Aber die Praxis zeigt, dass sich sehr viele, ja die meisten empirisch gefundenen Wahrscheinlichkeitsverteilungen unter bestimmten Voraussetzungen annähernd gleich verhalten.

Die Tatsache, dass sich bei häufiger Durchführung eines Experiments die Verteilung meist der Glockenform nähert, wird mathematisch natürlich ausgenutzt. Die Theorie dazu liefert der sogenannte **zentrale Grenzwertsatz**.

Bei einem Würfel sind die Wahrscheinlichkeiten für die verschiedenen „Augensummen" noch gleich, bei der Summe von 2 Würfeln sieht man schon leicht die Glockenkurve, bei der Summe von 3 Würfeln ist die Glockenkurve wesentlich deutlicher. Dass mit der Anzahl der Würfel die Amplitude abnimmt, die Kurve breiter wird und der Extrempunkt sich vom Nullpunkt entfernt, ist nur eine Frage des Maßstabs.

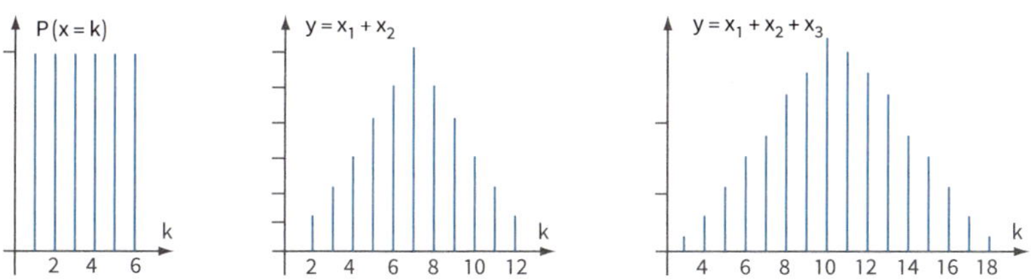

Abb. 9.2: Wahrscheinlichkeitsverteilung für die Augensumme bei unterschiedlicher Anzahl von Würfeln

Ist eine Zufallsvariable X als Summe von n voneinander unabhängigen und identisch verteilten Zufallsvariablen $X_1, X_2, \ldots X_n$ aufzufassen, so gilt bei hinreichend großem n (für Sie: $n > 10$) mit dem Erwartungswert E(X) und der Varianz $V(X) = \sigma^2$:

$$P(X \leq x) \approx \Phi\left(\frac{x - E(x)}{\sqrt{V(x)}}\right) = \Phi\left(\frac{x - E(x)}{\sigma}\right)$$

Zentraler Grenzwertsatz

Dabei ist Φ die GAUSS'sche Summenfunktion (→ vorige Seite), deren Werte bisher der Tabelle entnommen werden mussten, mit dem GTR aber jetzt numerisch bestimmbar geworden sind. Ohne GTR und Tabellen wird die GAUSS'sche Summenfunktion im Abitur wohl nicht mehr erscheinen. Man könnte höchstens fragen, was diese Funktion beschreibt.

Tschebyschew-Ungleichung

Da sich die Wahrscheinlichkeiten bei fast allen größeren „Durchführungszahlen“ einer ganz bestimmten Verteilung annähern (der Gauss’schen Glockenkurve), stellt sich natürlich die Frage, in welchem Intervall bestimmte Prozentzahlen liegen.
Oder: Ab welcher Abweichung wird die Wahrscheinlichkeit so klein, dass sie nicht mehr berücksichtigt werden muss?

Tschebyschew-Ungleichung

$P(|X - E(X)| \geq c) \leq \frac{V(x)}{c^2}$.

Die Wahrscheinlichkeit, dass X einen Wert x_i annimmt, der um mindestens den Wert c vom Erwartungswert E (X) abweicht, ist höchstens so groß wie der Wert, den man erhält, wenn man die Varianz V (X) durch c^2 dividiert.

Nicht ganz so allgemein, aber wesentlich besser verständlich wird der Satz, wenn die Abweichung als Vielfaches der Standardabweichung (der Quadratwurzel aus der Varianz) angegeben wird:

$$P\left(|X - E(X)| \geq k \cdot \sqrt{V(x)}\right) \leq \frac{1}{k^2}$$

Die Wahrscheinlichkeit, dass X einen Wert x_i annimmt, der um das k-fache der Standardabweichung vom Erwartungswert abweicht, ist höchstens $1 : k^2$.

$k = 2$: Die Wahrscheinlichkeit für Werte, die außerhalb des Intervalls $[E(X) - 2 \cdot \sqrt{V(x)}; E(X) + 2 \cdot \sqrt{V(x)}]$ liegen, ist kleiner als 0,25.
Oder: Mindestens 75 % der Werte liegen im Intervall.

$k = 3$: Die Wahrscheinlichkeit für Werte, die außerhalb des Intervalls $[E(X) - 3 \cdot \sqrt{V(x)}; E(X) + 3 \cdot \sqrt{V(x)}]$ liegen, ist kleiner als 0,11.
Oder: Mindestens 89 % der Werte liegen im Intervall.

$k = 4$: Die Wahrscheinlichkeit für Werte, die außerhalb des Intervalls $[E(X) - 4 \cdot \sqrt{V(x)}; E(X) + 4 \cdot \sqrt{V(x)}]$ liegen, ist kleiner als 0,06.
Oder: Mindestens 94 % der Werte liegen im Intervall.

Aufgabe

Es wird 600-mal gewürfelt. X sei die Anzahl gewürfelter Sechsen. $E(X) = 100$. $V(X) = \frac{500}{6} = 83{,}\overline{3}$. Wie groß ist die Wahrscheinlichkeit, dass höchstens 50 oder mindestens 150 Sechsen gewürfelt werden?

Lösung:

Die Ungleichung liefert: $P(|X - 100| \geq 50) \leq \frac{83{,}\overline{3}}{50^2} = 0{,}0\overline{3}$.

Die Wahrscheinlichkeit, dass man bei 600-fachem Würfeln weniger als 50 oder mehr als 150 Sechsen würfelt beträgt also nur etwa 3 %.

Näherungen

Führt man ein Experiment durch, so interessiert in der Regel nicht, mit welcher Wahrscheinlichkeit k Treffer eintreten, sondern welche Trefferzahl in einem Intervall $[k_1; k_2]$ liegt.
Es sind nur maximal drei Schritte zur Berechnung notwendig: Einsetzen von Zahlen in eine vorgegebene Formel; Berechnen eines Terms mit dem Taschenrechner; Aufschlagen einer Zahl in einer Tabelle.
Die in der Schule gängigen Näherungen sind fast alle Anwendungen der GAUSS'schen Glockenfunktion:

- Lokale Betrachtungen (einzelne Werte) mittels der Funktion $\varphi(x) = \frac{1}{\sqrt{2\pi}} \cdot e^{-\frac{1}{2}x^2}$, die in den GTR eingegeben werden kann und somit auch die globalen Berechnungen von $\Phi(x)$ numerisch berechenbar macht.
- Globale Betrachtungen (Wahrscheinlichkeiten in einem Intervall) über die Aufsummierung, also das Integral der Glockenfunktion:
  $\Phi(x) = \int_{-\infty}^{x} \varphi(t)dt.$

Die Abkürzung $B_{n;p}(k)$ bedeutet die Wahrscheinlichkeit, dass k Treffer bei n Durchführungen der Binomialverteilung mit der Wahrscheinlichkeit p auftreten.

	POISSON-Verteilung	DE MOIVRE-LAPLACE	Summe mit DE MOIVRE-LAPLACE	Normalverteilung
Formelsammlung	$B_{n;p}(k) = \frac{E(X)^k}{k!} \cdot e^{-E(X)}$ mit $E(X) = n \cdot p$	$B_{n;p}(k)$ $= \frac{1}{\sqrt{V(x)}} \cdot \Phi\left(\frac{k - E(x)}{\sqrt{V(x)}}\right)$ mit $E(X) = n \cdot p$ und $V(x) = n \cdot p(1-p)$	$\sum_{k_2}^{k=k_1} B_{n;p}(k) \approx \int_{x_1}^{x_2} \varphi(t)\,dt$ $x_1 = \frac{k_1 - 0{,}5 - n \cdot p}{\sqrt{n \cdot p(1-p)}}$; $x_2 = \frac{k_1 + 0{,}5 - n \cdot p}{\sqrt{n \cdot p(1-p)}}$	$P(X \le x) = \Phi\left(\frac{x - E(x)}{\sqrt{V(x)}}\right)$
Anwendungen	Bei sehr selten eintretenden Ereignissen (ca. $p \le 0{,}05$).	Bei großem n über die GAUSS'sche Glockenfunktion. Es handelt sich um die lokale Näherung (Berechnung einzelner Werte).	Bei Summen über den Flächeninhalt der GAUSS'schen Glockenfunktion. Globale Näherung bei der Berechnung in Intervallen.	Über die GAUSS'sche Summenfunktion definiert, es wird angegeben, wann Sie sie verwenden sollen.
Brauchbare Werte	Für $p < 0{,}05$ und $E(X) = n \cdot p \le 5$. Die Werte sind in der Regel aus einer Tabelle zu entnehmen.	Für $n > \frac{9}{p(1-p)}$ Die Werte werden der Tabelle entnommen. φ könnte aber leicht berechnet werden.	Für $p < 0{,}05$ und $E(X) = n \cdot p \le 5$ (wie bei der lokalen Näherung). Nur Tabellenwerte, die Funktion ist für Sie nicht integrierbar.	Die Funktion beschreibt ein Verteilungsgesetz, das für sehr viele Zufallsvariablen gilt. Werte über Tabelle oder GTR (ggf. auch TR).
Lagemaße	Erwartungswert $E(X) = n \cdot p$ Varianz $V(X) = n \cdot p$	Erwartungswert $E(X) = n \cdot p$ Varianz $V(X) = n \cdot p \cdot (1-p)$	Erwartungswert $E(X) = n \cdot p$ Varianz $V(X) = n \cdot p \cdot (1-p)$	Erwartungswert $E(X) = n \cdot p$ Varianz $V(X) = n \cdot p \cdot (1-p)$

Tab. 9.8: Näherungsformeln

9.7 Beurteilende Statistik

In Wirtschaft, Technik, Medizin, Politik und Handel käme man ohne die Prognosen der beurteilenden Statistik, ohne die Auswertung von Stichprobendaten und ohne die mathematischen Tests zur Überprüfung von statistischem Material überhaupt nicht mehr aus.

Beispiele

Schluss von der Gesamtheit auf die Stichprobe
Sie kennen die Verteilung der Gesamtheit und wollen auf die Verteilung eines Teiles schließen, z. B.:
Sie wissen, wie viele Lose bei einer Tombola gewinnen, und wollen nun berechnen, mit welcher Wahrscheinlichkeit Sie bei 10 Losen einen Gewinn erhalten oder wie viele Lose Sie ziehen müssen, um mit einer Sicherheit von mindestens 90 % mindestens einen Gewinn zu erzielen.

Schluss von der Stichprobe auf die Gesamtheit
Sie kennen einige Stichprobenwerte und wollen auf die Gesamtheit schließen. Dies sieht einfacher aus, als es in Wirklichkeit ist, da eine proportionale Zunahme (bei 6 Würfeln 2 „Sechsen“, also bei 60 000 Würfen 20 000 „Sechsen“) nicht zwingend ist, z. B.:
Eine automatische Drehbank dreht Bolzen der Länge 4,5 mm. Man überprüft 20 Bolzen und stellt fest, dass drei nicht die erforderliche Länge haben. Muss deshalb die Maschine neu eingestellt werden?

Testen von Hypothesen und Berechnung von Fehlern
Sie haben eine Hypothese und wollen prüfen, ob sie stimmt, z. B.:
Bei einem idealen Würfel kommt jede Zahl mit derselben Wahrscheinlichkeit vor. Sie werfen den Würfel 60-mal und notieren die Augenzahlen. Bei welcher Verteilung glauben Sie, dass es sich um einen idealen Würfel handelt, und mit welcher Wahrscheinlichkeit irren Sie dabei? Wann werfen Sie den Würfel weg und mit welcher Wahrscheinlichkeit ist dies falsch?

Schluss von der Gesamtheit auf Stichproben

Es gibt Zufallsexperimente, deren Wahrscheinlichkeitsverteilung wir kennen. Ganz gleich, ob aus der Theorie (Glücksspiele wie Roulette, Lotto, Würfelspiele, Lotterie und vieles mehr) oder aus der Erfahrung, der Beobachtung, den statistischen Daten (Wettervorhersage, Lebenserwartung ...).

Entnimmt man der Gesamtheit eine Stichprobe vom Umfang n, so interessiert, wie hier die Werte verteilt sind. Der Mittelwert dieser Stichprobenwerte wird in der Regel vom theoretischen Wert, dem Erwartungswert E (X), abweichen. Auch bei den einzelnen Stichprobenwerten wird es zwischen den praktischen und den theoretischen Werten Abweichungen geben.
Diese Abweichungen gilt es zu beurteilen: Sind sie zufällig oder signifikant (durch veränderte Bedingungen erklärbar)?

Wenn die Verteilung nicht angegeben ist, dann verwenden Sie

- die Binomialverteilung, wenn Sie die Wahrscheinlichkeit für ein einzelnes Experiment kennen und sich die Wahrscheinlichkeit bei der Wiederholung nicht ändert oder wenn die Anzahl der Stichprobenwerte klein ist $V(X) = n \cdot p \cdot (1 - p) \leq 9$ bzw. $\sigma \leq 3$;
- die Normalverteilung, wenn der Erwartungswert und die Standardabweichung angegeben sind oder wenn die Anzahl der Stichprobenwerte groß ist $V(X) = n \cdot p \cdot (1 - p) > 9$ bzw. $\sigma > 3$.

Beispiel

Bei einer Tombola werden Lose verkauft. Man weiß, dass jedes 10. Los ein Gewinn ist, der Rest sind Nieten.
Wir gehen näherungsweise von einer Binomialverteilung aus.

a) A nimmt 5 Lose. Ist die Wahrscheinlichkeit, dass er mindestens einen Gewinn hat, größer als 50 %?
b) Wie viele Lose müsste er mindestens nehmen, damit er mit einer Wahrscheinlichkeit von mindestens 50 % mindestens einen Gewinn zieht?

Streng genommen liegt im Beispiel keine Binomialverteilung vor, da sich nach jeder Entnahme eines Loses ja die Wahrscheinlichkeit für einen Gewinn ändert. Bei großen Anzahlen der Gesamtheit (wie im Beispiel) wird immer näherungsweise jedem Los dieselbe Wahrscheinlichkeit für Gewinn und Niete zugeordnet. Aufgabe a) wäre auch über die Normalverteilung lösbar, wenn die Anzahl der Lose, die A nimmt, größer wäre. Bei $n = 5$ ist $V(X) = 0{,}45 < 9$ und damit für einen vernünftigen Einsatz der Normalverteilung zu klein.

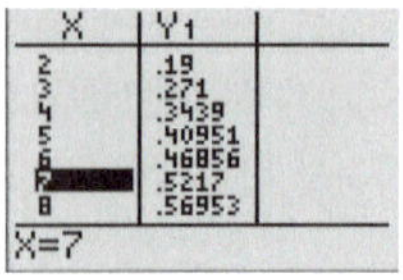

Nehmen wir zur Lösung der Beispielsaufgabe a) also an, dass die Zufallsvariable X (Anzahl der Gewinnlose) binomialverteilt ist, mit $p = 0{,}1$ (Wahrscheinlichkeit für einen Gewinn) und $n = 5$ (Anzahl gezogener Lose). Gesucht ist $P(X \geq 1)$. Da man dafür die Wahrscheinlichkeiten für genau einen Gewinn, zwei Gewinne, …, bis fünf Gewinne addieren müsste, ist es einfacher, die Wahrscheinlichkeit mithilfe des Gegenereignisses („kein Gewinn“) auszurechnen. Es gilt $P(X \geq 1) = 1 - P(X = 0) = 0{,}4095$ (Werte aus GTR/TR oder Tabelle). Die Wahrscheinlichkeit für mindestens einen Gewinn ist also kleiner als 50 %.

Auch bei Aufgabe b) ist X binomialverteilt mit unbekanntem n und $p = 0{,}1$. Gesucht ist n, sodass $P(X \geq 1) = 1 - P(X = 0) \geq 0{,}5$. GTR/TR oder Tabelle liefern $n = 7$. Damit muss A mindestens 7 Lose kaufen.
Würde A 200 Lose kaufen, könnten wir problemlos mit der Normalverteilung arbeiten. Infolge des Erwartungswertes $E(X) = n \cdot p$ rechnet A mit 20 Gewinnen und will nun berechnen, mit welcher Wahrscheinlichkeit er höchstens 10 Gewinne erzielt.

Laut Formelsammlung gilt dann:

$$P(X \leq 10) = \Phi\left(\frac{x - E(x)}{\sqrt{V(x)}}\right) = \Phi\left(\frac{10 - 200 \cdot 0{,}1}{\sqrt{200 \cdot 0{,}1 \cdot 0{,}9}}\right) = \Phi(-2{,}3570) = 0{,}0091$$

Der Wert $\Phi(-2{,}3570) = 0{,}0091 \ldots$ entstammt der Tabelle in der Formelsammlung. Die Berechnungen sind mit dem GTR möglich.

Die Normalverteilung mit dem TI-83 Plus:

$$P(X \leq x) = \Phi\left(\frac{x - E(x)}{\sqrt{V(x)}}\right) \text{ eintippen als: } \text{normalcdf}\left(0, x, E(x), \sqrt{V(x)}\right)$$

Tipp

Sofern Sie einen GTR benutzen dürfen, setzen Sie ihn auf jeden Fall ein. Aber prägen Sie sich ein, wie Sie die Parameter eintippen müssen und über welche Tasten Sie die Verteilungen und die Kombinatorik finden. Bei einer Prüfung können Fehlermeldungen auf dem GTR Sie leicht aus dem Konzept bringen und wertvolle Zeit kosten.
Auch wenn Sie „nur“ einen wissenschaftlichen Taschenrechner nutzen dürfen, machen Sie sich mit seinen Funktionen zu den Verteilungen vertraut. Unsicherheiten in der Taschenrechnerbedienung sind ein ebenso vermeidbarer wie unnötiger Störfaktor in der Prüfung.

Die beiden Binomialverteilungsfunktionen (Einzelwerte und Summenwerte) und die Normalverteilungsfunktionen sind in jedem wissenschaftlichen Schulrechner enthalten. Fragen Sie Ihre Lehrkraft, was Sie brauchen, und das schauen Sie sich ganz genau an.

Bewertung von Stichprobenergebnissen

Weichen Stichprobenergebnisse mehr oder weniger stark von den theoretischen Werten der zugrundeliegenden Verteilung ab, kann es angebracht sein, sie zu überprüfen und zu bewerten. Dazu verwendet man die Sigma-Regeln, die allerdings nur angewandt werden dürfen, wenn $\sigma > 3$ erfüllt ist (LAPLACE-Bedingung).

Sigma-Regeln

Bei einer binomialverteilten Zufallsvariablen X mit den Parametern n und p, dem Erwartungswert $E(X) = \mu = n \cdot p$ und der Standardabweichung $\sigma = \sqrt{n \cdot p \cdot (1-p)}$ liegen die Anzahl Treffer mit einer Wahrscheinlichkeit von rund 68,3 % im Intervall zwischen $\mu - \sigma$ und $\mu + \sigma$. Es gilt also:
$P(\mu - \sigma \leq X \leq \mu + \sigma) \approx 0{,}683.$
Weitere übliche Sigma-Intervalle sind:
$P(\mu - 2\sigma \leq X \leq \mu + 2\sigma) \approx 0{,}954$
$P(\mu - 3\sigma \leq X \leq \mu + 3\sigma) \approx 0{,}997.$
Für genauere Prozentwerte verwendet man folgende Näherungen:
$P(\mu - 1{,}64\sigma \leq X \leq \mu + 1{,}64\sigma) \approx 0{,}90$
$P(\mu - 1{,}96\sigma \leq X \leq \mu + 1{,}96\sigma) \approx 0{,}95$
$P(\mu - 2{,}58\sigma \leq X \leq \mu + 2{,}58\sigma) \approx 0{,}99$
Liegen Stichprobenergebnisse innerhalb des Intervalls $[\mu - 1{,}96\sigma;\ \mu + 1{,}96\sigma]$ gelten sie als **verträglich**. Liegen sie außerhalb davon, gelten sie als **signifikant**. Sie sind „verdächtig“, da sie nur mit einer Wahrscheinlichkeit von 5 % eintreffen. **Hochsignifikante** Stichprobenergebnisse sind Ergebnisse, für die gilt: $X < \mu - 2{,}58\sigma$ beziehungsweise $X > \mu + 1{,}96\sigma$. Sie sind höchst unwahrscheinlich, da sie nur mit einer Wahrscheinlichkeit von 1 % auftreten.

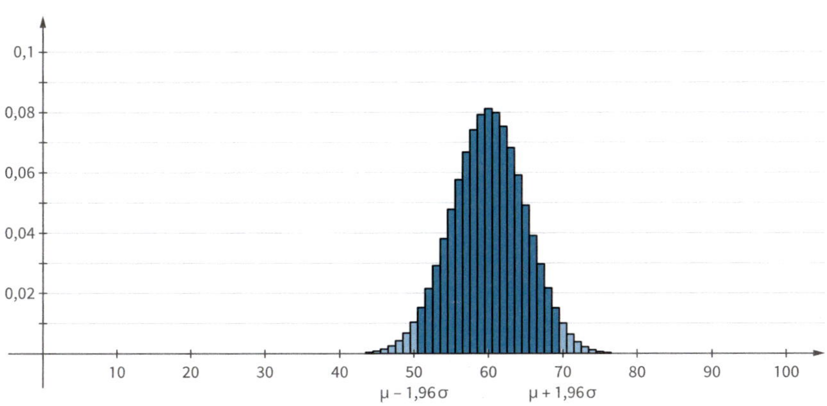

Schluss von der Stichprobe auf die Gesamtheit

Kaum fünf Minuten nach Schließung der Wahllokale kommen über Funk und Fernsehen bereits die ersten Hochrechnungen. Diese ersten „Trendmeldungen“ sind erstaunlich genau. Natürlich kann man nicht von einem beliebigen Wahllokal auf das Endergebnis schließen. Aber wie muss man auswählen? Und ist der Fehler, der gemacht wird, berechenbar?

Mathematisch gesehen geht es bei diesem Problem um einen Schluss von einer Stichprobe auf die Gesamtheit. Da man nicht immer die Gesamtheit untersuchen kann (Kosten, Zeit, technische Probleme …), schließt man von den Untersuchungsergebnissen einer Teilmenge auf die gesamte Menge.

Beispiel

Vor einer Wahl möchte die Partei „Die Freibeuter“ gerne wissen, ob sie den Einzug in den Landtag (mindestens 5 % der Stimmen) schaffen.
Sie führen zu diesem Zweck eine Stichprobe durch.
Es werden $n = 1000$ Personen befragt, von denen 57 angeben, „Die Freibeuter“ wählen zu wollen.
Kann die Partei aufgrund dieses Ergebnisses mit 95 %iger Wahrscheinlichkeit davon ausgehen, dass sie den Einzug in den Landtag schafft?

Ziel ist es, anhand des Stichprobenergebnisses Rückschlüsse auf die Trefferwahrscheinlichkeit p der Gesamtheit ziehen zu können. Dazu geht man folgendermaßen vor:
Man legt eine Sigma-Umgebung fest und sucht die größtmögliche Trefferwahrscheinlichkeit p_1 und die kleinstmögliche Trefferwahrscheinlichkeit p_2, für die das Stichprobenergebnis X gerade noch in der gewählten Sigma-Umgebung der Verteilung liegt.

Da mit einer 95%igen Wahrscheinlichkeit zu prüfen ist, ob die Partei „Die Freibeuter“ den Einzug in den Landtag schafft, wählt man das Intervall $\mu - 1{,}96\sigma \le X \le \mu + 1{,}96\sigma$.

Mit $n = 1000$, $\mu = n \cdot p$ und $\sigma = \sqrt{n \cdot p \cdot (1-p)}$ erhält man
$1000 \cdot p_1 - 1{,}96 \cdot \sqrt{1000 \cdot p_1 \cdot (1-p_1)} = 57$ und
$1000 \cdot p_2 + 1{,}96 \cdot \sqrt{1000 \cdot p_2 \cdot (1-p_2)} = 57$.
Die Lösungen (mit GTR oder „von Hand“) sind $p_1 \approx 7{,}31\,\%$ und $p_2 \approx 4{,}43\,\%$.

Deutung der Ergebnisse:
Die Patei käme nach dieser Stichprobe auf einen Stimmenanteil zwischen 4,43 % und 7,31 %. Sie kann demnach nicht mit 95%iger Wahrscheinlichkeit davon ausgehen, dass sie den Einzug in den Landtag schaffen wird (mindestens 5 %).

Schätzfunktionen

Sind die Maßzahlen (Erwartungswert E(X); Varianz V(X) und Standardabweichung $\sigma = \sqrt{V(X)}$ nicht bekannt, so müssen sie mittels der Stichprobenwerte bestimmt werden, um überhaupt Aussagen zu ermöglichen.
Je weniger Stichprobenwerte zur Verfügung stehen, desto stärker können sich die Maßzahlen der Grundgesamtheit von den Maßzahlen der Stichprobe unterscheiden.

Die von der Stichprobe übernommenen Maßzahlen heißen nicht Näherungswerte, sondern Schätzwerte der Maßzahlen der Grundgesamtheit. Damit wird klar, dass diese Werte stark von der zufälligen Entnahme der Stichprobenwerte und der Größe der Stichprobe abhängen.

Schätzen heißt in der Mathematik nicht, beliebige Zahlen anzunehmen. Es geht darum, aus den Angaben möglichst genau auf die fehlenden Zahlen zu schließen.

Man geht bei allen Aufgaben davon aus, dass der Stichprobenumfang groß genug ist, damit das Stichprobenmaterial normalverteilt ist. Bei genügend großem n gilt diese Normalverteilung dann für jede beliebige Verteilung der Grundgesamtheit.

Schätzwert für den Mittelwert einer Grundgesamtheit

Die Stichprobenwerte haben denselben Mittelwert wie die Grundgesamtheit. Deshalb kann der Mittelwert $E(X_S)$ der Stichprobenwerte als Schätzwert für den Mittelwert E(X) der Grundgesamtheit verwendet werden.

Schätzwert für die Varianz einer Grundgesamtheit

Angenommen, die Grundgesamtheit hätte die Varianz V(X). Dann hat das zum Stichprobenumfang n gehörige Stichprobenmittel $E(X_S)$ die Varianz $V(X_S) = \frac{1}{n} V(X)$. Damit gilt für die Standardabweichung der Grundgesamtheit σ und der Stichprobe σ_S: $\sigma_S = \frac{\sigma}{\sqrt{n}} \Leftrightarrow \sigma_S \cdot \sqrt{n} = \sigma$.
Das Stichprobenmittel streut weniger als die Grundgesamtheit. Genau genommen gilt: $\sigma_S = \frac{\sigma}{n-1}$. Bei sehr großem n kann die oben angegebene Vereinfachung (n anstelle von $n-1$) angewandt werden.

Testen von Hypothesen

Wissen

Eine Hypothese (griech. „Unterstellung“) ist eine Annahme, die im Bereich der beurteilenden Statistik aufgrund bestimmter Informationen oder Vermutungen aufgestellt wird und mittels der in der Stochastik üblichen Rechenmethoden bestätigt oder widerlegt wird.

Beim Testen von Hypothesen wird durch eine Stichprobe festgestellt, ob eine angenommene Wahrscheinlichkeit (zunächst nur eine Vermutung) zutrifft oder nicht.

Dass bei der Stichprobe nicht genau der über die Hypothese berechnete Wert erscheint, ist klar. Abweichungen wird es immer geben. Die Frage ist nur, ob diese Abweichungen zufällig, „nicht signifikant“, sind (die Stichprobe wird ja nicht gezielt entnommen), oder ob sie daher rühren, dass die Hypothese nicht stimmt – was auch immer schuld daran sein mag, vom Denkfehler über den falschen Ansatz bis zur technischen Panne. In diesem Fall nennen wir die Abweichung „signifikant“ (lat. „deutlich, erkennbar, charakteristisch“) und meinen damit, dass es eben nicht zufällig zu diesen Werten kommt.

Zum Grundgedanken eines Tests

Man will eine Annahme (die **Nullhypothese** H_0 genannt wird) auf ihre Richtigkeit hin überprüfen. Von dieser Annahme ist laut Aufgabenstellung die Wahrscheinlichkeitsverteilung bekannt, sodass man die zwei Maßzahlen $E(X)$ (Erwartungswert) und $V(X)$ (Varianz) berechnen kann. Abweichende Annahmen heißen **Gegenhypothese** oder Alternativhypothese H_1.

Ob die Hypothese angenommen wird, hängt sehr wesentlich vom sogenannten **Annahmebereich** der Hypothese ab.
Unter dem Annahmebereich versteht man das Intervall, von dem man annimmt, dass im Normalfall darin die Werte einer Stichprobe liegen müssten.

Die Abweichung vom Erwartungswert $E(X)$ ist nur sinnvoll einzuschätzen, wenn man sie in Beziehung zur Varianz $V(X)$ oder noch besser zur Standardabweichung $\sigma = \sqrt{V(X)}$ setzt.

Die **Vertrauensintervalle** liegen symmetrisch zum Erwartungswert und haben Breiten, die in Vielfachen von σ angegeben werden.
Vergleichen Sie dazu auch die Seite 215.

Wichtiges in Kürze

Kennt man den Erwartungswert und die Standardabweichung, kann man bei jeder Verteilung (auch bei der Normalverteilung, die immer für große n gilt) berechnen, wie groß die Wahrscheinlichkeit ist, dass bei einer Stichprobe die Werte in den unten beschriebenen Intervallen (den sogenannten Vertrauensintervallen) liegen. Liegen die Werte darin, gehen wir davon aus, dass unsere Annahme richtig war. Liegen die Werte außerhalb, gehen wir von einer falschen Annahme aus. Dabei wissen wir genau, dass Fehler erster und zweiter Art möglich sind, die wir berechnen können.

Bezeichnung	**Gebräuchliche Intervalle**			**Parallele Bezeichnungen**
Intervallbreite	2σ	4σ	6σ	
Vertrauensintervall (Annahmebereich)	$[E(x)-\sigma;\ E(x)+\sigma]$	$[E(x)-2\sigma;\ E(x)+2\sigma]$	$[E(x)-3\sigma;\ E(x)+3\sigma]$	Konfidenzintervall, Mutungsintervall
Ablehnungsbereich	$X < E(x)-\sigma$ $X > E(x)+\sigma$	$X < E(x)-2\sigma$ $X > E(x)+2\sigma$	$X < E(x)-3\sigma$ $X > E(x)+3\sigma$	
Signifikanzgrenzen	$E(x)-\sigma$ $E(x)+\sigma$	$E(x)-2\sigma$ $E(x)+2\sigma$	$E(x)-3\sigma$ $E(x)+3\sigma$	
Vertrauenszahl Normalverteilung	0,683	0,954	0,997	statistische Sicherheit

Tab. 9.9: Vertrauensintervalle

Fehler erster und zweiter Art

Wirft man mit einem Würfel zehnmal und erhält zehnmal die Augenzahl „6“, so ist dies von der Wahrscheinlichkeitstheorie her auch bei einem idealen Würfel nicht völlig ausgeschlossen.
Andererseits kann ein Versuch mit einem nicht idealen Würfel (die verschiedenen Augenzahlen kommen nicht mit derselben Wahrscheinlichkeit vor) zufällig eine „ideale“ Verteilung (jede Zahl kommt gleich oft vor) aufweisen. Man würde dann diesen Würfel fälschlicherweise zu den idealen zählen.

In beiden Fällen macht man einen Fehler. Allerdings sind die Fehler von der Theorie her völlig anders zu bewerten. Wir müssen die beiden Fehlerarten grundsätzlich unterscheiden. Die folgende Tabelle soll das verdeutlichen. Bitte machen Sie sich diese Konstellation absolut klar.

	Annahme wird angenommen	**Annahme wird abgelehnt**
Annahme stimmt	Richtige Entscheidung	Fehler erster Art
Annahme ist falsch	Fehler zweiter Art	Richtige Entscheidung

Tab. 9.10: Fehler 1. und 2. Art

Signifikanztest

Signifikanztests werden anhand einer Stichprobe vorgenommen. Da man aus der Theorie weiß, dass (sofern die Nullhypothese stimmt) große Abweichungen von der Nullhypothese nur mit kleinen Wahrscheinlichkeiten vorkommen und da man von der Nullhypothese genau berechnen kann, mit welcher Sicherheit sie in welchem Intervall liegen müsste, legt man ein Intervall fest, in dem man die Nullhypothese anerkennt.

Begriffe	Nullhypothese H_0 Gegenhypothese (Alternativhypothese) H_1 Annahmebereich A Ablehnungsbereich $\overline{A}$
Entscheidung	Liegt der über die Stichprobe ermittelte Wert in A, wird H_0 angenommen, andernfalls abgelehnt.
Fehler 1. Art	H_0 wird abgelehnt, obwohl H_0 wahr ist. Die Wahrscheinlichkeit für diesen Fehler heißt Irrtumswahrscheinlichkeit α.
Fehler 2. Art	H_0 wird angenommen, obwohl H_0 falsch ist. Die Wahrscheinlichkeit für diesen Fehler wird mit β bezeichnet.
Statistische Sicherheit des Tests Trennschärfe des Tests	$1-\alpha$ $1-\beta$

Tab. 9.11: Grundbegriffe von Signifikanztests

In der Schulmathematik unterscheidet man zwei verschiedene Testarten:

Einseitiger Test

Beim einseitigen Test (rechts- oder linksseitig) besteht zwischen dem Annahmebereich und dem Ablehnungsbereich nur eine Grenze. Die Nullhypothese besteht aus einer Ungleichung.

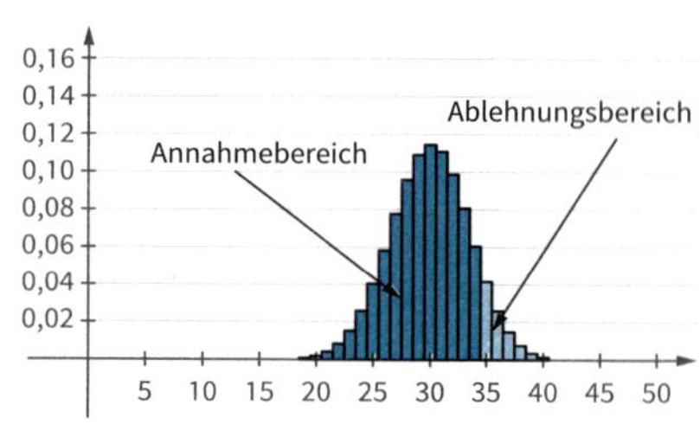

Zweiseitiger Test

Beim zweiseitigen Test ist der Annahmebereich ein Intervall. Es existieren sowohl vor als auch nach dem Intervall Werte, die in den Ablehnungsbereich fallen.

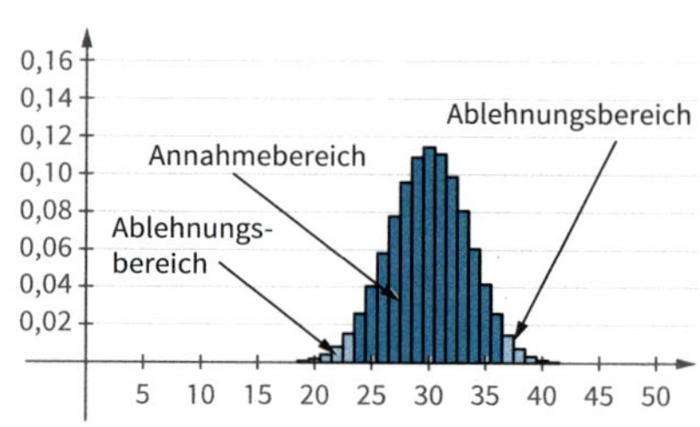

> Beispiel
>
> Nullhypothese bei einem linksseitigen Test:
> Mindestens 90 % der Schüler tragen eine Brille.
> Nullhypothese bei einem rechtsseitigen Test:
> Höchstens 5 % der Schüler tragen eine Brille.
> Nullhypothese bei einem zweiseitigen Test:
> Die Hälfte aller Schüler tragen eine Brille.

Signifikanztests werden für unbekannte Wahrscheinlichkeitsverteilungen und für unbekannte Erwartungswerte durchgeführt.

Bei unbekannter Wahrscheinlichkeitsverteilung wird das Experiment n-mal durchgeführt und die Trefferzahl notiert.

Bei unbekanntem Erwartungswert geht man immer von einer normalverteilten Stichprobe aus. Der Mittelwert der Stichprobe ist immer der Schätzwert, sodass auch die Nullhypothese festliegt. Ist die Standardabweichung bekannt, wird sie natürlich für den Test verwendet. Ist die Standardabweichung nicht bekannt, muss sie durch den Schätzwert ersetzt werden.

> Beispiel
>
> Es soll überprüft werden, ob ein Würfel so präpariert wurde, dass bei jedem zweiten Wurf die Augenzahl 6 auftritt.
> Dazu wurde der Würfel 20-mal geworfen, 7-mal fiel die Augenzahl 6.
> Kann man mit einer Sicherheit von 90 % annehmen, dass der Würfel entsprechend der Vermutung präpariert wurde?
> Nullhypothese: $p(x) = 0{,}5 \Rightarrow E(x) = 20 \cdot 0{,}5 = 10$
> Die Verteilung sieht folgendermaßen aus (auf 2 Dezimalen gerundet):

0	1	2	3	4	5	6	7	8	9	10	11	12	13	14	15	16	17	18	19	20
0,0	0,0	0,0	0,0	0,01	0,01	0,04	0,07	0,12	0,16	0,18	0,16	0,12	0,07	0,04	0,01	0,01	0,0	0,0	0,0	0,0

50 %

74 %

88 %

> 7 liegt im „90 %“-Intervall und deshalb kann man annehmen, dass der Würfel präpariert wurde.

Schema des Signifikanztests

	Beschreibung	Test für eine unbekannte Wahrscheinlichkeit p	Test für einen unbekannten Erwartungswert E (X)
Bezeichnungen	H_0: Nullhypothese H_1: Gegenhypothese p_0: Wahrscheinlichkeit von H_0 (p_1 von H_1) n: Anzahl der Stichprobenwerte α: Irrtumswahrscheinlichkeit β: Wahrscheinlichkeit für Fehler der 2. Art $\overline{A}$: Ablehnungsbereich	$P(X = k)$ ist die Wahrscheinlichkeit, bei Binomialverteilung bei n Durchführungen mit der Wahrscheinlichkeit p k Treffer zu erzielen. $P(X \leq k)$ ist die Summe von $P(X = x_i)$ von $i = 0$ bis $i = k$. Also: $P(X \leq k) = P(X = 0) + P(X = 1) + \ldots + P(X = k)$ Werte werden einer Tabelle entnommen oder mit GTR/WTR berechnet.	$E(X_0)$: Erwartungswert der Nullhypothese $E(X_S)$: Mittelwert der Stichprobe σ: Standardabweichung der Gesamtheit s: Standardabweichung der Stichprobe Φ: GAUSS'sche Summenfunktion, deren Werte immer der Tabelle entnommen werden
Idee	Es soll von einer Stichprobe auf eine Gesamtheit geschlossen werden. Insbesondere soll untersucht werden, ob eine Vermutung (H_0) stimmt oder nicht.	Das Experiment, bei dem das Ereignis A mit der unbekannten Wahrscheinlichkeit p eintritt, wird n-mal durchgeführt. Je nach Trefferzahl dieser n Durchführungen entscheidet man, ob H_0 angenommen oder abgelehnt wird.	Man geht davon aus, dass bei genügend großem n die Stichprobenwerte normalverteilt sind. Ist die Standardabweichung bekannt, wird sie verwendet, andernfalls arbeitet man näherungsweise mit s (statt σ).
Beispiel	In der Schulmathematik kommen in der Regel nur die beiden beschriebenen Verfahren vor. Verwechslungen sind in der Praxis nicht möglich; wenn mit beiden Verfahren gearbeitet werden kann, ist angegeben, welches verlangt ist.	Ein Hersteller behauptet, dass höchstens 5 % seiner Waren die angegebene Qualität nicht erfüllen. Bei einer Sendung von 50 000 Stück soll diese Angabe mittels Stichproben überprüft werden. Es handelt sich um eine Binomialverteilung.	Eine automatische Drehbank dreht Bolzen mit der Länge 22,5 mm. Maschinenbedingt kennt man $\sigma = 0{,}9$. Mittels Nachmessen von 100 Bolzen soll überprüft werden, ob die Maschine noch richtig eingestellt ist.
Linkss. Test	H_0 wird abgelehnt, wenn die Werte der Zufallsvariablen kleiner als ein bestimmter „kritischer" Wert sind.	H_0: $p \geq p_0$; H_1: $p < p_0$; $\overline{A} = \{0, 1 \ldots, g\}$ Gesucht ist die größte Zahl g, für die $P(X \leq g) \leq \alpha$. Ist $p = p_1 \Rightarrow \beta = 1 - P(X \leq g)$	H_0: $E(X_S) \geq E(X_0)$; H_1: $E(X_S) < E(X_0)$ $\overline{A} = \{E(X_S) \mid E(X_S) < g\}$ mit $g = E(X_S) - (c \cdot \sigma) : \sqrt{n}$ mit $c = 1 - \alpha$ c erhält man aus der Tabelle.
Rechtss. Test	H_0 wird abgelehnt, wenn die Werte der Zufallsvariablen größer als ein bestimmter „kritischer" Wert sind.	H_0: $p \leq p_0$; H_1: $p > p_0$; $\overline{A} = \{g, g + 1, \ldots, n\}$ Gesucht ist die kleinste Zahl g, für die $P(X \geq g) = 1 - P(X \leq g - 1) \leq \alpha$. Ist $p = p_1 \Rightarrow \beta = P(X \leq g - 1)$.	H_0: $E(X_S) \leq E(X_0)$; H_1: $E(X_S) > E(X_0)$; $\overline{A} = \{E(X_S) \mid E(X_S) > g\}$ mit $g = E(X_S) + (c \cdot \sigma) : \sqrt{n}$ mit $c = 1 - \alpha$ c erhält man aus der Tabelle.
Zweiseitiger Test	H_0 wird abgelehnt, wenn die Werte der Zufallsvariablen kleiner (oder größer) als ein bestimmter kleiner (großer) „kritischer" Wert sind.	H_0: $p = p_0$; H_1: $p \neq p_0$; $\overline{A} = \{0, \ldots, g_l\} \{g_r, \ldots, n\}$ Mit g_l größte Zahl, mit $P(X \leq g_l) \leq 0{,}5\,\alpha$ g_r kleinste Zahl, mit $P(X \geq g_r) = 1 - P(X \leq g_r - 1) \leq 0{,}5\,\alpha$. Ist $p = p_1 \Rightarrow$ $\beta = P(X \leq g_r - 1) - P(X \leq g_l)$	H_0: $E(X_S) = E(X_0)$; H_1: $E(X_S) \neq E(X_0)$ $\overline{A} = \{E(X_S) \mid E(X_S) < g_l$ oder $E(X_S) > g_r\}$ mit $g_l = E(X_S) - (c \cdot s) : \sqrt{n}$ und $g_r = E(X_S) + (c \cdot s) : \sqrt{n}$ $c = 1 - 0{,}5\,\alpha$ c erhält man aus der Tabelle.

Tab. 9.12: Schema der Signifikanztests

Simulation von Zufallsvariablen

Unter Simulieren versteht man das Nachvollziehen eines Zufallsversuches an einem Modell. Definition

Es gibt Zufallsversuche, die sinnvollerweise nicht durchgeführt werden können oder sehr große Kosten verursachen. Darunter fallen viele Versuche im medizinischen Bereich oder Crash-Tests und vieles mehr. Da man dennoch mathematische Ergebnisse will, Aussagen über Wahrscheinlichkeiten braucht, reagieren sollte und Vorhersagen benötigt, müssen diese Versuche simuliert werden. Zudem wird simuliert, wenn man dadurch bei gleichen zu erwartenden Ergebnissen einfachere Verhältnisse schafft oder einfach Zeit und Geld, Aufwand und Ärger spart.

Sofern die Wahrscheinlichkeiten bekannt sind („in 7 von 10 Fällen hilft das Medikament ohne Nebenwirkungen, in 2 Fällen treten Kopfschmerzen auf, die restlichen Patienten …") können Sie problemlos ein Urnenmodell als Simulation wählen mit 7 roten, 2 blauen und einer schwarzen Kugel.
Wenn Sie aus dem Text die Verteilung erfahren und dann aber ein Simulationsmodell finden müssen, wird es manchmal ein klein wenig komplizierter. Aber so richtig schwer wird es eigentlich nie. Bei ein- und zweistufigen Zufallsexperimenten bekommen Sie mit dem Urnenmodell mit absoluter Sicherheit eine Lösung. Die erste Stufe ist die Anzahl der Urnen, die zweite Stufe die Belegung der Urnen … mit einiger Übung sind diese Aufgaben eigentlich Punktelieferanten.

Taschenrechner, GTR und PC haben den Simulationen mehr Gewicht gegeben. Deswegen werden wahrscheinlich die Simulationen in der Schulmathematik einen immer stärker werdenden Einfluss gewinnen und Sie werden sich auch mit diesem Thema beschäftigen müssen.

Beispiel

Die Hälfte der Bevölkerung ist zu dick. Von den Normalgewichtigen haben nur 10 % Diabetes, von den Übergewichtigen aber 30 %.
Man könnte jetzt z. B. fragen, wie groß die Wahrscheinlichkeit bei einem Normalgewichtigen ist, Diabetes zu haben oder wie viele von 100 zufällig ausgewählten Personen Diabetes haben; oder wenn jemand Diabetes hat, wie groß die Wahrscheinlichkeit ist, dass er zu dick ist oder …
Hier wäre eine Simulation mit zwei Urnen denkbar – jeweils mit 10 Kugeln (U_1 mit 9 roten und 1 blauen; U_2 mit 7 roten und 3 blauen) und hätte damit eine Simulation.

Rechnerprogramme machen es heute möglich, dass eigentlich jedes Problem simuliert und sehr schnell und genau dem Problem entsprechend bearbeitet werden kann. Man ist so gut wie nie auf echte Experimente oder auf Messungen angewiesen. Die Theorie hat die Praxis längst überholt. Der Rechner regelt alles! Ein Zufallsgenerator im Rechner erlaubt es, auch Vorgänge zu simulieren,

deren Ausgänge absolut zufällig sind und wirklich nicht voraussehbar zu sein scheinen.
Die Simulation eines Experimentes mithilfe von Zufallszahlen (sind im Taschenrechner abrufbar) nennt man „Monte-Carlo-Methode“.
Aufgaben zu den Simulationen finden Sie in jedem Lehrbuch und in den auf dem Markt erhältlichen Aufgabenbänden.

Überblick

Haben Sie für sich klären können, welche Abschnitte dieses Kapitels für Sie relevant sind? Dann behandeln Sie bitte auch den nachfolgenden Überblick entsprechend „selektiv“.
Können Sie die genannten Begriffe einordnen und rechnerisch umsetzen?

Beschreibende Statistik
- absolute und relative Häufigkeiten
- Mittelwert, Zentralwert, Standardabweichung, Varianz

Definitionen von Wahrscheinlichkeit
- klassische, statistische und axiomatische Definition
- Welche kommt wann zum Einsatz?

Grundlagen der Wahrscheinlichkeitsrechnung
- BERNOULLI-Experimente, LAPLACE-Experimente, Sätze von DE MORGAN
- Können Sie die relevanten Begriffe von Tabelle 9.5?
- Wie berechnet man $P(A \cap B)$, $P(A \cup B)$, $P(A \cap \overline{B})$?
- Wie lauten die beiden Pfadregeln?
  Welche Rolle spielen sie bei mehrstufigen Zufallsexperimenten?
- Was sind der allgemeine Additionssatz,
  der allgemeine und der spezielle Multiplikationssatz?
- Wann spricht man von bedingter Wahrscheinlichkeit?

Wahrscheinlichkeitsverteilungen
- Wahrscheinlichkeitsverteilung, Erwartungswert, Varianz, Standardabweichung
- BERNOULLI-Experiment, BERNOULLI-Kette und Binomialverteilung
- Was ist der Unterrschied zwischen $P(X = k)$ und $P(X \leq k)$?
- GAUSS’sche Glockenkurve, POISSON-Verteilung, DE MOIVRE-LAPLACE, Normalverteilung

Beurteilende Statistik
- Grundprinzipien: Schluss von der Gesamtheit auf die Stichprobe, Schluss von der Stichprobe auf die Gesamtheit und das Testen von Hypothesen
- einseitiger und zweiseitiger Signifikanztest
- Nullhypothese H_0, Alternativhypothese H_1, Annahmebereich, Signifikanzniveau, Ablehnungsbereich
- Wann macht man einen Fehler 1. Art, wann einen 2. Art?

Leitidee Modellieren

10

Unter dem Begriff „Mathematisches Modellieren" versteht man die Anwendung von mathematischen Überlegungen bei Fragen, Problemen, Beziehungen, Verzahnungen und Aufgaben, die zunächst nichts oder nur randwertig mit der Mathematik zu tun haben. Dabei wird versucht, das vorhandene Problem so zu vereinfachen und zu idealisieren, dass es mathematisch erfassbar wird und ein dem Problem entsprechendes Modell aufgestellt werden kann. Ein abstraktes Denkmodell, das natürlich auch idealisiert.

10.1 Richtlinien

Vorbemerkung:
Wichtig ist, dass man genau weiß, welchen Zweck das Modell haben soll bzw. welcher Teil des Problems geklärt werden muss. In der Regel können nur wenige der Parameter, die mit dem Problem verzahnt sind, berücksichtigt werden. Entsprechend den Berechnungen aus der Physik, bei denen ja ebenfalls idealisiert wird (gesamte Masse in einem Punkt, Luftreibung wird vernachlässigt, ...), soll hier nur ein Modell beschrieben werden, das natürlich niemals der vollen Wirklichkeit entspricht.

Vorsicht, es handelt sich um „K.-o.-Aufgaben"! Entweder man überblickt die Situation, dann ist die Lösung einfach, rechnerisch wenig anspruchsvoll und schnell zu erledigen. Oder man versteht die Aufgabe ganz und gar nicht, dann bekommt man aber auch kaum einen Punkt.

Was können Sie im Notfall tun?

- Überlegen Sie zunächst, was der Aufgabensteller als Ergebnis erwartet. (Welche Teilbereiche der meist komplexen Sachverhalte sind zu bearbeiten, welche Probleme sind zu lösen?)
- Beschreiben Sie, wie Sie die Aufgabe auffassen. (Ganz wichtig: Diese Aufgaben kann man oftmals verschieden auslegen.)
- Zeichnen Sie ein „Wirkungsdiagramm". Dieses Diagramm muss die zu betrachtenden Größen und Wirkungspfeile, die die gegenseitige Beeinflussung der Größen zeigen, enthalten.
- Bezeichnen Sie die Größen mit Variablen und stellen Sie entsprechend des Wirkungsdiagramms ein lineares Gleichungssystem auf.
- Lösen Sie das Gleichungssystem mit dem GAUSS'schen Lösungsverfahren. Sofern Sie einen GTR zur Verfügung haben, lösen Sie mit dem GTR die Matrix des Gleichungssystems.
- Formulieren Sie das Ergebnis.
- Geben Sie an, was Sie nicht berücksichtigt haben, was vereinfacht wurde und schätzen Sie grob ab, was für Fehler dadurch entstanden sind.

Geometrischer Ort oder Ortslinie

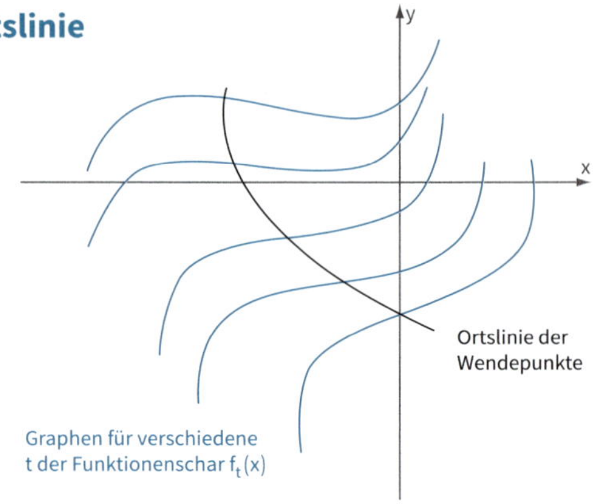

Die Kurve, auf der alle Punkte einer Punktmenge P_t liegen, heißt Ortskurve, Ortslinie oder geometrischer Ort der Punktmenge P_t.

Nehmen wir an, jedes Schaubild einer Funktionenschar $f_t(x)$ hat einen Wendepunkt, dessen Lage von t abhängt. Man kann nun überlegen, auf welcher „Linie" oder auf welcher Kurve alle diese Wendepunkte der einzelnen Funktionen der Schar liegen. Diese „Linie" heißt dann **Ortslinie** der Wendepunkte der Funktionenschar $f_t(x)$. Natürlich kann man anstatt der Wendepunkte von jeder anderen gegebenen Punktmenge deren Ortslinie suchen. Ist $y = g(x)$ die Ortslinie der Punktmenge P_t, so liegt jeder Punkt der Menge P_t auf dem Graphen der Funktion $y = g(x)$, aber umgekehrt muss natürlich nicht jeder Punkt des Graphen von $g(x)$ auch ein Punkt der Punktmenge P_t sein. Es ist möglich, dass es Punkte auf dem Graph von $g(x)$ gibt, die nicht zu P_t gehören, und dass Sie diese Punkte bestimmen müssen. Prüfen Sie, ob der Parameter t eingeschränkt ist und ob bei $P_t(x_t | y_t)$ für gewisse t nicht erlaubte mathematische Terme auszuschließen sind (Division durch 0; negative Zahlen unter der Wurzel oder im Argument des ln; 0 im Argument des ln).

Beispiel

Ermitteln Sie die Gleichung C der Kurve, auf der alle Tiefpunkte aller Graphen der Funktionenschar $f_t(x) = \frac{1}{4}x^4 - t^2x^2,\ t \in \mathbb{R}^{\neq 0}$ liegen.

Beschreibung der Schritte	Berechnung am Beispiel
Berechnung der Abszisse (x-Wert): Die Abszisse der gesuchten Punkte in Abhängigkeit des Parameters t ergibt die Gleichung 1: G 1: $x = g(t)$.	$f_t'(x) = x^3 - 2t^2x$ $f_t'(x) = 0 \Rightarrow x_1 = 0,\ x_{2,3} = \pm t\sqrt{2}$ $f_t''(x) = 3x^2 - 2t^2 \Rightarrow f_t''(0) < 0$ Es liegt ein Hochpunkt vor. $f_t''(\pm t\sqrt{2}) = 6t^2 - 2t^2 = 4t^2 > 0$ Es liegen 2 Tiefpunkte vor. G 1: $x_{2,3} = \pm t\sqrt{2}$
Berechnung der Ordinate (y-Wert): Die Ordinate der gesuchten Punkte erhält man durch Einsetzen der Abszisse in die gegebene Funktionsgleichung. Dies ergibt die Gleichung 2 (wieder als Funktion von t): G 2: $y = h(t)$.	$f_t(\pm t\sqrt{2}) = 0{,}25 \cdot (\pm t\sqrt{2})^4 - t^2 \cdot (\pm t\sqrt{2})^2$ $= t^4 - 2t^4$ $= -t^4$ G 2: $y = -t^4$
Berechnung des Parameters t aus G 1: Der x-Wert wird nach dem Parameter t aufgelöst.	aus $x = \pm t\sqrt{2}$; $t_1 = \frac{x}{\sqrt{2}}$ und $t_2 = -\frac{x}{\sqrt{2}}$
Einsetzen des für t berechneten Terms in G 2: Der im letzten Schritt berechnete Term für den Parameter t wird anstelle von t in den y-Wert eingesetzt. Es ergibt sich die Gleichung der Ortskurve.	$y = -\left(\pm\frac{x}{\sqrt{2}}\right)^4 = -\frac{x^4}{4}$ Ergebnis: $y = -\frac{x^4}{4}$ ist die Ortskurve.

Extremwertaufgaben

Soll von einer bestimmten Größe, die gewissen Bedingungen unterliegt, berechnet werden, wann sie den größten oder kleinsten Wert annimmt, so spricht man von einer Extremwertaufgabe.

Folgender Gedankengang liegt dem Lösungsverfahren zugrunde: Würde man die Größe in Abhängigkeit der Variablen u als Schaubild grafisch darstellen, so könnte man den kleinsten bzw. größten Wert leicht am Schaubild sehen.
Es müsste entweder ein Extrempunkt des Schaubilds sein oder ein Randwert des Definitionsbereichs (sofern der Definitionsbereich eingeschränkt ist) bzw. der Grenzwert für $u \to \pm\infty$ (bei nicht eingeschränktem Definitionsbereich), oder aber ein Grenzwert gegen eine Definitionslücke.

Der **Lösungsweg** ist vom Ablauf her immer gleich:

- Die extremal (also möglichst groß oder möglichst klein) zu machende Größe wird als Funktion y einer Variablen u als Gleichung beschrieben (**Zielfunktion**).
- Über die Ableitungen ($y' = 0$ und $y'' \neq 0$) berechnet man dann die relativen Extremwerte dieser Zielfunktion.
- Zusätzlich berechnet man die Randwerte bei eingeschränktem Definitionsbereich bzw. die Grenzwerte $u \to \pm\infty$ bei nicht eingeschränktem Definitionsbereich und die Grenzwerte gegen alle Definitionslücken.

Wissen

Der größte bzw. der kleinste aller dieser berechneten Werte ist der absolut größte bzw. kleinste mögliche Wert und somit der gesuchte Wert.

Beispiel

Bei M ist nur ein relatives Maximum.
Es ist nicht der größte Funktionswert des Schaubildes.
Bei N ist ein absolutes Minimum. Es handelt sich um den kleinsten Funktionswert des Schaubildes.

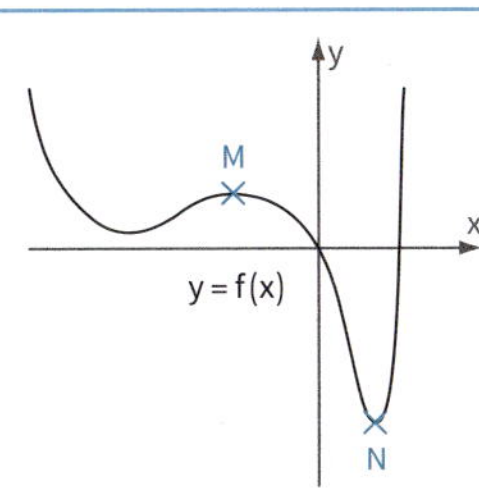

Tipp

Suchen Sie bei diesen Aufgaben keine Probleme, wo keine Probleme sind. Das einzige auftauchende Problem dieses Aufgabentyps ist weder das Aufstellen der Zielfunktion noch die Berechnung der oben beschriebenen Werte oder gar der anschließende Vergleich, sondern die Tatsache,
dass die Zielfunktion nur von einer einzigen Variablen u (nach der dann abgeleitet wird) abhängen darf. Hängt die Funktion von mehreren Variablen ab, sind mittels der „Neben- oder Randbedingungen" (das sind die im Text angegebenen Vorgaben für die gesuchte Größe) alle weiteren Variablen durch einen zu berechnenden Term mit u zu ersetzen. Keine Angst, die Beschreibung sieht schlimmer aus, als sie ist. Gemeint ist Folgendes:

- Liegt ein Punkt P auf dem Graphen einer Funktion f, so wählt man nicht $P(u\,|\,v)$ (zwei Variablen!), sondern ersetzt die Variable v durch f(u) und hat damit eine Variable durch die Nebenbedingung „P liegt auf f" und durch einen Term mit u ersetzt.
  Oder: Liegt ein Punkt P auf der 1. Winkelhalbierenden, so heißt er anstatt $P(u\,|\,v)$ wegen der „Nebenbedingung 1. Winkelhalbierende" $P(u\,|\,u)$, da ja $u = v$ gilt.
- Entsprechend sind alle angegebenen Bedingungen auszunutzen, was auf den ersten Blick recht kompliziert aussieht. Aber Sie haben ja den Vorteil, dass Sie wissen, was eingesetzt werden muss.
- Nicht nur der Weg (Ersetzen der Variablen) liegt fest, sondern auch, durch was ersetzt werden soll.
- Ganz problemlos ist der Aufgabentyp nie. Aber wenn Sie die Anfangsscheu ablegen, konzentriert Ihr ganzes Wissen verwenden und ruhig bleiben, klappt es mit Sicherheit.

Es kann helfen, sich zunächst die „normale Formel" aus der Formelsammlung/Merkhilfe abzuschreiben und dann die einzelnen Größen schrittweise zu ersetzen, sodass sich die Zielfunktion ergibt.

Die acht Lösungsschritte einer Extremwertaufgabe.

① **Die extrem zu machende Größe wird als Funktion dargestellt:** Zeichnen Sie die Größe in das Schaubild der Kurvendiskussion ein. Setzen Sie für die zur Berechnung notwendigen „Teile" Platzhalter (Variablen) ein.

② **Einsetzen der Nebenbedingungen:** Sie müssen die Eigenarten der Aufgabe (z. B. P liegt auf f(x), Gerade durch Hoch- und Tiefpunkt …) so in den Funktionsansatz einsetzen, dass die extremal zu machende Größe nur noch von einer Variablen abhängt.

③ **Ableiten:** Nun wird die Funktionsgleichung mit der extremal zu machenden Größe nach der einzig verbleibenden Variablen abgeleitet.

④ **Nullstellen der 1. Ableitung:** Wie bei jeder Kurvenuntersuchung sind die Stellen für die möglichen Extremwerte der gesuchten Größe die Nullstellen der 1. Ableitung.

⑤ **Einsetzen in die 2. Ableitung:** Setzen Sie die Nullstellen der 1. Ableitung in die 2. Ableitung ein. Sie sehen dann, ob und was für ein Extrempunkt vorliegt.

⑥ **Berechnung der Funktionswerte:** Durch Einsetzen der in ④ gefundenen und in ⑤ bestätigten x-Werte in die Funktionsgleichung der gesuchten Größe erhalten Sie die Funktionswerte.

⑦ **Funktionswerte der Randwerte:** Ist der Definitionsbereich eingeschränkt, berechnen Sie die Funktionswerte der Randwerte. Sonst berechnen Sie die Grenzwerte für $u \to \pm\infty$, wenn u die Variable der Funktionsgleichung ist.

⑧ **Vergleich der Ordinaten:** Die unter ⑥ und ⑦ berechneten Funktionswerte werden verglichen und ergeben die Lösung (größter und kleinster Wert).

Beispiel

Q_t sei beliebiger Punkt der Funktion $f_t(x) = t - t\,e^{-x}$ mit $t > 0$ im 1. Feld. Die Parallelen zu den Koordinatenachsen durch Q_t begrenzen mit der y-Achse und der Asymptote des Graphen von $f_t(x)$ ein Rechteck. Bestimmen Sie Q_t so, dass der Rechtecksinhalt maximal wird (siehe Skizze).

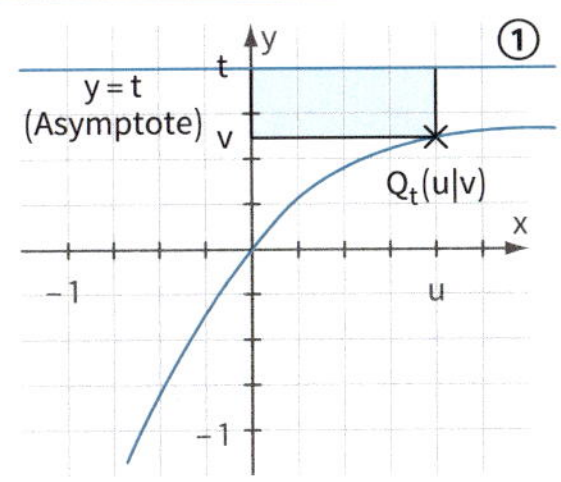

Es geht um den Flächeninhalt eines Rechtecks. Also: $A = a \cdot b \Rightarrow A = u \cdot (t - v)$

Wählt man als neue Variablen für Q_t die Werte u und v, so erhält man für den Flächeninhalt („Länge mal Breite") die Funktion der gesuchten Größe (mit $Q_t(u \mid v)$): $A = u(t - v)$. ①

Die Nebenbedingung „Q_t liegt auf der Funktion $f_t(x)$" wird nun benutzt.
Da v der Funktionswert an der Stelle u ist, gilt: $v = f_t(u)$.
Mit $f_t(u) = t - t\,e^{-u}$ wird: $A(u) = u\,[t - (t - t\,e^{-u})] = u\,t\,e^{-u}$
$\Rightarrow$ A hängt nur noch von der Variablen u ab. ②

③ $A'(u) = 1 \cdot t\,e^{-u} + u\,t\,e^{-u}(-1) = t\,e^{-u}(1 - u)$ (Produkt- und Kettenregel, siehe Formelsammlung oder Glossar).

④ $A'(u) = 0 \Rightarrow u = 1$ (da $t\,e^{-u} \neq 0$)
In diesem Beispiel existiert nur eine Lösung.

⑤ $A''(u) = t\,e^{-u} \cdot (-1) + t\,e^{-u} \cdot (-1) \cdot (1 - u) = t\,e^{-u}(u - 2) \Rightarrow A''(1) = -t\,e^{-1} < 0$
$\Rightarrow$ Hochpunkt.

⑥ $A(1) = t\,e^{-1}$; $A(0) = 0$; $\lim\limits_{u \to \infty} A(u) = 0$ ⑦
Der Definitionsbereich ist links eingeschränkt, rechts nicht.

⑧ Der Rechtecksinhalt nimmt für $u = 1$ den größten Wert an: $A(0) = 0$, $\lim\limits_{u \to \infty} A(u) = 0$; aber $A(1) = \frac{t}{e}$.
Bei $u = 1$ entsteht das Rechteck mit dem größten Flächeninhalt.

Differenzialgleichungen

Wissen

Steht in einer Gleichung mit der Funktion f auch eine ihrer Ableitungen (f', f'', f''', ...), so heißt diese Gleichung Differenzialgleichung.

Die Ordnung einer Differenzialgleichung ist der Grad der höchsten auftretenden Ableitung.

In der Schulmathematik treten nur gewöhnliche Differenzialgleichungen auf. Das sind (im Gegensatz zu den partiellen) Differenzialgleichungen von Funktionen mit nur einer Variablen. Die Lösung einer Differenzialgleichung ist die Menge aller Funktionen, die mit ihren Ableitungen die Differenzialgleichung erfüllen. Die Lösung einer Differenzialgleichung n-ter Ordnung ist eine Funktions-Menge mit $n+1$ frei wählbaren Parametern. Diese Parameter werden mittels der in der Aufgabe gegebenen Angaben (Nebenbedingungen) berechnet.
In der Regel setzen Sie in den allgemeinen Ansatz (in die allgemeine Lösung) die durch den Text bekannten x- und die dazugehörigen y-Werte ein und berechnen über ein Gleichungssystem (Vorsicht, ist nicht immer linear) die Koeffizienten.
In der Praxis müssen Sie sich die Lösungen einiger weniger Differenzialgleichungen merken, sofern diese nicht in Ihrer Formelsammlung stehen sollten, was bei einigen leider der Fall ist. Bitte schlagen Sie sofort nach, was Ihre Formelsammlung in diesem Bereich bietet.

zu lösendes Problem	Differenzialgleichung	allgemeine Lösung	Bemerkungen (a, b konstant!)
konstante Steigung	$y' = a$	$y = ax + b$	wird meist nicht den Differenzialgleichungen zugeordnet
lineare Steigung	$y'' = a$	$y = \frac{1}{2}ax^2 + bx + c$	Parabeln 2. Ordnung mit Scheitel $S\left(-\frac{b}{a}\middle\vert c - \frac{b^2}{2a}\right)$
exponentielles Wachstum exponentieller Zerfall	$y' = ay$ $y' = -ay$	$y = be^{ax}$ $y = be^{-ax}$	Exponentielle Wachstumsprozesse (Waldbestände, Bakterien ...); insbesondere der radioaktive Zerfall
beschränktes Wachstum, beschränkter Zerfall	$y' = a[S - y]$	$y = S - be^{-ax}$	S ist der Sättigungswert
harmonische Schwingung	$y'' + a^2y = 0$	$y = b\sin(ax + c)$ $y = c_1\sin(ax) + c_2\cos(ax)$	Vorsicht: periodisch!
gedämpfte harmonische Schwingung	$y'' + 2ay' + b^2y = 0$	$y = ce^{-ax}\sin(kx + d)$	$c, d \in \mathbb{R}$; $k = \pm\sqrt{b^2 - a^2}$ mit $a^2 < b^2$

Tab. 10.1: Die für die Schulmathematik wichtigsten Differenzialgleichungen

Tipp

Schlagen Sie auf jeden Fall die entsprechende Seite der Formelsammlung/Merkhilfe auf.

10.2 Wachstumsprozesse

Allgemein sprechen wir bei Veränderungen eines Bestandes von Wachstum. Wird der Bestand kleiner, ist das Wachstum eben negativ (Abnahme, Zerfall). Diese Veränderungen können mathematisch beschrieben und berechnet werden.

	linear	**exponentiell**	**beschränkt**	**logistisch**
Änderung pro Zeiteinheit	ist konstant	proportional zum augenblicklichen Bestand $\sim B(t)$	proportional zur Differenz vom Bestand zur Sättigung $\sim [S - B(t)]$	proportional zum Produkt aus Bestand und Differenz vom Bestand zur Sättigung $\sim [S - B(t)] \cdot B(t)$
Rekursionsgleichung	$B(t+1)$ $= B(t) + k$	$B(t+1)$ $= B(t) + k \cdot B(t)$	$B(t+1)$ $= B(t) + k \cdot [S - B(t)]$	$B(t+1)$ $= B(t) + k \cdot [S - B(t)] \cdot B(t)$
Differentialgleichung	$B'(t) = k$	$B'(t) = k \cdot B(t)$	$B'(t) = k[S - B(t)]$	$B'(t) = k \cdot B(t) \cdot [S - B(t)]$
Funktionsterm	$B(t) = k \cdot t$	$B(t) = B(0) \cdot e^{kt}$	$B(t) = S \pm [B(0) - S] \cdot e^{-kt}$	$B(t) = \frac{B(0) \cdot S}{B(0) + [S - B(0)] \cdot e^{-Skt}}$
Bemerkung	geometrisch eine Gerade, 2 Punkte genügen zum Aufstellen der Gleichung	2 Punkte genügen zum Aufstellen der Gleichung.	S ist der Grenzwert.	die der Erfahrung am nächsten kommende Wachstumsfunktion für natürliches Wachstum

Tab. 10.2: Wachstumsarten. Bestand B; Zeit t; Proportionalitätsfaktor k; Sättigung S

In (Prüfungs-)Aufgaben wird der Wachstumstyp oft nicht direkt genannt, sondern anhand der charakteristischen Änderungsrate umschrieben.

Lineares Wachstum

Die Änderung des Bestandes pro Zeiteinheit heißt **Änderungsrate** und gibt uns an, wie schnell sich der Bestand ändert. (Vereinfacht: Die Änderungsrate ist die Ableitung!) Das wohl einfachste Wachstum ist das lineare Wachstum. Linear, weil in der Funktionsgleichung die Variable nur in der ersten Potenz vorkommt, was bedeutet, dass der zur Funktion gehörige Graph eine Gerade ist.

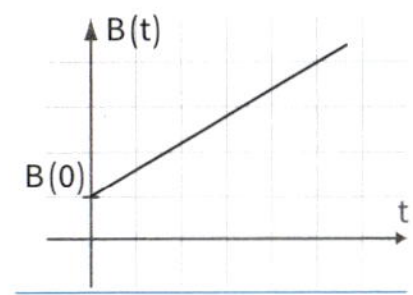

Abb. 10.1:
$B(t) = kt + B(0)$
$\hat{=} y = mx + b$

Definition

Ein Wachstum heißt **lineares Wachstum**, wenn die Änderungsrate konstant ist. Bei linearem Wachstum gilt für den Bestand $B(t)$ nach t Zeiteinheiten, der Änderungsrate k und dem Anfangsbestand $B(0)$ (Bestand zum Zeitpunkt $t = 0$):
$\mathbf{B(t) = k \cdot t + B(0)}$ geometrische eine Geradegleichung

Kennt man zwei Wertepaare dieser Wachstumsfunktion, so kann man alle anderen Werte berechnen und auch zeichnerisch bestimmen.
Mathematisch ist das lineare Wachstum absolut unproblematisch. Eigentlich geht es nur darum, dass Sie dem Text entnehmen, dass es sich auch um lineares Wachstum handelt. Achten Sie in den folgendenen Beispielen darauf:

Beispiel 1

Die Halbwertszeit T_h ist die Zeitspanne, die vergeht, bis ein Bestand um die Hälfte abgenommen hat.

Ungefähr $1{,}6 \cdot 10^{10}$ Nervenzellen sind im Gehirn eines 30-jährigen Menschen. Aufgrund des normalen Alterungsprozesses sterben jährlich etwa 120 000 Zellen ab. In welchem Alter hat der Mensch nur noch die Hälfte seiner Gehirnzellen und wieviel Prozent seiner Zellen hat er noch im Alter von 40 Jahren bzw. nach weiteren 40 Jahren?

Wie groß ist die Halbwertszeit?

Zunächst muss man erkennen, dass es sich um ein lineares Wachstum handelt. Wählt man den Bestand des 30-Jährigen als Anfangswert $1{,}6 \cdot 10^{10}$, ergibt sich die rechts gezeichnete Gerade.

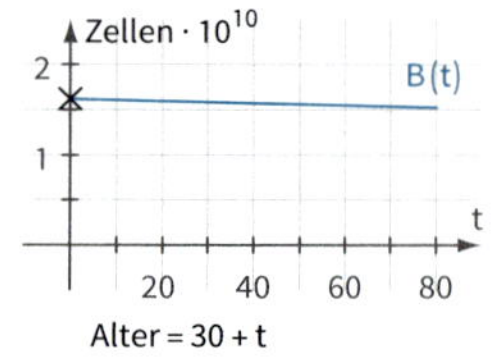

Vorsicht: Auf dem GTR Fenstereinstellung über WINDOW oder Zoom ändern.

$B(t) = -120\,000 \cdot t + 1{,}6 \cdot 10^{10}$

$0{,}8 \cdot 10^{10} = -120\,000 \cdot t + 1{,}6 \cdot 10^{10}$

$\Rightarrow\ t \approx 6{,}67 \cdot 10^4 = 66\,700$ Jahre (eine utopische Zahl)

40 Jahre: $B(10) = 1{,}59988 \cdot 10^{10}$

80 Jahre: $B(50) = 1{,}5994 \cdot 10^{10} \Rightarrow 99{,}97\,\%$

Vorsicht!

Die Halbwertszeit ist ein Begriff beim exponentiellen Wachstum und kann nicht auf das lineare Wachstum angewendet werden. Beim linearen Wachstum ist zu jedem Wert die „Halbwertszeit“ verschieden (eben die Hälfte der Zeit bis zu Null beim negativen Wachstum).

Beispiel 2

Ein Schiff hat bei windstiller See eine konstante Geschwindigkeit von 7 Knoten und benötigt damit von der Insel A zur Insel B genau 6 Stunden Fahrt. $\left(1 \text{ Knoten ist eine } \frac{\text{Seemeile}}{\text{Stunde}} = 1{,}852\,\frac{\text{km}}{\text{h}}\right)$

Bei Gegenwind verringert sich die Geschwindigkeit des Schiffes um 10 %, bei Rückenwind wird das Schiff 15 % schneller. Zwei gleich schnell fahrende Schiffe starten bei windigem Wetter gleichzeitig. Eines von A nach B, das andere von B nach A. Nach welcher Zeit begegnen sie sich auf See?

Wieder ein lineares Problem, geometrisch der Schnitt zweier Geraden.

Achtung: Im Schaubild ist t in Minuten angegeben, in der Rechnung wird mit Stunden gerechnet.

Geometrisch und algebraisch leicht zu lösen:

7 Knoten $\Rightarrow\ 12{,}964\,\frac{\text{km}}{\text{h}}$

$\Rightarrow$ Entfernung 77,784 km

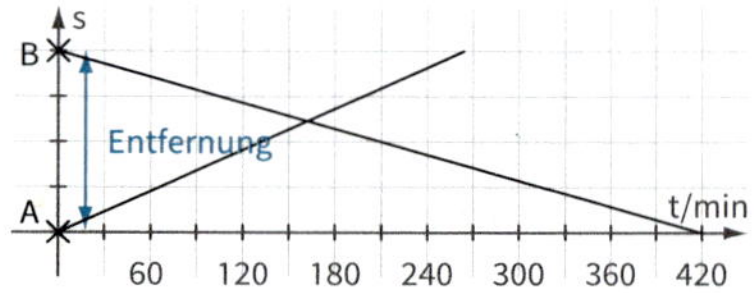

$s = v \cdot t + s_0$ mit $v_0 = 12{,}964\,\frac{\text{km}}{\text{h}}$;

$v_1 = 11{,}6676\,\frac{\text{km}}{\text{h}},\ v_2 = 14{,}9086\,\frac{\text{km}}{\text{h}}$

g_1: $s = 11{,}6676 \cdot t + 0$;

g_2: $s = -14{,}9086\,t + 77{,}784$;

$g_1 \cap g_2$

$\Rightarrow\ 26{,}5762\,t = 77{,}784 \Rightarrow\ t = 2{,}9268\,\text{h} = 2\,\text{h}\ 55{,}61\,\text{min}$

Exponentielles Wachstum

Betrachtet man die Wachstumsprozesse in der Natur, merkt man sofort, dass die Zunahme auf jeden Fall vom vorhandenen Bestand abhängt. Wir kennen diese Abhängigkeit spätestens seit Fukushima auch vom radioaktiven Zerfall, dem negativen Wachstum.

Definition

Ein Wachstum heißt **exponentielles Wachstum**, wenn die Änderungsrate proportional zum Bestand ist (also Ableitung proportional zum Bestand). Oder: Die Änderungsrate ist stets derselbe Bruchteil des vorhandenen Bestandes. Ist a der Bruchteil, so gilt: $\mathbf{B(t) = B(0) \cdot a^t}$.
Dabei ist B(0) der Bestand zur Zeit 0, also zu Beginn der Messung.

Beim exponentiellen Wachstum ändert sich der Bestand in gleichen Zeitintervallen immer um denselben Faktor oder um denselben Prozentsatz. Dieser Proportionalitätsfaktor heißt **Wachstumskonstante** oder (bei negativem Wachstum) **Zerfallskonstante**.

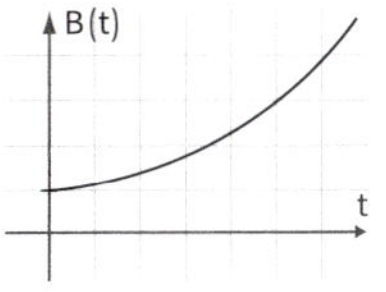

Wichtig: In der Schulmathematik wird nicht mit jeder Grundzahl a gearbeitet. Wenn die Variable x in der Hochzahl steht, verwendet man als Grundzahl fast immer die EULER'sche Zahl e.
Gilt $y = a^x \Rightarrow \ln y = x \cdot \ln a \Rightarrow y = e^{x \ln a}$ und damit $a^x = e^{kx}$ mit $k = \ln a$.
Ein Umschreiben der Basis ist somit überhaupt kein Problem. Sie beginnen die Aufgaben natürlich schon mit dem Ansatz $\mathbf{B(t) = B(0) \cdot e^{kt}}$. Kennt man zwei Wertepaare dieser Gleichung, kann man alle Wertepaare berechnen und natürlich auch zeichnerisch bestimmen.

Für $a > 0$ und $a \neq 1$ gilt:
$a^x = e^{x \ln a}$

Der Schweizer LEONHARD EULER (1707 – 1783), war einer der bedeutendsten Mathematiker

Die Halbwertszeit (Verdoppelungszeit)
Beim exponentiellen Wachstum ist der Begriff der Halbwertszeit sehr wichtig: Bei einem negativen exponentiellen Wachstum (einem Zerfall) heißt die Zeitdauer in der sich der Bestand halbiert, Halbwertszeit:
Da $B(t) = 0{,}5 \cdot B(0) = B(0) \cdot e^{kT_h}$ sein muss, gilt (bei $k < 0$):
$T_h = \left|\frac{\ln 2}{k}\right| = \frac{\ln\frac{1}{2}}{k}$
Entsprechendes gilt bei $k > 0$ für die Verdoppelungszeit: $T_d = \frac{\ln 2}{k}$

Für das exponentielle Wachstum mit der Änderungsrate a gilt:

$$\mathbf{B(t) = B(0) \cdot e^{kt}},$$

wobei $k = \ln a$ gilt, also die Konstante k der ln des Bruchteiles der Änderungsrate ist.

Zur Erinnerung: Für $0 < a < 1$ gilt $\ln a < 0$.

Klingt schwer, ist es aber nicht: Angenommen, der Bestand fällt um 23 % pro Zeiteinheit. Wenn Sie bei Wachstumsaufgaben Prozentzahlen finden, handelt es sich so gut wie immer um reines exponentielles Wachstum, dann wäre $a = 0{,}77$ (77 %, da der Bestand von 100 % ja um 23 % fällt) und damit wird $k = \ln 0{,}77 \approx -0{,}26$ (eine negative Zahl, da 0,77 ja kleiner eins ist).

Beispiele

Hinweis: Arbeiten Sie immer mit der Grundzahl e. Im Grunde sind die Aufgaben so gedacht.

Der Luftdruck nimmt pro 1000 m um 12 % ab. Zurzeit ist der Druck auf Meereshöhe 1013 mbar. Welcher Druck herrscht in 6000 m Höhe?
Eigentlich müsste man folgende Gleichung aufstellen:
$B(6) = B(0) \cdot 0{,}88^6 = 1013 \cdot 0{,}88^6 = 470{,}441$ mbar
Aber man berechnet: $B(6) = B(0) \cdot e^{6 \ln 0{,}88} = 1023 \cdot 0{,}4644 = 470{,}441$ natürlich dasselbe Ergebnis!

Der Bestand von Bakterien erhöht sich täglich um 10 %.
Normalerweise würde man folgendermaßen argumentieren: Sei $B(0)$ der Anfangsbestand, dann wären es nach dem ersten Tag $B(1) = B(0) \cdot 1{,}1$; nach dem zweiten Tag $B(2) = B(0) \cdot 1{,}1^2$; nach dem t-ten Tag $B(t) = B(0) \cdot 1{,}1^t$ die Gleichung heißt also $B(t) = B(0) \cdot 1{,}1^t$.
Sie starten mit dem Ansatz $B(t) = B(0) \cdot e^{kt}$ und wegen
$B(1) = 1{,}1 \cdot B(0) = B(0) \cdot e^{k \cdot 1}$ gilt
$k = \ln 1{,}1$. Damit ist Ihre Gleichung: $B(t) = B(0) \cdot e^{\ln 1{,}1 \cdot t}$.

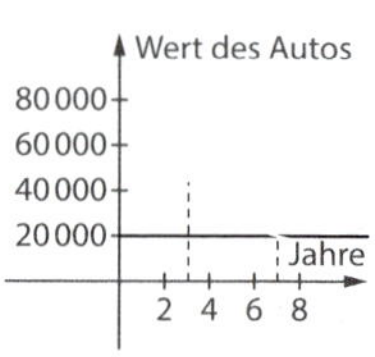

Man geht davon aus, dass ein Auto pro Jahr 20 % seines Wertes verliert.

a) Wie groß ist die Halbwertszeit?
$a = 0{,}8 \Rightarrow k = \ln 0{,}8$ also $T_h = \left|\frac{\ln 2}{\ln 0{,}8}\right| \approx 3{,}106$

b) Wann wäre ein Porsche mit dem Neuwert von 100 000 € nur noch 20 000 € Wert?
$20\,000 = 100\,000 \cdot e^{\ln 0{,}8 \cdot t} \Rightarrow t = \frac{\ln \frac{1}{5}}{\ln 0{,}8} = 7{,}213$
Der Porsche ist nach etwas mehr als 7 Jahren nur noch 20 000 € wert.

Beschränktes Wachstum

Für das praktische Wachstum wird es immer Grenzen geben, die wir Schranke oder Sättigungsgrenze oder Kapazität nennen und mit S abkürzen.

Definition

Ein Wachstum heißt **beschränktes Wachstum**, wenn die Änderungsrate proportional zur Differenz der Sättigungsgrenze S und dem augenblicklichen Bestand B (t) ist.
Oder: Die Änderungsrate ist stets derselbe Bruchteil der Differenz $[(S - B(t)]$, die wir Sättigungsmanko nennen.
Es gilt somit: die momentane Änderungsrate ist $B'(t) = k \cdot [S - B(t)]$.
Die Wachstumsgleichung heißt: $\mathbf{B(t) = S + [B(0) - S] \cdot e^{-kt}}$.
Da B (0) immer kleiner als S ist, ist $[B(0) - S]$ stets negativ und damit wird B (t) ebenfalls immer kleiner als S. Und je größer t wird, desto kleiner wird e^{-kt}, sodass B (t) sich mit größer werdendem t an S annähert.

Differenzialgleichung des beschränkten Wachstums:

$B'(t) = k[S - B(t)]$

Sehen Sie sich die Definition, einen Graphen oder die Gleichung eines Wachstums mit Sättigung an. „Proportional zur Differenz von S und B (t)" heißt nichts anderes, als dass das Wachstum kleiner wird, wenn die Differenz kleiner wird – wenn wir uns also der Sättigung nähern. Das Wachstum ist zu Beginn am größten und wird immer kleiner werden, gegen Schluss geht die Kurve asymptotisch gegen den Sättigungswert.

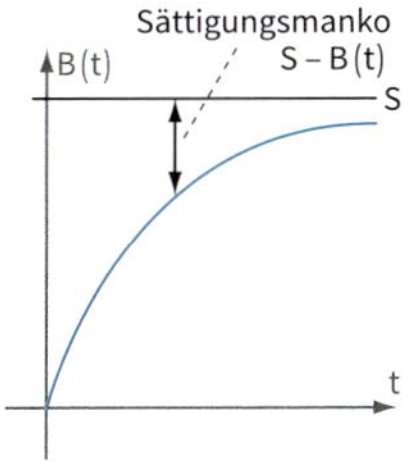

Beispiel

Der Kaffee läuft im 20 °C warmen Zimmer mit einer Temperatur von 90 °C aus der Kaffeemaschine. Messungen haben gezeigt, dass er sich in einer Minute um 20 % der Differenz zur Raumtemperatur abkühlt. Nach welcher Zeit hat der Kaffee 50 °C, wie lange dauert es, bis der Kaffee von 45 °C auf 35 °C abgekühlt ist, und wann ist er nur noch 1 °C wärmer als die Umgebung?
Gegeben: $S = 20\,°C$,
Änderungsrate („Abkühlgeschwindigkeit")
$T'(t) = 0{,}223\,[20 - T(t)] \Rightarrow T(t) = S + [T(0) - S]\,e^{-kt}$
also bei der Aufgabe $T(t) = 20 + (90 - 20)\,e^{-0{,}223\,t} = 20 + 70\,e^{-0{,}223\,t}$
Mit $50 = 20 + 70\,e^{-0{,}223\,t} \Rightarrow -0{,}223\,t = \ln\frac{3}{7} \Rightarrow t = 3{,}8$.
Ergebnis: Nach etwa 3,8 min hat der Kaffee 50 °C.
Aus $T(t_1) = 35$ und $TC(t_2) = 45$ folgen $t_1 = 6{,}91$ und $t_2 = 4{,}62$. Daraus ergibt sich $6{,}91 - 4{,}62 = 2{,}3$. Ergebnis: ca. 2,3 Minuten.
Aus $T(t) = 21$ folgt $t = 19{,}1$ (eine lange Zeit, da die Änderungsgeschwindigkeit immer kleiner wird)

„Temperaturaufgaben", in denen sich ein Stoff der Umgebungstemperatur (eben der Sättigungsgrenze) annähert, sind typische „Wachstumsaufgaben mit Sättigungsgrenze".

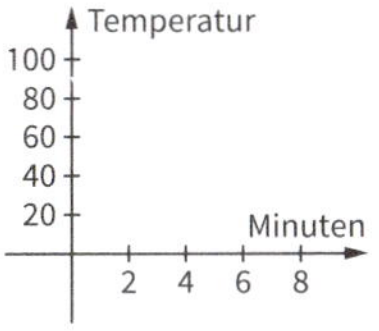

Logistisches Wachstum

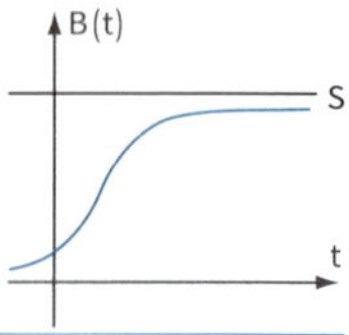

Abb. 10.2: exponentieller Beginn, dann asymptotische Annäherung

Beobachtet man das Wachsen in der Natur, dann fällt auf, dass das Wachstum anfänglich exponentiell ansteigt, sich bald verlangsamt und dann immer kleiner wird, um gegen einen Grenzwert zu laufen. Der typische Verlauf solcher Kurven ist links dargestellt. Ein Wachstum dieser Art heißt logistisches Wachstum. Die Änderungsrate ist vom augenblicklichen Bestand und vom Sättigungsmanko (also der Differenz von Bestand bis zur Sättigung) abhängig. Beim natürlichen Wachstum wird es immer Grenzen geben, sodass die momentane Änderungsrate proportional zum Sättigungsmanko ist. Andererseits wird die Änderungsrate natürlich auch proportional zum augenblicklichen Bestand sein.

Definition

Ein Wachstum heißt **logistisches Wachstum**, wenn die Änderungsrate proportional zum Produkt vom augenblicklichen Bestand und zur Differenz von der Sättigungsgrenze S und dem augenblicklichen Bestand B(t) ist.
Oder: Die Änderungsrate ist stets derselbe Bruchteil von dem Produkt aus B(t) und der Differenz $[(S - B(t)]$. Ist k der Bruchteil, so gilt:
$\mathbf{B'(t) = k \cdot B(t) \cdot [(S - B(t)]}$ (B(0) ist der Bestand zur Zeit 0.)

Mit der Funktionsgleichung $\mathbf{B(t) = \frac{B(0) \cdot S}{B(0) + [S - B(0)] \cdot e^{-S \cdot k \cdot t}}}$

Aufgabe

Eine Firma hat 2000 Mitarbeiter, von denen 50 Geschäftsautos fahren. Es ist daran gedacht, möglichst allen Mitarbeitern einen Geschäftswagen zu stellen. Wir nehmen an, dass diese Zuteilung annähernd nach dem logistischen Wachstum geschieht.
Nach einem Jahr fahren schon 100 Geschäftsautos. Stellen Sie die Gleichung auf.

Lösung:

$100 = \frac{50 \cdot 2000}{50 + (2000 - 50) \cdot e^{-2000 \cdot k \cdot 1}}$; $k \approx 3{,}6 \cdot 10^{-4} \Rightarrow B(t) = \frac{100\,000}{50 + 1\,950 \cdot e^{-0{,}72t}}$

Aufgabe

Ein Apfelbaum der Sorte Bauernlust bringt bis zu maximal 120 kg Mostobst. Nach dem Pflanzen des jungen Baumes beträgt der Ertrag 10 kg, nach dem ersten Jahr bereits 30 kg. Wir gehen davon aus, dass der Ernteertrag nahezu logistisch wächst.

a) Geben Sie die Gleichung der Wachstumskurve an.
b) Zeichnen Sie den Graphen der Funktion.
c) In welchem Jahr übersteigt der Ertrag zum ersten Mal 100 kg?
d) Wie hoch ist der Ertrag im 2. Jahr?
e) (Nur mit dem GTR lösbar.) Geht man theoretisch davon aus, dass das Wachstum linear ist – wie lautet dann die Wachstumsgleichung und zu welchem Zeitpunkt ist der Ertrag gleich dem logistischen Wachstum? Bei welchem Wachstum ist ab dieser Gleichheit der Ertrag größer?

Lösung:

Mit $B(0) = 10;\ B(1) = 30;\ S = 120 \Rightarrow B(1) = 30 = \frac{10 \cdot 120}{10 + (120 - 10) \cdot e^{-120 \cdot k \cdot 1}}$

$\Rightarrow 30 = \frac{1200}{10 + 110 \cdot e^{-120k}} \Rightarrow 110 \cdot e^{-120k} = 40 - 10 = 30 \Rightarrow e^{-120k} = \frac{3}{11} \Rightarrow k \approx 0{,}011$

a) $B(t) = \frac{1200}{10 + 110 \cdot e^{-1{,}32t}}$

b) siehe rechts

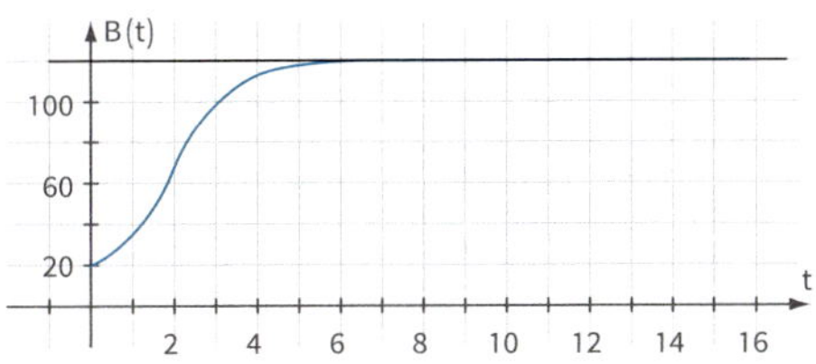

c) $100 = \frac{1200}{10 + 110 \cdot e^{-1{,}32t}}$

$\Rightarrow e^{-1{,}32t} = \frac{2}{110}$

$\Rightarrow t = \frac{\ln\frac{2}{110}}{-1{,}32} \approx 3{,}04$

Ergebnis: Im 3. Jahr gibt es noch nicht ganz 100 kg, also erst ab dem 4. Jahr.

d) $B(2) = \frac{1200}{10 + 110 \cdot e^{-2{,}64}} \approx 67{,}2\,\text{kg}$

e) Mit $P(0|10)$ und $Q(1|30) \Rightarrow y = 20t + 10$ Gleichsetzen ergibt:

$$20t + 10 = \frac{1200}{10 + 110 \cdot e^{-1{,}32t}}$$

Lösung mit GTR $t \approx 0{,}95$ bei 29 kg, ab dieser Gleichheit ist der Ertrag bei linearem Wachstum kleiner. 2. Gleichheit bei 5,45 und 119 kg, dann wird der Betrag beim linearen Wachstum größer.

Zusammengesetzte Wachstumsvorgänge

Leider genügt es nicht immer, die reinen Wachstumsprozesse zu kennen, berechnen zu können und gedanklich zu beherrschen. Immer häufiger werden in den Aufgaben zusammengesetzte Wachstumsvorgänge präsentiert, die natürlich aus zwei eigentlich einfachen Problemen ein einziges großes Problem bilden.

Tipp

Sie müssen lernen, aus dem angesprochenen Problem wieder zwei kleine Probleme zu machen. (Versuchen Sie es, lohnen wird es sich immer.)
Nicht nur bei den Wachstumsproblemen ist derjenige im Vorteil, der in der Lage ist, ein Problem in sogenannte Grundprobleme aufzusplitten.

In der Regel sind zusammengesetzte Wachstumsvorgänge so zu behandeln wie die Ordinatenaddition (→ Glossar). Zu jedem Zeitpunkt ist der Bestand eben die Summe der Einzelbestände und die momentane Änderungsrate die Summe der einzelnen Änderungsraten.

Aufgabe

Um ein Wasserbecken zu leeren, verwendet man eine Pumpe, die 10 000 Liter in der Minute abpumpt. Um das Becken zu füllen, kann man zwei Schläuche benutzen. Mit dem ersten Schlauch ist das 1800 m³ Becken in 5 Stunden, mit dem zweiten Schlauch in 6 Stunden voll.

a) In welcher Zeit wird das Becken gefüllt, wenn man beide Zulaufschläuche einsetzt?

b) Was passiert, wenn versehentlich gleichzeitig die Ablaufpumpe läuft? Wie groß ist dann die momentane Zulauf- bzw. Ablaufrate?

Berechnen Sie die Änderungen in der Zeiteinheit $\frac{l}{min}$.

Lösung:

① Abfluss: $-10\,000\frac{l}{min}$;

② t_1: $\frac{1\,800\,000\,l}{5 \cdot 60\,min} = +6000\frac{l}{min}$

③ t_2: $\frac{1\,800\,000\,l}{6 \cdot 60\,min} = +5000\frac{l}{min}$

a) $\frac{11\,000\,l}{min} \Rightarrow \frac{1\,800\,000\,l}{11\,000\frac{l}{min}} = 163{,}64\,min \Rightarrow$ 2 Stunden 44 Minuten

b) Das Becken füllt sich, da pro Zeiteinheit 1000 l pro Minute zufließen.

Denkbar sind natürlich auch Überlagerungen von linearen und exponentiellen und begrenzten Wachstumsfunktionen. Berechnen Sie jeweils die Änderung pro Zeiteinheit.

10.3 Modellieren

Was erwartet man von Ihnen beim Modellieren?

- Sie sollen in diesem Teilgebiet insbesondere „Verständnis anstatt Gleichungslösen"; „Übersicht anstatt Beherrschen von Rechenfertigkeiten" und „eigene Gedanken anstatt Nachvollziehen" erbringen.
- Sie sollen ein verbal gestelltes Problem (meist dem Alltag entnommen) verstehen und die darin enthaltene Problematik erkennen.
- Sie sollen dieses Problem vereinfachen können. Dies bedeutet nichts anderes, als dass Sie das Wesentliche sehen und das Unwesentliche vernachlässigen sollten.
- Sie sollen inner- und außermathematische Sachverhalte mithilfe von Tabellen, Termen oder Graphen beschreiben können.
- Sie sollen Terme, Tabellen, Graphen interpretieren und beurteilen können.
- Sie sollen das Modell beurteilen und insbesondere die Fehlerquellen entdecken.
- Sie sollen eine geeignete Wahl der mathematischen Hilfsmittel treffen. Zum Beispiel: angemessenes Koordinatensystem, geeignete Funktion zur Beschreibung.

Wie sind die Aufgaben aufgebaut?

Am häufigsten wird im Bereich der **Stochastik** modelliert.

- Typisch ist das Urnenmodell, in das bei oftmals mehreren Urnen farbige Kugeln gelegt werden. Natürlich kann durch die Zahl der Kugeln jede beliebige Wahrscheinlichkeitsverteilung hergestellt werden.
- Die Aufgaben, in denen man Näherungsweise eine Binomialverteilung annimmt (z. B. beim Losverkauf, bei dem sich genaugenommen die Wahrscheinlichkeit eines Gewinnes bei jedem verkauften Los ändert) gehören zu diesen „Modellaufgaben".

In der **Analysis** finden sich

- Wachstumsaufgaben, die häufig idealisiert werden (z. B. Algenwachstum), sodass mit wenigen Messdaten Kurven bestimmt werden können.
- Zuordnungsaufgaben, bei denen Änderungen betrachtet werden (Kaufverhalten beim Kauf von Fahrzeugen).
- alle der „Wirklichkeit" entnommenen Textaufgaben wie die altbekannten Räuber-Beute-Modelle.

In der **Geometrie** modelliert man meist bei Körpern (Baumstamm – Zylinder), und mit vereinfachten Modellen von Häusern, Türmen, … Im Bereich der Geometrie scheinen die Aufgaben am einfachsten zu sein.

Mehrstufige Prozesse

Bitte prüfen Sie, ob dieses und die folgenden Themen zu Ihrem Schulstoff gehören!

Es handelt sich bei „Alltagsproblemen“ leider selten um nur einen einzigen Vorgang.
So wie bei der Herstellung einer Maschine meist zunächst Einzelteile hergestellt werden, die dann gemeinsam erst das Endprodukt ergeben. Finden mehrere Prozesse hintereinander statt, so ist dies mathematisch gesehen ein „mehrstufiger Prozess“.
Gut ist, dass man sich bisher an Aufgaben hält, die maximal zweistufig sind, obwohl in der Praxis weit mehr Stufen üblich sind.

$f(g(x))$ ist eine Verkettung von Funktionen. Man schreibt auch $f \circ g$.

Beschreibt man die Prozesse mittels Matrizen, ist der mehrstufige Prozess stets eine Multiplikation der entsprechenden Matrizen. Bei Funktionen handelt es sich um eine Hintereinanderausführung also $f(g(x))$ mit der äußeren Funktion $f(x)$ und der inneren Funktion $g(x)$.

Führen Sie diese mehrstufigen Prozesse stets Zug um Zug durch. Immer nacheinander, dann überschauen Sie das Problem und entzerren die Schwierigkeiten. Hilfreich ist auf jeden Fall ein Wirkungsdiagramm, eine Skizze, aus der der Ablauf zu sehen ist. Das **Modell** eines mehrstufigen Prozesses sehen Sie rechts.

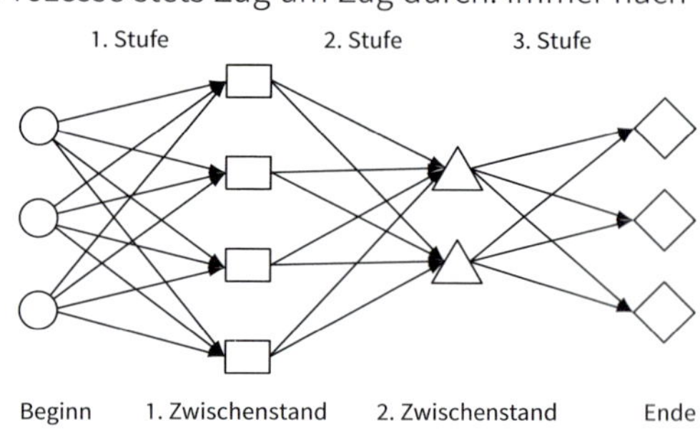

Beispiel

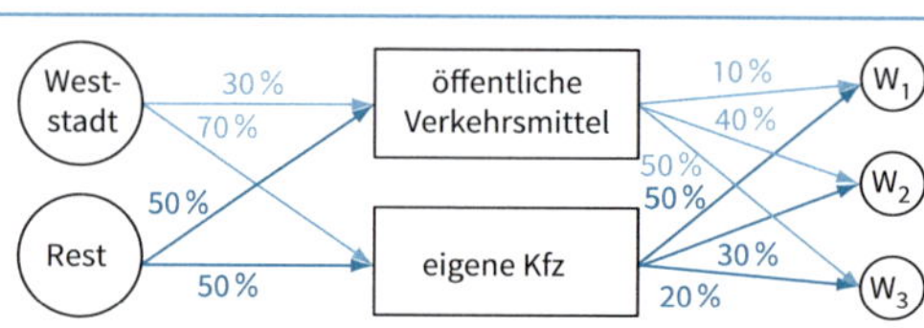

10 % der mit öffentlichen Verkehrsmitteln ankommenden Kunden kaufen im Kaufhaus W_1; 40 % in W_2, der Rest in W_3.
Von den Personen, die mit eigenem Pkw anreisen ist die Verteilung 50 %, nach W_1 (bessere Parkplätze), 30 % nach W_2 und der Rest nach W_3.
Von der Weststadt fahren 30 %, vom Rest der Stadt 50 % mit den öffentlichen Verkehrsmitteln zu den Kaufhäusern.

Vernetzte Systeme

Betrachtet man in einem System mehrere Größen, die sich gegenseitig beeinflussen, so heißt dieses System „vernetztes System“.
In der Regel werden uns Alltagsprobleme, die wir mathematisch untersuchen sollen, auf vernetzte Systeme führen.
Das Räuber-Beute-Modell ist ein alter Klassiker, an dem im Folgenden die Problematik verdeutlicht wird. An diesem Modell werden auch sofort die Grenzen der „Mathematisierung“ aufgezeigt. Sicher ist es in Wirklichkeit nicht so einfach und eindeutig wie im folgenden Diagramm. Die Verzahnungen hängen von sehr vielen Parametern ab und Modelle können (und sollen) nur kleine Denkmodelle darstellen, an denen man sieht, dass zur Beschreibung unter anderem auch die Mathematik herangezogen werden kann.

Nehmen wir einfach als Jäger die Löwen, als Beute die Gazellen in freier Wildbahn. Die vernetzten Systeme können auf verschiedene Arten dargestellt werden. Eine vernünftige Skizze (Wirkungsdiagramm) ist auf jeden Fall ratsam, obwohl eine Gleichung oder eine Tabelle oder eine Matrix denselben Effekt bringen wird.

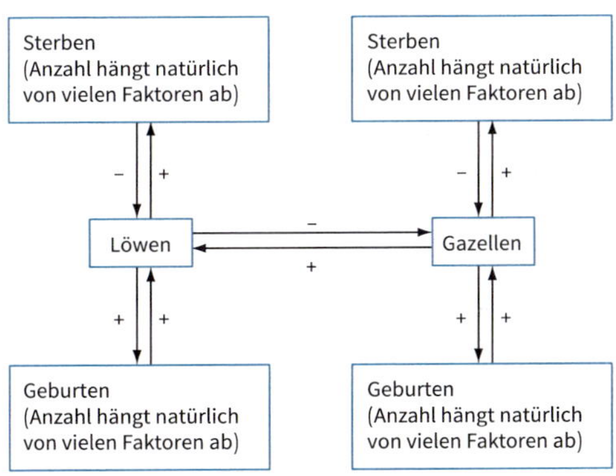

Als Beispiel ein vernetztes System mit drei Größen in verschiedenen Darstellungsformen:

Beispiel

Diagramm

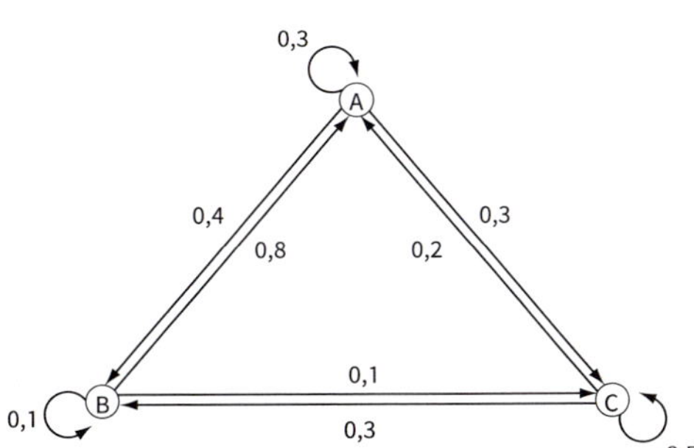

Die Summe der „ausgehenden“ Zahlen muss 1 sein.

Tabelle

	A	B	C
A	0,3	0,8	0,2
B	0,4	0,1	0,3
C	0,3	0,1	0,5

Die Summe einer Spalte muss 1 ergeben.

Matrix

$$\begin{pmatrix} 0{,}3 & 0{,}4 & 0{,}3 \\ 0{,}8 & 0{,}1 & 0{,}1 \\ 0{,}2 & 0{,}3 & 0{,}5 \end{pmatrix}$$

Die Summe jeder Zeile zusammen muss 1 ergeben.

Dynamische Prozesse

Das Wort „dynamisch“ weist auf die vorkommenden Veränderungen hin, die oftmals zeitabhängig sind und leider nicht immer leicht in mathematische Gleichungen einzusetzen sind.

Will man ein vernetztes System von Größen und Daten mathematisch beschreiben, so spricht man von einem dynamischen Prozess.
Lösen Sie Aufgaben nach folgendem Plan:

- Erstellen Sie eine Skizze, ein Wirkungsdiagramm mit Wirkungspfeilen.
- Bestimmen Sie (aus dem Aufgabentext) die Anfangswerte.
- Bestimmen Sie (aus dem Aufgabentext) die Änderungsraten.
- Bestimmen Sie (aus dem Aufgabentext) die Konstanten.
- Stellen Sie die Zustandsgleichungen auf.
- Berechnen Sie mittels der Zustandsgleichungen die gesuchten Größen.
- Geben Sie die Schwachstellen und die Fehler der Berechnungen an (was wurde nicht berücksichtigt, was wurde „idealisiert“, was wurde nur grob angenommen, …)

Mit etwas Übung sind die Aufgaben relativ einfach und mathematisch leicht zu bewältigen.

Die Zustandsgleichungen beschreiben in der Regel den Zustand zur Zeit $t + \Delta t$ vom Zustand zur Zeit t ausgehend, wobei das Δt die Schrittweite darstellt. Ist diese Schrittweite sehr klein oder gar stetig kontinuierlich, so wird aus der Zustandsgleichung eine Differenzialgleichung und Sie befinden sich im mathematischen Bereich der Wachstumsprognosen.

Aufgabe

Herr S. fährt täglich von seinem Wohnort 75 km zu seinem Arbeitsplatz. Fährt er mit einer Durchschnittsgeschwindigkeit von $90\,\frac{\text{km}}{\text{h}}$, verbraucht das Fahrzeug 8 l Benzin pro 100 km. Fährt er im Durchschnitt $5\,\frac{\text{km}}{\text{h}}$ schneller, erhöht sich der Benzinverbrauch um 5 %. Zurzeit kostet der Liter Super 1,35 €.

a) Wie hoch sind die Benzinkosten, wenn er einen Schnitt von $150\,\frac{\text{km}}{\text{h}}$ fährt?

b) Wie schnell darf er höchstens fahren, damit seine Benzinkosten unter 10 € liegen?

c) Wenn Herr S. ab dem ersten Kilometer pro km 0,15 € von der Steuer absetzen kann und er dies von seinen Benzinkosten abzieht, was kostet ihn dann die Hin- und Rückfahrt an einem Tag bei einem Schnitt von $130\,\frac{\text{km}}{\text{h}}$?

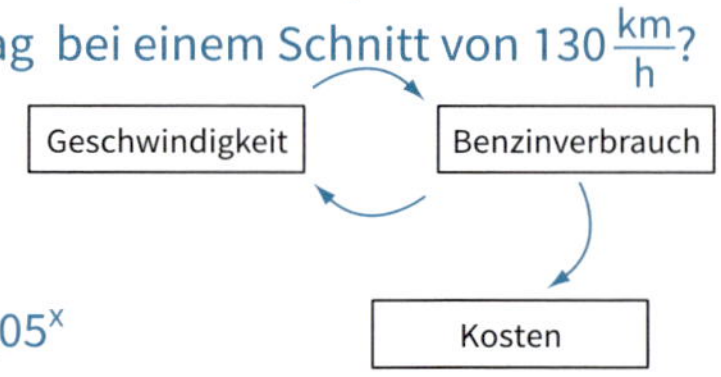

Lösung: Konstante Strecke: $s = 75\,\text{km}$;
Anfangsbedingungen: $90\,\frac{\text{km}}{\text{h}} \Rightarrow 8\,\text{l}$;
Kosten: $1\,\text{l} = 1{,}35\,€$
Änderungsraten: $\Delta t = 5\,\frac{\text{km}}{\text{h}}$; $90 + x \cdot \Delta t = 8 \cdot 1{,}05^x$

a) $150 = 90 + 12 \cdot 5 \Rightarrow 8 \cdot 1{,}05^{12} = 14{,}37$;
Verbrauch: $\frac{14{,}37}{100} \cdot 75$; Kosten: $\frac{14{,}37}{100} \cdot 75 \cdot 1{,}35 = 14{,}55\,€$

b) $10\,€$ Kosten $\Rightarrow 7{,}41\,\text{l}$ auf 75 km $\Rightarrow 9{,}88\,\text{l}$ pro 100 km;
$8 \cdot 1{,}05^x = 9{,}88 \Rightarrow x = \frac{\ln \frac{9{,}88}{8}}{\ln 1{,}05} = 4{,}33 \Rightarrow 90 + 4{,}33 \cdot 5 = 111{,}7\,\frac{\text{km}}{\text{h}}$

c) $130\,\frac{\text{km}}{\text{h}} \Rightarrow$ Verbrauch $8 \cdot 1{,}05^8 = 11{,}82\,\text{l}$; $150\,\text{km} \Rightarrow \frac{11{,}82}{100} \cdot 150 \cdot 1{,}35 = 23{,}94\,€$;
Abschreibung: $150 \cdot 0{,}15\,€ = 22{,}5\,€ \Rightarrow$ Kosten: $1{,}44\,€$

Matrixschreibweise

Beim Modellieren sollte man sich auf einige wenige Fakten beschränken. Da die Matrixschreibweise alles Unwichtige weglässt, ist sie zur Beschreibung der Modelle oftmals optimal geeignet. Wenn Sie einen GTR zur Verfügung haben, ist die Matrixschreibweise ideal. Sie erhalten sofort die Ergebnisse und sehen gleich die Lösungsmannigfaltigkeit. Überlegen Sie sich, ob Sie bei diesem Aufgabentyp ohne Skizze und ohne Wirkungsdiagramm auskommen wollen oder auskommen können.

Aufgabe

Über lange Jahre wurde eine Statistik über das Kaufverhalten von Fahrzeugen der Marke OK geführt. Es wurden nur die Kunden berücksichtigt, die die Automarke nicht wechseln. Das Fahrzeug wird in den Farben rot, schwarz und weiß angeboten. In diesem Jahr wurden 40 000 rote, 60 000 schwarze und 80 000 weiße Fahrzeuge verkauft. Jeder Fahrzeugbesitzer kauft jährlich ein neues Fahrzeug. Die Besitzer der weißen Fahrzeuge bleiben zu 50 % bei ihrer Farbe, wechseln zu 10 % zu schwarz. Die Besitzer der schwarzen Fahrzeuge bleiben nur zu 20 % bei ihrer Farbe und wechseln zu 50 % zu weiß. Die Besitzer der roten Fahrzeuge bleiben zu 40 % bei rot und wechseln zu 40% zu schwarz.

a) Wie viele rote, schwarze und weiße Fahrzeuge werden im nächsten Jahr von diesen Besitzern gekauft?

b) Wie sieht das Kaufverhalten in zwei Jahren aus?

Lösung:

a) Matrix des Wechsels mit weiß, rot, schwarz:

$$M = \begin{pmatrix} 0{,}5 & 0{,}2 & 0{,}5 \\ 0{,}4 & 0{,}4 & 0{,}3 \\ 0{,}1 & 0{,}4 & 0{,}2 \end{pmatrix}; \quad \begin{pmatrix} 0{,}5 & 0{,}2 & 0{,}5 \\ 0{,}4 & 0{,}4 & 0{,}3 \\ 0{,}1 & 0{,}4 & 0{,}2 \end{pmatrix} \begin{pmatrix} 80 \\ 40 \\ 60 \end{pmatrix} = \begin{pmatrix} 78 \\ 66 \\ 36 \end{pmatrix}$$

b) $M \cdot \begin{pmatrix} 78 \\ 66 \\ 36 \end{pmatrix} = \begin{pmatrix} 70{,}2 \\ 68{,}4 \\ 41{,}4 \end{pmatrix}$

Im nächsten Jahr werden 78 000 weiße, 66 000 rote und 36 000 schwarze Fahrzeuge gekauft.

Im übernächsten Jahr 70 200 weiße, 68 400 rote und 41 400 schwarze.

Mit Wirkungsdiagramm und LGS würde die Lösung folgendermaßen aussehen:

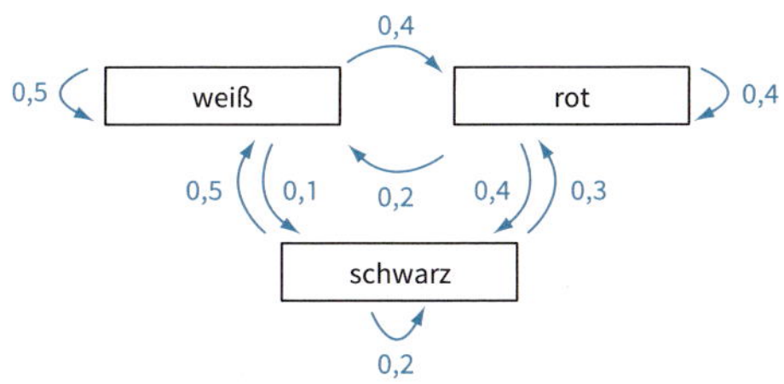

$$w_{neu} = 0{,}5\,w + 0{,}2\,r + 0{,}5\,s$$
$$r_{neu} = 0{,}4\,w + 0{,}4\,r + 0{,}3\,s$$
$$s_{neu} = 0{,}1\,w + 0{,}4\,r + 0{,}2\,s$$

Beispiele zum Modellieren

Beispielhafte Aufgabe: Der Eintrittspreis im Freibad soll neu festgelegt werden. An Umbauten und andere Investitionen ist aber nicht gedacht. Im letzten Jahr betrug der Eintrittspreis 5 €, 10 000 Eintrittskarten wurden verkauft. Die besucherbedingten Ausgaben betrugen 20 000 €.

Festlegen der verwendeten Größen und der notwendigen Zusammenhänge. Man muss stark vereinfachen und definieren: Zahl der Besucher in Tausend: z Einnahmen: e in 1000 €, Ausgaben: a in 1000 €	Der Stadtkämmerer wird die Einnahmen des Freibades mit den Ausgaben vergleichen und will Gewinn, wenigstens aber möglichst wenig Verlust. Die Höhe des Eintrittspreises wird die Zahl der Besucher und damit die Höhe der Einnahmen bestimmen. Auch die Ausgaben werden besucherabhängig sein (Personal, Reinigung, …).
Wirkungsdiagramm als Skizze und zur Übersicht (Alle anderen Faktoren, die die Ein- und Ausgaben mitbestimmen werden vernachlässigt.)	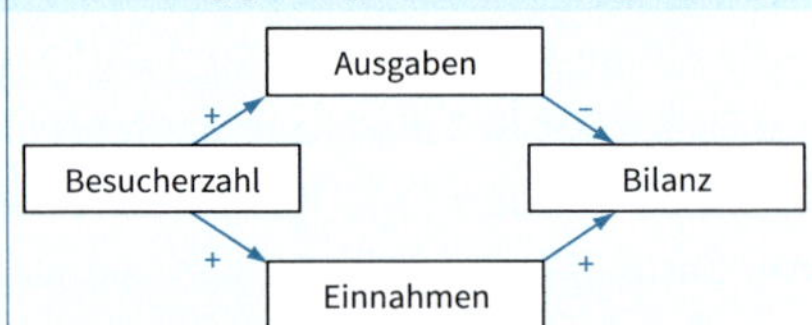
Übersetzen des Diagramms in die Mathematik (reine Annahmen, zumal man keine Ahnung von den Betriebskosten hat.) Aber wenn Sie Annahmen bestimmen müssen, dann tun Sie dies auch.	Liegen Angaben vor, verwenden Sie diese. Wenn keine vorliegen, müssen Sie Annahmen festlegen (zum Beispiel): a) Der Eintrittspreis ist proportional zur Besucherzahl. b) Pro 1000 Besucher mehr erhöhen sich die Ausgaben um jeweils 10 %. c) Die fixen Ausgaben (auch ohne Besucher) betragen 300 000 €.
Bestimmung der mathematischen Terme	a) $e = k \cdot z$ mit $k = 5$ $(e = 50,\ z = 10)$ b) $a_{10+z} = 20 \cdot 1{,}1^z$ c) $a_0 = 300\,000$; $a_g = 300\,000 + 20 \cdot 1{,}1^z$
Aufstellen der Gleichung/en	Bilanz: $f(z) = e - a$
Berechnung mittels der Gleichungen	$f(z) = k \cdot z - (a_0 + 20 \cdot 1{,}1^z)$
Deutung (z. B. Fehlerquellen)	Annahmen sind für eine Bilanz zu grob

Tab. 10.3: Beispielhafte, typische Lösung einer Modellierungs-Aufgabe

Aufgabe

Anton nimmt in einer Thermoskanne Kaffee mit, der lange Zeit die Temperatur von 90 °C hält. Er gießt in seine Tasse 200 ml des Kaffees ein und mischt 50 ml Milch mit einer Temperatur von 18 °C in den Kaffee.

a) Wie hoch ist die Temperatur der Mischung?

b) Wann hat die Mischung eine Temperatur von 50 °C, wenn man davon ausgeht, dass pro Minute die Abkühlung 20 % der Differenz zur Zimmertemperatur von 18 °C beträgt?

Lösung:

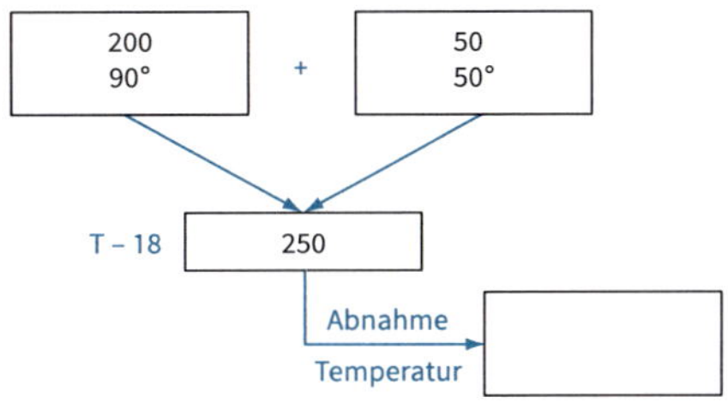

a) T sei Mischtemperatur

$\Rightarrow m_1(T - T_1) = m_2(T_2 - T)$

$50 \cdot (T - 18) = 200(90 - T)$

$\Rightarrow T = 75{,}6\,°C$

b) Die Temperatur ist von $(T - 18)$ abhängig.

Für die momentane Änderung gilt:

$(T - 18)' = -0{,}223 \cdot (T - 18)$ oder $B' = -0{,}223 \cdot B$,

was auf die Gleichung $B = B(0) \cdot e^{-0{,}223t}$ führt, also

$T(t) = 18 + [T(0) - 18] \cdot e^{-0{,}223t} \Rightarrow 50 = 18 + (75{,}6 - 18) \cdot e^{-0{,}223t}$;

$32 = 57{,}6 \cdot e^{-0{,}223t} \Rightarrow e^{-0{,}223t} = 0{,}5\overline{5}$

$-0{,}223t = \ln(0{,}5\overline{5}) = -0{,}588 \Rightarrow t = 2{,}6\,\text{min}$

Überblick

Immer dann, wenn man versucht, natürliche Prozesse mathematisch zu beschreiben, um Berechnungen (z. B. Prognosen) anstellen zu können, spricht man von Modellieren.

Ein solches Modell stellt immer eine Vereinfachung der Realität dar.

Um die entsprechenden Aufgabenstellungen in Arbeiten oder der Prüfung meistern zu können, müssen Sie:

- lineares, exponentielles, beschränktes und logistisches Wachstum erkennen, die Differenzialgleichungen in der Formelsammlung finden und die Funktionsgleichungen aufstellen können.
- exponentielle Wachstumsvorgänge als e-Funktion (Basis EULER'sche Zahl) darstellen können.
- wissen, was man unter Verdopplungs- und Halbwertszeit versteht.
- alle Elemente der Funktionsuntersuchung auf die Wachstumsfunktionen anwenden können.
- mehrstufige Prozesse und vernetzte Systeme in Einzelschritte zerlegen, grafisch darstellen (Wirkungsdiagramm) und berechnen (am einfachsten mit Matrizen) können (heißen dann dynamische Prozesse).

11 Zusätze

Dieses Kapitel behandelt einige „Randgebiete" der Schulmathematik. Die Teilkapitel sind voneinander unabhängig und in sich geschlossen – bearbeiten Sie nur die Bereiche, die Sie benötigen.

11.1 Arkusfunktionen

arcus (lat.) = Bogen

Die Arkusfunktionen (auch Arcusfunktionen) oder zyklometrischen Funktionen sind die Umkehrfunktionen der Kreisfunktionen (trigonometrischen Funktionen). Die Ableitungen und Stammfunktionen der Arkusfunktion finden Sie in der Formelsammlung. Da die Funktionen sehr selten sind, lohnt sich Auswendiglernen und tieferes Einsteigen nur dann, wenn Sie sie im Unterricht behandelt haben.

Arcussinus

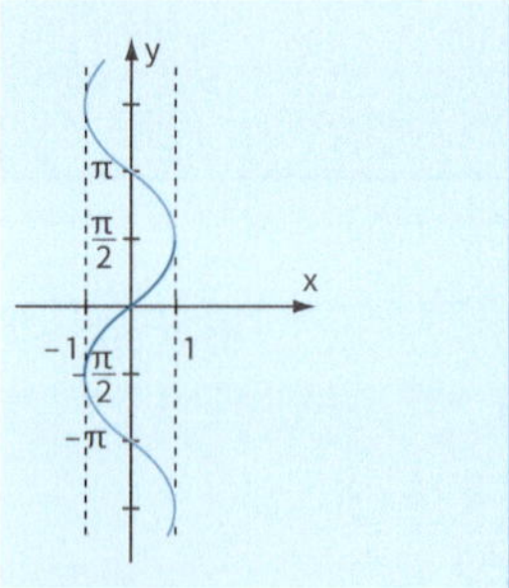

Abkürzung:
arcsin; $\sin^{-1}$
Beschreibung:
Umkehrfunktion der sin-Funktion
Definitionsmenge:
$D = [-1; 1]$

Arcuscosinus

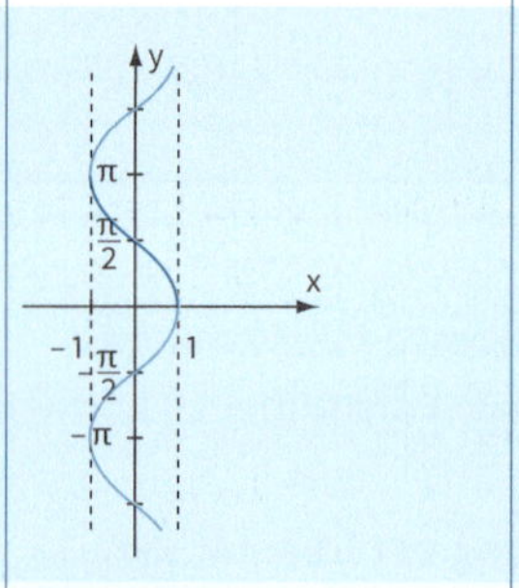

Abkürzung:
arccos; $\cos^{-1}$
Beschreibung:
Umkehrfunktion der cos-Funktion
Definitionsmenge:
$D = [-1; 1]$

Arcustangens

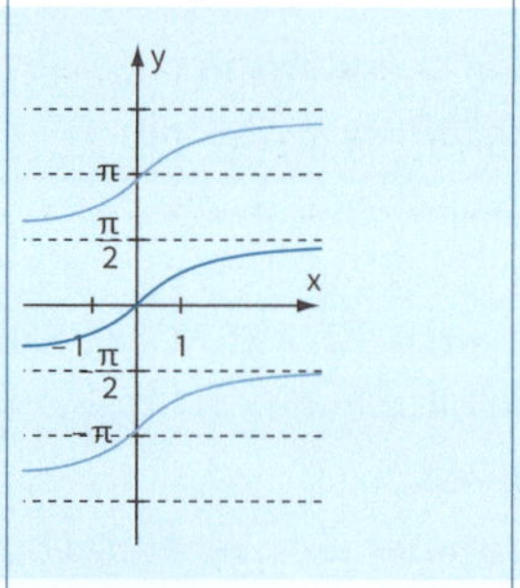

Abkürzung:
arctan; $\tan^{-1}$
Beschreibung:
Umkehrfunktion der tan-Funktion
Definitionsmenge:
$D = \mathbb{R}$

Arcuscotangens

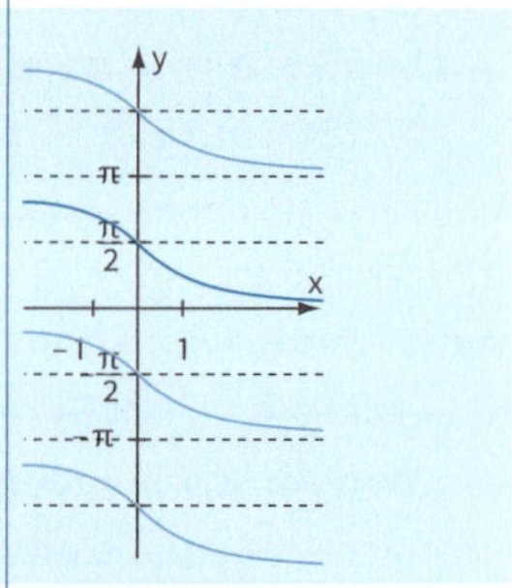

Abkürzung:
arccot; $\cot^{-1}$
Beschreibung:
Umkehrfunktion der cot-Funktion
Definitionsmenge:
$D = \mathbb{R}$

Tab. 11.1: Die Arcusfunktionen

Beispiele

Rechner mit [MODE] oder [DRG] auf RAD oder RADIAN umstellen!

1. Bestimmen Sie eine Lösung folgender Gleichungen:
   $\sin x = 0{,}1$; (über [2nd] [SIN] oder [SHIFT] [SIN] $\Rightarrow x \approx 0{,}1$)
   $\tan x = -0{,}3$; (über [2nd] [TAN] oder [SHIFT] [TAN] $\Rightarrow x \approx -0{,}29$)
2. $f(x) = \arcsin x$. Bestimmen Sie $f(0{,}9)$ und $f'(0{,}9)$.
   [0,9] [2nd] [SIN] $\Rightarrow$ 1,12 und $\left(1 : \sqrt{1 - 0{,}9^2}\right) = 2{,}29$

11.2 Basis und Basiswechsel

Ist $B=\{\overrightarrow{b_1};\overrightarrow{b_2};\overrightarrow{b_3}\}$ eine Basis des Vektorraums, so lässt sich jeder Vektor des Raumes als Linearkombination dieser drei Basisvektoren darstellen:

$\vec{x}=r_1\overrightarrow{b_1}+r_2\overrightarrow{b_2}+r_3\overrightarrow{b_3}$.

Die reellen Zahlen (Skalare) r_i heißen Koordinaten des Vektors $\vec{x}$ bezüglich der Basis B. In der Regel arbeitet man im dreidimensionalen Raum mit der Basis $\overrightarrow{e_1}$, $\overrightarrow{e_2}$ und $\overrightarrow{e_3}$, siehe Skizze.

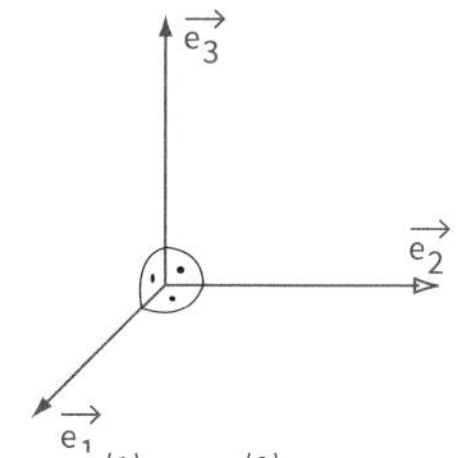

$\overrightarrow{e_1}=\begin{pmatrix}1\\0\\0\end{pmatrix}$; $\overrightarrow{e_2}=\begin{pmatrix}0\\1\\0\end{pmatrix}$;

$\overrightarrow{e_3}=\begin{pmatrix}0\\0\\1\end{pmatrix}$

$|\overrightarrow{e_1}|=|\overrightarrow{e_2}|=|\overrightarrow{e_3}|=1$

$\overrightarrow{e_1}\perp\overrightarrow{e_2}\perp\overrightarrow{e_3}\perp\overrightarrow{e_1}$

Ansatz zur Berechnung neuer Koordinaten bei Basiswechsel

Die oben beschriebene Basis ist allerdings nicht zwingend. Der Aufgabensteller kann eine andere Basis vorgeben und mit ihr arbeiten lassen. Eine andere Basis hat zwangsweise für denselben zu beschreibenden Vektor andere Koeffizienten. Wie bei einer neuen Basis die neuen Koordinaten zu bestimmen sind, soll die folgende Übersicht zeigen:

Gegeben sind die Basen $B=\{\overrightarrow{b_1};\overrightarrow{b_2};\overrightarrow{b_3}\}$ und $C=\{\overrightarrow{c_1};\overrightarrow{c_2};\overrightarrow{c_3}\}$.

Dann gibt es für den Vektor $\vec{a}$ in jedem System eine eindeutige Darstellung:

$\vec{a}=r_1\overrightarrow{b_1}+r_2\overrightarrow{b_2}+r_3\overrightarrow{b_3}$ beziehungsweise $\vec{a}=s_1\overrightarrow{c_1}+s_2\overrightarrow{c_2}+s_3\overrightarrow{c_3}$.

Der Vektor $\vec{a}$ bleibt aber gleich und es gilt die Gleichung:

$r_1\overrightarrow{b_1}+r_2\overrightarrow{b_2}+r_3\overrightarrow{b_3}=s_1\overrightarrow{c_1}+s_2\overrightarrow{c_2}+s_3\overrightarrow{c_3}$.

Kennt man die Koordinaten einer Seite, lassen sich (lineares Gleichungssystem mit drei Gleichungen und drei Variablen) die Koordinaten für die andere Basis berechnen.

Beispiel

$B=\left\{\begin{pmatrix}1\\0\\0\end{pmatrix},\begin{pmatrix}0\\1\\0\end{pmatrix},\begin{pmatrix}0\\0\\1\end{pmatrix}\right\}$; $C=\left\{\begin{pmatrix}1\\1\\0\end{pmatrix},\begin{pmatrix}2\\1\\1\end{pmatrix},\begin{pmatrix}0\\2\\1\end{pmatrix}\right\}$

$\vec{a}=\begin{pmatrix}3\\6\\3\end{pmatrix}=3\begin{pmatrix}1\\0\\0\end{pmatrix}+6\begin{pmatrix}0\\1\\0\end{pmatrix}+3\begin{pmatrix}0\\0\\1\end{pmatrix}=s_1\begin{pmatrix}1\\1\\0\end{pmatrix}+s_2\begin{pmatrix}2\\1\\1\end{pmatrix}+s_3\begin{pmatrix}0\\2\\1\end{pmatrix}$ $\Rightarrow$ LGS hat die Lösungen $s_1=1;\ s_2=1;\ s_3=2$

Alte Koordinaten (3 | 6 | 3); neue Koordinaten (bezüglich Basis C) (1 | 1 | 2).

Bei den Beweisen mit Vektoren ist es oft besser, nicht mit den üblichen Basisvektoren sondern mit anderen zu arbeiten.

Beispiel

Es soll mit einem Dreieck gearbeitet werden (z. B. um zu zeigen, das sich die Seitenhalbierenden in einem Punkt schneiden).

Dann ist es sinnvoll, als Basisvektoren $\vec{a}=\overrightarrow{AB}$ und $\vec{b}=\overrightarrow{AC}$ zu wählen.

$\overrightarrow{BC}$ wäre dann über $\overrightarrow{BC}-\vec{b}+\vec{a}=\vec{0}$:

$\overrightarrow{BC}=\vec{b}-\vec{a}$ und $\overrightarrow{AM_{BC}}=\vec{a}+\frac{1}{2}(\vec{b}-\vec{a})$.

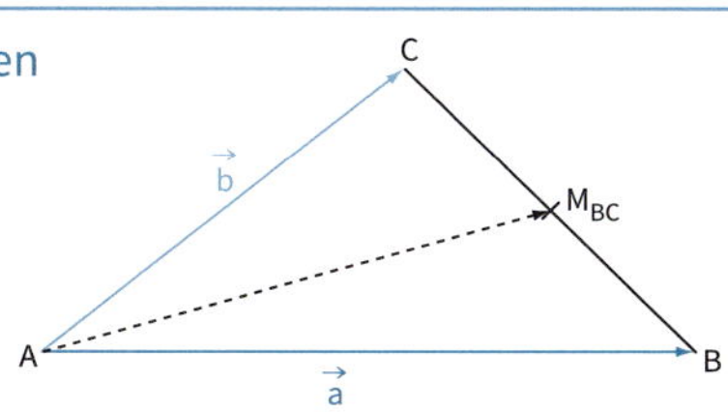

11.3 Definitionslücken

Hat eine Funktion Stellen, an denen sie nicht definiert ist, so heißen diese Stellen Definitionslücken.

In der Schulmathematik gibt es drei Arten von Definitionslücken:

① Die Division durch null ist nicht definiert.

② Die Quadratwurzel und die anderen gradzahligen Wurzeln $\left(\sqrt[4]{\ };\sqrt[6]{\ };\ldots\right)$ sind für negative Radikanden nicht definiert.

③ Der ln ist nur für positive Terme im Argument definiert.

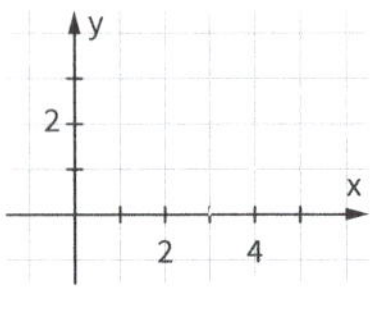

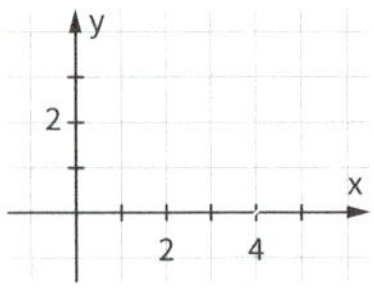

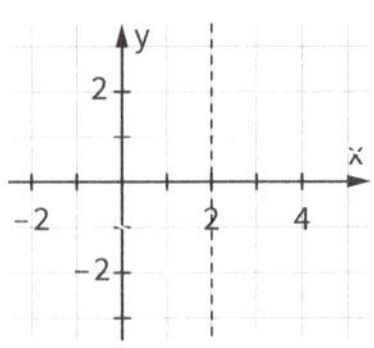

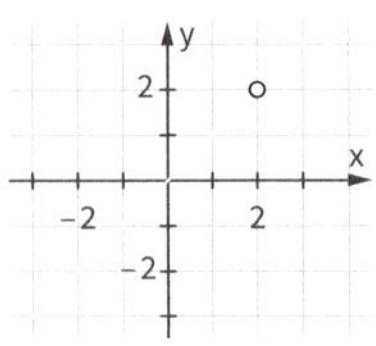

Bei ② und ③ entstehen in der Regel nicht definierte Intervalle, von denen wir nur die „Grenzstelle" zum definierten Intervall betrachten.

Einfach sieht dabei ② aus, da der definierte Bereich geschlossen ist. Der definierte Bereich endet bei einer festen Zahl, deren Funktionswert berechnet werden kann, z. B.: $f(x)=\sqrt{x-3}$ ist für $x \geq 3$ definiert: $f(3)=0$.

Bei ③ endet der definierte Bereich offen, z. B.: $f(x)=\ln(x-3)$ ist für $x>3$ definiert, der Wert für 3 ist also nicht berechenbar (da nicht definiert). Lediglich der Grenzwert kann bestimmt werden, bzw. es kann festgestellt werden, ob ein Grenzwert überhaupt existiert: $\lim\limits_{x\to 3} \ln(x) \to -\infty \Rightarrow$ Es existiert kein Grenzwert.

Beim Fall ① sind nur einzelne Punkte nicht definiert und zwar genau die Stellen, an denen der Nenner null wird. Bildet man den Grenzwert gegen die Nennernullstelle x_0, so gibt es zwei Möglichkeiten:

- $\lim\limits_{x\to x_0} f(x)$ existiert nicht. $\Rightarrow$ $f(x)$ hat bei x_0 einen Pol.
- $\lim\limits_{x\to x_0} f(x)=g.$ $\Rightarrow$ $f(x)$ hat bei x_0 eine stetig hebbare Definitionslücke.

Dabei wird definiert: $f(x_0)=\lim\limits_{x\to x_0} f(x)$.

Die Grenzwertbildung geht wohl am einfachsten und sichersten über die Regel von De L'Hospital:

Ist $\lim\limits_{x\to x_0} f(x)=0$ sowie $\lim\limits_{x\to x_0} g(x)=0$ und sind f und g bei x_0 differenzierbar und es existiert $\lim\limits_{x\to x_0}\frac{f'(x)}{g'(x)}$, dann gilt $\lim\limits_{x\to x_0}\frac{f(x)}{g(x)}=\lim\limits_{x\to x_0}\frac{f'(x)}{g'(x)}$.

Funktion	Definitionslücken	Bemerkungen
$f_t(x)=\frac{3-x^2+t}{2-tx}$	nicht definiert für $x=\frac{2}{t}$ $(t \neq 0)$ für $t=0$ keine Definitionslücke	Die Lücke liegt für jede Funktion der Schar an einer anderen Stelle.
$f_t(x)=\sqrt{3t-4x}$	nicht definiert für $x>\frac{3}{4}t$	Vorsicht: t kann auch negativ sein.
$f_t(x)=\ln(x^2-3t)$	nicht definiert für $\lvert x\rvert \leq \sqrt{3t}$ für $t<0$ keine Definitionslücke	Bitte beachten sie die notwendigen Fallunterscheidungen. $x^2-3t>0$ führt auf $x^2>3t$ $\Rightarrow x>\sqrt{3t}$ oder $x<-\sqrt{3t}$
$f(x)=\frac{\sqrt{x+3}}{2x-5}$	für $x<-3$ und für $x=\frac{5}{2}$ nicht definiert	Natürlich können von den 3 „verbotenen Stellen" auch mehrere vorkommen.

Tab. 11.2: Beispiele für Funktionen mit Definitionslücken

11.4 Gebietseinteilung

Die vier Quadranten:

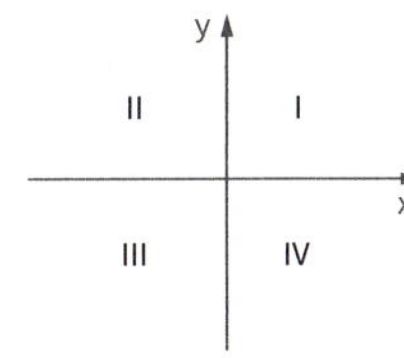

Beim Zeichnen des Graphen einer Funktion steht Ihnen die ganze Ebene (in der Praxis das ganze Zeichenblatt) zur Verfügung.
Diese Ebene wird durch die zwei Koordinatenachsen in vier Teile (die vier Quadranten) aufgeteilt. Durch Parallelen zu den Koordinatenachsen kann die Zeichenebene in senkrechte und waagerechte „Streifen" eingeteilt werden, die hier als „Gebiete" bezeichnet werden.
Man kann (mittels meist einfacher Überlegungen) solche Gebiete angeben, die keinen Punkt des Graphen enthalten können. Oder natürlich Gebiete, in denen der Graph „verlaufen" muss. Mit anderen Worten: Vor dem Zeichnen eines Graphen kann man sich überlegen, in welchen Gebieten der Graph verlaufen muss oder aber nicht verlaufen kann.

Diese Untersuchung ist zunächst sehr nützlich, um einen Überblick zu erhalten und später (nach dem Zeichnen des Graphen) bietet sie eine gute Überprüfung oder Probe. Obwohl der Aufwand in der Regel sehr klein ist (keine oder sehr geringe Rechenarbeit), ist die Denkarbeit im Allgemeinen für den Nutzen doch recht groß.
Es ist daher sinnvoll, Gebietseinteilungen nur auf Verlangen zu erarbeiten. Berechnen Sie in dieser Zeit besser mit dem Taschenrechner noch einige zusätzliche Punkte des Graphen, der dadurch nicht nur genauer, sondern auch „sicherer" wird.

Jeder TR berechnet eine Wertetabelle.

Parallelen zur y-Achse (senkrechte Einteilung)

Da der Wechsel über die x-Achse nur bei Nullstellen, Polstellen oder den Stellen, an denen sich eine zusammengesetzte Funktion ändert, vorkommen kann, werden nur an diesen Stellen Parallelen zur y-Achse gezogen. Sie erhalten dadurch senkrechte Streifen, die durch die x-Achse halbiert werden. In jedem dieser Streifen kann die Funktion entweder nur oberhalb oder nur unterhalb der x-Achse verlaufen.
Wenn Sie auch nur einen Funktionswert in einem der Streifen kennen (der Taschenrechner hilft Ihnen bei der Berechnung!), wissen Sie sofort, ob der „Streifen" oberhalb oder unterhalb der x-Achse Punkte des Graphen beinhalten kann, und Sie können entsprechend schraffieren.

Senkrechte Einteilung: An den Stellen, an denen der Graph das Vorzeichen wechselt.

Waagerechte Einteilung: waagerechte Asymtoten und Tangenten durch die Extrempunkte.

Parallelen zur x-Achse (waagerechte Einteilung)

Die Aufteilung der Streifen kann durch Parallelen zur x-Achse noch verfeinert werden.

Diese Parallelen müssen entweder waagerechte Asymptoten oder Parallelen zur x-Achse durch die Extrempunkte des Graphen der Funktion sein. Im Grunde liefert diese Einteilung sehr wenig „Verwertbares", und sollte deshalb nur „unter Zwang" betrachtet werden. Genau wie bei der anderen Gebietseinteilung sind über die Berechnung einzelner Funktionswerte „Gebietsaussagen" möglich.

Beispiel

$$f(x) = \begin{cases} -x^2 + 2x + 2 & \text{für } x \geq 0 \\ \frac{x+2}{x+1} & \text{für } x < 0 \end{cases}$$

Senkrechte Trennungsstriche bei:
$x = -2$ (Nullstelle);
$x = -1$ (Pol);
$x = 0$ (Funktionsänderung) und
$x = 1 + \sqrt{3}$ (Nullstelle).

Mit $f(-10) > 0$; $f(-1{,}5) < 0$; $f(-0{,}5) > 0$ (jeweils über die Vorzeichen des Nenners und des Zählers) und $f(1) > 0$; $f(10) < 0$ ergibt sich die erste Skizze.
Der einzige Extremwert ist der Hochpunkt $P(1\,|\,3)$.

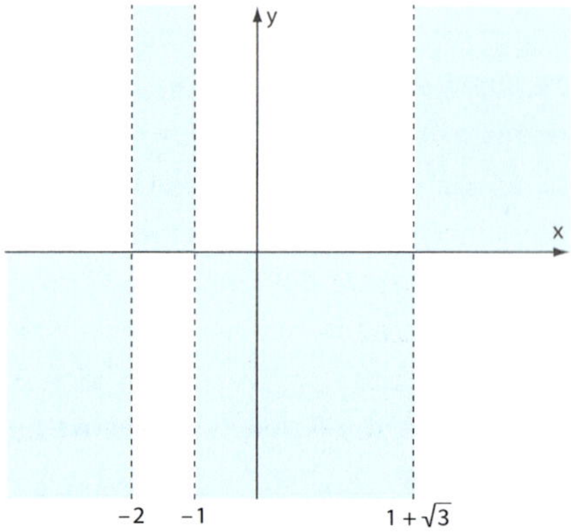

Mit der Geraden $y = 3$ und den entsprechenden Schraffierungen erhält man dann die Skizze, in der man die Felder erkennt, in denen der Graph verläuft.

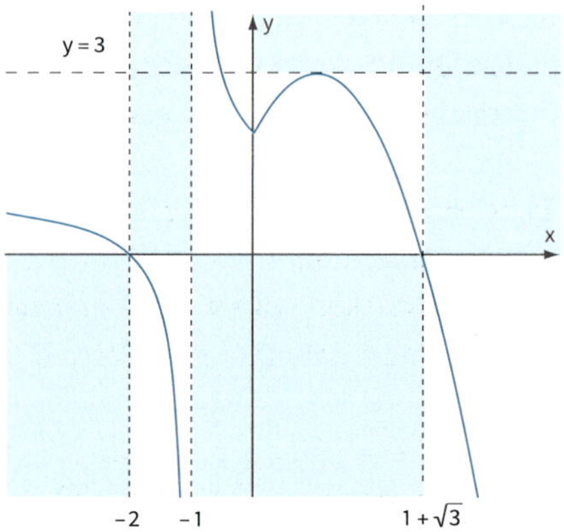

Lassen Sie doch mal den TR für die beiden Teilfunktionen eine Wertetabelle berechnen und vergleichen Sie die Werte mit der Gebietseinteilung.

11.5 Integrationsmethoden

Nicht alle Funktionsgleichungen sind integrierbar, aber wenn von Ihnen eine Integration verlangt würde, ist dies mit den vorhandenen Mitteln (Formelsammlung/Merkhilfe, GTR, gelehrte Verfahren) auch möglich.
Problematisch ist nur die Wahl der Methode, zumal meist nur ein Weg zur Lösung führt und dieser oft schlecht zu erkennen ist. Sofern Sie dürfen und ihn haben, setzen Sie auf jeden Fall den GTR ein!

Ansonsten achten Sie immer auf eine „vernünftige" Schreibweise: Schreiben Sie bitte die Funktion als Summanden (notfalls ausmultiplizieren oder Polynomdivision) und trennen Sie die Koeffizienten von der Variablen. Schreiben Sie, wann immer es geht, die Variable mit einer rationalen Hochzahl in den Zähler.

Beispiel

$\sqrt{3x}$ wird zu $\sqrt{3} \cdot x^{0,5}$; $\frac{5}{2x}$ zu $\frac{5}{2}x^{-1}$; $\frac{3x^2-4}{x+1}$ zu $3x-3-\frac{1}{(x+1)}$

Ist ein Integral nicht mit den „Grundregeln" lösbar, gehen Sie folgendermaßen vor (am besten in der angegebenen Reihenfolge):

- Lösen sie das Problem mit dem GTR.
- Schlagen Sie in der Formelsammlung nach, ob Ihnen andere schon die Arbeit abgenommen haben.
- Wenn nicht, versuchen Sie eine algebraische Umformung. Achten Sie dabei aber darauf, dass Sie die Funktion nicht verändern!
- Als Nächstes klären Sie, ob eine Substitution (linear oder „normal") vorliegt.
- Erst jetzt versuchen Sie die Produktintegration. Bei schlechter Wahl tauschen Sie f′ und g und beginnen nochmals.
- Wenn immer noch nichts „läuft", versuchen Sie nochmals algebraische Umformungen. (Es gibt eine Menge Möglichkeiten: Polynomdivision, Ausklammern, Ausmultiplizieren, binomische Formeln, Substitutionen aller Art, ...)

Beachten Sie dabei, dass bei Punktrechnungen die Faktoren nicht einzeln integriert werden können! Niemals ~~$\int x \cdot e^x\,dx = \int x\,dx \cdot \int e^x\,dx$~~

- Wenn Sie sich unsicher sind, ob Ihre ermittelte Stammfunktion richtig ist, leiten Sie sie ab. Es muss gelten: $F'(x) = f(x)$.

In der Formelsammlung/Merkhilfe finden Sie meist nur allgemeine Beispiele, keine konkreten Zahlenbeispiele. Achten Sie darauf, welche Grundform zu Ihrem Beispiel passt.

Vorsicht! Verwenden Sie nicht zu viel Zeit bei diesem Problem, damit sie Ihnen nicht an anderen Stellen (die auch Punkte geben) fehlt.

Überblick über die Integrationsmethoden

Name und Beschreibung	Formel	Herleitung	häufiger auftretende Funktionen
GTR	[CALC] $\int f(x)\,dx$ Vorsicht: bei Flächeninhalten nicht über Nullstellen [Y=] [Math], [9], …	Immer wenn nach Flächeninhalten gefragt wird; wenn der GTR erlaubt ist, nur über GTR rechnen. Die Stammfunktion zeichnen lassen und damit arbeiten.	Ganz gleich welche Funktion: – Eingeben – Graph – $\int f(x)\,dx$ Geht bei jeder Funktion f(x), die in Y = ist.
Formelsammlung Sie finden eine ganze Menge von Integralen in jeder Formelsammlung/Merkhilfe! Und viel häufiger als Sie denken kommen Integrale der Formelsammlung in Aufgaben vor.	Die Formeln entnehmen Sie der Formelsammlung/Merkhilfe. Wenn es notwendig sein sollte, stellen Sie die Formeln algebraisch um.	Bitte bleiben Sie flexibel und versuchen Sie auf einen in der Formelsammlung angegebenen Term zu kommen. Zum Beispiel wird aus $\sqrt{2x^2-6}$ wegen $\sqrt{x^2-a^2}$ in der Formelsammlung: $\sqrt{2}\cdot\sqrt{x^2-(\sqrt{3})^2}$	Typisch sind die Formen: $\frac{1}{x^2 \pm a^2}$; $\frac{1}{\sqrt{ax+b}}$; $\frac{1}{(x-a)(x-b)}$; $\sqrt{ax+b}$; $\sqrt{x^2-a^2}$; $\frac{ax+b}{cx+d}$ …
Umformungen Durch algebraisches Umformen wird oftmals aus einem zunächst unlösbar erscheinenden Problem eine einfache Aufgabe. Sehr häufig: Eine Polynomdivision führt zu einer linearen Substitution.	An Formeln benötigen Sie: – Bruchrechnen (Hauptnenner) – Binomische Formeln – Logarithmus- und Potenzgesetze – Polynomdivision – Additionstheoreme trigonometrischer Funktionen	Anders formuliert: Sie müssen mittels der Mittelstufenalgebra so weit umstellen, dass ein für Sie integrierbarer Term entsteht.	Immer und auf jeden Fall: $\sqrt{ax} = \sqrt{a}\,x^{0,5}$; $\frac{1}{\sqrt{ax}} = \frac{1}{\sqrt{a}}x^{-0,5}$; $\frac{ax^n + bx + c}{dx^m}$ $= \frac{a}{d}x^{n-m} + \frac{b}{d}x^{1-m} + \frac{c}{d}x^{-m}$; $\ln\left(\frac{ax^2}{b}\right)$ $= \ln a + \ln x + \ln x - \ln b$
Lineare Substitution Vorsicht: Die innere Funktion muss linear sein (nur mit Hochzahl 1), nur dann funktioniert der Ansatz.	$\int_a^b f(kx+l)\,dx$ $= \left[\frac{1}{k}F(kx+l)\right]_a^b$ $= \frac{1}{k}F(kb+l) - \frac{1}{k}F(ka+l)$	Kommt von der Kettenregel: $f(kx+l)'$ $= f'(kx+l)\cdot k$	$e^{kx+l} \Rightarrow \frac{e^{kx+l}}{k}$; $(kx+l)^r \Rightarrow \frac{(kx+l)^{r+l}}{[k\cdot(r+l)]}$; $\sin(kx+l) \Rightarrow \frac{-\cos(kx+l)}{k}$; $\ln(kx) \Rightarrow \frac{kx\cdot\ln(kx)-kx}{k}$

Tipp

Bevor Sie sich durch diese Tabelle „durchkämpfen", klären Sie bitte, was für Sie überhaupt relevant ist.

Name und Beschreibung	Formel	Herleitung	häufiger auftretende Funktionen
Substitution Wenn (bis auf einen konstanten Faktor) der Integrand ein Produkt einer verketteten Funktion und der Ableitung der inneren Funktion ist. Als Nebenrechnung: Die innere Funktion wird zu u, dx wird durch du : u′ ersetzt. Nach dem Kürzen muss eine nicht verkettete Funktion (die durch eines der Grundintegrale gelöst werden kann) in der Nebenrechnung stehen. Grundintegral berechnen, u wieder durch innere Funktion ersetzen und von der Nebenrechnung zur Rechnung zurück.	$\int_a^b f[g(x)] \cdot g'(x)\,dx$ $= \int_{u(a)}^{u(b)} f(u)\,du$ mit $u = g(x)$. Es gilt: $u' = \frac{du}{dx} \Rightarrow dx = \frac{du}{u'}$ Sonderfall der Substitution: Die Funktion im Zähler ist die Ableitung der Funktion des Nenners. $\int_a^b \frac{v'(x)}{v(x)}\,dx = [\ln\|v(x)\|]_a^b$	Eine Art Umkehrung der Kettenregel des Ableitens: $F'(u) = F'[g(x)] \cdot g'(x)$ $f(u) = f[g(x)] \cdot g'(x)$ $\Rightarrow f(u)\,du = f[g(x)] \cdot g'(x)\,dx$ Der Sonderfall folgt aus der Ableitung: $[\ln v(x)]' = \frac{1}{v(x)} \cdot v'(x)$ und ist gar nicht selten. Bitte gut einprägen: Aus dem ln wird durch Ableiten ein Quotient $\frac{v'(x)}{v(x)}$.	$\int 5x \cdot \sin(3x^2 - 7)\,dx$ $\left(u = 3x^2 - 7 \Rightarrow dx = \frac{du}{6x}\right)$ $\Rightarrow \frac{5}{6} \cdot \int \sin(u)\,du$ $\int 7x^2 e^{-tx^3}\,dx$ $\left(u = -tx^3 \Rightarrow dx = \frac{du}{-3tx^2}\right)$ $\Rightarrow \frac{7}{-3t} \cdot \int e^u\,du$ $\int \frac{\ln x}{x}\,dx \Rightarrow F(x) = \frac{1}{2}(\ln x)^2$ $(u = \ln x$ und $dx = x\,du)$ $\int \frac{te^x}{4 - e^x}\,dx$ $\Rightarrow F(x) = (-t)\ln\|4 - e^x\|$ mit $u = 4 - e^x$ und $dx = \frac{du}{-e^x}$
Produktintegration Bitte nur, wenn der Integrand ein Produkt zweier Funktionen ist und wenn keine Substitution möglich ist! Zunächst f′ und g wählen, sodass g beim Ableiten einfacher wird. f′ integrieren und g ableiten. Grenzen einsetzen.	$\int_a^b f' \cdot g\,dx = [f \cdot g]_a^b - \int_a^b f \cdot g'\,dx$ Wenn f g′ nicht einfacher zu integrieren ist als der gegebene Term f′ · g, sofort die Funktionen tauschen: mit f′ für g, g für f′ neu starten!	Kommt von der Produktregel der Ableitungen und scheint auf den ersten Blick gar keine Vereinfachung zu sein: $(f \cdot g)' = f' \cdot g + f \cdot g'$ $\Rightarrow f' \cdot g = f \cdot g - f \cdot g'$	$\int 2xe^{3x}\,dx$ wird mit $f' = e^{3x}$; $g = x$ zu $\frac{2}{3}xe^{3x} - \frac{1}{3}\int e^{3x}\,dx$ Bei der Funktion $f(x) = -tx^2 \cdot \cos(\pi x)$ muss die Produktregel (auch partielle Integration genannt) zweimal angewandt werden!
„Normale" Substitution Sie können einen ganzen Summanden mit der Variablen substituieren, müssen aber dann alle Variablen entsprechend ändern, insbesondere auch dx. Nicht mit Substitution von oben verwechseln.	Ersetzt wird meist, um eine Strichrechnung im Nenner zu vermeiden! Mit $u = 3x - 5$ muss jedes x der Funktion durch $\frac{(u+5)}{3}$ ersetzt werden.	Der letzte Ausweg der Integralrechnung ist immer die (normale) Substitution – ganz gleich, in welchem Gebiet Sie auch immer arbeiten.	$\int \frac{4x}{x - t}\,dx$ gibt mit $u = x - t$ bzw. $x = u + t$ und $dx = du$: $\int \frac{4(u+t)}{u}\,du = 4 \cdot \int 1 + \frac{t}{u}\,du$, eine leicht zu integrierende Funktion Vorsicht: die Grenzen ändern sich natürlich auch.

Tab. 11.3: Integrationsmethoden

Beispiele zu den Integrationsmethoden

Im Folgenden finden Sie Beispiele zu den angesprochenen Integrationsmethoden. Diese Beispiele können natürlich auch zum Training für Ableitungen verwendet werden. Es genügt, wenn Sie eine Stammfunktion angeben.
Vorsicht, die Bemerkungen sind aus Platzgründen nicht mathematisch korrekt geschrieben, sollen Ihnen aber bei Problemen hilfreich sein.

f(x)	F(x)	Bemerkungen
$x e^x$	$x e^x - e^x$	Produktintegration (partielle Integration) mit $f = x,\ f' = 1,\ g' = e^x$, $g = e^x \Rightarrow \int x e^x\,dx = x e^x - \int e^x\,dx$
$x e^{x^2}$	$\frac{1}{2} e^{x^2}$	Substitution $x^2 = u \Rightarrow 2x = \frac{du}{dx} \Leftrightarrow dx = \frac{du}{2x}$ $\Rightarrow \int x e^{x^2}\,dx = \int \frac{x}{2x} e^u\,du$
$\frac{3x^2-4}{x-1}$	$\frac{3}{2}(x-1)^2 + 6(x-1) - \ln\lvert x-1\rvert$ $= \frac{3}{2}x^2 + 3x - \frac{9}{2} - \ln\lvert x-1\rvert$	„normale“ Substitution $x - 1 = u$ und $dx = du$ $\Rightarrow x = u + 1 \Rightarrow \int \frac{3(u+1)^2-4}{u}\,du = \int \left(3u + 6 - \frac{1}{u}\right) du$ Nach Bestimmen der Stammfunktion F(u) wird resubstituiert.
$\frac{2x+t}{3x^2} + \sqrt{3x}$	$\frac{2}{3}\ln\lvert x\rvert - \frac{t}{3}x^{-1} + \frac{2}{3}\sqrt{3}\cdot x^{\frac{3}{2}}$	algebraische Umstellung $\frac{2}{3}x^{-1} + \frac{t}{3}x^{-2} + \sqrt{3}\cdot x^{\frac{1}{2}}$
$\left(x^2 - \frac{2x}{t}\right) e^{tx}$	$e^{tx}\left(\frac{x^2}{t} - \frac{4x}{t^2} + \frac{4}{t^3}\right)$	2-fache Substitution 1. $u = x^2 - \frac{2x}{t}$ und $v' = e^{tx}$ 2. $u = x - \frac{1}{t}$ und $v' = e^{tx}$
$\frac{\sin\sqrt{x}}{\sqrt{x}}$	$-2\cos\sqrt{x}$	Substitution $u = \sqrt{x};\ \frac{1}{2\sqrt{x}}\,dx = du$
$x \ln\frac{x^2}{a}$	$\frac{a}{2}\left(\frac{x^2}{a}\ln\frac{x^2}{a} - \frac{x^2}{a}\right) = \frac{x^2}{2}\cdot\ln\frac{x^2}{a} - \frac{x^2}{a}$	Substitution $u = \frac{x^2}{a} \Rightarrow du = \frac{1}{a}2x\,dx$

Tab. 11.4: Beispiele zu den Integrationsmethoden

11.6 Kegelschnitte

Wird ein senkrechter Kreiskegel von einer Ebene geschnitten, ergeben sich je nach Lage der Schnittebene zum Kegel typische Schnittfiguren.

Name	Lage Schnittebene	geometrischer Ort	Gleichung	senkrechter Kreiskegel
Ellipse 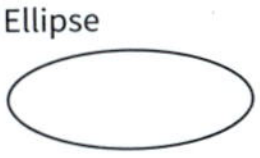	weder senkrecht noch parallel zur Grundfläche und nicht parallel zur Mantellinie	alle Punkte der Ebene, für die die Summe der Abstände zu zwei festen Punkten der Ebene (Brennpunkten) konstant ist	$\frac{(x-x_0)^2}{a^2}+\frac{(y-y_0)^2}{b^2}=1$ mit dem Mittelpunkt $M(x_0 \mid y_0)$ und den Halbachsen a und b	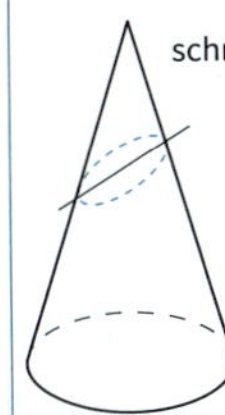 schräger Schnitt
Hyperbel 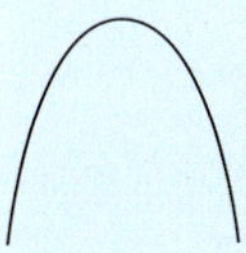	senkrecht zur Grundfläche	alle Punkte der Ebene, für die die Differenz der Abstände zu zwei festen Punkten der Ebene (Brennpunkten) konstant ist	$\frac{(x-x_0)^2}{a^2}-\frac{(y-y_0)^2}{b^2}=1$ mit dem Mittelpunkt $M(x_0 \mid y_0)$ und den Halbachsen a und b	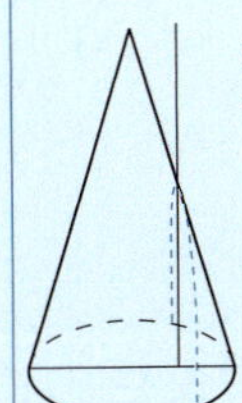 Schnitt senkrecht auf Grundfläche
Parabel 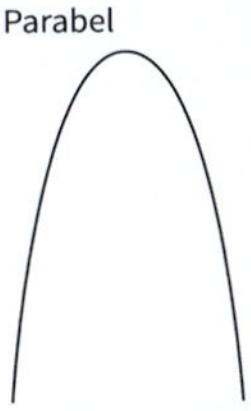	parallel zur Mantellinie	alle Punkte, deren Abstand zu einem Punkt (Brennpunkt) gleich dem Abstand zu einer Geraden (Leitgeraden) ist	$(y-y_0)^2=\pm 2p(x-x_0)$	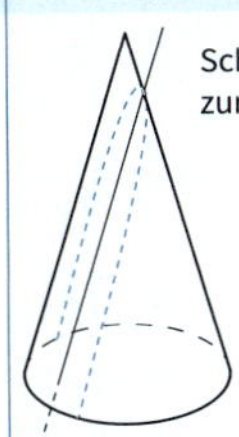 Schnitt parallel zur Mantellinie
Kreis 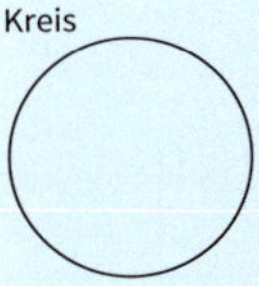	parallel zur Grundfläche	alle Punkte, die denselben Abstand zu einem festen Punkt (Mittelpunkt) haben	$(x-m_1)^2+(y-m_2)^2=r^2$ mit dem Mittelpunkt $M(m_1 \mid m_2)$	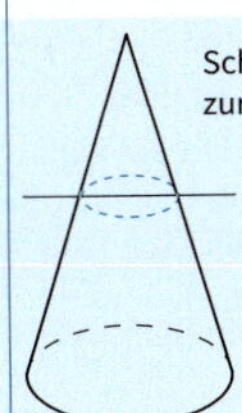 Schnitt parallel zur Grundläche

Tab. 11.5: Kegelschnitte

11.7 Kreis und Kugel

Kugel	**Beschreibung**	**Kreis**
Die Menge aller Punkte eines Raumes, die von einem festen Punkt M (Mittelpunkt) denselben Abstand r (Radius) haben, heißt Kugel. 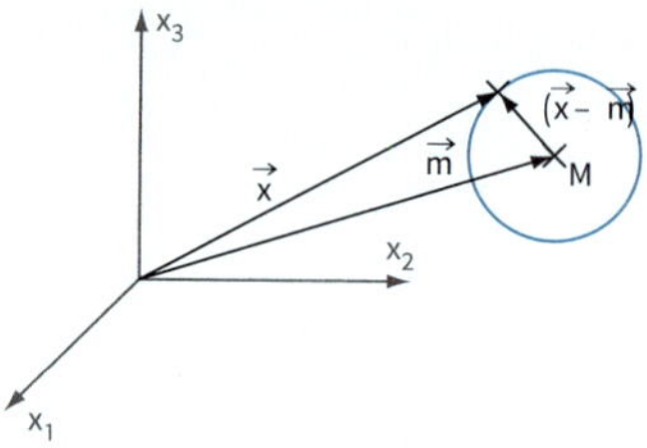 	Sowohl der Kreis als auch die Kugel werden über Punktmengen definiert. Unter einer Kugel versteht man keine „Vollkugel“, wie etwa eine Billiardkugel, sondern nur die Hülle. Und unter einem Kreis keine Scheibe, sondern nur die Berandung. Vier Punkte, die nicht auf einer Ebene liegen, bestimmen eindeutig genau eine Kugel. Drei Punkte, die nicht auf einer Geraden liegen, bestimmen genau einen Kreis, der dann auf der von diesen drei Punkten aufgespannten Ebene liegt.	Die Menge aller Punkte einer Ebene, die von einem festen Punkt M (Mittelpunkt) denselben Abstand r (Radius) haben, heißt Kreis. 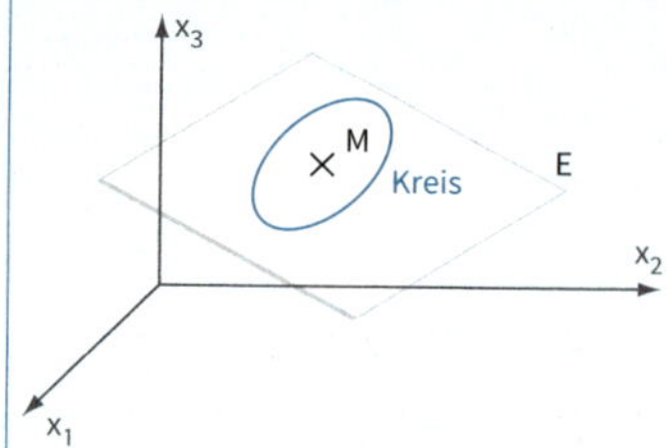
Kugel K; Radius r; $\overrightarrow{OM} = \vec{m}$ Mittelpunkt $M(m_1 \mid m_2 \mid m_3)$ Vektorgleichung: $(\vec{x} - \vec{m})^2 = r^2$ Allgemeine Form: $x_1^2 + x_2^2 + x_3^2 + a x_1 + b x_2 + c x_3 + d = 0$ Mittelpunktsform: $(x_1 - m_1)^2 + (x_2 - m_2)^2 + (x_3 - m_3)^2 = r^2$	Die Gleichungen der Kugel sind relativ einfach. Für Berechnungen und Betrachtungen benötigt man die Mittelpunktsform. Der Kreis ist die einzige Figur, die im Raum nicht mittels einer Gleichung beschrieben werden kann.	Prinzipiell ist eine einzige Gleichung im Raum nicht ausreichend, um einen Kreis zu beschreiben. Ein Kreis wird deshalb durch drei verschiedene Angaben beschrieben: Angabe des Mittelpunktes Angabe des Radius Angabe der Ebene, auf der der Kreis liegt
Kugeln kommen hauptsächlich im Zusammenhang mit Lage- und Abstandproblemen vor. Dabei geht es beispielsweise darum, zu prüfen, ob eine Gerade eine Kugel schneidet oder nicht, ob eine Ebene Tangentialebene ist oder wie die Lagebeziehung zweier Kugeln ist. Auch sich verändernde Kugeln, also z. B. „rollende Kugeln“ (Kugel K rollt die Ebene E_1 hinab, bis K E_2 berührt). 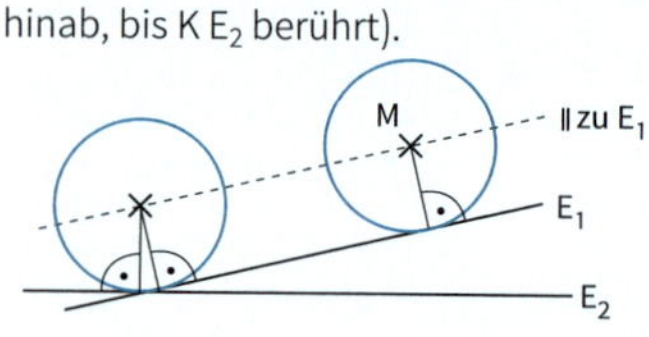 	Die meisten Berechnungen mit Kugeln lassen sich als Berechnungen zwischen dem Mittelpunkt M der Kugel und einem weiteren geometrischen Objekt (Punkt, Gerade, Ebene) lösen. So schneidet eine Gerade g eine Kugel K in zwei Punkten, falls für den Abstand zwischen M und g gilt: $d(M, g) < r$. Neben ähnlichen Fragen geht es bei Kreisen auch hin und wieder um die Gleichung der Trägerebene.	Kreise kommen bei den Aufgaben meist als Schnittkreise (Ergebnis vom Schnitt einer Kugel mit einer Ebene oder einer zweiten Kugel) vor. Zur Berechnung des Kreisradius wird in der Regel der Satz des PYTHAGORAS benötigt. räumliche Skizze 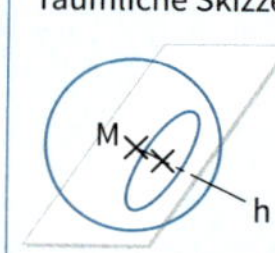 ebene Skizze  $r_{Kreis} = \sqrt{r_{Kugel}^2 - \overline{M_1M_2}^2}$

Tab. 11.6: Kreise und Kugeln

11.8 Polynomdivision

Wissen

Ein Term der Form $a_n x^n + a_{n-1} x^{n-1} + \ldots + a_2 x^2 + a_1 x + a_0$ heißt Polynom vom Grad n.
Die größte vorkommende Hochzahl der Variablen gibt den Grad des Polynoms an.

Wird ein Polynom (hier kurz ZP für Zählerpolynom) durch ein anderes Polynom (hier kurz NP für Nennerpolynom) dividiert, so heißt diese Division Polynomdivision. Sinnvoll ist diese Division nur, wenn der Grad von ZP ≥ Grad von NP ist.

Anwendungsbeispiele

① **Bestimmung der Nullstellen ganzrationaler Funktionen, deren Grad größer als zwei ist:**
Wenn Sie eine Nullstelle x_0 der Funktion $f(x)$ kennen (ganz gleich woher), dividieren Sie $f(x)$ durch den Term $(x - x_0)$. Die Division „geht auf", es bleibt kein Rest. Mathematisch zerlegen Sie $f(x)$ in $f(x) = (x - x_0) \cdot g(x)$ und bestimmen dann die Nullstellen von $g(x)$, die natürlich auch Nullstellen von $f(x)$ sein müssen. Der Grad von $g(x)$ ist um 1 kleiner als der Grad von $f(x)$!

② **Bestimmung einer schiefen Asymptote oder Näherungskurve der gebrochenrationalen Funktionen:**
Eine schiefe Asymptote existiert nur, wenn der Zählergrad um 1 höher als der Nennergrad ist. Zur Bestimmung der schiefen Asymptote sind zwei „Divisionsschritte" notwendig. Es bleibt in der Regel ein Rest.

③ **Vor der Bestimmung der Stammfunktion einiger gebrochenrationaler Funktionen:**
Immer dann, wenn der Zählergrad größer oder gleich dem Nennnergrad ist und kein anderes Verfahren zur Stammfunktion führt, sollten Sie eine Polynomdivision versuchen (geht in der Regel nicht auf) und den entstehenden Term zu integrieren versuchen. Das praktische Verfahren (ein „Kochrezept", mit dem Sie fast ohne Denkarbeit ganz stur auf das Ergebnis der Division kommen) gilt natürlich für alle drei oben beschriebenen Fälle.

Nachfolgend ein Rechenbeispiel für $(3x^4 + 2x^3 - x^2 + 5) : (2x^2 - x + 1) = ?$

Der sture Weg

Der Koeffizient beim Ergebnis ist der 1. Koeffizient des zu teilenden Polynoms geteilt durch den 1. Koeffizienten des Polynoms durch das geteilt wird.
Die Hochzahl beim Ergebnis ist die Differenz aus den beiden höchsten Hochzahlen.

① Betrachten Sie nur die Summanden des Zählerpolynoms und des Nennerpolynoms mit den jeweils höchsten Exponenten. Die Division dieser beiden Summanden ergibt dann den 1. Summanden des Ergebnisses. Nur $3x^4$ (vom Zählerpolynom) und $2x^2$ (vom Nennerpolynom) werden dividiert und Sie erhalten als 1. Summanden: $\frac{3x^4}{2x^2} = \frac{3}{2}x^{4-2} = \frac{3}{2}x^2$.

② Das Nennerpolynom wird mit diesem berechneten Summanden multipliziert und unter das Zählerpolynom geschrieben. Summanden mit derselben Hochzahl bei der Variablen stehen immer untereinander!

$$(3x^4 + 2x^3 - x^2 + 5) : (2x^2 - x + 1) = \frac{3}{2}x^2 + \dots$$
$$3x^4 - \frac{3}{2}x^3 + \frac{3}{2}x^2$$

③ Dieser berechnete Term wir vom Zählerpolynom abgezogen. Es entsteht das „neue" Zählerpolynom, das wir hier kurz NZP nennen.
NZP: $3x^4 - 3x^4 + 2x^3 - \left(-\frac{3}{2}x^3\right) - x^2 - \frac{3}{2}x^2 + 5 = \frac{7}{2}x^3 - \frac{5}{2}x^2 + 5$

④ Mit NZP (anstatt dem alten Zählerpolynom) werden die Schritte 1 bis 3 wiederholt. So lange, bis der Grad des NZP kleiner als der Grad des Nennerpolynoms ist. Der Rest wird als Bruch zum Ergebnis addiert.

$$(3x^4 + 2x^3 - x^2 + 5) : (2x^2 - x + 1) = \frac{3}{2}x^2 + \frac{7}{4}x - \frac{3}{8} + \frac{-\frac{17}{8}x + \frac{43}{8}}{2x^2 - x + 1}$$
$$-\left(3x^4 - \frac{3}{2}x^3 + \frac{3}{2}x^2\right)$$
$$\frac{7}{2}x^3 - \frac{5}{2}x^2 + 5$$
$$-\left(\frac{7}{2}x^3 - \frac{7}{4}x^2 + \frac{7}{4}x\right)$$
$$-\frac{3}{4}x^2 - \frac{7}{4}x + 5$$
$$-\left(-\frac{3}{4}x^2 + \frac{3}{8}x - \frac{3}{8}\right)$$
$$-\frac{17}{8}x + \frac{43}{8}$$

$\frac{3}{2}$, $\frac{\frac{7}{2}}{2}$, $\frac{-\frac{3}{4}}{2}$

Grad ist kleiner als der Nennergrad
⇒ Division wird beendet und Rest gebildet.

Ergebnis: $\frac{3}{2}x^2 + \frac{7}{4}x - \frac{3}{8} + \frac{-\frac{17}{8}x + \frac{43}{8}}{2x^2 - x + 1}$

④–[2] ③–[2] ②–[2]

11.9 Sätze der Analysis

Soll im Bereich der Analysis nur untersucht werden, ob eine Lösung des Problems möglich ist, werden „nur" die **Existenzsätze** benötigt.

Ob dann die Lösung berechnet werden kann oder nicht, ist ein ganz anderes Problem und hat mit der ersten Frage nichts zu tun. Es ist ein großer Unterschied, ob der Schnittpunkt zweier Graphen f und g berechnet werden soll oder ob nur zu zeigen ist, dass sich die Graphen der Funktion f und g schneiden. Kurzum, die folgenden Sätze (und den **Hauptsatz der Integralrechnung,** → Seite 154) sollten Sie schon einmal „gesehen" haben. Übrigens stehen sie in jeder Formelsammlung.

Alle Sätze gelten nur in einem geschlossenen Intervall [a; b], in dem die Funktionen stetig sein müssen.

Fragen Sie Ihre Fachlehrerin, Ihren Fachlehrer, welche der nachfolgenden Sätze Sie kennen müssen.

Nullstellensatz

Haben f(a) und f(b) verschiedene Vorzeichen, so existiert mindestens ein c mit $a < c < b$ mit $f(c) = 0$.

Wissen

Kennt man einen positiven und einen negativen Funktionswert, so muss dazwischen der Graph die x-Achse schneiden.

Mittelwertsatz der Differenzialrechnung

Es existiert mindestens ein $c \in [a; b]$ mit $f'(c) = \frac{f(b) - f(a)}{b - a}$.

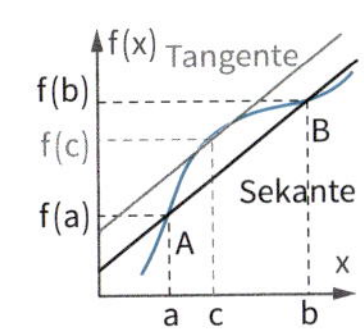

Wissen

Mindestens eine Tangente an den Graphen im Intervall [a; b] ist parallel zu der Geraden durch $A(a\,|\,f(a))$ und $B(b\,|\,f(b))$.

Gilt als Sonderfall $f(a) = f(b)$, so existiert ein c mit $f'(c) = 0$. Dieser Sonderfall des Mittelwertsatzes heißt **Satz von Rolle**.

Wissen

Zwischen zwei Punkten mit gleichem Funktionswert liegt ein Extrempunkt, sofern der Graph keine Gerade parallel zur x-Achse ist.

Mittelwertsatz der Integralrechnung

Es gibt mindestens ein $c \in [a; b]$ mit $\int_a^b f(x)\,dx = (b-a)\,f(c)$.

Wissen

Es existiert ein c, sodass das Rechteck mit der Höhe f(c) und der Länge (b – a) denselben Flächeninhalt wie das krummlinige Trapez unter f von a nach b hat.

Zwischenwertsatz

f(x) nimmt jeden Wert zwischen f(a) und f(b) mindestens einmal an.

Wissen

Jede reelle Zahl, die zwischen den Zahlen f(a) und f(b) liegt, muss als Bildwert für einen Urwert aus dem Intervall [a; b] mindestens einmal vorkommen.

Satz vom Maximum und Minimum

Es existiert ein $x_m \in [a; b]$ mit $f(x) \geq f(x_m)$ für alle $x \in [a; b]$.
Es existiert ein $x_M \in [a; b]$ mit $f(x) \leq f(x_M)$ für alle $x \in [a; b]$.

Wissen

Es gibt in dem abgeschlossenen Intervall einen größten und einen kleinsten Bildwert.

Abschätzung

Gilt für alle $x \in [a; b]$: $f(x_m) \leq f(x) \leq f(x_M)$, so gilt:

$$f(x_m) \cdot (b-a) \leq \int_a^b f(x)\,dx \leq f(x_M) \cdot (b-a).$$

Wissen

Das Rechteck mit der Breite (b – a) und der Höhe des kleinsten Bildwertes im Intervall ist kleiner oder gleich (≤) dem krummlinigen Trapez unter der Funktion über dem Intervall; das Rechteck mit der Höhe des größten Bildwertes ist größer oder gleich (≥) der Fläche des krummlinigen Trapezes.

Beispiele zu den Sätzen der Analysis

In letzter Zeit mehren sich die Aufgaben aus diesem Teilgebiet so stark, dass man selbst bei einem Minimalprogramm nicht auf Beispiele verzichten sollte. Beginnen wir mit einem sehr einfachen, aber wichtigen Beispiel: „Zeigen Sie, dass sich die Graphen der Funktionen f(x) und g(x) schneiden."

Schnittprobleme sind in der Analysis häufig und werden durch Gleichsetzen der Funktionsgleichungen mit daraus folgender Berechnung der Variablen gelöst. Kein Problem, solange Sie in der Lage sind, mathematisch die durch die Gleichsetzung entstehende Gleichung zu lösen und überhaupt kein Problem, wenn Sie den GTR dabei benutzen dürfen.
Die Beispiele 1 und 2 sind als Aufgabe ohne GTR gedacht. Der Vollständigkeit halber ist auch die Lösung nicht als GTR-Lösung angegeben.

Bei den Beispielen 1 und 2 müssen Sie zunächst erkennen, dass nicht nach dem Schnittpunkt, sondern nach der Existenz eines Schnittpunktes gefragt wurde. Sie müssen nicht „gleichsetzen", sondern den Nullstellensatz anwenden.

Beispiel 1

Haben f und g mit $f(x) = x^2$ und $g(x) = \cos x$ gemeinsame Punkte?
Wegen $f(x) = g(x) \Rightarrow f(x) - g(x) = 0$.
Die stetige Hilfsfunktion $h(x) = x^2 - \cos x$ wird auf die Existenz einer Nullstelle untersucht.
Es genügt, wenn man zeigen kann, dass h(x) einen negativen und einen positiven Wert in einem Intervall, in dem h(x) stetig ist, annimmt.
Kein Problem; mit geringer Denkarbeit findet man z. B. $h(0{,}1) < 0$ und $h(100) > 0$.
Nach dem Nullstellensatz hat h(x) im Intervall [0,1; 100] eine Nullstelle und damit f und g eine Schnittstelle.
Dass dies ein sehr großes Intervall ist (die Nullstelle somit nur sehr ungenau beschrieben wird), stört bei dieser Fragestellung nicht.
Mit dem GTR lassen sich die Nullstellen der Hilfsfunktion h(x) über [2nd], [CALC], [2] und damit die Schnittstellen von g und f berechnen:
$x_1 = -0{,}82413$
$x_2 = +0{,}82413$

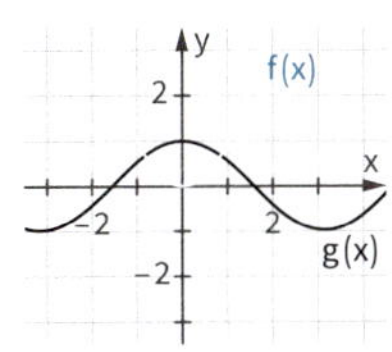

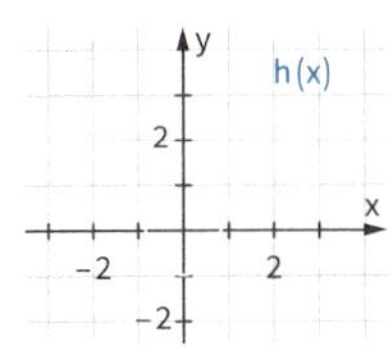

Beispiel 2

Haben f und g mit $f(x) = 3x$ und $g(x) = e^x$ gemeinsame Punkte?
$h(x) = 3x - e^x$, Nullstelle im Intervall $[1; 2]$, da $h(1) > 0$, $h(2) < 0$:
Damit haben die beiden Graphen mindestens einen gemeinsamen Punkt.
Die Aufgabe ist somit gelöst.
Lösung mit GTR: $x = 1{,}51213$ (aber nicht verlangt)

Die folgende Aufgabe ist nicht mit dem Taschenrechner zu lösen. Sie müssen zunehmend mit solchen „Verständnisfragen“ rechnen.

Aufgabe

$A(a \mid f(a))$ und $B(b \mid f(b))$ sind zwei Punkte auf dem Graphen der im Intervall $[a; b]$ stetigen Funktion $y = f(x)$ mit $f(a) = f(b)$. Der Punkt $C(c \mid f(x))$ liegt zwischen A und B auf dem Graphen von f und es gilt: $f(c) > f(a)$.

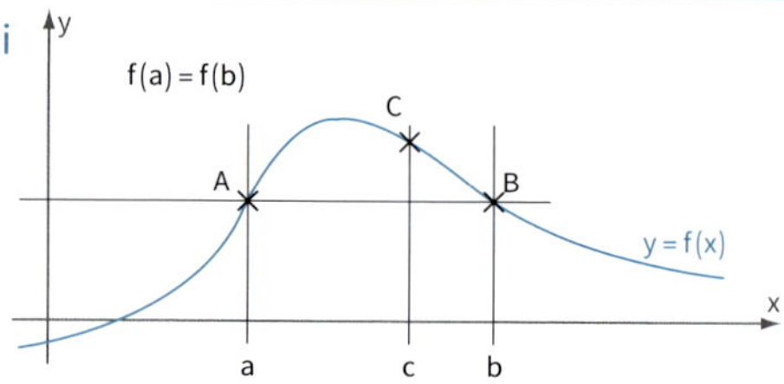

Begründen Sie folgende Aussagen:

a) Im Intervall $[a; b]$ hat die Funktion einen Hochpunkt.
b) Zu jeder Geraden g, deren Steigung kleiner als die Steigung der Geraden durch A und C ist, existiert eine Parallele, die Tangente an den Graphen von $y = f(x)$ im Intervall $[a; b]$ ist.

Lösung:

a) Wegen $f(a) = f(b)$ hat die Gerade durch A und B die Steigung null.
Nach dem Mittelwertsatz gibt es deshalb im Intervall $[a; b]$ in einem Punkt E eine Tangente an den Graphen von f, die gleichfalls die Steigung null hat. Wegen $f(c) > f(a)$ ist E ein Hochpunkt.
b) Die Steigung der Geraden durch A und C sei m.
Nach dem Mittelwertsatz gibt es somit im Intervall $[a; b]$ eine Tangente an den Graphen von f mit der gleichen Steigung m.
Außerdem gibt es im Intervall $[a; b]$ in E eine Tangente mit der Steigung null.
Nach dem Zwischenwertsatz gibt es dann im Intervall $[a; b]$ auch zu jeder Steigung zwischen null und m eine Tangente an den Graphen von f.

11.10 Vektorraum

Bezeichnung/Beschreibung	allgemein	„Schulversion“
Eine Menge V heißt Vektorraum über dem Körper (S; +; ·), wenn für alle Elemente $\vec{a}$, $\vec{b} \in V$ und $r, s \in S$ zwei Verknüpfungen $*$ und $\circ$ definiert sind mit folgenden Eigenschaften:	Theoretisch ist jeder beliebige Körper möglich. Ein Körper ist eine algebraische Struktur, bei der Addition (Subtraktion) und Multiplikation (Division) definiert sind. Die reellen Zahlen sind beispielsweise ein Körper.	Der Körper S ist immer der Körper der reellen Zahlen mit den bekannten Verknüpfungen + und ·. Die Vektoren sind die „Verschiebungspfeile“ im Raum, mit folgenden Schreibweisen:
Vektoraddition ($V \cdot V \to V$) (Verknüpfung zweier Vektoren ergibt wieder einen Vektor)	$\vec{a} * \vec{b} = \vec{b} * \vec{a} = \vec{c}$	$*$ wird zu + mit: $\vec{a} + \vec{b} = \vec{b} + \vec{a} = \vec{c}$
Skalarmultiplikation oder S-Multiplikation ($S \cdot V \to V$) (Skalar $\circ$ Vektor gibt Vektor) mit den Eigenschaften:		$\circ$ wird zu $\cdot$ mit $r\vec{a}$ anstatt $r \cdot \vec{a}$ (von $r \circ \vec{a}$)
Assoziativgesetz	$r \circ (s \circ \vec{a}) = (r \cdot s) \circ \vec{a}$	$r(s\vec{a}) = (rs)\vec{a}$
Distributivgesetz I	$(r + s) \circ a = (r \circ \vec{a}) * (s \circ \vec{a})$	$(r + s)\vec{a} = (r\vec{a}) + (s\vec{a})$
Distributivgesetz II	$r \circ (a * b) = (r \circ \vec{a}) * (r \circ \vec{b})$	$r(\vec{a} + \vec{b}) = (r\vec{a}) + (r\vec{b})$
Neutrales Element $1 \in S$	$1 \circ \vec{a} = \vec{a}$	$1 \cdot \vec{a} = \vec{a}$

Tab. 11.7: Eigenschaften eines Vektorraumes

Auch für dieses Thema gilt: Klären Sie unbedingt, ob es für Sie relevant ist.

Die übliche Definition des Vektorraums (z. B. in den Formelsammlung) ist umfangreicher als es für die Schulmathematik unbedingt notwendig wäre. In der Schulmathematik käme man gut mit dem „reellen Vektorraum“ aus, dessen Körper die reellen Zahlen sind. Auch die Vektorräume sind eingeschränkt. Die allgemeine Definition lässt Vektorräume praktisch jeder Dimension zu, für die Aufgaben der Schulmathematik genügen dreidimensionale Vektorräume.

Es gibt Aufgaben, bei denen geprüft werden muss, ob bestimmte Mengen (oder Teilmengen) einen Vektorraum (oder Untervektorraum) bilden. Man muss dann die in der Definition auftretenden Gesetze nachweisen (zeigen, dass diese gelten). Setzen Sie in die allgemeine Definition, die Sie Ihrer Formelsammlung entnehmen, ein.

Bei allen anderen Problemen genügt der schon erwähnte spezielle Vektorraum, mit den reellen Zahlen als Skalaren und mit den dreidimensionalen Vektoren. Dieser einfache Vektorraum wird im Folgenden „Schulversion“ genannt.

Als Beispiel die „Schulversion“ $\mathbb{R}^3$ (in Spaltenschreibweise geschrieben) mit den Skalaren S und den Vektoren aus $\mathbb{R}^3$.

	allgemein	Zahlenbeispiel
Vektoraddition	$\begin{pmatrix}x_1\\x_2\\x_3\end{pmatrix}+\begin{pmatrix}y_1\\y_2\\y_3\end{pmatrix}=\begin{pmatrix}x_1+y_1\\x_2+y_2\\x_3+y_3\end{pmatrix}$	$\begin{pmatrix}3\\1\\2\end{pmatrix}+\begin{pmatrix}-1\\2\\-5\end{pmatrix}=\begin{pmatrix}2\\3\\-3\end{pmatrix}$
Assoziativgesetz	$r\left[s\begin{pmatrix}x_1\\x_2\\x_3\end{pmatrix}\right]=(rs)\begin{pmatrix}x_1\\x_2\\x_3\end{pmatrix}=\begin{pmatrix}rsx_1\\rsx_2\\rsx_3\end{pmatrix}$	$2\left[(-3)\begin{pmatrix}1\\-1\\2\end{pmatrix}\right]=-6\cdot\begin{pmatrix}1\\-1\\2\end{pmatrix}=\begin{pmatrix}-6\\6\\-12\end{pmatrix}$
Distributivgesetz I	$(r+s)\begin{pmatrix}x_1\\x_2\\x_3\end{pmatrix}=r\begin{pmatrix}x_1\\x_2\\x_3\end{pmatrix}+s\begin{pmatrix}x_1\\x_2\\x_3\end{pmatrix}$	$(5-4)\begin{pmatrix}1\\-1\\2\end{pmatrix}=\begin{pmatrix}5\\-5\\10\end{pmatrix}+\begin{pmatrix}-4\\4\\-8\end{pmatrix}=\begin{pmatrix}1\\-1\\2\end{pmatrix}$
Distributivgesetz II	$r\left[\begin{pmatrix}x_1\\x_2\\x_3\end{pmatrix}+\begin{pmatrix}y_1\\y_2\\y_3\end{pmatrix}\right]=\begin{pmatrix}rx_1\\rx_2\\rx_3\end{pmatrix}+\begin{pmatrix}ry_1\\ry_2\\ry_3\end{pmatrix}$	$3\left[\begin{pmatrix}1\\-1\\2\end{pmatrix}+\begin{pmatrix}2\\1\\-3\end{pmatrix}\right]=\begin{pmatrix}3\\-3\\6\end{pmatrix}+\begin{pmatrix}6\\3\\-9\end{pmatrix}=\begin{pmatrix}9\\0\\-3\end{pmatrix}$
Neutrales Element $1 \in S$	$1\cdot\begin{pmatrix}x_1\\x_2\\x_3\end{pmatrix}=\begin{pmatrix}x_1\\x_2\\x_3\end{pmatrix}$	$1\cdot\begin{pmatrix}2\\-2\\1\end{pmatrix}=\begin{pmatrix}2\\-2\\1\end{pmatrix}$

Tab. 11.8: Der Vektorraum $\mathbb{R}^3$

Strukturelle Betrachtungen

Im Teilgebiet der linearen Algebra der Oberstufenmathematik (linear bedeutet mathematisch „vom ersten Grade“, in der Geometrie „geradlinig“) werden Strukturbetrachtungen durchgeführt. Die lineare Algebra ist begrenzt, überschaubar und (sofern man einmal den Überblick gewonnen hat) nicht allzu schwierig.

Es ist eher die ungewohnte Problematik (wann beschäftigt man sich in der Schule schon mit Strukturen und Lösungsräumen) und die ungewöhnliche Schreibweise (Matrizen!), die diesem Teilgebiet negativ anlasten. Länder-, ja sogar schulspezifisch wird ihm ein mehr oder weniger großer Raum zugebilligt.

Bitte erkundigen Sie sich, wie tief und an welchen Stellen Sie die lineare Algebra im Rahmen der Geometrie beherrschen müssen, da in keinem anderen Gebiet größere Streuungen zu finden sind als gerade in diesem.

Im Großen und Ganzen geht es um Lösungen (Lösungsmenge und Lösungsstruktur) der linearen Gleichungssysteme und der Matrizenrechnung, um Beschreibungen der linearen Abbildungen mittels Matrizen und um Eigenwertprobleme.

Tab. 11.9 als Überblick ist ein Minimalprogramm. Dabei kommt es darauf an, dass Sie Zusammenhänge sehen und erkennen, um sich sehr viel unnötige Arbeit zu ersparen.

Problem	Lösungsvorschlag, Beschreibung	Bemerkungen	Beispiel
Überprüfen, ob eine gegebene Menge von Vektoren eine Basis bilden	Eine Menge B von Vektoren $\{\overrightarrow{b_1}, \dots, \overrightarrow{b_n}\}$ heißt Basis, wenn – jeder Vektor des Vektorraums als Linearkombination der Vektoren $\{\overrightarrow{b_1}, \dots, \overrightarrow{b_n}\}$ darstellbar ist und – die Vektoren $\{\overrightarrow{b_1}, \dots, \overrightarrow{b_n}\}$ linear unabhängig sind. Man muss beide Kriterien überprüfen. Am besten mit der linearen Unabhängigkeit beginnen.	Alle Basen eines Vektorraums haben gleich viele Elemente. Die Anzahl der Elemente (Basisvektoren) heißt Dimension des Vektorraums. Übliche Basis im $\mathbb{R}^3$: $\begin{pmatrix}1\\0\\0\end{pmatrix}; \begin{pmatrix}0\\1\\0\end{pmatrix}; \begin{pmatrix}0\\0\\1\end{pmatrix}$	$\begin{pmatrix}3\\1\\1\end{pmatrix}; \begin{pmatrix}-1\\2\\1\end{pmatrix}$ und $\begin{pmatrix}1\\-1\\-1\end{pmatrix}$ $\begin{pmatrix}3\\1\\1\end{pmatrix} = r\begin{pmatrix}-1\\2\\1\end{pmatrix} + t\begin{pmatrix}1\\-1\\-1\end{pmatrix}$ hat keine Lösung $\Rightarrow$ lineare Unabhängigkeit $\begin{pmatrix}x_1\\x_2\\x_3\end{pmatrix} = s\begin{pmatrix}3\\1\\1\end{pmatrix} + r\begin{pmatrix}-1\\2\\1\end{pmatrix} + t\begin{pmatrix}1\\-1\\-1\end{pmatrix}$ ist immer darstellbar.
Festlegen der Dimension eines Vektorraums	In jedem Vektorraum gibt es unendlich viele verschiedene Basen, die aber alle dieselbe Anzahl Elemente haben. Die Anzahl der Elemente einer Basis heißt Dimension. Man muss die maximale Anzahl linearer unabhängiger Vektoren bestimmen. Vektoren wählen, die bis auf eine Komponente nur „Nullen" haben: $\begin{pmatrix}1\\0\\\dots\\0\end{pmatrix}\begin{pmatrix}0\\1\\\dots\\0\end{pmatrix}\dots\begin{pmatrix}0\\0\\\dots\\1\end{pmatrix}$	Im Raum $\mathbb{R}^3$ ist die Dimension drei. Es gibt also genau drei linear unabhängige Vektoren. Oder: Vier beliebige Vektoren des Raumes sind linear abhängig. In der Ebene ist die Dimension zwei. Es gibt also genau zwei unabhängige Vektoren.	Übliche Basis in $\mathbb{R}^3$: $\begin{pmatrix}1\\0\\0\end{pmatrix}; \begin{pmatrix}0\\1\\0\end{pmatrix}; \begin{pmatrix}0\\0\\1\end{pmatrix}$ Basis in der x_1-x_2-Ebene: $\begin{pmatrix}1\\0\\0\end{pmatrix}; \begin{pmatrix}0\\1\\0\end{pmatrix}$ (Die x_2-Ebene besteht aus den Vektoren $\begin{pmatrix}x_1\\x_2\\0\end{pmatrix}$.)
Untersuchen, ob eine gegebene Abbildung ein Skalarprodukt ist	Mathematisch ist das Skalarprodukt (nicht verwechseln mit der S-Multiplikation) eine positiv definite, symmetrische Bilinearform $V \cdot V \to \mathbb{R}$ mit folgenden Eigenschaften: – $xy = yx$ (Symmetrie) – $x(y+z) = xy + xz$ und $k(xy) = (kx)y = (ky)x$ (bilinear) – $xx > 0$ und $xx = 0 \Rightarrow x = 0$ (positiv definit)	Das Skalarprodukt bildet zwei Vektoren auf eine reelle Zahl ab. (Die einzige Abbildung der Schulmathematik, die Elemente einer Menge nicht wieder in dieselbe Menge abbildet, deshalb Vorsicht!) Bei rechtwinkligen Koordinatenachsen gilt: $xy = \begin{pmatrix}x_1\\\dots\\x_n\end{pmatrix}\begin{pmatrix}y_1\\\dots\\y_n\end{pmatrix}$ $= x_1y_1 + x_2y_2 + \dots + x_ny_n$	Abbildung: $\vec{x} \circ \vec{y} = (x_1 + y_1) \cdot y_2$ ist kein Skalarprodukt, da nicht symmetrisch: $\begin{pmatrix}1\\2\\3\end{pmatrix} \circ \begin{pmatrix}-2\\-1\\0\end{pmatrix} = (1-2)\cdot(-1) = 1;$ $\begin{pmatrix}-2\\-1\\0\end{pmatrix} \circ \begin{pmatrix}1\\2\\3\end{pmatrix} = (-2+1)\cdot(2) = -2$
Untersuchen, ob eine Teilmenge der Vektoren einen Unterraum bildet	Ein Unterraum ist eine Teilmenge des Vektorraums, die die Kriterien eines Vektorraums erfüllt und deshalb selbst ein Vektorraum ist. Ist für alle Vektoren $\vec{a}, \vec{b}$ auch $\vec{a} + r\vec{b}$ (mit $r \in \mathbb{R}$) in der Teilmenge, so ist die Teilmenge ein Untervektorraum.	Ein Unterraum des Raumes $\mathbb{R}^3$ mit der Dimension 2 (zwei Basisvektoren) ist eine Ebene. Ein Unterraum mit der Dimension 1 (einem Basisvektor) ist eine Gerade.	$\begin{pmatrix}x_1\\0\\x_3\end{pmatrix}$ ist Unterraum, da bei Addition die 0 bleibt und der Vektor wieder aus derselben Menge ist. $\begin{pmatrix}x_1\\1\\x_3\end{pmatrix}$ ist kein Unterraum, da bei Addition aus der „1" eine andere Zahl wird.

Tab. 11.9: Beispielfragen zu Vektorräumen

Überblick

Das „Zusatzkapitel“ beinhaltet lauter eigenständige Themen, die zumindest teilweise auch in Ihrem Abitur vorkommen können.

Die Arcusfunktionen

- sind die Umkehrfunktionen der trigonometrischen Funktionen. Arcsin ist also das gleiche wie $\sin^{-1}$.

Ein Basiswechsel

- kann sinnvoll sein, wenn man einen Beweis mit Vektoren führen soll.
- lässt sich über ein LGS lösen.

Definitionslücken

- gibt es immer dann, wenn man bei Funktionen nicht alle Werte einsetzen darf.
- können aus einem einzelnen Wert aber auch aus ganzen Intervallen bestehen.
- sind eng verknüpft mit der Berechnung von Grenzwerten.

Gebietseinteilungen

- gibt es waagerechte und senkrechte.
- helfen einem zu verstehen, wo der Graph einer Funktion verlaufen oder nicht verlaufen kann.

Integrationsmethoden

- gibt es ähnlich viele wie Ableitungsregeln.
- müssen mit großer Wahrscheinlichkeit nicht alle von Ihnen beherrscht werden.
- lassen sich mithilfe eines GTR oder CAS oftmals „umgehen“.

Die Kegelschnitte

- entstehen, wenn man einen Kegel auf verschiedene Arten schneidet.
- lassen sich geometrisch und algebraisch beschreiben.

Kreis und Kugel

- sind geometrisch gesehen alle die Punkte, die von einem Mittelpunkt gleich weit entfernt sind.
- lassen sich durch eine Gleichung beschreiben (die Kugel natürlich nur im Dreidimensionalen und durch verschiedene Gleichungsformen, der Kreis nur im Zweidimensionalen).

Die Polynomdivision

- wird benötigt, um die Nullstellen einer Funktion höheren Grades, die Asymptoten (oder Näherungsfunktion) einer gebrochenrationalen Funktion oder die Stammfunktion einer Funktion zu finden.
- läuft im Prinzip so ähnlich ab wie die schriftliche Division, die Sie noch aus der Unterstufe kennen.

Vektorräume

- sind algebraische Strukturen mit bestimmten Eigenschaften.
- kommen in der Schule kaum - und wenn, dann nur in Form des $\mathbb{R}^3$ vor.

Die mündliche Prüfung

12

Die mündliche Prüfung kann einerseits für einen Schüler eine echte Chance sein, das gesteckte Ziel doch noch zu erreichen oder sich noch zu verbessern. Sie bringt aber auch Nachteile mit sich: Man muss viel Zeit zur Vorbereitung aufbringen (die sich von der Vorbereitung der schriftlichen Prüfung unterscheidet), man hat zusätzlich Stress (eine zusätzliche Prüfung steht an), man kann sich natürlich auch verschlechtern (eine Verbesserung der schriftlichen Note ist nicht garantiert, zumal mündliche Prüfungen kaum geübt werden). Der Ablauf der mündlichen Prüfung unterscheidet sich von der Dauer und vom Inhalt, von der Art und von der Besetzung, von der Fragestellung und von der Benotung her meilenweit von der schriftlichen Prüfung.

12.1 Allgemeines zur mündlichen Prüfung

Zunächst müssen Sie sich um die Bedingungen der mündlichen Prüfung in Ihrer Schule kümmern. Dabei wird Ihnen der Fachlehrer/die Fachlehrerin helfen.

- Gibt es Situationen, in denen Sie sich zwangsweise mündlich prüfen lassen müssen (z. B. 0 Punkte in der schriftlichen Prüfung oder Sie benötigen noch Punkte, um die Abiturprüfung zu bestehen), bleibt Ihnen keine Wahl. Sie können sofort mit der Vorbereitung beginnen.
- Wollen Sie nur Ihren Abiturschnitt verbessern, wird die Meldung zu einem Rechenexempel. Rechnen Sie einfach mal durch, was bei 0 Punkten mit Ihrem Abi-Ergebnis und was bei 15 Punkten mit Ihrem Abi-Ergebnis passiert. Erst danach überlegen Sie, ob sich die Meldung zur mündlichen Prüfung lohnt.

In den verschiedenen Bundesländern können die Bedingungen der mündlichen Prüfung etwas von dem hier Beschriebenem abweichen, aber in den Grundzügen können Sie sich auf den nächsten Seiten gut informieren.

Zum Ablauf der mündlichen Prüfung: Sie sehen sich allein der Prüfungskommission gegenüber. Dazu gehören: Prüfungsvorsitzende(r), Prüfer(in), eventuell Beisitzer(in) und ein(e) Protokollant(in). Eventuelle weitere Anwesende haben keinen Einfluss auf die Prüfung und können ignoriert werden. Die Prüfungskommission macht sich in relativ kurzer Zeit ein Bild von Ihren Fähigkeiten und beurteilt Sie. Vorteilhaft für Sie ist, dass Sie die wichtigste Person in diesem Gremium, nämlich den Prüfer, ziemlich gut kennen: Das ist auf jeden Fall Ihr(e) Fachlehrer(in).

Die Art und Weise wie Ihre Fachlehrerin oder Ihr Fachlehrer Fragen stellt, kennen Sie schon aus dem Unterricht.

Sie müssen davon ausgehen, dass sich die mündliche Prüfung von den Anforderungen und vom Verlauf her erheblich von der schriftlichen Prüfung unterscheidet. Es wird normalerweise ein Gespräch zwischen Ihnen und Ihrem Prüfer/Ihrer Prüferin geführt, das nicht auf eine einzelne Aufgabe Bezug nimmt. Hier sollen Sie insbesondere zeigen, dass Sie mathematische Zusammenhänge erkennen, einen Überblick über ein größeres Stoffgebiet haben und fachspezifische Denkweisen und Lösungsmethoden beherrschen. Lassen Sie sich nicht irritieren, wenn andere Mitglieder der Prüfungskommision ins Gespräch eingreifen.

Der Prüfungsverlauf hängt von vielen Dingen, darunter auch einer Reihe von unvorhersehbaren, ab: gedankliche Flexibilität und Tagesform aller Beteiligten, Tageszeit, Gesprächsverlauf usw. Es ist deshalb sinnvoll, sich speziell auf diese besonderen Anforderungen gezielt vorzubereiten und geeignete Verhaltensweisen zu trainieren. Legen Sie rechtzeitig vor dem Abitur Wert darauf, dass im Unterricht Prüfungen simuliert werden, und beteiligen Sie sich aktiv daran.

Zur Vorbereitung

Lösen Sie keine Aufgaben, sondern versuchen Sie, Zusammenhänge zu erfassen und legen Sie sich Beispiele und Gegenbeispiele zurecht: Was hat die Ableitung mit der Integration zu tun, was ist Stetigkeit, wie hängen die Graphen von $f(x)$ und $f'(x)$ zusammen? Fragen Sie Ihre Fachlehrkraft, welche Begriffe oder Aufgabenstellungen ihm/ihr besonders wichtig sind, und lernen Sie diese mit je einem exemplarischen Beispiel auswendig. Also etwa:

Das Üben von „passenden" Skizzen zu bestimmten Fragestellungen ist unerlässlich!

- eine an der Stelle $x = 1$ nicht stetige Funktion: $f(x) = \frac{1}{x-1}$
- eine Gleichverteilung der Wahrscheinlichkeit mit fünf Ausgängen: Glücksrad mit fünf gleichen Sektoren
- eine Tangentialebene an die Kugel mit Mittelpunkt $M(0|0|0)$ und $r = 4$: $x_3 - 4 = 0$
- eine uneigentliche Fläche mit endlichem Flächeninhalt: Fläche zwischen $x = 1$, $y = 0$ und $y = x^{-2}$

Machen Sie sich mit den Definitionen der Oberstufenmathematik vertraut. Insbesondere sollten Sie die folgenden Begriffe definieren und erklären können:

- Funktion, Asymptote, Differenzierbarkeit, Monotonie, Stetigkeit, Ableitungen, Stammfunktion, Integral …
- Schauen Sie sich (wenigstens im Überblick) die Sätze der Analysis an: Mittelwertsatz, Zwischenwertsatz, Nullstellensatz, Hauptsätze.
- Vergewissern Sie sich, welche Funktionsarten Sie behandelt haben und welche Besonderheiten diese Funktionen haben.
- Reden Sie mit Ihrem Fachlehrer/Ihrer Fachlehrerin über die bevorstehende Prüfung. Fragen Sie, was von Ihnen erwartet wird und wie Sie den Stoff eingrenzen können. Obwohl – wie gesagt – konkrete Absprachen verboten sind, können Sie so eine Menge in Erfahrung bringen.

Fragen Sie vor der Prüfung Ihre Fachlehrerin bzw. Ihren Fachlehrer.

Zur Aufgabenstellung

„Aufgaben, die sich in Teilaufgaben zunehmend öffnen, bieten dem Prüfling eine besondere Chance, den Umfang seiner Fähigkeiten und die Tiefe seines mathematischen Verständnisses darzustellen. Für den Prüfungsausschuss ermöglichen sie die differenzierte Beurteilung der Leistungsfähigkeit [...]. Bei der Bewertung sollen vor allem folgende Kriterien berücksichtigt werden:

- Umfang und Qualität der nachgewiesenen mathematischen Kompetenzen,
- sachgerechte Gliederung und folgerichtiger Aufbau der Darstellung, Beherrschung der Fachsprache, Verständlichkeit der Darlegungen, adäquater Einsatz der Präsentationsmittel und die Fähigkeit, das Wesentliche herauszustellen,
- Verständnis für mathematische Probleme sowie die Fähigkeit, Zusammenhänge zu erkennen und darzustellen, mathematische Sachverhalte zu beurteilen, auf Fragen und Einwände einzugehen und gegebene Hilfen aufzugreifen,
- Kreativität, Reflexionsfähigkeit und Selbstständigkeit im Prüfungsverlauf."

(Zitat aus den Bildungsstandards im Fach Mathematik; Beschluss der KMK 2012)

Ob bewusst oder unbewusst, es ist unvermeidlich, dass die Art Ihres Auftretens und Verhaltens bei der Gesamtbeurteilung Ihrer Prüfungsleistung mit einfließt. Das bedeutet für Sie, dass Sie sich so geschickt wie möglich „verkaufen" müssen. Das fängt bei der Wahl Ihrer Kleidung an und geht bis zu einer korrekten Ausdrucksweise. Bleiben Sie höflich und freundlich und versuchen Sie Provokationen zu vermeiden!

Zur Prüfungssituation

Denken Sie daran, dass Sie Ihr Können zeigen müssen. Wenn Sie nichts sagen, erkennt niemand, was Sie wissen. Nur wenn Sie reden, haben Sie die Möglichkeit, auf den Verlauf der Prüfung Einfluss zu nehmen. Bleiben Sie deshalb möglichst am Ball. Aber natürlich nur, solange Sie noch etwas zum Thema Passendes beitragen können.

Erklären Sie immer, was Sie gerade tun und warum Sie es tun. Auch beim Skizzieren dürfen Sie nicht vergessen, dass es sich um eine mündliche Prüfung handelt (z. B. begleitende Kommentare abgeben). Fragen Sie deutlich und sofort nach, wenn Sie einen Begriff, eine Fragestellung ... nicht verstehen. Lassen Sie sich helfen und nehmen Sie dann das Gespräch wieder an sich.

Lassen Sie sich nicht verunsichern, wenn Sie unterbrochen und auf einen Fehler aufmerksam gemacht werden. Verschwenden Sie keine Zeit damit, sich über ihre Unwissenheit zu ärgern oder darüber nachzugrübeln, wie viele Punkte Sie das kosten wird. Einzelne Fehler verschieben die Note kaum.

Die Prüfung läuft üblicherweise so ab: Sie bekommen 20 min Vorbereitungszeit für die gestellte Aufgabe. Anschließend folgen ca. 10 min Schülervortrag zu Ihren Lösungen und ca. 10 min freies Prüfungsgespräch.

Versuchen Sie nicht sich durchzumogeln, wenn Ihnen etwas absolut nicht einfällt. Sie verheddern sich mit hoher Wahrscheinlichkeit in immer abenteuerlicheren Konstruktionen und Ihre Gedächnisschwäche fällt um so mehr auf. Geben Sie stattdessen offen zu, dass Ihnen dies oder jenes im Augenblick nicht präsent ist. Fügen Sie nach Möglichkeit hinzu, wo Sie sich unter „normalen" Umständen in einem solchen Fall informieren würden.

Lassen Sie sich nicht irritieren, wenn Ihre Äußerungen mitgeschrieben werden. Ein Protokoll ist Vorschrift und hat nichts Negatives zu bedeuten.

12.2 Beispiele mündlicher Prüfungsaufgaben

Bei den mündlichen Prüfungsaufgaben sind nicht mehr die handwerklichen Rechenfertigkeiten der schriftlichen Prüfung gefordert. Sie sollen (und müssen) zeigen, dass Sie einen Überblick haben, mathematisch denken können und anhand einfacher Beispiele das angesprochene Problem oder Gebiet erklären und richtig einordnen können. Entsprechend müssen Sie eine Ihnen eventuell gewährte Vorbereitungszeit nutzen. Nutzen Sie auf jeden Fall die Ihnen zugestandenen Hilfsmittel (Formelsammlung, GTR). Suchen Sie nicht nur nach Beispielen, sondern auch nach Gegenbeispielen! Wählen Sie immer einfache, für Sie überschaubare Beispiele, denn der Prüfer greift vielleicht Ihr Beispiel auf.

die gestellte Aufgabe	Vorschlag zur Bearbeitung
Drei Punkte seien die Eckpunkte eines Dreiecks. Was für Strecken am und im Dreieck kennen Sie und wie würden Sie diese Strecken berechnen?	Schlagen Sie zunächst die Formelsammlung auf und entnehmen Sie alle aufgeführten Strecken im Dreieck. 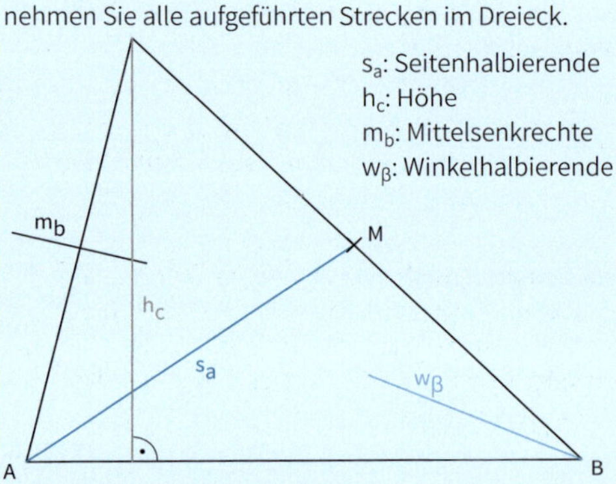 z. B. Länge der Grundseite über $\sqrt{(b_1-a_1)^2+(b_2-a_2)^2+(b_3-a_3)^2}$
Wie berechnen Sie den Flächeninhalt eines Dreiecks?	Lotfußpunkt über Hilfsebene E mit $C \in E$ und Normalenvektor ist $\overrightarrow{AC}$. $E \cap (AB) = L$; $d(C, L) = h$, dann $A = \frac{1}{2} \cdot h_c \cdot \|AB\|$
Wie zeigen Sie, dass ein Punkt innerhalb einer Dreiecksfläche liegt?	Wenn der Punkt Q innerhalb des Dreiecks liegt, dann gilt: $\overrightarrow{AQ} = r \cdot \overrightarrow{AB} + s \cdot \overrightarrow{AC}$ mit $r + s < 1$
Wählt man einen vierten Punkt entsteht bei geeigneter Wahl ein Viereck. Welche Bedingungen muss dieser 4. Punkt erfüllen?	Der Punkt muss auf der Ebene (ABC) liegen, aber nicht auf einer der 3 Dreiecksseiten.
Was für Vierecke sind möglich?	Alle Vierecke sind möglich. Beispiele überlegen!
Gegeben ist die Funktion f mit $f(x) = (x-3)^2 e^x$. Skizzieren Sie den Graphen der Funktion und berechnen Sie die Extrempunkte.	Entweder mithilfe des GTR, oder über Schnittpunkt mit der y-Achse, doppelte Nullstelle bei $x = 2$ und Asymptote skizzieren und begründen. 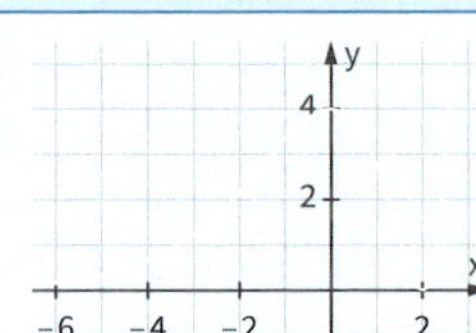

die gestellte Aufgabe	Vorschlag zur Bearbeitung
Geben Sie die Asymptote der Funktion an. Erklären Sie, warum es auch bei „e-Funktionen" häufig Asymptoten gibt und vergleichen Sie sie mit denen bei gebrochenrationalen Funktionen.	$y = 0$ ist waagerechte Asymptote. Begründung: $\lim\limits_{x \to -\infty} e^x = 0$ $\left(\text{bzw. } \lim\limits_{x \to \infty} e^{-x} = 0\right)$, dadurch nähern sich die Graphen von e-Funktionen häufig an Asymptoten an. Im Gegensatz zu den Asymptoten bei gebrochenrationalen Funktionen hier oft nur „einseitig", also entweder für $x \to -\infty$ oder $x \to +\infty$. Bei gebrochenrationalen Funktionen kann es außerdem Polstellen („senkrechte Asymptoten") geben.
Erläutern Sie die Flächenberechnung zwischen zwei Funktionen.	Hier verschiedene Fälle erläutern (Kurven haben keine Schnittpunkte, zwei Schnittpunkte...); mit Skizzen arbeiten!
Welche Arten von Wachstum kennen Sie? Erklären und vergleichen Sie.	Lineares, exponentielles, beschränktes und logistisches Wachstum. Mithilfe von Skizzen und einem geeigneten Beispiel erklären. Möglichkeiten und Grenzen im Modellieren realer Zusammenhänge erläutern!
Wann sprechen wir in der Wahrscheinlichkeitsrechnung von einer Binomialverteilung? Geben Sie ein Experiment an, das binomialverteilt ist.	Schlagen Sie in der Formelsammlung die Definition nach. Beispiel: Ziehen von Kugeln aus der Urne mit Zurücklegen. Gegenbeispiel: Ziehen von Kugeln aus der Urne ohne Zurücklegen
Geben Sie eine Zufallsvariable mit drei Ausgängen an, deren Wahrscheinlichkeiten sich wie $2:3:4$ verhalten.	In einer Urne befinden sich 2 rote, 3 blaue und 4 schwarze Kugeln. Wenn auf die Farbe der Kugel gewettet werden kann, beschreibt die Zufallsvariable X den Gewinn. Ihre Wahrscheinlichkeiten verhalten sich wie $2:3:4$.
A, B und C werfen jeweils einmal mit einer Münze. Jeder Verlierer bezahlt pro Runde einen Einsatz von 8 €. Der ganze Einsatz wird nach jeder Runde ausbezahlt. Die Gewinnerwartung von A ist −5 € und von B 1 €. Wie groß ist die Gewinnerwartung von C?	Beispiel: Es wird nur die Anzahl der gefallenen „Wappen" gezählt. In der zweiten Zeile steht die Wahrscheinlichkeit für die „Wappenzahl". In den weiteren Zeilen sind die Gewinne eingetragen:

Wappen	0	1	2	3
Wahrscheinlichkeit	0,125	0,375	0,375	0,125
A	16	−8	−8	−8
B	−8	16	−8	−8
C	−8	−8	16	16

Die Gewinnerwartung von C ist 4 €.
(Die Summe der Gewinnerwartungen muss 0 ergeben.)

Die (freiwillige) zusätzliche mündliche Prüfung

Überblick

- ist etwas völlig anderes als die schriftliche Prüfung, was durchaus eine Chance sein kann.
- erfordert weniger Rechenfertigkeiten, dafür aber das Verständnis von Zusammenhängen.
- kann noch gezielter vorbereitet werden als die schriftliche: Fragen Sie ihre Fachlehrkraft, lernen Sie bestimmte Beispiele, Argumentationen, Skizzen etc. auswendig.
- dauert in der Regel nur zwanzig Minuten und vergeht wie im Flug!

Glossar

Ableitung
Eine Funktion f heißt an einer Stelle x_0 ableitbar (differenzierbar), wenn der Grenzwert
$\lim\limits_{x \to x_0} \frac{f(x) - f(x_0)}{x - x_0} = f'(x_0)$ existiert.
$f'(x_0)$ heißt die erste Ableitung von f an der Stelle x_0 oder auch momentane → Änderungsrate. $f'(x_0)$ entspricht der Steigung der → Tangente im Punkt $P(x_0 \mid f(x_0))$. Siehe auch → höhere Ableitungen.

Absolute Häufigkeit
Die absolute Häufigkeit lässt sich umgangssprachlich mit „Anzahl" beschreiben. Sind bei einer Umfrage unter 200 18-Jährigen 83 Abiturientinnen und Abiturienten, ist die absolute Häufigkeit der Abiturienten 83.

Abszisse
Im Koordinatensystem heißt der x-Wert eines Punktes Abzisse des Punktes.

Additionssatz
Für zwei beliebige Ereignisse A und B gilt der (allgemeine) Additionssatz:
$P(A \cup B) = P(A) + P(B) - P(A \cap B)$.
Sind A und B unvereinbar, d. h. haben sie keine gemeinsame Schnittmenge, gilt der spezielle Additionssatz: $P(A \cup B) = P(A) + P(B)$.

Amplitude
Die Amplitude entspricht dem „Ausschlag" einer → trigonometrischen Funktion, also der maximalen Abweichung von der Nulllage. In den Funktionen $f(x) = a \cdot \sin(x)$ und $g(x) = a \cdot \cos(x)$ entspricht $|a|$ der Amplitude. Eine Veränderung der Amplitude bewirkt eine Stauchung ($|a| < 1$) bzw. eine Streckung ($|a| > 1$) der Funktion in y-Richtung.

Änderungsrate, momentane
Untersucht man anwendungsbezogene Funktionen (Funktion beschreibt den zurückgelegten Weg, die Temperatur in einem Haus, den Schadstoffausstoß, die Verkaufszahlen von Smartphones etc.), nennt man die erste Ableitung $f'(x)$ auch momentane Änderungsrate der beschriebenen Größe. Es ist also ein Überbegriff für beispielsweise die momentane Geschwindigkeit, die momentane Temperaturänderung, den momentanen Schadstoffausstoß etc.

Annahmebereich
Das Intervall $[a; b]$, in dem der Wert einer → Stichprobe bei einem Signifikanztest liegen muss, damit die zu testende → Nullhypothese angenommen wird, nennt man Annahmebereich oder → Vertrauensintervall.

Äquivalent (⇔)
Zwei → Terme A und B sind äquivalent ($A \Leftrightarrow B$), wenn B aus A folgt ($A \Rightarrow B$) und A aus B folgt ($B \Rightarrow A$). Die beiden Terme sind dann mathematisch gleichwertig.

Asymptote
Eine lineare Funktion g mit der Eigenschaft
$\lim\limits_{x \to \pm\infty} [f(x) - g(x)] = 0$ heißt Asymptote des Graphen von f. g ist also eine Gerade, an die sich das Schaubild von f für sehr große, bzw. sehr kleine Werte immer mehr annähert. Hat eine Funktion an der Stelle x_0 eine Polstelle, dann hat das Schaubild an der Stelle eine senkrechte Asymptote mit der Gleichung $x = x_0$.

Basis

Die Basis bezeichnet in der linearen Algebra eine Teilmenge $B = \{\overrightarrow{b_1}; \overrightarrow{b_2}; \overrightarrow{b_3}; ...\}$ eines → Vektorraumes, mit deren Hilfe sich jeder Vektor $\vec{x}$ des Vektorraumes als Linearkombination $\vec{x} = r_1 \cdot \overrightarrow{b_1} + r_2 \cdot \overrightarrow{b_2} + ...$ darstellen lässt. Die Vektoren $\overrightarrow{b_1}; \overrightarrow{b_2}; \overrightarrow{b_3}; ...$ müssen linear unabhängig sein. Als Basis im $\mathbb{R}^3$ verwendet man üblicherweise die → Einheitsvektoren

$\overrightarrow{e_1} = \begin{pmatrix} 1 \\ 0 \\ 0 \end{pmatrix}; \overrightarrow{e_2} = \begin{pmatrix} 0 \\ 1 \\ 0 \end{pmatrix}; \overrightarrow{e_3} = \begin{pmatrix} 0 \\ 0 \\ 1 \end{pmatrix}.$

Baumdiagramm

Ein Baumdiagramm ist eine grafische Darstellungsform eines mehrstufigen Zufallsexperiments, bei dem zu jedem Ergebnis ein Pfad von der Wurzel bis zur Spitze gehört. Mithilfe der Pfadregeln lassen sich so leicht die Wahrscheinlichkeiten möglicher → Ereignisse berechnen.

Bernoulli-Experiment

Einen Zufallsversuch mit genau zwei möglichen Ausgängen („Treffer" und „Niete") nennt man Bernoulli-Versuch oder Bernoulli-Experiment.

Bernoulli-Kette

Wird ein → Bernoulli-Experiment n-mal wiederholt (Durchführungen sind unabhängig voneinander), spricht man von einer Bernoulli-Kette der Länge n.

>> **Beispiel:** Das 300-fache Werfen einer Münze ist eine Bernoulli-Kette der Länge 300.

Berührpunkt

Ein Berührpunkt ist ein Punkt, in dem zwei Funktionen sowohl in ihren Funktionswerten als auch ihren Steigungen übereinstimmen. Ist $B(x_B | y_B)$ ein Berührpunkt der Funktionen f und g, dann gilt: $f(x_B) = g(x_B)$ und $f'(x_B) = g'(x_B)$.

Bestand

Die in Wachstumsvorgängen beschriebene und in der Regel von der Zeit (meist t) abhängige Größe (z. B. Anzahl Fische in einem Teich) wird als Bestand $(B(t))$ bezeichnet.

Betrag (| |)

Für den Betrag einer reellen Zahl x gilt:

$|x| = \begin{cases} x \text{ für } x \geq 0 \\ -x \text{ für } x < 0 \end{cases}$

Praktisch gesehen kann der Betrag einer Zahl als der (positive) Abstand zur Zahl 0 auf der Zahlengeraden verstanden und daher bei negativen Zahlen das Vorzeichen weggelassen werden.

Für den Betrag eines → Terms T mit Unbekannten gilt:

$|T| = \begin{cases} T \text{ für alle Werte der Unbekannten, für die T positiv oder null ist} \\ -T \text{ für alle Werte der Unbekannten, für die T negativ ist} \end{cases}$

Unter dem Betrag eines → Vektors versteht man seine Länge. Man berechnet ihn mit dem (dreidimensionalen) Satz des Pythagoras:

$|\vec{v}| = \sqrt{v_1^2 + v_2^2 + v_3^2}$

Binomialkoeffizient

Der Binomialkoeffizient ist eine Funktion aus der Kombinatorik. Mit ihr lässt sich berechnen, wie viele Möglichkeiten es gibt, k Elemente aus n Elementen auszuwählen (ohne Zurücklegen, ohne Beachtung der Reihenfolge). Man schreibt $\binom{n}{k}$ (lies: „n über k") und berechnet ihn entweder mit dem Rechner oder über die Formel

$\binom{n}{k} = \frac{n!}{k! \cdot (n-k)!}.$

>> **Typisches Beispiel:** Lotto („6 aus 49"):

Es gibt $\binom{49}{6}$ verschiedene Tippmöglichkeiten.

Sie wird auch für die → Binomialverteilung benötigt.

Binomialverteilung

Wenn eine Zufallsvariable X die Anzahl der Treffer einer → Bernoulli-Kette mit der Länge n und der Trefferwahrscheinlichkeit p beschreibt, dann nennt man die Funktion, die jeder möglichen Trefferzahl die Wahrscheinlichkeit $P(X = k)$ mit $0 \leq k \leq n$ zuordnet, eine Binomialverteilung. Es gilt:

$B_{n;p}(k) = \binom{n}{k} \cdot p^k \cdot (1-p)^{n-k}.$

Biquadratische Gleichung

Eine Gleichung der Form $ax^4 + bx^2 + c = 0$ heißt biquadratische Gleichung. Die Variable hat nur die Hochzahlen 4, 2 und 0.
Mit der Substitution $u = x^2$ erhält man die quadratische Gleichung $au^2 + bu + c = 0$, aus der die Lösung für u und daraus die Lösungen für x berechnet werden können.

Bogenmaß

Das Bogenmaß ist ein Winkelmaß, bei dem die Größe des Winkels durch die Länge des Kreisbogens (am Einheitskreis, $r = 1$) zwischen den beiden Schenkeln beschrieben wird. Der Vollwinkel hat das Bogenmaß 2π. Die Einheit heißt Radiant. Zwischen Gradmaß α und Bogenmaß x gilt folgender Zusammenhang: $\frac{x}{\alpha} = \frac{2\pi}{360°}$.
Zum Bearbeiten → trigonometrischer Funktionen muss der Taschenrechner auf Radiant eingestellt sein!

Definitionsbereich

Der Definitionsbereich D (auch Definitionsmenge) sind alle Zahlen, die als x-Werte in eine Funktion eingesetzt werden dürfen. Bei ganzrationalen Funktionen gilt in der Regel $D = \mathbb{R}$. Bei anderen Funktionen (Wurzelfunktionen, gebrochenrationale Funktionen etc.) ist D oft eingeschränkt, es gibt → Definitionslücken.

Definitionslücke

Eine Funktion hat an der Stelle x_i eine Definitionslücke (ist nicht definiert), wenn die Zahl x_i nicht „erlaubt" ist und deshalb aus dem → Definitionsbereich ausgeschlossen werden muss. Nicht erlaubt sind folgende drei Operationen:

- Die Division durch Null.
- Eine negative Zahl unter einer geradzahligen Wurzel.
- Eine Zahl ≤ 0 im Argument eines Logarithmus.

>> **Beispiele:**
bei $\sqrt{2 + x}$ ist $x < -2$ nicht erlaubt;
$y = \frac{3x}{4 - x}$ ist für $x = 4$ nicht definiert;
$\ln(2 - x)$ ist für $x \geq 2$ nicht definiert.

Differenzialgleichung

Eine Differenzialgleichung ist eine Gleichung, die einen Zusammenhang zwischen einer Funktion $f(x)$, der Variablen x und mindestens einer Ableitung (z. B. $f'(x)$) herstellt. Ihre Lösung ist eine Funktion, die die Differenzialgleichung erfüllt. In der Schulmathematik kommen Differenzialgleichungen im Zusammenhang mit Wachstumsfunktionen vor
>> **Beispiel:** $B'(t) = k \cdot B(t)$;
Lösung: $B(t) = B(0) \cdot e^{kt}$
(exponentielles Wachstum).
Die Differenzialgleichungen stehen in jeder Formalsammlung.

Differenzenquotient

Der Differenzenquotient ist der Quotient zweier Differenzen $\frac{f(x) - f(x_0)}{x - x_0}$. Er entspricht der mittleren → Änderungsrate (Steigung) der Funktion über dem Intervall $[a, b]$. Sein Grenzwert ist der → Differenzialquotient.

Differenzialquotient

Der Differenzialquotient ist der Grenzwert $\lim\limits_{x \to x_0} \frac{f(x) - f(x_0)}{x - x_0} = f'(x_0)$, Er gibt die exakte Steigung der Funktion an der Stelle x_0 an. $f'(x_0)$ heißt auch die erste → Ableitung einer Funktion.

Dimension

Die Anzahl n der Basisvektoren eines → Vektorraums nennt man die Dimension dim V des Vektorraumes.

Diskriminante

Bei der Lösungsformel $x_{1;2} = \frac{-b \pm \sqrt{b^2 - 4ac}}{2a}$, die zur Lösung der quadratischen Gleichung $0 = ax^2 + bx + c$ verwendet wird, ist die Diskriminante der → Term unter der Wurzel $(b^2 - 4ac)$.
Das Vorzeichen der Diskriminante D bestimmt die Anzahl der Lösungen der quadratischen Gleichung. ($D > 0 \Rightarrow$ zwei, $D = 0 \Rightarrow$ eine, $D < 0 \Rightarrow$ keine Lösung).

Divergent
Eine Folge (bzw. eine Funktion) heißt divergent, wenn sie nicht → konvergent ist, also keinen Grenzwert hat.

Durchschnitt (Schnitt)
Das ist eine Verknüpfung in der Mengenlehre. Im Zeichen: $\cap$. $A \cap B$ enthält alle Elemente, die sowohl in der Menge A als auch in der Menge B liegen.
In der Algebra wird „Durchschnitt" im Sinne von „mittlerer Wert" verwendet, z. B. durchschnittliche Steigung ist mittlere Steigung.

Durchstoßpunkt
Schneiden sich eine Gerade g und eine Ebene E in einem Punkt P (in Zeichen: $g \cap E = P$), so heißt P Durchstoßpunkt der Geraden g durch die Ebene E.

Ebenengleichung
Mithilfe von Vektoren kann man die Lage von Ebenen im dreidimensionalen Koordinatensystem beschreiben. Dabei gibt es verschiedene Ebenengleichungen.
- Parametergleichung: $E: \vec{x} = \vec{p} + r \cdot \vec{u} + s \cdot \vec{v}$;
- Normalengleichung: $E: [\vec{x} - \vec{p}] \cdot \vec{n} = 0$;
- Koordinatengleichung:
  $E: n_1 x_1 + n_2 x_2 + n_3 x_3 = d$.

Einheitsvektor
Dividiert man einen Vektor durch seine eigene Länge, erhält man einen Vektor, der in dieselbe Richtung zeigt und die Länge 1 hat. Dieser Vektor heißt Einheitsvektor. Das Teilen durch die eigene Länge nennt man normieren. Als Symbol verwendet man $\vec{v_0}$ oder $\overrightarrow{v^0}$.
>> **Beispiel:**
Der Vektor $\vec{v} = \begin{pmatrix} 1 \\ 2 \\ 2 \end{pmatrix}$
hat die Länge $|\vec{v}| = \sqrt{1^2 + 2^2 + 2^2} = \sqrt{9} = 3$.
Der Vektor $\vec{v_0} = \frac{1}{3} \cdot \begin{pmatrix} 1 \\ 2 \\ 2 \end{pmatrix} = \begin{pmatrix} \frac{1}{3} \\ \frac{2}{3} \\ \frac{2}{3} \end{pmatrix}$
hat die Länge $|\vec{v_0}| = \sqrt{\left(\frac{1}{3}\right)^2 + \left(\frac{2}{3}\right)^2 + \left(\frac{2}{3}\right)^2} = 1$.

Einseitiger Test
Bestimmte Variante des Signifikanztests mit der Binomialverteilung. Beim linksseitigen Test verwirft man die → Nullhypothese, wenn das Stichprobenergebnis kleiner ist als die untere Grenze des berechneten → Annahmebereichs. Beim rechtsseitigen Test wenn das Stichprobenergebnis größer ist als die obere Grenze des Annahmebereichs.

Elementarereignis
Ein Elementarereignis ist ein → Ereignis mit nur einem Element (Ergebnis).
>> **Beispiel:** Beim einmaligen Würfelns sei das Ereignis E: „Die geworfene Augenzahl ist größer als Fünf". Es gilt $E = \{6\}$.

Eliminieren
Wird aus einem Gleichungssystem mittels erlaubter Äquivalenzumformungen eine Unbekannte entfernt, so spricht man vom Eliminieren dieser Unbekannten.
Unter dem Eliminieren einer Variablen aus einer Gleichung versteht man das Umstellen der Gleichung, sodass die Variable isoliert auf einer Seite der Gleichung steht.

Ellipse
Eine Ellipse ist der geometrische Ort aller Punkte einer Ebene, für die die Summe der Abstände zu zwei festen Punkten (Brennpunkten) konstant ist. Als Figur erhält man die Ellipse aus einem Kegelschnitt. In der modernen Geometrie wird die Ellipse als affines Bild eines Kreises definiert.

Ereignis
Zufallsversuche haben in der Regel mehrere Ergebnisse, die man zur Ergebnismenge Ω (auch S) zusammenfasst. Jede Teilmenge von Ω (S) nennt man Ereignis.
>> **Beispiel** Würfeln: $\Omega = \{1; 2; 3; 4; 5; 6\}$;
mögliches Ereignis E: „nur gerade Augenzahlen", $E = \{2; 4; 6\}$.
Siehe auch: → Elementarereignis, → sicheres Ereignis, → unabhängige Ereignisse und → unmögliches Ereignis.

Error

Mit dem Wort „Error“ meldet der Taschenrechner eine nicht erlaubte Operation. Der Rechner akzeptiert dann keine Angabe vom Tastenfeld mehr. Sie müssen danach auf [on/c] drücken. Dabei gehen leider alle eingetippten Angaben bis auf den Speicherinhalt verloren. Also: Bei einer Fehlermeldung neu beginnen! Unter anderem erscheint sie bei folgenden Operationen:

- Bei zu großen oder zu kleinen Zahlen (z. B. 2^{500}; -2^{500}),
- bei der Division durch Null (z. B.: [3] [:] [0]),
- bei zu vielen unvollständigen Operationen oder offenen Klammern (z. B.: [1] [+] [2] [x] [(] [+] [3] [x] [(] [+] ...),
- bei negativen Zahlen unter der Wurzel (z. B.: [2] [+/−] [$\sqrt{x}$]),
- bei falschen Argumenten in den Funktionen (z. B.: [5] [2nd] [cos]).

Der GTR gibt in der Regel auf dem Display an, weshalb es kein Ergebnis gibt (z. B. ERR: DIV DURCH ø).

Erwartungswert

Der Erwartungswert E(X), bei → Binomialverteilungen oft auch nur μ, einer Zufallsvariablen X ist der Wert, den diese bei (unendlich) vielen Durchführungen des Experiments im Mittel annimmt. Er wird u.a. benutzt, um zu prüfen ob ein Spiel fair ist $\left(E(X)=0\right)$. Den Erwartungswert einer → Binomialverteilung berechnet man mit $E(X)=\mu=n\cdot p$.

Exponentialfunktion

Steht die Variable in der Hochzahl einer Funktionsgleichung, so heißt die → Funktion Exponentialfunktion.

Üblicherweise ist die Grundzahl (Basis) dann die EULER'sche Zahl e. Sollte je eine andere Basis vorkommen, schreiben Sie die Funktion am besten um: $y=k\cdot a^x$ ist dasselbe wie $y=k\cdot e^{x\cdot\ln a}$, eine Funktion, die leicht abzuleiten und leicht zu integrieren ist.

Ableitung: $y'=k\cdot\ln a\cdot e^{x\cdot\ln a}$;

eine Stammfunktion ist $Y=\frac{k\cdot e^{x\cdot\ln a}}{\ln a}$

Extrempunkte

Als Extrempunkte (auch Extrema) bezeichnet man Punkte der Funktion, für die gilt $f'(x)=0$ („Steigung ist null“) und $f''(x)\neq 0$ („Krümmung ist nicht null“). Man unterscheidet zwischen Hochpunkt (auch Maximum) ($f''(x)<0$) und Tiefpunkt (auch Minium) ($f''(x)>0$).

Extremstelle

Die Lösungsmenge der Gleichung $f'(x)=0$ sind mögliche Extremstellen (Stellen, an denen die Steigung null ist). Gilt gleichzeitig die hinreichende Bedingung $f''(x)\neq 0$ an diesen Stellen, handelt es sich bei den Punkten $P\left(x_0\,|\,f(x_0)\right)$ um → Extrempunkte.

Familie

Familie (oder Funktionsfamilie) ist ein anderer Name für → Funktionsschar.

Fehler 1. Art; Fehler 2. Art

Beim Testen von Hypothesen mit Binomialverteilungen wird die → Nullhypothese angenommen oder verworfen. Wird die Nullhypothese verworfen, obwohl sie richtig ist, spricht man von einem Fehler 1. Art. Wird sie angenommen, obwohl sie falsch ist, von einem Fehler 2. Art.

FIBONACCI-Folge

Die FIBONACCI-Folge ist die Folge mit $a_1=1$, $a_2=2$, $a_{n+2}=a_n+a_{n+1}$ (aber auch bei anderen Anfangswerten $a_{n+2}=a_n+a_{n+1}$ spricht man von einer FIBONACCI-Folge); nach LEONARDO VON PISA, genannt FIBONACCI.

Funktion

Eine Funktion ist eine Zuordnung, die jedem Element einer bestimmten Menge (Definitionsmenge) *genau einen* Wert einer anderen Menge (Wertemenge) zuordnet. Ob eine Zuordnung eine Funktion ist, erkennt man leicht am Schaubild: für jeden x-Wert darf es nur einen y-Wert geben (eine senkrechte Gerade ist also *keine* Funktion!).

Funktionsschar

Eine Funktionsschar (auch Kurvenschar oder Familie) ist eine Menge von Kurven, deren Gleichungen sich in mindestens einem Parameter unterscheiden.

>> **Beispiel:** $f_t(x) = 3t \cdot e^{-0{,}45x}$

GAUSS'sche Glockenfunktion

Funktionen der Form

$\varphi_{\mu;\sigma}(x) = \frac{1}{\sigma\sqrt{2\pi}} \cdot e^{-\frac{(x-\mu)^2}{2\sigma^2}}$ (μ, σ sind konstante Parameter) heißen nach ihrem Entdecker CARL FRIEDRICH GAUSS (1777–1855) GAUSS'sche Glockenfunktion. Für $\mu = 0$, $\sigma = 1$ ergibt sich die Standard-Glockenfunktion $\varphi(x) = \frac{1}{\sqrt{2\pi}} \cdot e^{-\frac{x^2}{2}}$.

Mit ihr lässt sich die Kontur von Binomialverteilungen (mit großem n) beschreiben.

Halbwertszeit

Nimmt ein Wert mit der Zeit exponentiell ab, dann ist die Zeitspanne, die vergeht, bis sich ein Anfangswert halbiert hat, die Halbwertszeit. Man berechnet sie mit der Formel

$T_h = \left|\frac{\ln 2}{k}\right|$. Sie spielt auch eine Rolle bei Altersdatierungsmethoden (z. B. C^{14}-Methode). Bei exponentiellem Wachstum gibt es die entsprechende → Verdopplungszeit.

HESSE'sche Normalenform

Eine spezielle Form der Normalengleichung einer Ebene in der Vektorrechnung:

$E: (\vec{x} - \vec{p}) \cdot \vec{n_0} = 0.$

DIE HESSE'sche Normalenform wird hauptsächlich für Abstandsberechnungen (z. B. Punkt–Ebene) verwendet. Für den Abstand d des Punktes $A(a_1 | a_2 | a_3)$ von der Ebene E gilt: $d(A, E) = \left|(\vec{a} - \vec{p}) \cdot \vec{n_0}\right|$.

Hochpunkt

→ Extrempunkte

Höhere Ableitungen

Leitet man die Ableitungsfunktion $f'(x) = \ldots$ nochmals ab, erhält man die zweite Ableitung $f''(x) = \ldots$ Weiteres Ableiten führt auf die dritte, vierte, … Ableitung. Ab der 2. Ableitung spricht man von höheren Ableitungen. $f^{(n)}$ ist die n-te Ableitung.

Hyperbel

Eine Hyperbel ist der geometrische Ort aller Punkte einer Ebene, für die die Differenz der Abstände zu zwei festen Punkten (Brennpunkten) konstant ist. Als Figur erhält man die Hyperbel aus einem Kegelschnitt.

Integral

$\int f(x)\,dx = F(x) + c$ heißt unbestimmtes Integral (c ist die Integrationskonstante) und beschreibt die Menge aller → Stammfunktionen von f.

$\int_a^b f(x)\,dx$ heißt bestimmtes Integral. Mit ihm und dem Hauptsatz der Differenzial- und Integralrechnung $\int_a^b f(x)\,dx = F(b) - F(a)$ lassen sich beispielsweise Flächeninhalte zwischen dem Graphen von f und der x-Achse berechnen.

Intervall-Halbierungsverfahren

Das Intervall-Halbierungsverfahren, das mathematisch und rechentechnisch wohl das mit Abstand einfachste Verfahren zur näherungsweisen Bestimmung von Nullstellen sein dürfte, hat allerdings den Nachteil, dass es sehr langsam ist. Das heißt, um eine ordentliche Genauigkeit zu erhalten, müssen relativ viele (allerdings immer gleiche) Schritte durchgeführt werden.

Ein Intervall ist eine Teilmenge der reellen Zahlen:

- $[a; b] = \{x \in \mathbb{R} \text{ mit } a \leq x \leq b\}$ heißt ein abgeschlossenes Intervall.
- $]a; b[= \{x \in \mathbb{R} \text{ mit } a < x < b\}$ heißt ein offenes Intervall.
- $[a; b[= \{x \in \mathbb{R} \text{ mit } a \leq x < b\}$ und $]a; b] = \{x \in \mathbb{R} \text{ mit } a < x \leq b\}$ sind halboffene Intervalle.

Intervallschachtelung
Eine Folge unendlich vieler Intervalle I_n mit $I_{n+1} \subset I_n$ heißt Intervallschachtelung. Sie bestimmt auf der Zahlengeraden genau einen Punkt.

Irrational
Jede reelle Zahl, die nicht als Bruchzahl und damit nicht als abbrechende oder periodische Dezimalzahl darstellbar ist, heißt irrationale Zahl. >> **Beispiele:** π, e, $\sqrt{2}$ …

Irrtumswahrscheinlichkeit
Die Wahrscheinlichkeit für einen → Fehler 1. Art nennt man Irrtumswahrscheinlichkeit.

Kartesisches Koordinatensystem
Ist ein Koordinatensystem positiv orientiert (mathematisch positiver Umlaufsinn = entgegen dem Uhrzeigersinn), stehen die Koordinaten paarweise senkrecht aufeinander und haben die Koordinaten dieselben Einheitslängen, so spricht man von einem kartesischen Koordinatensystem. Andere Koordinatensysteme sind in der Schule unüblich.

KEPLER'sche Fassregel
Die KEPLER'sche Fassregel ist eine Formel zur näherungsweisen Berechnung eines bestimmten → Integrals. Es gilt:

$$\int_a^b f(x)\,dx \approx \frac{b-a}{6} \cdot \left[f(a) + 4 \cdot f\left(\frac{a+b}{2}\right) + f(b)\right]$$

Kettenregel
Regel zum Ableiten (Differenzieren) von verketteten Funktionen. Für $f(x) = u(v(x))$ gilt: $f'(x) = u'(v(x)) \cdot v'(x)$.
Merksatz: „Äußere mal innere Ableitung".
>> **Beispiel:** $f(x) = 2(x^2 - 4)^3$
$\Rightarrow f'(x) = 6(x^2 - 4)^2 \cdot 2x = 12x(x^2 - 4)^2$.

Kollinearität
Punkte sind kollinear, wenn sie auf derselben Geraden liegen.

Komplanarität
Punkte sind komplanar, wenn sie in derselben Ebene liegen.

Komposition
Eine → Verkettung von Funktionen nennt man auch Komposition.

Kompositionsregel
Die Kompositionsregel ist die → Kettenregel der Differenzialrechnung.

Konfidenzintervall
Konfidenzintervall ist ein anderer Name für → Vertrauensintervall.

Konkav
Gilt in einem Intervall $f''(x) > 0$, so ist das Schaubild linksdrehend und heißt konkav (vergleiche → konvex).

Konvergent
Eine Zahlenfolge (eine → Funktion) heißt konvergent, wenn sie einen Grenzwert hat.
>> **Beispiel:** Die Folge $\left(1 + \frac{1}{n}\right)^n$ ist konvergent. Ihr Grenzwert ist die EULER'sche Zahl e.
$\lim\limits_{n \to \infty} \left(1 + \frac{1}{n}\right)^n = e \approx 2{,}7182$

Konvex
Gilt in einem Intervall $f''(x) < 0$, so ist das Schaubild rechtsdrehend und heißt konvex (vergleiche → konkav).

Koordinatengleichung
→ Ebenengleichung

Kreuzprodukt
Das Kreuzprodukt ist eine andere Bezeichnung für das → Vektorprodukt.

Krümmung

Eine Kurve heißt rechtsgekrümmt (konvex), wenn die 2. Ableitung negativ ist; linksgekrümmt (konkav) wenn die zweite Ableitung positiv ist.
Die Krümmung einer (mehrfach) differenzierbaren Funktion berechnet man mit der 2. Ableitung $f''(x)$. Man nutzt sie u. a. um → Wendepunkte auszurechnen.

LAPLACE-Experiment

Ein Zufallsexperiment, bei dem alle Elementarereignisse die gleiche Wahrscheinlichkeit haben, heißt LAPLACE-Experiment.
>> **Beispiele:** Würfeln; alle Zahlen haben die Wahrscheinlichkeit $\frac{1}{6}$; Ziehen einer Karte aus einem Skatspiel; jede Karte hat eine Wahrscheinlichkeit von $\frac{1}{32}$.

Linearfaktoren

Hat eine ganzrationale Funktion
$f(x) = a_n x^n + \ldots + a_1 x + a_0$
vom Grad n die Nullstellen $x_1, x_2, \ldots x_r$ $(r \leq n)$, so lässt sich f(x) darstellen durch
$f(x) = (x - x_1) \cdot (x + x_2) \cdot \ldots \cdot (x - x_r) \cdot g(x)$
mit der ganzrationalen Funktion g(x), die keine Nullstelle mehr hat und vom Grad $n - r$ ist. Jedes $(x - x_i)$ heißt Linearfaktor von f(x). Ist $n = r$, sagt man, die Darstellung ist vollständig. g(x) ist dann eine konstante Zahl.

Linearfaktoren, Zerlegung in

Hat das Polynom n-ten Grades
$a_n x^n + a_{n-1} x^{n-1} + \ldots + a_2 x^2 + a_1 x + a_0$
eine Nullstelle bei $x = x_i$, so lässt sich das Polynom ohne Rest durch den Term $(x - x_i)$ dividieren. $(x - x_i)$ heißt Linearfaktor des Polynoms. Hat das Polynom n Nullstellen, so kann man es vollständig in Linearfaktoren zerlegen.

Logarithmus

Die Logarithmusfunktion $x \mapsto \log_a$ $(a > 0)$ ist die Umkehrfunktion der Exponentialfunktion $x \mapsto a^x$. Es gilt: $b^x = c \Leftrightarrow x = \log_b c$. Theoretisch ist jede positive Zahl als Basis der Logarithmusfunktion denkbar. In der Praxis haben sich folgende Basen durchgesetzt:

- Natürlicher Logarithmus
  Bezeichnung: $\ln = \log_e$
  Basiszahl: $e \approx 2{,}718\,281\,8$
- Binärer Logarithmus
  Bezeichnung: $\text{lb} = \log_2$
  Basiszahl: 2
- Dekadischer Logarithmus
  Bezeichnung: $\lg = \log_{10}$
  Basiszahl: 10

Mit den Logarithmen lg (Achtung: beim Taschenrechner in der Regel das Symbol log) und ln lässt sich mit folgender Formel jeder beliebige andere Logarithmus berechnen:
$\log_a x = \frac{\lg x}{\lg a} = \frac{\ln x}{\ln a}$

Lotgerade

In der analytischen Geometrie beschreibt eine Lotgerade (auch: Lot) eine Gerade, die eine anderen Gerade oder Ebene senkrecht (orthogonal) schneidet. Sie wird hauptsächlich für Spiegelungen und Abstandsberechnungen verwendet.

Lücke

Enthält eine Funktionsgleichung einen Bruch, bei dem beim Einsetzen einer Zahl oder eines → Terms Zähler und Nenner null werden, hat das Schaubild der Funktion an dieser Stelle eine Lücke (auch: hebbare → Definitionslücke). Ist x_0 die Nullstelle, werden Zähler und Nenner durch $(x - x_0)$ so oft dividiert, bis Zähler oder Nenner keine Nullstelle mehr bei x_0 haben. Mit gekürzter Funktionsgleichung weiterdiskutieren. Lücke im Schaubild mit ∘ einzeichnen.

Matrix

Unter einer (m × n)-Matrix (lies: „m kreuz n Matrix") versteht man ein rechteckiges Zahlenschema, in dem in m Zeilen und n Spalten reelle Zahlen oder deren Platzhalter stehen. Man schreibt:

$$A_{m \times n} = \begin{pmatrix} a_{11} & \cdots & a_{1n} \\ \vdots & \ddots & \vdots \\ a_{m1} & \cdots & a_{mn} \end{pmatrix},$$

zum Beispiel $A_{3 \times 4} = \begin{pmatrix} 2 & -1 & 0 & 4 \\ 5 & 3 & -2 & 6 \\ 1 & 1 & -1 & 3 \end{pmatrix}$

Eine Matrix (Mehrzahl: Matrizen) ist eine sehr übersichtliche Darstellung (linearer) mathematischer Zusammenhänge. Sie wird u. a. verwendet, um lineare Gleichungssysteme zu lösen oder lineare Abbildungen zu beschreiben.

Mehrstufiges Zufallsexperiment

Besteht ein → Zufallsexperiment aus mehreren hintereinander ausgeführten Zufallsexperimenten (>> **Beispiel:** Auswählen einer Kombination aus Vorspeise, Hauptgang und Dessert von einer Speisekarte, mehrfaches Ziehen von Kugeln aus einer Urne etc.), spricht man von einem mehrstufigen Zufallsexperiment. Zur besseren Übersicht dient ein → Baumdiagramm.

Achtung: Man muss zwischen „Ziehen mit und ohne Zurücklegen" unterscheiden!

Mittelwert einer Funktion

Ist f(x) eine auf [a, b] stetige → Funktion, so heißt $\overline{m} = \frac{1}{b-a}\int_a^b f(x)\,dx$ der Mittelwert der Funktionswerte von f auf [a, b]. (Man dividiert den Flächeninhalt durch die Länge der Fläche.)

Monotonie

Monotonie ist eine Eigenschaft von → Funktionen. Gilt für eine differenzierbare Funktion f über einem Intervall [a; b] $f'(x) < 0$, dann ist die Funktion streng monoton fallend. Entsprechend ist f für $f'(x) > 0$ streng monoton steigend. Für $f'(x) \leq 0$ $\left(f'(x) \geq 0\right)$ nur monoton fallend (steigend).

NEWTON-Verfahren

Das NEWTON-Verfahren, ein sehr schnelles Verfahren zur näherungsweisen Berechnung von Nullstellen, finden Sie in jeder Formelsammlung. Spätestens nach vier Schritten haben Sie eine ausreichende Genauigkeit. Der Nachteil: Bei einem ungeschickt gewählten Anfangswert muss man notfalls mit einem anderen Wert neu starten.

Normale

Eine Normale ist eine Gerade, die die → Tangente (und damit auch die Funktion) im → Berührpunkt $P\left(x_0 \mid f(x_0)\right)$ der Tangente rechtwinklig schneidet. Ihre Gleichung lautet:

$n\colon y = -\frac{1}{f'(x_0)}(x - x_0) + f(x_0).$

Normalengleichung

→ Ebenengleichung

Normalenvektor

Der Normalenvektor $\vec{n}$ ist ein Vektor, der orthogonal (rechtwinklig) auf einer Ebene steht. Mit ihm kann man die Normalengleichung (→ Ebenengleichung) der Ebene angeben. Er kann sehr schnell über das → Vektorprodukt bestimmt werden.

Normalparabel

Der Graph der Funktion $y = x^2$ heißt Normalparabel.

Normierte Zufallsvariable

Eine Zufallsvariable heißt normiert, wenn die Varianz 1 ist ($V(x) = 1$).

Normierter Vektor

→ Einheitsvektor

Nullfolge

Eine Folge mit dem Grenzwert 0 für $n \to \infty$ heißt Nullfolge.

Nullhypothese
Die Hypothese, die man mithilfe von Signifikanztests prüft, heißt Nullhypothese H_0.
>> **Beispiel:** Behauptet eine Zulieferfirma, dass ihre Lieferungen höchsten 5 % defekte Teile enthalten und man überprüft dies anhand einer Stichprobe, ist H_0: $p_0 \leq 0{,}05$.

Nullstelle
Den Schnittpunkt einer → Funktion mit der x-Achse bezeichnet man als Nullstelle. Die Nullstellen sind die Lösungsmenge der Gleichung $0 = f(x)$.

Operator
Unter einem Operator versteht man in der Mathematik ein (Funktions-)Zeichen, das eine arithmetische oder logische Funktion symbolisiert, zum Beispiel das „+" als Symbol für die Addition. In der schriftlichen Abiturprüfung hingegen stellen die Operatoren Arbeitsvorschriften dar. Sie sind als Verben formuliert (berechnen, beschreiben, skizzieren …) und stehen für einen eindeutigen Arbeitsauftrag. Verschaffen Sie sich rechtzeitig Klarheit über die exakte Bedeutung und Anforderung der einzelnen Operatoren.

Ordinate
Ordinate heißt im Koordinatensystem der y-Wert eines Punktes.

Ordinatenaddition
Addiert man für jeden x-Wert die Funktionswerte $f(x)$ und $g(x)$ zu einem Wert $h(x)$, so heißt diese Addition Ordinatenaddition. Man erhält die Werte des Graphen $h(x) = f(x) + g(x)$.

Orthonormalsystem
Ein Orthogonalsystem (Vektoren sind paarweise orthogonal), bei dem alle Vektoren die Länge eins haben, heißt Orthonormalsystem.

Ortsvektor
Der Verbindungsvektor $\overrightarrow{OP}$ des Ursprungs O mit einem Punkt P heißt Ortvektor des Punktes P.

Parabel
Das Schaubild der ganzrationalen Funktion $f(x) = a_n x^n + \ldots + a_1 x + a_0$ heißt auch Parabel n-ten Grades.

Partielle Integration
Die partielle Integration (auch: Produktintegration) kann als Umkehrung der Produktregel aufgefasst werden. Es gilt:

$$\int_a^b f'(x) \cdot g(x)dx = [f(x) \cdot g(x)]_a^b - \int_a^b f(x) \cdot g'(x)dx$$

Polstelle
Hat eine Funktion eine → Definitionslücke x_0 für die gilt: $\left|\lim\limits_{x \to x_0} f(x)\right| \to \infty$, dann nennt man diese Definitionslücke eine Polstelle. Die Funktion hat an dieser Stelle dann eine senkrechte → Asymptote.

Polynom
Ein → Term $a_n x^n + \ldots + a_1 x + a_0$ heißt Polynom vom Grad n.

Produktintegration
→ partielle Integration

Produktregel
Ableitungsregel für Funktionen der Form $f(x) = u(x) \cdot v(x)$.
Es gilt: $f'(x) = u'(x) \cdot v(x) + u(x) \cdot v'(x)$.
>> **Beispiel:** $f(x) = 2x \cdot \cos(x)$
$\Rightarrow f'(x) = 2 \cdot \cos(x) + 2x(-\sin(x))$

Quotientenregel
Ableitungsregel für gebrochenrationale Funktionen der Form $f(x) = \frac{u(x)}{v(x)}$.
Es gilt: $f'(x) = \frac{u'(x) \cdot v(x) - u(x) \cdot v'(x)}{[v(x)]^2}$.

Radikand
In einem Wurzelterm $\sqrt[n]{a}$ heißt a der Radikand.

Relation
Eine Relation ist eine Teilmenge des kartesischen Produktes $\mathbb{R} \times \mathbb{R}$. Wichtige Relationszeichen sind: $>$; $\geq$; $<$; $\leq$.

Relative Häufigkeit

Die relative Häufigkeit eines Merkmals ist die →absolute Häufigkeit des Merkmals geteilt durch die Gesamtmenge aller Objekte.

>> **Beispiel:** Sind unter 200 18-Jährigen 83 Abiturienten, dann ist die relative Häufigkeit der Abiturienten $h = \frac{83}{200}$.

Richtungsvektor

Einen Verbindungsvektor zwischen zwei Punkten auf einer Geraden (Ebene) nennt man Richtungsvektor der Geraden (Ebene). Richtungsvektoren der Ebene bezeichnet man auch als →Spannvektoren.

Risiko

In der Stochastik werden die →Fehler 1. und 2. Art auch als Risiko 1. und 2. Art bezeichnet.

Rotationskörper

Rotiert ein Flächenstück um eine Gerade (meist x- oder y-Achse), heißt der entstehende Körper Rotationskörper (siehe auch →Rotationsvolumen).

Rotationsvolumen

Der Rauminhalt eines →Rotationskörpers heißt Rotationsvolumen V. Bei Rotation um die x-Achse gilt: $V = \pi \cdot \int_a^b [f(x)]^2\,dx$

Sattelpunkt

Ein Sattelpunkt ist ein →Wendepunkt $W(x_W \mid f(x_W))$ mit einer waagerechten Steigung. Es gilt $f'(x_W) = 0$; $f''(x_W) = 0$; aber $f'''(x_W) \neq 0$

Sättigungsmanko

Kommt im beschränkten und logistischen →Wachstum vor und ist eine Bezeichnung für die Differenz zwischen Schranke (auch: Kapazität) und →Bestand, also $S - B(t)$.

Senkrechte Tangente

Eine →Tangente parallel zur y-Achse heißt senkrechte Tangente. Da die Steigung unendlich groß ist, handelt es sich um einen echten Sonderfall. So ist die Tangentengleichung nicht wie sonst über die Punkt-Steigungsform bestimmbar.

Sicheres Ereignis

Als sicheres Ereignis bezeichnet man ein Ereignis, dass mit 100%iger Wahrscheinlichkeit eintritt.

>> **Beispiel:** Beim Würfeln ist das Ereignis E: „Augenzahl kleiner als 7" ein sicheres Ereignis.

Signifikanzniveau

Als Signifikanzniveau bezeichnet man die (festzulegende) maximale →Irrtumswahrscheinlichkeit beim Testen von Hypothesen mit der Binomialverteilung.

SIMPSON'sche Regel

Das ist eine Verallgemeinerung der →KEPLER'schen Fassregel

$$\int_a^b f(x)\,dx \approx \frac{b-a}{3n}[(y_a + y_b) + 4(y_1 + y_3 + \ldots + y_{n-1}) + 2\cdot(y_2 + y_4 + \ldots + y_{n-2})]$$

Singularität

Unter Singularität versteht man eine einzelne, durch Besonderheit ausgezeichnete Stelle.

Skalarprodukt

Das Skalarprodukt ist eine Verknüpfung, die zwei Vektoren $\vec{a}, \vec{b}$ eine Zahl („Skalar") zuordnet. Es ist folgendermaßen definiert:

$$\vec{a} \cdot \vec{b} = \begin{pmatrix} a_1 \\ a_2 \\ a_3 \end{pmatrix} \cdot \begin{pmatrix} b_1 \\ b_2 \\ b_3 \end{pmatrix} = a_1 b_1 + a_2 b_2 + a_3 b_3.$$

Stehen zwei Vektoren senkrecht aufeinander, ist ihr Skalarprodukt null!

Spannvektor

Spannvektor ist ein anderer Name für den →Richtungsvektor der Ebene. Zwei linear unabhängige Vektoren „spannen" eine Ebene auf.

Spezieller Multiplikationssatz

Sind zwei →Ereignisse A und B unabhängig voneinander, dann gilt der spezielle Multiplikationssatz $P(A \cap B) = P(A) \cdot P(B)$.

Stammfunktion

Eine Funktion F heißt Stammfunktion von f, wenn F differenzierbar ist und es gilt $F'(x) = f(x)$. Vorsicht: Für eine Funktion $f(x)$ gibt es nicht nur eine Stammfunktion. Ist $F(x)$ Stammfunktion von $f(x)$, so ist $G(x) = F(X) + c$ auch Stammfunktion von $f(x)$.

Standardabweichung

Die Standardabweichung σ ist ein Begriff aus der Wahrscheinlichkeitsrechnung und ist ein Maß für die Streuung der Werte einer Zufallsvariablen um ihren Mittelwert. Sie entspricht der Quadratwurzel der → Varianz $V(X)$. Es gilt $\sigma = \sqrt{V(X)}$, bzw. $\sigma = \sqrt{n \cdot p \cdot (1-p)}$ bei → Binomialverteilungen.

Standardisierte Zufallsvariable

Die Zufallsvariable ist zentriert $\left(E(Z) = 0\right)$ und normiert $\left(V(Z) = 1\right)$. Die zu X gehörende standardisierte Zufallsvariable ist $Z = \frac{X - E(x)}{\sigma}$.

Steigung

Die Steigung ist ein Maß für den Anstieg (die Steilheit) einer Geraden oder Kurve. Die (exakte) Steigung an einem Punkt $P\left(x_0 \mid f(x_0)\right)$ eines Funktionsgraphen entspricht der Steigung der → Tangente an diesem Punkt. Man berechnet sie mithilfe des → Differenzialquotienten bzw. mit der ersten → Ableitung $f'(x_0)$. Die mittlere Steigung eines Funktionsgraphen berechnet man mit dem → Differenzenquotienten. Sie entspricht der Sekandensteigung.

Stetige Ergänzung

Wenn $f(x)$ an der Stelle x_1 nicht definiert ist, der rechtsseitige und der linksseitige Grenzwert existieren und gleich groß sind, dann heißt $g(x) = f(x)$ für $x \neq x_1$ und $\lim f(x)$ für $x = x_1$ die bei x_1 stetig ergänzte Funktion von $f(x)$.

Stetige Zufallsgröße im Intervall [a, b]

Das ist eine Zufallsgröße, die alle Werte in $[a, b]$ annehmen kann. Die Dichtefunktion ist dann $P(a < X < b) = \int_a^b f(x)\,dx$.

Stetigkeit

Eine Funktion heißt an der Stelle x_0 stetig, wenn sie auf einem Intervall um x_0 definiert ist, der Grenzwert $\lim\limits_{x \to x_0} f(x)$ existiert und gleich dem Funktionswert $f(x_0)$ an der Stelle ist, wenn also gilt: $\lim\limits_{x \to x_0} f(x) = f(x_0)$. Merksatz: Eine Funktion ist über einem Intervall stetig, wenn man sie ohne den Stift absetzen zu müssen, zeichnen kann.

Stichprobe

Stichprobe ist ein Begriff aus der Statistik. Gemeint ist damit eine Teilmenge einer Grundgesamtheit. Beim Testen von Hypothesen legt man den Stichprobenumfang n fest. Da diese Tests mit der → Binomialverteilung durchgeführt werden, entspricht der Stichprobenumfang n dann der Länge n der entsprechenden → BERNOULLI-Kette.

Stückweise definierte Funktion

Eine zusammengesetzte → Funktion ist stückweise („intervallweise") definiert.

Symmetrie

Das Schaubild einer → Funktion kann entweder zu einer senkrechten Achse (Achsensymmetrie) oder einem Punkt (Punktsymmetrie) symmetrisch sein. Dabei gelten folgende Beziehungen:

- Symmetrisch zum Ursprung, falls gilt: $f(-x) = -f(x)$ für alle $x \in D$.
- Symmetrisch zur y-Achse, wenn gilt: $f(-x) = f(x)$ für alle $x \in D$.
- Symmetrisch zu einem Punkt $P\left(x_0 \mid f(x_0)\right)$, wenn gilt: $f(x_0 + h) + f(x_0 - h) = 2f(x_0)$, für $h > 0$.
- Symmetrisch zu einer Achse $x = x_0$, wenn gilt: $f(x_0 - h) = f(x_0 + h)$, für $h > 0$.

Merke: Die ersten beiden Symmetrien sind die wichtigsten, da sie in der Schule am häufigsten vorkommen. Bei ganzrationalen Funktionen kann man Symmetrie leicht an den Exponenten erkennen: eine Funktion mit nur geraden Exponenten ist symmetrisch zur y-Achse, eine mit ausschließlich ungeraden Exponenten symmetrisch zum Ursprung.

Tangente

Eine Tangente ist eine Gerade, die das Schaubild einer Funktion in einem Punkt $P(x_0 | f(x_0))$ berührt. Sie hat dadurch an der Stelle x_0 die gleiche Steigung wie die Funktion, $m_t = f'(x_0)$. Die Gleichung der Tangente lautet
$t: y = f'(x_0)(x - x_0) + f(x_0)$.
Sie ist orthogonal zur → Normale n im Punkt P. Eine Sonderform ist die → senkrechte Tangente.

Term

In der Mathematik versteht man unter einem Term einen sinnvollen Ausdruck, der Zahlen, Variablen, Klammern und mathematische Verknüpfungen (plus, minus, mal …) enthalten kann. Setzt man für die Variablen Zahlen ein, erhält man eine Zahl als Ergebnis.

>> **Beispiele:** $3x$; $\frac{4xy}{z}$.

Trigonometrische Funktion

Die trigonometrischen Funktionen
$f(x) = \sin(x)$, $f(x) = \cos(x)$ und $f(x) = \tan(x)$
ordnen einem Seitenverhältnis die Größe eines Winkels (in rechtwinkligen Dreiecken) zu. Sie werden dazu verwendet, Winkel und Seiten in Dreiecken zu berechnet. In der Analysis (und der Physik) verwendet man sie, um periodische Vorgänge (z. B. Schwingungen, Ebbe – Flut etc.) zu modellieren. Dabei wird x in der Regel im → Bogenmaß angegeben, da man dann sowohl auf der x- als auch der y-Achse Längeneinheiten hat.

TSCHEBYSCHEW-Ungleichung

Die TSCHEBYSCHEW-Ungleichung lautet:
$P(|X - E(X)| \geq c) \leq \frac{V(X)}{c^2}$.
Sie besagt, die Wahrscheinlichkeit, dass X einen Wert annimmt, der um mindestens den Wert c vom → Erwartungswert abweicht, ist höchstens so groß wie der Quotient (Bruch) aus Varianz und dem Quadrat von c.

>> **Beispiel:** Es wird 600-mal gewürfelt. X sei die Anzahl gewürfelter Sechsen. $E(X) = 100$. $V(X) = \frac{500}{6} = 83,\overline{3}$. Wie groß ist die Wahrscheinlichkeit, dass höchstens 50 oder mindestens 150 Sechsen gewürfelt werden? Die Ungleichung liefert: $P(|X - 100| \geq 50) \leq \frac{83,\overline{3}}{50^2} = 0,0\overline{3}$.
Die Wahrscheinlichkeit, dass man bei 600-fachem Würfeln weniger als 50 oder mehr als 150 Sechsen würfelt beträgt also nur etwa 3 %.

Umkehrfunktion

Jede Funktion $f: x \mapsto y$ hat eine Umkehrzuordnung $f^{-1}: y \mapsto x$. Wird dabei jedem Wert von y genau ein Wert von x zugeordnet, heißt f^{-1} Umkehrfunktion von f. f muss bezüglich der Definitionsmenge also streng monoton fallend oder steigend sein. Bildlich gesprochen bedeutet das: Gibt es zu jedem y-Wert der Funktion f nur einen x-Wert, hat die Funktion eine Umkehrfunktion. Eine Parabel hat also keine Umkehrfunktion (es sei denn man schränkt sie auf einen Ast ein). Man bestimmt die Gleichung der Umkehrfunktion, indem man x und y vertauscht und anschließend die Gleichung nach y auflöst. Geometrisch kann man die Umkehrfunktion als Spiegelung der Funktion an der → 1. Winkelhalbierenden deuten.

Unabhängige Ereignisse

Zwei → Ereignisse heißen unabhängig, wenn das Eintreten des einen Ereignisses das andere Ereignis nicht beeinflusst. Sind zwei Ereignisse unabhängig, gilt der → spezielle Multiplikationssatz.

Unmögliches Ereignis

Ein unmögliches → Ereignis ist eine leere Teilmenge der Ergebnismenge Ω. Folglich ist die Wahrscheinlichkeit für das unmögliche Ereignis null.

>> **Beispiel:** Beim Würfeln mit einem Würfel ist das Ereignis E: „Die Augenzahl ist mindestens 7" ein unmögliches Ereignis.

Urnenmodell
Viele Zufallsexperimente können mithilfe des Urnenmodells beschrieben werden. Im Urnenmodell geht man davon aus, dass aus einem Gefäß (Urne) gleichartige Kugeln mit verschiedenen Eigenschaften (z. B. Nummern, Farben) blind herausgezogen werden. So kann beispielsweise die Befragung einer Personengruppe auch als Urnenmodell aufgefasst werden, die „Kugeln" wären dann die Personen, die man zufällig „zieht".

Varianz
Die Varianz ist in der Stochastik ein Maß für die Abweichung einer Zufallsvariablen von ihrem Erwartungswert. Genauer: die mittlere quadratische Abweichung. Man schreibt üblicherweise V(X) oder σ^2, da ihre Wurzel die → Standardabweichung ist: $\sigma = \sqrt{V(X)}$.
Bei Binomialverteilungen gilt:
$V(X) = n \cdot p \cdot (1 - p)$

Vektor
Allgemein gesehen ist ein Vektor ein Element eines → Vektorraumes, für das bestimmte Rechenregeln gelten. In der analytischen Geometrie versteht man unter einem Vektor $\vec{v}$ einen Repräsentanten einer Parallelverschiebung im Raum (oder in der Ebene). Ein Vektor gibt also an, wie man von einem Ausgangspunkt einen Bildpunkt erhält. Im kartesischen Koordinatensystem werden Vektoren durch Zahlenpaare $\vec{v} = \begin{pmatrix} v_1 \\ v_2 \end{pmatrix}$ (in der Ebene) bzw. Tripel $\vec{v} = \begin{pmatrix} v_1 \\ v_2 \\ v_3 \end{pmatrix}$ (im Raum) dargestellt.

Siehe auch: → Vektorprodukt, → Skalarprodukt, → Ortsvektor, → Richtungsvektor und → Normalenvektor.

Vektorprodukt
Der Vektor $\vec{c} = \vec{a} \times \vec{b} = \begin{pmatrix} a_2b_3 - a_3b_2 \\ a_3b_1 - a_1b_3 \\ a_1b_2 - a_2b_1 \end{pmatrix}$

(lies: „a kreuz b") heißt das Vektorprodukt oder Kreuzprodukt von $\vec{a}$ und $\vec{b}$. Es hat folgende Eigenschaften:

1.) $\vec{c}$ steht rechtwinklig auf $\vec{a}$ und $\vec{b}$. Sind $\vec{a}$ und $\vec{b}$ → Spannvektoren einer Ebene, kann man sehr schnell mit dem Vektorprodukt den → Normalenvektor der Ebene bestimmen.
2.) Der Betrag von $\vec{c}$, also $|\vec{c}| = \sqrt{c_1^2 + c_2^2 + c_3^3}$ ist der Flächeninhalt des von $\vec{a}$ und $\vec{b}$ aufgespannten Parallelogramms.

Vektorraum
Eine Menge V nennt man Vektorraum, wenn es die zwei folgenden Verknüpfungen gibt: eine Addition (+) und eine Multiplikation mit Skalaren; kurz: (V, +, ·). Voraussetzung: für die Elemente des Vektorraumes, die → Vektoren, gelten folgende Gesetze:
$\vec{a} + \vec{b} = \vec{b} + \vec{a}$ (Kommutativgesetz)
$(\vec{a} + \vec{b}) + \vec{c} = \vec{a} + (\vec{b} + \vec{c})$ (Assoziativgesetz)
$\vec{a} + \vec{0} = \vec{a}$ (Existenz eines Nullelements)
$\vec{a} + (-\vec{a}) = \vec{0}$ (Existenz eines entgegengesetzten Elements)
Sowie die Gesetze für die Multiplikation $(r, s \in \mathbb{R})$:
$r \cdot (s \cdot \vec{a}) = (rs) \cdot \vec{a}$
$(r + s) \cdot \vec{a} = r \cdot \vec{a} + s \cdot \vec{a}$
$r \cdot (\vec{a} + \vec{b}) = r \cdot \vec{a} + r \cdot \vec{b}$
$1 \cdot \vec{a} = \vec{a}$

Verdopplungszeit
Die Zeitdauer, in der sich ein → Bestand bei → exponentiellem Wachstum verdoppelt, heißt Verdopplungszeit T_d. Es gilt $T_d = \frac{\ln 2}{k}$.
k ist die → Wachstumskonstante.

Vereinigung
Verknüpfung aus der Mengenlehre. Im Zeichen: ∪. $A \cup B$ ist die Menge aller Elemente, die in der Menge A oder in der Menge B (oder in A und B) sind.

Verkettung von Funktionen
Unter einer Verkettung von Funktionen (auch: Komposition) versteht man die Hintereinanderausführung von Funktionen. Man schreibt z. B. $u \circ v = u(v(x))$, bzw. $v \circ u = v(u(x))$. $u \circ v$ liest man als „u nach v". Bildlich gesprochen setzt

man die eine Funktion anstelle der Funktionsvariablen in die andere Funktion ein.

>> **Beispiel** für $u(x) = x^3$ und $v(x) = \frac{1}{2}x + 5$ ist $u \circ v = u(v(x)) = \left(\frac{1}{2}x + 5\right)^3$ und
$v \circ u = v(u(x)) = \frac{1}{2}x^3 + 5.$
Man sieht: im Allgemeinen gilt: $u \circ v \neq v \circ u$.

Verteilungsfunktion

Die Verteilungsfunktion (auch: Summenfunktion), ordnet jedem x_i mit $0 \leq x_i \leq n$ die summierte Wahrscheinlichkeitsverteilung
$P(X \leq x_i)$
$= P(X = 0) + P(X = 1) + P(X = 2) + \ldots + P(X = x_i)$
zu.

Vertrauensintervall

Annahmebereich bei einem Test.
Wenn ein Ereignis mit der Wahrscheinlichkeit p im Intervall $[E(x) - a;\ E(x) + a]$ liegt, ist $[E(x) - a;\ E(x) + a]$ das Vertrauensintervall zu a bezüglich p.

VIETA, Satz des

Sind x_1 und x_2 Lösungen der quadratischen Gleichung $x^2 + px + q = 0$, dann gilt:
$x_1 + x_2 = -p$ und $x_1 \cdot x_2 = q$.
Damit lässt sich schnell eine Probe durchführen, bzw. mit etwas Übung in vielen Fällen die Lösungen einer quadratischen Gleichung „erkennen" ohne die Lösungsformel anwenden zu müssen.

Wachstum, beschränktes

Ist bei einem Wachstum die →Änderungsrate (bei festem Zeitschritt) proportional zum →Sättigungsmanko $S - B(t)$, gilt also $B'(t) = k \cdot [S - B(t)]$, dann spricht man von beschränktem Wachstum. S ist die Schranke.

>> **Typische Beispiele** sind Aufgaben, bei denen sich eine Flüssigkeit (erhitzt oder aus dem Kühlschrank) an die Zimmertemperatur (= Schranke S) annähert.

Wachstum, exponentielles

Ist bei einem Wachstum die →Änderungsrate (bei festem Zeitschritt) proportional zum Bestand, gilt also $B'(t) = k \cdot B(t)$, spricht man von exponentiellem Wachstum.

>> **Typische Beispiele:** Zinseszins, Bakterienwachstum (zu Beginn), radioaktiver Zerfall.

Wachstum, logistisches

Ein Wachstum, bei dem die Änderungsrate (bei festem Zeitschritt) proportional zum Produkt aus →Bestand und →Sättigungsmanko ist, also gilt: $B'(t) = k \cdot B(t) \cdot [S - B(t)]$, heißt logistisches Wachstum.

>> **Typische Beispiele:** Ausbreitung eines Gerüchts, Verkaufszahlen eines neuen Produktes.

Wachstumsfaktor

Bei →exponentiellem Wachstum ändert sich der Bestand immer um den gleichen Wachstumsfaktor, der sich aus dem Prozentsatz ergibt.

>> **Beispiel:** Ein Startkapital $K(0)$ wird mit 5 % verzinst (Zinseszins), dann ist $a = 1{,}05$ der Wachstumsfaktor. Für $K(t)$ gilt: $K(t) = K(0) \cdot 1{,}05^t$.
Stellt man die Wachstumsfunktion mit der Basis e dar, wandelt man den Wachstumsfaktor in die →Wachstumskonstante k um.

Wachstumskonstante

Bei →exponentiellem Wachstum der Form $B(t) = B(0) \cdot e^{kt}$ heißt k die Wachstumskonstante. Für k gilt: $k = \ln a$, wobei a der →Wachstumsfaktor ist.

>> **Beispiel:** Wird ein Kapital mit 5 % verzinst, dann gilt: $K(t) = K(0) \cdot 1{,}05^t$.
Bei Wechsel zur Basis e ergibt sich aus
$k = \ln 1{,}05 \Rightarrow K(t) = K(0) \cdot e^{\ln 1{,}05}$.

Wahrscheinlichkeit

Es gibt verschiedene Definitionen der Wahrscheinlichkeit: Die klassische, die statistische und die axiomatische (heutige). Da in den meisten Fällen in der Schulmathematik die klassische Definition genügt, wird an dieser Stelle auf die beiden anderen verzichtet, sie können im Buch nachgelesen werden.

Klassische Definition: Für die Wahrscheinlichkeit P eines Ereignisses E gilt:

$$P(E) = \frac{\text{Anzahl der für E günstigen Ergebnisse}}{\text{Anzahl aller möglichen Ergebnisse}}$$

Voraussetzung: Es handelt sich um ein → LAPLACE-Experiment.

Wahrscheinlichkeitsverteilung

Die Funktion, die jedem Wert x_i einer Zufallsvariablen X mit $0 \le x_i \le n$, die entsprechende Wahrscheinlichkeit $P(X = x_i)$ zuordnet, heißt Wahrscheinlichkeitsverteilung. Die in der Schule häufigste Wahrscheinlichkeitsverteilung ist die → Binomialverteilung. Vorsicht: Nicht zu verwechseln mit der → Verteilungsfunktion!

Wendepunkt

Ein Wendepunkt ist ein Punkt, an dem der Graph einer Funktion von einer Rechts- in eine Linkskurve übergeht oder umgekehrt. Damit ein Punkt $W(x_W \mid f(x_W))$ ein Wendepunkt ist, müssen folgende Bedingungen gelten: (1) $f''(x_W) = 0$ und (2) $f'''(x_W) \neq 0$. Ein Wendepunkt mit waagerechter Tangente (der Steigung null) heißt → Sattelpunkt.

Wertebereich

Der Wertebereich (auch: Wertemenge) ist die Menge aller Funktionswerte einer → Funktion.

Windschiefe Geraden

Zwei Geraden, die sich weder schneiden, noch parallel verlaufen, nennt man windschief. Diese Lagebeziehung ist nur im dreidimensionalen Raum möglich. Will man prüfen, ob zwei Geraden windschief zueinander sind, untersucht man zunächst, ob sich die Geraden schneiden (Gleichsetzen der Parametergleichungen). Ist dabei die Lösungsmenge leer, wird untersucht, ob die beiden Richtungsvektoren linear abhängig sind (ein → Richtungsvektor kann durch ein Vielfaches des anderen Richtungsvektors dargestellt werden). Ist dies nicht der Fall, sind die Geraden windschief.

Winkelhalbierende

Eine Winkelhalbierende ist in der Geometrie eine Halbgerade, die durch den Scheitelpunkt des Winkels geht und das Winkelfeld in zwei gleich große Teile teilt. In der Analysis sind es Geraden, die den Winkel des Koordinatensystems halbieren. Man unterscheidet die erste (Gleichung: $y = x$) und die zweite Winkelhalbierende (Gleichung: $y = -x$).

Zahlentripel

Ein Zahlentripel ist ein geordnetes System aus drei Zahlen. Im Rahmen der Schulmathematik versteht man unter einem Zahlentripel die Beschreibung eines Punktes im Raum durch die drei Koordinaten der Achsen.

Zentriert

Die Zufallsvariable heißt zentriert, wenn der Erwartungswert 0 ist $\left(E(x) = 0\right)$.

Zufallsexperiment

Ein Zufallsexperiment ist ein Versuch mit zufälligem Ausgang, der unter identischen Bedingungen beliebig oft wiederholbar ist, wobei alle Ergebnisse bekannt sein müssen.

>> **Beispiel:** Werfen eines Würfels, Lotto spielen, Drehen eines Glücksrades etc.). Siehe auch → mehrstufiges Zufallsexperiment.

Zufallsvariable

Unter einer Zufallsvariablen versteht man eine Funktion, die jedem Ergebnis eines Zufallsexperiments einen Wert (eine reelle Zahl) zuordnet. Dieser Wert muss nicht (wie die Wahrscheinlichkeiten) ≤ 1 sein. Bei Glücksspielen kann man damit beispielsweise angeben, bei welchen Ergebnissen welche Gewinne oder Verluste gemacht werden.

Zweiseitiger Test

Begriff aus der Statistik. Beim zweiseitigen Test ist der → Annahmebereich ein auf beiden Seiten abgeschlossenes Intervall, d. h. es gibt links und rechts des Annahmebereichs einen Ablehnungsbereich. Siehe auch → einseitiger Test.

Stichwortverzeichnis

F

G

H

I

K

L